周　期　表

10	11	12	13	14	15	16	17	18
								2He ヘリウム 4.003
			5B ホウ素 10.81	6C 炭素 12.01	7N 窒素 14.01	8O 酸素 16.00	9F フッ素 19.00	10Ne ネオン 20.18
			13Al アルミニウム 26.98	14Si ケイ素 28.09	15P リン 30.97	16S 硫黄 32.07	17Cl 塩素 35.45	18Ar アルゴン 39.95
28Ni ニッケル 58.69	29Cu 銅 63.55	30Zn 亜鉛 65.38	31Ga ガリウム 69.72	32Ge ゲルマニウム 72.63	33As ヒ素 74.92	34Se セレン 78.97	35Br 臭素 79.90	36Kr クリプトン 83.80
46Pd パラジウム 106.4	47Ag 銀 107.9	48Cd カドミウム 112.4	49In インジウム 114.8	50Sn スズ 118.7	51Sb アンチモン 121.8	52Te テルル 127.6	53I ヨウ素 126.9	54Xe キセノン 131.3
78Pt 白金 195.1	79Au 金 197.0	80Hg 水銀 200.6	81Tl タリウム 204.4	82Pb 鉛 207.2	83Bi ビスマス 209.0	84Po ポロニウム 〔210〕	85At アスタチン 〔210〕	86Rn ラドン 〔222〕
110Ds ダームスタチウム 〔281〕	111Rg レントゲニウム 〔280〕	112Cn コペルニシウム 〔285〕	113Nh ニホニウム 〔278〕	114Fl フレロビウム 〔289〕	115Mc モスコビウム 〔289〕	116Lv リバモリウム 〔293〕	117Ts テネシン 〔293〕	118Og オガネソン 〔294〕

64Gd ガドリニウム 157.3	65Tb テルビウム 158.9	66Dy ジスプロシウム 162.5	67Ho ホルミウム 164.9	68Er エルビウム 167.3	69Tm ツリウム 168.9	70Yb イッテルビウム 173.0	71Lu ルテチウム 175.0
96Cm キュリウム 〔247〕	97Bk バークリウム 〔247〕	98Cf カリホルニウム 〔252〕	99Es アインスタイニウム 〔252〕	100Fm フェルミウム 〔257〕	101Md メンデレビウム 〔258〕	102No ノーベリウム 〔259〕	103Lr ローレンシウム 〔262〕

104 番元素以降の諸元素の化学的性質は明らかになっているとはいえない。

スタンダード
分析化学

角田欣一
梅村知也・堀田弘樹
共著

裳 華 房

Standard Analytical Chemistry

by

Kin-ichi TSUNODA

Tomonari UMEMURA

Hiroki HOTTA

SHOKABO

TOKYO

まえがき

大学の化学系学科の分析化学に関する学部カリキュラムでは，通常，1,2 年生で容量分析を中心とするいわゆる古典分析法を学び，さらに高学年で機器分析法を学ぶ。本書は，化学系学科のこれら分析化学講義のための教科書として企画された。

本書は三部構成をとっている。I 部（1 章 〜 3 章）では，分析化学とは何か，その歴史，SI 単位，さらに分析値の統計的取り扱いなどについて学ぶ。II 部（4 章 〜 10 章）では，主に水溶液の化学平衡とそれに基づいた容量分析や分離法を学ぶ。III 部（11 章 〜 19 章）では，広く機器分析法について学ぶ。I 部，II 部を低年次で，III 部を高年次で扱うのが通常のカリキュラムと思われる。内容的には，学部の講義内容として必要かつ充分な記述を心掛けた。すなわち，過度に高度な記述をさけ，一方，必要と思われる内容はもれなく記述することを心掛けた。また，近年「不確かさ（3 章）」などの新しい概念が普及し，さらに機器分析の発展も顕著であるが，こうした新しい動きにもできる限り対応したつもりである。そのため，本書は大学院生の副読本としても利用できると考える。

本書の 19 の章のうち，著者の一人の角田が 15 を執筆し，角田の専門外のその他の章を，以前角田と群馬大学で一緒に仕事し，それぞれの章の専門家である堀田（8 章，17 章，18 章）と梅村（19 章）が執筆した。なお，2 章 〜 11 章は，以前角田が共著者の一人として執筆した『分析化学（化学はじめの一歩シリーズ）』（化学同人）を下敷きにしていることをお断りしておく。この教科書は高校と大学の接続を目的としている。一方，本書はさらに高度な教科書との位置づけであり，これらの章についても多くの加筆修正を加えているが，その基本骨格は共通している。

また，本書では側注の活用を目指した。特に ★ 印のついた側注は，その項の重要ポイントをまとめているので，学習に役立ててほしい。なお，19 章に限っては，重要ポイントが表にまとめられているので，★ 印の側注は用いられていない。

最後に，貴重な図をご提供いただいた東京都市大学の岡田往子博士，武藤大紀氏（11 章），群馬大学の白石壮志博士（14 章），吉川和男博士（15 章），細田和男博士（16 章），東京電機大学の保倉明子博士（15 章）には心よりお礼申し上げる。また，お忙しい中，内容に関して貴重なご意見をいただいた産業技術総合研究所の高津章子博士（2 章，3 章），日置昭治博士（2 章），福本夏生氏（15 章），群馬大学の若松 馨 博士（16 章）にも感謝申し上げる。本書は，裳華房編集部の小島敏照氏のご尽力なくして完成はあり得なかった。ここに厚く謝意を表する。

2018 年 10 月

著者を代表して　角田　欣一

目　次

I 分析化学の基礎

1章　分析化学序論

2章　単位と濃度

3章　分析値の取扱いとその信頼性

II 化学平衡と化学分析

4章　水溶液の化学平衡

5章　酸塩基平衡

6章　酸塩基滴定

7章　錯生成平衡とキレート滴定

8章　酸化還元平衡と酸化還元滴定

9章　沈殿平衡とその応用

10章　分離と濃縮

III　機器分析法

11章　機器分析概論

12章　光と物質の相互作用

13章　原子スペクトル分析法

14章　分子スペクトル分析法

15章　X線分析法と電子分光法

16章　磁気共鳴分光法

17章　質量分析法

18章　電気化学分析法

19章　クロマトグラフィーと電気泳動法

Column

執筆分担（担当章順）
角田 欣一　1～7章，9～16章
堀田 弘樹　8, 17, 18章
梅村 知也　19章

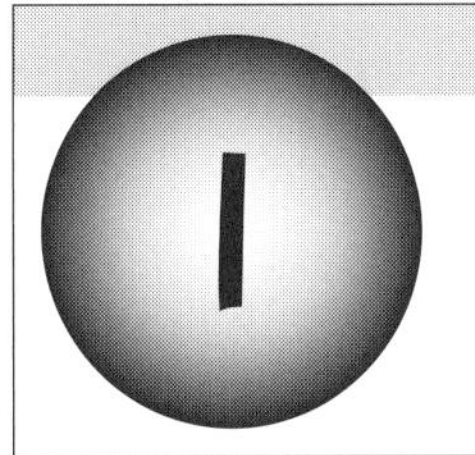

分析化学序論

まず，「化学分析」と「分析化学」の意味の違いから，「分析化学」とは何かを論じる。分析化学の歴史を概観したのちに，「分離」と「検出」，「感度（検出限界）」，「選択性」，「精確さ」などの分析化学における中心的概念を学ぶ。さらに一般的な「化学分析のプロセス」を概観する。最後に分析化学に関する代表的な参考図書，雑誌，ホームページなどを紹介する。

1.1 分析化学とは何か

「分析」は化学以外でも広く用いられる言葉で，国語辞書の第一義には「複雑な事柄を一つ一つの要素や成分に分け，その構成などを明らかにすること。（大辞泉）」とある。化学に関しては，「分析化学」とよく似た言葉で「**化学分析**」もよく用いられる。化学分析は，上記の「分析」の内容通り，「物質（試料）を一つ一つの要素や成分に分け，その構成などを明らかにすること」を意味する。すなわち，「化学分析」は，「分析」という行為そのものを指す。「化学分析」は，一般的には，試料を構成している化学成分が何であるかを調べる「**定性分析**」および，その量や濃度を調べる「**定量分析**」に分けることができる。一方，「**分析化学**」は，化学分析に関連する化学の学問としての一分野を表す言葉である。「分析化学」という用語自体は19世紀から用いられていたが，真の意味で，現代的な分析化学が確立したのは，20世紀も後半になってからである。

化学分析は化学の発展になくてはならないものであった。例えば，新しい元素を発見しその原子量を確定する，といった化学の最も基本的な研究は，この化学分析を主な手法として行われた。これらの業績は，19世紀から20世紀前半の偉大な化学者の貢献により成し遂げられた（次節参照）。一方，化学分析は，鉱工業などの産業や公衆衛生などの行政にも多大な貢献をすることになる。1860年には英国で世界最初の分析技術者の協会である「The Association of Public Analysts」が発足しているが，正にこうした行政に関わる分析技術者の協会である。化学分析の社会に対するこのような貢献は大いに誇りとすべき歴史であるが，一方，化学分析は，その過程で科学よりも単なる「技術」とみなされることも多くなった。その象徴として，1960年代までの教科書の題名の多くは，技術を志向した「化学分析」であった。しかし，「化学分析」では表現しきれない要素が加わり，現在では化学の一分野として確固たる地位を占める「分析化学」が成立し，現在の教科書のほとんどは「分析化学」と表記されるようになっている。ではその要素とはなんだろうか。

化学分析 chemical analysis

★「化学分析」は「物質（試料）を一つ一つの要素や成分に分け，その構成などを明らかにすること」を意味する。

★「化学分析」は，一般的には，試料を構成している化学成分が何であるかを調べる「定性分析」と，その量や濃度を調べる「定量分析」に分けることができる。

★「分析化学」は，化学分析に関連する化学の学問としての一分野を表す言葉である。

定性分析 qualitative analysis
定量分析 quantitative analysis
分析化学 analytical chemistry

ここからは私見であるが，その理由は二つある。一つは先人の努力により，化学分析の体系化が進んだためと思われる。前述のように，化学分析は，「技術」とみなされたことも多い。しかし，方法を改善し，さらにその信頼性を高めるためには，そのベースとなる現象や理論を物理化学的な基礎から追究することが不可欠である。このような観点から精力的に研究を行った化学者の一人に，米国で活躍したコルトフがいる。彼は，分析化学の様々な分野で多大な業績をあげるとともに，学問領域としての分析化学の確立に大きな貢献をした。彼は「現代分析化学の父」と呼ばれている。もう一つの要素は，化学者間で分業化が進み，分析化学研究の専門家集団が生まれたことである。これもコルトフらの努力の結果と考えられる。彼らは自分たちの研究分野を「化学の一分野」，すなわち「分析化学」と強く意識するようになった。この経緯は，米国の有名な分析化学者ライリーの「Analytical chemistry is what analytical chemists do. (1965)（分析化学とは分析化学者が行う研究のことである）」という言葉に象徴的に表現されている*1。

コルトフ Kolthoff, I. M.（1894-1993）

ライリー Reilley, C. N.

*1　この言葉は，同じく有名な分析化学者であるマレー（Murray, R. W.）により紹介されている[1]。元来の意味は，分析化学の内容は時代の進歩とともに変わっていくものだ，ということのようであるが，筆者はむしろ「分析化学者としてのidentity」を表す言葉と受け取った。

このようにして現在の体系化された学問領域としての「分析化学」が成立したが，一方，「必要は発明の母」の言葉通り，多くの画期的な新手法は，しばしば，他分野の研究者によりもたらされてきた。その最もよい例は，クロマトグラフィーを発明したロシアのツヴェットである。彼は植物学者であったが，1901年に，自身の研究していた植物色素を単離するためにクロマトグラフィーを開発し発表した（19章参照）。現在のクロマトグラフィーの隆盛を，おそらく彼は夢想だにしなかっただろう。このように，学問としての分析化学は，多くの専門的な研究者および他分野の研究者の貢献により発展してきた。一方，もちろん，化学分析の技術としての重要性も忘れてはならない。今日，社会や産業の基盤技術としての化学分析の重要性はこれまで以上に高まっており，分析化学はその基礎をつくる学問として発展を続けている。

ツヴェット Tswett, M.

さて，現在の化学の発展は目覚ましく，また必要とされる化学情報も，以前からの定性分析，定量分析の概念には収まりきらず，多岐にわたっている。すなわち，分析成分の構造や化学形態（価数やエネルギー状態など），さらには，分布や動態（化学変化）なども，現代の科学技術の発展を支え，社会の多様なニーズに応えるために必要な重要な化学情報になっている。そのため，狭義の化学分析である定性分析と定量分析に加えて，物質構造など，上記の問いに答える方法論も含めて広義の化学分析と捉えることが多くなってきた。こうした化学情報を得るためには，いわゆる古典分析法である滴定法や重量法などだけでは不充分であり，分析機器を使った**機器分析**が急速な発展と進歩を遂げている。機器分析法は，そのほとんどがエネルギーと物質の相互作用，すなわち，物理現象に基づいているが（11章参照），得られるのは化学情報であるため，化学分析法の一形態と考えるのが自然である*2。

機器分析 instrumental analysis

★　分析機器を使った分析法は機器分析法と呼ばれる。

*2　特に物理的性格の強い機器分析の一部（例えば表面分析など）は「物理分析（physical analysis）」と呼ばれることもある。さらに，化学分析と物理分析の二つを統合する立場から，近年，分析化学の代わりに「分析科学（analytical science）」という表現が用いられることもある。

ところで，筆者は，「分析化学」の定義を「化学分析法の開発，応用およびその物理的・化学的基礎に関する学問」としている。この場合の「化学分析法」は広義のものであることは言うまでもない。また，学問には体系化が必須である。そのための物理的・化学的基礎に関する研究も分析化学にとって重要と考えている。

ここで，本書の立場に戻ろう。本書では，上記のうち，狭義の化学分析，すなわち，定性分析と，特に，定量分析を主として扱う。これは，現在でも分析化学における最も基本的な問いであり，まずその手法と考え方を学ぶ必要があるためである。しかし，そのための方法論としては古典分析法から最新の機器分析法までを広く扱う。

★　本書では，定性分析と定量分析を主として学ぶ。そのための方法論としては古典分析法から最新の機器分析法までを広く扱う。

1.2　分析化学の歴史

1.2.1　化学分析のはじまり

ここで，分析化学の歴史を簡単に振り返ってみよう。化学分析は常に人間生活とともにあった。人間の残した最も古い記録にも，化学分析の記述が残されている。金，銀の純度は，古代人にとっても大きな関心事であったようだ。旧約聖書に，「灰吹法（はいふき）(fire assay)」と呼ばれる金銀の精製法の記述が残されている。驚くべきことに，灰吹法は，現在も，貴金属元素の分析になくてはならない方法として広く用いられている。また，重量を測定する天秤（てんびん）も有史以来知られている。一方，比色法（次項参照）の原型も 1 世紀に記録が残っている。ローマ時代の大プリニウスが，酢の中の鉄を没食子（ぼっしょくし）*3 の抽出物を使ってはかった。このように，化学分析の歴史は人間の歴史と同じくらい古い。しかし，それが近代科学の一分野として確立するまでには，ほかの科学分野と同様，長い年月を必要とした。

*3　木に虫のためにできるこぶで，タンニン酸などを含む。

1.2.2　近代的な分析化学の成立

近代的な「化学」の成立を，ラボアジエの研究とする人は多い。ラボアジエは，化学天秤を用いた精密な化学分析に基づき，「質量保存の法則」を確立し，さらに「熱素（フロギストン）説」に代わる「酸素説」という正しい燃焼理論を提案した。彼は「近代化学の父」であるばかりではなく，化学分析を真の科学にまで高めた「分析化学の父」でもあった。

ラボアジエ　Lavoisier, A.
(1743-1794)

1.2.3　19 世紀の分析化学

ラボアジエが用いた化学分析法，すなわち，近代的な重量分析は 16 世紀にすでに萌芽がみられ，17，18 世紀に大いに発展し，かなり精密な測定がなされるようになっていた。ラボアジエは，そうした方法や装置をさらに洗練させて偉業を達成した。彼以後，化学は急速な発展を遂げ，19 世紀は「化学の世紀」と呼ばれてもおかしくない。特に，化学分析はその発展に大いに貢献した。重量分析を集大成したのは，スウェーデンの化学者ベルセリウスである。彼は，現在も使われている様々な分析法を開発するとともに，化学量論の考え方を確立し，その優れた方法を用いて多くの元素の原子量を測定した。**表 1.1** にその例を示す。水素を 1.008 として現在の原子量表示に直

ベルセリウス　Berzelius, J. J.
(1779-1848)

表1.1　ベルセリウスの原子量表*

元素	ベルセリウスの原子量（H＝1）	ベルセリウスの原子量（現在の値に換算）	現在の原子量
H	1	1.008	1.008
C	12.25	12.35	12.01
N	14.19	14.30	14.01
O	16.03	16.15	16.00
P	31.34	31.59	30.97
S	32.24	32.50	32.07
Cl	35.47	35.75	35.45
Ca	41.03	41.36	40.08
Fe	54.36	54.79	55.85
Cu	63.42	63.93	63.55

*　1826年版

してみると，その正確さは驚くばかりであることがわかる。また，米国の化学者リチャーズも重量分析法を駆使し，原子量の精密測定を行い，1914年にノーベル化学賞を受賞している（9章コラム（p.103）参照）。

リチャーズ Richards, T.W.

一方，容量分析（滴定法）の発展は重量分析法に比べてやや遅れる。18世紀には先駆的な仕事がなされているが，容量分析の創始者はフランスの化学者ゲイ・リュサックとされている。彼は自ら考案したビュレットを用いて，様々な酸塩基滴定，銀の沈殿滴定，酸化還元滴定を報告しており，その最初の論文は1824年に書かれている。その後，容量分析も19世紀に大いに発展を遂げる[*4]。

ゲイ・リュサック
Gay-Lussac, J-L.（1778-1850）

*4　代表的な容量分析法の一つであるEDTA滴定法（7章参照）が創始されたのは20世紀半ばであり，スイスの化学者シュバルツェンバッハ（Schwarzenbach, G.）の貢献による。

19世紀後半に重量分析と容量分析を集大成したのはフレゼニウスである。彼は1841年に定量化学分析に関する本を出版したが，その後版を重ね，19世紀における分析化学のバイブルとなった。一方，19世紀に発展した物理化学，特に化学平衡論の確立が分析化学に与えた影響も大きい。オストワルドは「分析化学の科学的基礎」と題する著作を発表し，分析化学者に多大な影響を与えた。

フレゼニウス Fresenius, K.R.
オストワルド Ostwald, F.W.

光分析の端緒はニュートンにまでさかのぼる。18世紀中に，ブーケとランベルトにより，色ガラスの光吸収が定式化されている。この法則は長らく科学者の注意を引かなかったが，1852年にベールがこの法則を溶液の溶質の光吸収の現象に結びつけ，現在のランベルト-ベール則を導くと，たちまち化学分析に応用されることになった。その一つは吸光光度法（14章参照）の前身の比色法であり，溶液中の溶質の分析に用いられた。もう一つは，ブンゼンとキルヒホッフが1859年に報告した炎光法である。彼らは炎光法を駆使してRb, Ce, In, Gaなどの元素を発見している[*5]。

ニュートン Newton, I.
（1642-1727）
ブーケ Bouquer, P.
ランベルト Lambert, J.
ベール Beer, A.

ブンゼン Bunsen, R.W.
キルヒホッフ Kirchhoff, G.R.

*5　ファラデー（Faraday, M.；1791-1867）らの活躍により電気化学分析（18章参照）の基礎が確立したことも，19世紀の重要な発展である。

1.2.4　20世紀の分析化学

20世紀初頭を飾る化学分析の大発明は，前述した1901年のツヴェットによるクロマトグラフィーである。彼は，炭酸カルシウムを詰めたガラス管に石油エーテルに溶かした葉の抽出物を通し，クロロフィルなどの植物色素を分離した。彼は色素を分離したことから，1906年の論文の中で自身の方法に color-writing との意味をもつクロマトグラフィーという名前を与えた。この名前は，必ずしも方法を正確に表してはいないかもしれないが，現在では完全に定着し広く使われている。クロマトグラフィーはまさに画期的な方法であり，現在では，化学分析のみならず科学技術・産業全般にとって極めて重要な方法となっている。また，イオン交換法や溶媒抽出法などのほかの分離法も，端緒は 19 世紀にさかのぼるが，発展は 20 世紀に入ってからであり，分離化学は 20 世紀の学問といえる。

一方，19 世紀が化学の世紀とすれば，20 世紀は物理学の世紀である。量子論の発展は，私たちの物質観を一変させ，それに伴う様々な科学技術の発展により，私たちの生活までも一変することになった。こうした状況のもと，分析化学も大きな発展を遂げる。特に，機器分析法の発展は目覚ましい

表 1.2　分析法に関連するノーベル賞

年	ノーベル賞	分析法
1914	Rechards, T.W.：原子量の精密測定に関する研究	主に重量分析法
1915	Bragg, W. H. and Bragg, W. L.：X 線による結晶構造解析に関する研究（物理学）	X 線回折法
1922	Aston, F.W.：非放射性元素における同位体の発見と質量分析器の開発（化学）	質量分析法
1923	Pregl, F.：有機化合物の微量分析法の開発（化学）	有機元素分析法
1930	Raman, C.V.：光散乱の研究とラマン効果の発見（物理学）	ラマン分光法
1948	Tiselius, A. W. K.：電気泳動装置の考案および血清タンパク質の複合性に関する研究（化学）	電気泳動法
1952	Martin, A. J. P. and Synge, R. L. M.：分配クロマトグラフィーの開発及びその応用（化学）	諸クロマトグラフィー（GC, LC）
1952	Bloch, F. and Purcell, E. M.：核磁気の精密な測定における新しい方法の開発とそれについての発見（物理学）	核磁気共鳴分光法（NMR）
1959	Heyrovsky, J.：ポーラログラフィーの理論及び発見（化学）	ポーラログラフィー，電気化学分析
1961	Mössbauer, R. L.：ガンマ線の共鳴吸収についての研究および，それに関連する彼に因んで命名されたメスバウアー効果の発見（物理学）	メスバウアー分光法
1977	Yalow, R. S.：ペプチドホルモンのラジオイムノアッセイの開発（生理学・医学）	抗体分析法
1980	Gilbert, W. and Sanger, F.：核酸の塩基配列の決定（化学）	DNA シークエンサー
1981	Siegbarn, K.：高分解能光電子分光法の開発（物理学）	光電子分光法
1986	Ruska, E.：電子顕微鏡の設計（物理学）	電子顕微鏡
1986	Binnig, G. and Rohrer, H.：走査型トンネル顕微鏡の設計（物理学）	走査型トンネル顕微鏡
1989	Dehmelt, H. G. and Paul, W.：イオントラップ法の開発（物理学）	質量分析法の発展
1991	Ernst, R. R.：高分解能 NMR の開発への貢献（化学）	高分解能 NMR
1993	Mullis, K. B.：PCR 法の発明（化学）	DNA 解析技術
2002	Fen, J. B. and Tanaka, K.：生体高分子の質量分析法のための温和な脱離イオン化法の開発（化学）	質量分析法の発展
2008	Shimomura, O., Chalfie, M. L. and Tsien, R. Y.：緑色蛍光タンパク質（GFP）の発見とその応用（化学）	細胞内タンパク質の可視化
2009	Boyle, W. and Smith, G. E.：撮像半導体回路である CCD センサーの発明（物理学）	CCD 検出器の発明
2015	Betzig, E., Hell, S. and Moerner, W. E.：超高解像度蛍光顕微鏡の開発（化学）	蛍光顕微鏡の高性能化

ものがあった。**表1.2** は，分析化学に直接関連のある業績に贈られたノーベル賞をまとめたものである。これによると，多くの方法論の開発がノーベル賞の対象になっていることがわかる。また，この表にあげた項目以外にも，間接的に機器分析の発展に寄与したと考えられる受賞対象も多い。一方，ノーベル賞の受賞対象にはならなかったものの，偉大な分析化学における業績も多い。その代表は上記のツヴェットによるクロマトグラフィーの創始である。

このように，20 世紀に入ってからの分析化学の進歩は，まさに日進月歩であった。化学的手法，物理学的手法，さらには生物学的手法が融合し，様々な新たな方法が生まれてきた。そして，学問領域としての分析化学も確立したのである。

1.2.5　21 世紀の分析化学

現在，分析化学は変革の直中（ただなか）にある。この変革は，新たな測定原理の導入よりも，社会で進行中の情報・通信革命により引き起こされた変革と考えられる。すなわち，大量のデータ，いわゆるビッグデータを，短時間に，しかも簡単に処理できるようになったため，データの量の拡大が分析の質を劇的に変化させているのである。例えば，イメージング（あるいはマッピング）は，少し前までは大型の計算機システムを必要としたため，その応用は限られていた。しかし，パソコンの性能も上がったため，例えば顕微鏡像の画像解析など様々な分野に応用されるようになった。さらに，ゲノミクス，プロテオミクスなどいわゆる「オミクス（-omics）」*6 と呼ばれる網羅的解析手法が急速に進歩し，生命科学のみならず環境科学，考古学などにも広く応用されるようになっている。このように，分析化学の発展により，人類はこれまで見ることができなかった世界を見ることができるようになってきた。そして，分析化学は非常に活発な研究分野として今も発展を続けている。

*6　生体内の分子全体を網羅的に解析し，生命現象を包括的に調べる手法はオミクス解析と呼ばれる。遺伝子全体（ゲノム）を解析するゲノミクス，タンパク質を解析するプロテオミクス，代謝物を解析するメタボロミクスなどが，その代表である。

1.3　化学分析における重要な概念

化学分析において重要となる様々な概念を考えてみよう。例として，古典分析法の，硫酸バリウムの沈殿生成を用いる硫酸イオンの重量分析法（9.3 節参照）を取り上げる。

硫酸イオンの重量分析法のあらましは以下のとおりである。濃度不明の硫酸イオンを含む水溶液試料があり，その硫酸イオンの量を測定することがこの化学分析の目的である。まず，やや過剰のバリウムイオンをこの試料に加えて，硫酸イオンをすべて硫酸バリウムの形で沈殿させる。沈殿を目の細かなろ紙を用いてろ過し，沈殿をすべてろ紙上に回収する。この沈殿とろ紙を磁製るつぼに移し，まずゆっくり加熱し水分をのぞいたのち，強熱し，ろ紙を灰化して完全に除去する。さらに，沈殿が水分を吸収しないように磁製るつぼをデシケーター中で放冷したのち，電子天秤でその質量を精秤（ひょう）する。さらにその磁製るつぼの強熱，放冷，精秤を，恒量（通常，前後の質量の変化が 0.3 mg 以下になる）になるまでくりかえす。この質量から，前もって同じように恒量にして測定した磁製るつぼの質量を引けば，硫酸バリウムの質量が計算でき，さらに硫酸バリウムの式量から硫酸イオンの質量を計算できる。

さて，この方法において，硫酸イオンの定量を成り立たせている要素を抽出してみよう。まず，この方法が，硫酸バリウムの溶解度は極めて小さく，バリウムイオンを硫酸に対して過剰に加えれば，ほとんどすべての硫酸イオンが沈殿するという化学平衡に基づいていることは重要な要素である。すなわち，硫酸イオンのほとんどすべてを沈殿として回収できるのである。また，バリウムイオンと沈殿をつくるイオンは，通常，硫酸イオンに限られるため，それ以外のイオンが混じることは少ない。すなわち，純粋な硫酸バリウムの沈殿が得られることも重要である。さらに，バリウムイオンと硫酸イオンは，常にモル比で 1：1 の沈殿をつくることも重要である。すなわち，硫酸バリウムの質量から，硫酸イオンの質量を計算できるわけである。このような反応を化学量論的な反応と呼ぶ。この三つの要素のうち，一つでも欠けると化学分析は行えなくなる。

★　化学量論的な反応は定量分析の基礎となる。

次に，電子天秤の役割を考えてみよう。電子天秤は沈殿の質量を測定する装置である。その測定できる質量には限りがある。通常，重量分析に用いられるセミミクロ天秤は 0.01 mg が限度である。また，質量が小さくなるほど，例えば，空気の動きや温度の影響を受けやすくなるため，相対的に測定誤差が大きくなることは，容易に想像されるであろう。そうすると，天秤による質量測定の限界が，重量分析法で測定できる硫酸イオンの量を規定している要素の一つであることがわかる。

以上を化学の用語で表現し直してみる。まず，方法の原理を，化学量論的な沈殿反応と質量測定とにまとめることができる。さらに，沈殿操作は，試料溶液中のほかの成分からの分析成分*7 の定量的な「**分離**」操作と言い換えることができる。また，電子天秤による質量測定は，分析成分の「**検出**」に相当する。このように，分析成分の「分離」と「検出」は化学分析の両輪を形成している。

*7　化学分析の対象となる化学成分（ここでは硫酸イオン）を「分析成分（analyte）」と呼ぶ。

分離　separation

検出　detection

★　分離と検出は化学分析の両輪。

また，方法の評価基準としては，まず，どこまで少ない量（または濃度）の硫酸イオンを測定できるか，が重要な要素である。この要素は「**感度**」あるいは「**検出限界**（LOD）」という用語で表現される。これらの用語の詳しい定義は 11 章で学ぶ。この場合は，溶解度積の大きさ，電子天秤の能力および沈殿を精製し恒量にする実験技術によっている。したがって，重量分析法で測定できる量は通常は mg（10^{-3} g）オーダーとなる。

感度　sensitivity

検出限界　limit of detection

★　感度や検出限界は，どこまで少ない量（または濃度）を測定できるかを表す指標。

次に，沈殿に不純物が混入してしまうと正しい値が得られないことになる。すなわち，この方法がほかの共存物質の影響を受けずにどこまで硫酸イオンのみを測定できるかということも大変重要な要素である。この要素を表現する用語として「**選択性**」という言葉が使われる。選択性の高い方法は優れた方法ということになるが，完璧な方法は存在せず，実際には常に注意が必要となる。

選択性　selectivity

★　選択性は共存成分の影響を受けずにどこまで分析成分のみを測定できるかを表す。

選択性の問題も含めて，得られた分析値が「真の値」にどれだけ近いかも重要である。選択性が不充分で不純物が混入し，高めの値を与えてしまう，あるいは，沈殿の精製過程で，沈殿を少しずつロスしてしまい，やや低めの値を与えてしまう，というようなことは常に起こりうる。一方，「真の値」は通常は知ることができない「神のみぞ知る」値であるが，「標準物質*8」を利用して方法の評価を行うなど，できる限り合理的な評価を行うことが望まれる。さらに，測定値の再現性（ばらつき）も重要な要素である。科学は，すべて再現性のある測定結果（同じ測定をすれば同じ結果が得られる）に基づいている。しかし，厳密に同じことは繰り返せないので，測定値は多少ばらつくことになる。このばらつきが許容できる範囲か，そうではないかは分析値にとって非常に重要な要素となる。これらの要素，すなわち，「真の値」への近さと「ばらつき」の大きさの程度は，「**精確さ**」という用語で表現される。これに関しては3章でさらに詳しく学ぶ。

*8　分析試料と同様の成分組成をもち，分析成分の量（濃度）が厳密に測定され，均質性や保存性が保証された物質（3.9節参照）。

精確さ accuracy

★　精確さは測定値の「真の値」への近さと「ばらつき」の大きさの程度を表す（3章）。

1.4　化学分析のプロセス

化学分析のプロセスはいくつかの段階から成り立っている。その詳細は化学分析ごとに異なるが，**図1.1**のように一般化できる。順を追ってこのプロセスを見てみよう。

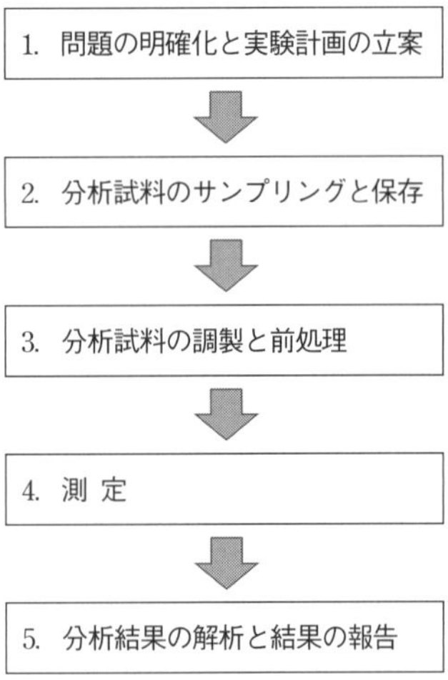

1. 問題の明確化と実験計画の立案

2. 分析試料のサンプリングと保存

3. 分析試料の調製と前処理

4. 測 定

5. 分析結果の解析と結果の報告

図1.1　化学分析のプロセス

1. 問題の明確化と実験計画の立案

まず，その分析を行うことにより，何を，何のために知りたいのかを明確にすることが分析の第一歩となる。分析の目的は千差万別である。例えば，健康診断で腎臓機能の診断のために，尿中のタンパク質の濃度が調べられるが，通常は試験紙を用いた簡単な方法でスクリーニングを行う。この場合は，精確であることよりも，安価で迅速・簡単であること，さらに，本当は高い濃度（病気）であるのに，低い濃度（正常）と判定される間違いを減らす注意が必要となる。一方，例えば，製鉄会社の分析室で，購入する鉄鉱石を分析するといった目的の場合，鉄の含有量により鉄鉱石の値段が決まるので，できる限り精確に分析しないと会社が損害を被ることになる。このように，分析の目的に沿って分析法が選択され，さらに図中の2.～5.の四つの段階の実験計画が立てられる。

★　分析の目的によって分析方法が選択される。

ところで，外的要因により分析法が自ずと決まる場合も多い。すべての分析法に対応できる分析室は存在しないので，まずは所有する装置や経験のある分析法で対応できないか考えることになる。また，**JIS**（日本工業規格）などの公定法（3章参照）を使うことが義務付けられている場合も多い。このように，目的と状況をよく考えて実験計画を立てなければならない。

JIS
Japanese Industrial Standards

2. 分析試料のサンプリングと保存

これは分析にとって大変重要な段階である。前述の鉄鉱石の分析の場合，大量の鉄鉱石からそれを代表している分析試料をサンプリングする必要がある。そこでは統計的な検討が重要となる。また，環境試料などにおいては，採取の方法，場所，時期などをよく検討し，分析の目的に合ったサンプリングを行う必要がある。分析はお金と時間がかかる行為であり，また，例えば，対象が文化財などの場合，価値の高いものを傷つける行為であることさえある。したがって，通常，統計学やその分析試料に関する知識を総動員して，必要最小限のサンプリングを行うことが望まれる。さらに，サンプリングの過程で分析成分の汚染，損失あるいは変質が容易に起こりうることにも注意する必要がある。

★　分析目的に応じて必要最小限の試料をサンプリングする。

また，分析試料をサンプリングしてきてもすぐに分析できることは少なく，その保存も重要である。生物試料などは，保存法が悪いと分析成分が分解し分析する意味がなくなってしまう場合もある。分析成分の保存容器からの溶出やそれへの吸着も考慮する必要がある。通常，安定に保存するために，採取直後に，酸を加えるなど最小限の処理を施したのち，冷蔵・冷凍保存されることが多い。

★　分析目的，試料の種類，分析成分を考慮してサンプリングや保存の方法を選択する。

3. 分析試料の調製と前処理

この段階はさらに二段階に分けられる。

第一段階は，サンプリングしてきた試料から，第二段階のいわゆる前処理と呼ばれる試料に対する化学操作ができるように試料を調製する過程である。溶液試料の場合は，ほとんどの場合，均一性が保証されるので，その一部を分析に用いることでこの段階を省略できることも多い。一方，固体試料については，一般的にこの過程が必要となる。この過程も分析目的により内容は大きく異なる。例えば，サンプリングしてきた試料中の分析成分の分布を測定したい場合は，その部分ごとに試料を分割していく操作が必要となる。一方，その試料中の分析成分の濃度の平均値（代表値）を知りたい場合には，試料の均一化が必要となる。例えば，まず乾燥し（必要ならば，乾燥前後の試料の質量を精秤しておく），さらに，メノウ乳鉢などを用いて試料を粉砕し，粉にして均一化するといった操作が行われる。

第二段階は，試料前処理と呼ばれる，分析試料に対する化学操作の段階である[*9]。すなわち，分析試料を，分析機器で測定するために，試料の形態を変化させたり（例えば溶液にする），分析成分を共存物から分離・濃縮したりする操作である。当然のことながら，試料や分析成分の種類，また選択した分析法によってその内容は大きく異なる[*10]。この過程での分析成分の汚染や損失にも充分気を付けなければならない。

*9　その前に固体試料は精秤する必要がある。この精秤した質量の値は，最終的に分析成分の濃度を計算するときの基準となる。電子天秤を用いて通常 0.1 mg の桁（けた）まで精秤する。もしも秤量誤差を 0.1 ％以下に抑えたいなら，試料量は 100 mg 以上である必要がある。一方，液体試料では，やはり，精秤してそのまま試料とすることもあるが，ホールピペットなどを用いて精確に一定の容積の試料を採取して次の処理を行う。

★　試料前処理は，分析機器で測定するために，試料の形態を変化させたり，分析成分を共存物から分離・濃縮したりする操作である。

*10　例えば，固体試料中の重金属元素の濃度を測定しようとするときは，まず，試料を酸で分解して水溶液にする。目的元素の濃度が低い場合には，さらに抽出法やカラム法などを駆使して濃縮する。一方で，方法の選択性には限りがあるので，共存物質を除く分離操作や，共存物質の影響を化学的に抑える**マスキング**（masking）操作（7 章参照）が必要になる場合もある。

選択された方法では分析成分が直接測定できない場合もある。こうした場合は，化学反応を利用して分析成分の化学形態を変化させて測定する。こうした操作を**誘導体化**と呼ぶ。なお，この誘導体化は測定の際にオンラインで行われる場合もある。

誘導体化 derivatization

★　誘導体化は化学反応を利用して分析成分の化学形態を変化させて測定可能にする手法。例えば，吸光光度法で金属イオンを測定する場合，金属イオンは直接光を吸収しないが，光を吸収するキレート剤と反応させて，有色の化合物に変換する（14.5 節参照）。

結果の解析において統計的な取り扱いができるように，複数の測定用試料を調製することも重要である。また，分析試料を加えないで同じ前処理操作をほどこしたブランク試料を準備することも必要である。ブランク試料は，使用した試薬からの分析成分の汚染や測定における影響（干渉）を評価するためにも必要である。

★　統計的な取り扱いができるように，複数の測定用試料を調製する。

★　ブランク試料は，分析試料を加えないで同じ前処理操作をほどこして作製する。

検量線 calibration curve
回収率 recovery
標準添加法
standard addition method

組成標準物質
reference material

★ 機器分析法では，通常検量線法により定量する。

★ 統計的な取り扱いを可能とするために，同じ分析試料を複数回測定する。

★ 精確さを確保するために，回収率を求めたり，標準添加法を用いることも重要である。

★ 分析値の統計的な解析を正確に行う。

★ 行った分析プロセス全体を他人が理解できるように記録に残す。

4. 測 定

さて，この過程がいわゆる分析の中心的段階である。現在は機器分析が主流になっている。その場合は，通常，標準物質を用いて**検量線**を作成し，さらに分析試料を測定して定量を行う（3章，11章参照）。統計的な取り扱いを可能とするために，同じ分析試料を複数回測定する必要がある。また，精確さを確保するために，**回収率**（13章参照）を求めたり，**標準添加法**（13章参照）を用いることも重要である。さらに，分析試料と同じ前処理操作をほどこした**組成標準物質**（3章）を同時に分析することも有効である。

5. 分析結果の解析と結果の報告

以上の分析結果を解析し，必要に応じて報告書を作成することが分析プロセスの最終段階である。通常，分析値の標準偏差，回収率，また必要に応じて，「不確かさ」（3章参照）など，分析値の統計的な解析を正確に行い報告することが求められる。報告書の形式は分析の依頼者により異なるだろうが，行った分析プロセス全体を，他人が理解できるように記録に残すことが重要である。

1.5 分析化学に関する情報

ここで分析化学に関する情報をまとめておく。

まず，教科書である。日本の教科書にも優れたものはたくさんがあるが，ここでは欧米で定評のある教科書を二つ紹介しておく。

1. Christian, G. D., Dasgupta, P. K. and Schug, K. A. (2014) "Analytical Chemistry" 7th ed., Wiley
   日本語版も出版されている（丸善出版）。
2. Kellner, R. (Editor), Mermet, J.-M. (Editor), Otto, M. (Editor), Valcárcel, M. (Editor) and Widmer, H. M. (Editor) (2004) "Analytical Chemistry, a Modern Approach to Analytical Science" 2nd ed., Wiley

The European Association for Chemical and Molecular Sciences (EuCheMS) の分析化学部門が作成した分析化学標準カリキュラムに沿った教科書で，初版（1998）は和訳されている（科学技術出版）。

分析化学関係の雑誌では，以下が国際的によく知られている。これらは分析化学の総合誌であるが，このほかに，それぞれの方法や分野（例えば環境，食品の分析など）に特化した雑誌も数多く刊行されている。

1. Analytical Chemistry（米国化学会の雑誌）
2. Analytical and Bioanalytical Chemistry（ドイツやフランスなどを中心とするヨーロッパ諸国の化学会が共同で出版している雑誌。中でも，この雑誌の前身の一つであるドイツの Fresenius' Journal of Analytical Chemistry は，分析化学分野の最も歴史の古い雑誌である。）
3. The Analyst（英国の王立化学会の雑誌）
4. Analytica Chimica Acta（出版社発行の国際誌）
5. Talanta（出版社発行の国際誌）

6. Analytical Sciences（日本分析化学会の英文誌）
7. 分析化学（日本分析化学会の和文誌）

Web Site もいくつか紹介する。

1. 日本分析化学会（http://www.jsac.jp/）

日本の分析化学に関する最大の学会である。

2. American Chemical Society（ACS，米国化学会）の分析化学部門（http://www.analyticalsciences.org/）
3. IUPAC（国際純正応用化学連合）（http://iupac.org/）

化学の最も大きな国際的な学会連合で，分析化学部門もある。用語，化合物命名法，物理定数などに関して重要である。

4. National Institute of Standards and Technology（NIST）（http://www.nist.gov/）

米国商務省の研究所で，米国の標準の元締め研究所であり，分析化学にとっても標準物質の供給など非常に重要な研究所である。

5. 国立研究開発法人産業技術総合研究所計量標準総合センター（NMIJ）（https://www.nmij.jp/）

日本の NIST に相当する経産省傘下の研究所であり，日本の標準の元締め研究所である。標準物質の供給なども行っている。

6. The International Organization for Standardization（ISO）（http://www.iso.org/iso/home.html）

様々な国際標準を統括する国際機関で，分析化学に関しても，標準分析法の制定，優良分析室の認定基準の制定など，重要な役割を果たしている。

7. 日本規格協会（http://www.jsa.or.jp/）

日本工業規格（JIS）や ISO 規格など，様々な標準や規格に関する日本の窓口になっている。JIS では，様々な分野で標準分析法などが制定されている。

本章のまとめと問題

1.1　化学分析と分析化学の意味の違いを述べなさい。

1.2　定性分析と定量分析を説明しなさい。

1.3　機器分析を説明しなさい。

1.4　分離，検出，感度，検出限界，選択性，精確さの語句の意味をそれぞれ説明しなさい。

1.5　試料サンプリングにおける留意点について述べなさい。また，試料前処理とは，通常どのような操作を指すか述べなさい。

引用文献

1）Murray, R. W.（1994）*Anal. Chem.*, **66**, 682A

単位と濃度

国際単位系 (SI) を概観する。すなわち，その歴史，七つの基本単位とそれらの定義，組立単位およびSI接頭語について学ぶ。また，SIにおけるトレーサビリティー体系の意義を論じる。次に，濃度単位，すなわち，分率，モル濃度，質量モル濃度について学び，濃度単位の相互変換の方法を習得する。さらに濃度を操る実験器具について学ぶ。

2.1 国際単位系 (SI) とは

1章で論じたように，化学分析の目的は，多くの場合，分析成分の量や濃度を正確に求めることにある。例えば，分析の結果，1リットルの試料溶液中に1gの分析成分が溶けていることがわかったとする。しかし，もしも米国の1gと日本の1gに差があったとしたら，米国と日本の間での科学的な議論や商取引は大きな困難を抱えてしまうことは容易に想像される。現実には，例えば1gはどこの国に行っても同じ質量を意味するのが現在では当たり前であり，誰も不思議に思わない。しかし，これは先人の大きな努力の成果であり，さらに，現在も，この当たり前のことを維持するために，世界中の国立研究機関を中心とする多くの人々の努力が続いている。

★ 世界共通の単位系の発端は，1875年のメートル条約である。

こうした世界共通の単位系の発端は，1875年にフランスを中心に17か国で締結されたメートル条約である。ヨーロッパでは，産業革命をへて，工業が興り，国際貿易が活発になった。そのため，普遍的な標準をもった単位制度確立の要求が高まった。特に，フランスでは，18世紀末に，革命により国際貿易の主な担い手であった商工業者（ブルジョアジー）が政権の担い手となったため，革命の進行と並行して新たな単位系であるメートル系がつくられた。この単位系は，1）単位の大きさを人類共通の自然（例えば，地球，水）に依存して決める，2）十進法を採用する，3）1量1単位とする，という大変合理的なものであった。この単位系は，同様の要求が高まっていた他のヨーロッパ諸国の関心を引き，上記の「メートル法を国際的に確立し，維持するために，国際的な度量衡標準の維持供給機関として，**国際度量衡局** (BIPM) を設立し，維持することを取り決めた多国間条約」であるメートル条約に結実した[巻末参考資料1)]。日本は，1885年に，このメートル条約に加盟している。当初は，長さ・面積・体積・質量の単位のみが対象であったが，学問や社会の進歩に伴い，徐々に対象となる単位が増え，1960年からは，現在の**国際単位系** (SI) と呼ばれるようになった。

国際度量衡局
Bureau International des Poids et Mesures

★ 日本は1885年にメートル条約に加盟。

国際単位系
Systeme International d'Unites, The International System of Units

SIは，全世界で共通に使用される測定に関わる唯一の「一貫性のある単位系」である。ここで，「一貫性のある単位系」とは，単位間の換算を必要とし

ない (係数の付かない) 単位系のことである。**表 2.1** に，SI の七つの基本単位とその定義をまとめる。これら以外の単位は，これらの組合せで表現され，SI 組立単位と呼ばれる。この SI 組立単位には 2 種類ある。一つは，固有の名称をもつもので，例えば，力の単位にはニュートン (N) という固有名称が与えられているが，N を SI 基本単位で表すと N = m kg s^{-2} となる。**表 2.2** に固有名称をもつ主な SI 組立単位の例を示す。私たちが日ごろ使用している多くの単位はこれに属する。一方，固有名称の与えられていない単位もある。例えば，体積の基本単位は立方メートルであり，m^3 と表現される。その主な例を**表 2.3** に示す。また，熱容量やエントロピーの単位には，

★ SI は全世界で共通に使用される測定に関わる唯一の一貫性のある単位系。

★ SI の七つの基本単位と，それらの組合せで表現される SI 組立単位からなる。

★ SI 組立単位には，固有の名称を持つものと持たないものの 2 種類がある。

表 2.1 七つの SI 基本単位 (量，単位，記号，定義)[巻末参考資料 2)]

SI 基本単位	定 義*
長さ：メートル，m	メートルは，1 秒の 299,792,458 分の 1 の時間に光が真空中を伝わる行程の長さである。 この定義の結果，真空中の光の速さは正確に 299,792,458 m s^{-1} である。
質量：キログラム，kg	キログラムはプランク定数 h を 6.626 070 15 × 10^{-34} J s (= kg m^2 s^{-1}) とすることにより定義される。
時間：秒，s	秒は，セシウム 133 (^{133}Cs) 原子の基底状態の二つの超微細構造準位間の遷移に対応する放射の周期の 9,192,631,770 倍の継続時間である。 この定義の結果，セシウム 133 原子の基底状態の超微細構造準位の分裂の周波数は，正確に 9,192,631,770 Hz である。
電流：アンペア，A	アンペアは素電荷 (電子の電荷) e を 1.602176634 × 10^{-19} C (= A s) とすることにより定義される。 したがって 1 秒間に電気素量の 1/(1.602176634 × 10^{-19}) 倍の電荷が流れる電流は 1 A である。
熱力学温度： ケルビン，K	熱力学温度の単位，ケルビンは，ボルツマン定数 k を 1.380649 × 10^{-23} J K^{-1} (= kg m^2 s^{-2} K^{-1}) とすることにより定義される。
物質量：モル，mol	モルは物質に含まれる特定された要素粒子の数に関する量 (物質量と呼ばれる) で，正確に 6.02214076 × 10^{23} 個の要素粒子を含む系の物質量が 1 モルである。この数は，アボガドロ定数 N_A を単位 mol^{-1} で表したときの数値部分で，アボガドロ数と呼ばれる。 ただし要素粒子とは，原子，分子，イオン，電子，その他の粒子または粒子の集合体のいずれかで，それが明確に規定されていなければならない。
光度：カンデラ，cd	カンデラは，周波数 540 × 10^{12} ヘルツの単色放射を放出し，所定の方向におけるその放射強度が 1/683 ワット毎ステラジアンである光源の，その方向における光度である。 この定義の結果，人の目の分光感度は 540 × 10^{12} Hz の単色放射に対して正確に 683 lm W^{-1} である。 (lm (ルーメン) は光束の SI 単位で，1 lm は「すべての方向に対して 1 cd の光度をもつ標準の点光源が 1 ステラジアンの立体角内に放出する光束」と定義される。)

* 2018 年 11 月の第 26 回国際度量衡総会 (CGPM) において，質量，電流，熱力学温度，物質の四つの基本単位の新定義が採択され，2019 年 5 月から有効となった。これにより七つすべての基本単位の定義は不確かさのない明示的な定数の形式で表現されるようになった。

表 2.2　固有の名称をもつ SI 組立単位（例）

組立量	組立単位の名称	単位記号	他の単位による表し方
力	ニュートン	N	$\mathrm{m\,kg\,s^{-2}}$
圧力，応力	パスカル	Pa	$\mathrm{N\,m^{-2} = m^{-1}\,kg\,s^{-2}}$
エネルギー，仕事，熱量	ジュール	J	$\mathrm{N\,m = m^2\,kg\,s^{-2}}$
仕事率	ワット	W	$\mathrm{J\,s^{-1} = m^2\,kg\,s^{-2}}$
電荷，電気量	クーロン	C	$\mathrm{A\,s}$
電位差（電圧）	ボルト	V	$\mathrm{W\,A^{-1} = m^2\,kg\,s^{-3}\,A^{-1}}$

表 2.3　組立量と組立単位の例

組立量	記号	組立単位	記号
面積	A	平方メートル	$\mathrm{m^2}$
体積	V	立方メートル	$\mathrm{m^3}$
速さ，速度	v	メートル毎秒	$\mathrm{m\,s^{-1}}$
加速度	a	メートル毎秒毎秒	$\mathrm{m\,s^{-2}}$
濃度	c	モル毎立方メートル	$\mathrm{mol\,m^{-3}}$
質量濃度	ρ, γ	キログラム毎立方メートル	$\mathrm{kg\,m^{-3}}$

通常，固有名称をもつ組立単位であるジュール（J = N・m）と，温度の基本単位であるケルビン（K）を用いた $\mathrm{J\,K^{-1}}$ が用いられる。しかし，すべての物理的な単位は，七つの SI 基本単位から直接それらのべき乗で導かれ，しかも係数がつかない（一貫性のある）単位系であることが重要である。

基本単位の定義は，学問の進歩とともに変化している。例えば，長さの単位であるメートルは，元来，地球の子午線の北極から赤道までの長さの 10^{-7} と定義されたが，1870 年，メートル原器と呼ばれる，特殊な金属でできた棒の長さに変更された。その後，1960 年には ^{86}Kr（クリプトン 86）の原子スペクトル線の波長に基づく定義に変更され，1983 年に，表 2.1 に示すような，光速に基づく現在の定義に再度変更されている。一方，質量の定義は，パリの BIPM に置かれているキログラム原器の質量と定義されていたが，表 2.1 に示すとおり，2019 年 5 月からはプランク定数 h により定義されている。また，同表の通り，質量を含めて四つの基本単位の定義変更がなされた。

SI は，測定の現場でどう利用されているのだろうか。質量を考えよう（**図 2.1**）。質量（1 kg）は，長らくパリの「キログラム原器」の質量とされており，日本などの各国は，そのレプリカ（日本では「日本キログラム原器」）を使って国内の秤（はかり）を校正してきた。一方，現在は，表 2.1 のように，質量はプランク定数 h により定義されている。プランク定数 h は，実際には，アボガドロ国際プロジェクトと呼ばれる国際共同研究により，^{28}Si 同位体だけでできた単結晶球体を，質量も含めその性質を精密測定することにより正確に求められた。すなわち，プランク定数 h は，この単結晶球体の質量と直接的に結び付けられている。そして，この単結晶球体を基準にして，標準分銅群（1 mg ～ 20 kg）（この中にはこれまでのキログラム原器も含まれている）が校正される。この標準分銅群は，総称して特定標準器と呼ばれ，各国により管理される。実験室の電子天秤で試薬の質量を測ったとする。その天秤は，何段階か経て国が特定標準器で校正し，正しさを保証したものだ。特定標準

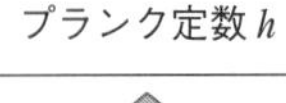

^{28}Si 同位体の単結晶球体
アボガドロ国際プロジェクト

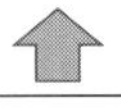

特定標準器（国定機関）
標準分銅（1 mg ～ 20 kg）

特定二次標準器（各メーカー）
標準分銅（1 mg ～ 2000 kg）

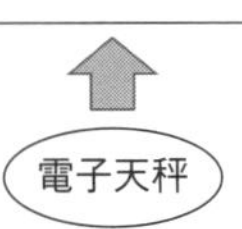

図 2.1　質量のトレーサビリティ

器は単結晶球体の質量を基準にしており，その単結晶球体はプランク定数 h と結び付けられている。このように，その測定がSI基本単位にまでさかのぼれることを**SIトレーサブル**と呼び，SIに基づいて測定の正しさを評価，証明できる体系のことを**トレーサビリティー体系**と呼んでいる。このトレーサビリティー体系は，現在の物理的・化学的測定の基礎となる概念として重要である。すなわち，世界中の国々が，この体系を管理・維持しているため，私たちはどの国でも1gは同じ質量と考えることができる。また，こうした標準に関する体系を正しく維持管理することは，現代国家の重要な役割の一つと認識されている。

トレーサビリティー traceability

★ SIに基づいて測定の正しさを評価・証明できる体系のことをトレーサビリティー体系と呼ぶ。

2.2 SIの表記

前述のように，SIには基本単位が定められているが，私たちは時として大変大きな量や小さな量を扱う必要がある。その場合，基本単位だけでは不便である。そこで**表2.4**に示すように，単位の10の整数乗倍のSI接頭語が定められている。これはすべての単位の接頭語として利用可能である。私たちは長さの単位としてcmやmmを用いるが，c（センチ）は 10^{-2} を意味するSI接頭語であり，1mの1/100の長さを意味することはいうまでもない。実際にはほとんど用いられないが，cg（1gの1/100の質量）といってもまったく問題はない。これらの接頭語は頻繁に様々なところで使われているので，そのおおよそを記憶しておくことが望ましい。

★ 桁を表すSI接頭語は，すべての単位で使用できる。

表2.4 SI接頭語

10^{-1}	デシ	d	10	デカ	da
10^{-2}	センチ	c	10^{2}	ヘクト	h
10^{-3}	ミリ	m	10^{3}	キロ	k
10^{-6}	マイクロ	μ	10^{6}	メガ	M
10^{-9}	ナノ	n	10^{9}	ギガ	G
10^{-12}	ピコ	p	10^{12}	テラ	T
10^{-15}	フェムト	f	10^{15}	ペタ	P
10^{-18}	アト	a	10^{18}	エクサ	E
10^{-21}	ゼプト	z	10^{21}	ゼタ	Z
10^{-24}	ヨクト	y	10^{24}	ヨタ	Y

こうしたSIによる表記のほかに，私たちは慣用として様々な単位表記（非SI単位）を用いてきた。そうした単位の使用も，多くの場合，禁止されているわけではないが，常にSI単位との換算を示すことが推奨されている*1。例えば，私たちにとって重要な単位表記として，体積の単位であるL（リットル）がある。1Lは1辺が10cmの立方体の体積を意味するが，これをSIで表すと dm^3 となる。そこで論文などでLを使用するときには，最初に（$L = dm^3$）と定義することが一般的である。

*1 日本では計量法により，取引や証明に尺貫法（日本古来の計量単位系）やヤードポンド法（米国の慣用単位系）などを用いることは禁止されているが，それ以外の場合には，こうした単位系を用いても法律に抵触することはない。

****

[例題 2.1] 例にならって，次の SI 接頭語を用いて記されている値を SI の基本単位（または組立単位）で，また，基本単位（または組立単位）で記した数値を，SI 接頭語を用いて記しなさい。

例：6.8 nm　6.8×10^{-9} m　　：4.1×10^{3} m　4.1 km

1）3.5 ns　2）6.25 µmol　3）2.5 MPa　4）3.2×10^{-12} m　5）4.5×10^{6} W

[答] 1）3.5×10^{-9} s　2）6.25×10^{-6} mol　3）2.5×10^{6} Pa　4）3.2 pm
5）4.5 MW

****

2.3　物質量（モル）

物質量 amount of substance

★　物質量の基本単位は mol であり，使用するときには要素粒子を指定する必要がある。

表 2.1 にあげた基本単位が定義された物理量の中に，**物質量（モル）**が含まれていることは，通常あまり意識されていない。しかし，物質量が化学者にとって最も重要な概念の一つであることは言うまでもない。表 2.1 の定義のように，物質量の基本単位は mol であり，使用するときには要素粒子を指定する必要がある。すなわち，要素粒子のアボガドロ数に等しい数の物質量が 1 mol ということになる。また，物質量を表す記号として n が推奨されている。したがって，例えば，酸素 0.1 mol は $n(O_2) = 0.1$ mol と表記される。分子が要素粒子のときは，その質量（g 単位）を分子量で割った値がモル数となる。

****

[例題 2.2] 次の物質の物質量（mol）または質量を計算しなさい。

1）KCl 200 g　　2）グルコース 15.0 g
3）NaCl 0.600 mol　　4）エタノール 1.50 mol

[答] 1）KCl の式量は 74.6 であるので，モル数 $= \dfrac{200}{74.6} = 2.68$ mol

2）グルコースの分子量は 180 であるので，モル数 $= \dfrac{15.0}{180} = 0.0833$ mol

3）NaCl の式量は 58.4 であるので，質量 $= 0.600 \times 58.4 = 35.0$ g

4）エタノールの分子量は 46.0 であるので，質量 $= 1.50 \times 46.0 = 69.0$ g

****

2.4　濃度の表し方

濃度 concentration

★　濃度には 1）分率，2）モル濃度，3）質量モル濃度 の 3 種類がある。

分析化学の基本概念の一つに**濃度**がある。濃度は，混合物においてある成分が全体に占める比率を表す尺度であり，濃度を決定することが定量分析の目的であることが多い。濃度には様々な表現方法があり，大きく三つに分類される。すなわち，1）分率，2）モル濃度，3）質量モル濃度，である。

2.4.1　分　率

分率 fraction

分率は全体（溶液の場合，溶質 + 溶媒）中の目的物質（溶質）の割合を意味する。分率には**質量分率**，**体積分率**，**モル分率**があり，それぞれ数式で以下のように表現される。

質量分率 mass fraction
体積分率 volume fraction
モル分率 mole fraction

$$質量分率 = \frac{m_1}{m_1 + m_2} \qquad 体積分率 = \frac{v_1}{v_1 + v_2} \qquad モル分率 = \frac{n_1}{n_1 + n_2}$$

ここで m_1，v_1，n_1 は，それぞれ目的物質（溶質）の質量，体積，モル数を，m_2，v_2，n_2 はそれぞれ主要成分（溶媒）の質量，体積，モル数を表す*2。

この分率をわかりやすく表現するため，百分の一を意味する％（百分率，パーセント，percent），千分の一を意味する‰（千分率，パーミル，per mill）が用いられる。すなわち，表記法としては，質量分率 0.10，質量分率 10％，10％（質量分率）などが用いられる*3。

液体や固体の場合，分析化学においては，質量分率（特に％表示）が最もよく用いられる。一方，気体の場合には体積分率やモル分率（両者はほぼ同じ意味になる）がよく用いられる。

*2 分率は基本的に無次元となるが，$ng\ g^{-1}$，$cm^3\ m^{-3}$，$mmol\ mol^{-1}$ などと表す場合もある。

*3 それぞれ，百万分率，十億分率，一兆分率を意味する ppm，ppb，ppt も用いられているが，現在は，％，‰ 以外の使用は推奨されていない。ppm，ppb，ppt は，それぞれ $\mu g\ g^{-1}$，$ng\ g^{-1}$，$pg\ g^{-1}$ などと表すことが推奨されている。

2.4.2 モル濃度

その溶液の単位体積（通常は dm^3）中の溶質の物質量で表記する量は**モル濃度**と呼ばれ，分析化学では最も重要な濃度単位である。モル濃度の単位は SI では $mol\ dm^{-3}$ である*4。M（$M = mol\ dm^{-3}$）という表記も用いられているが，L（リットル）のように，用いるときはまず定義する必要がある。また，例えば要素粒子 NaCl の濃度は，NaCl を角かっこで囲んだ [NaCl] を用いて，$[NaCl] = 0.1\ mol\ dm^{-3}$ などと表す。

モル濃度 molar concentration

対象が微量成分の場合，モルの代りに質量を用いる場合がある。すなわち，$ng\ cm^{-3}$ などのように表す。この場合，モル濃度に容易に変換されるので，モル濃度の一種とも考えられる*5。

*4 本来の SI では，表 2.3 の通り，$mol\ m^{-3}$ が濃度の基本単位であるが，慣習的に $mol\ dm^{-3}$ がモル濃度の単位として使われている。

*5 水溶液の場合，その密度が約 1 となるので，$\mu g\ cm^{-3}$，$ng\ cm^{-3}$，$pg\ cm^{-3}$ をそれぞれ ppm，ppb，ppt と表記することがあるが，現在は推奨されていない。

2.4.3 質量モル濃度

溶媒 1 kg 中に溶けている溶質のモル数で表す濃度が質量モル濃度（$mol\ kg^{-1}$）である。この単位は分析化学ではほとんど用いられない。モル濃度は，温度が変化すると，溶液の密度が変化するため，その値は変化するが，質量モル濃度は変化しない。そのため，物理化学における現象を解析するのに便利な単位である。

★ 質量モル濃度は温度が変化しても，その値は変化しない。

＊＊＊＊＊＊＊＊＊＊＊＊＊＊＊＊＊＊＊＊＊＊＊＊＊＊＊＊＊＊＊＊＊＊＊＊＊＊＊

［例題 2.3］

1）無水炭酸ナトリウム 400 mg を水に溶かして 250 cm^3 の水溶液とした。この水溶液のモル濃度を計算しなさい。

2）2.00 $\mu g\ cm^{-3}$ の Zn^{2+} を含む溶液のモル濃度はいくらか。

［答］

1）無水炭酸ナトリウム Na_2CO_3 の式量 = 106.0

1 dm^3 のこの溶液中には，無水炭酸ナトリウムが $400 \times 1000/250 = 1600$ mg 溶けているので，そのモル数は

$$\frac{1600}{106} = 15.1\ \mathrm{mmol}$$

したがって，この溶液のモル濃度 ＝ 15.1 mmol $\mathrm{dm^{-3}}$

2）Zn の原子量 ＝ 65.4

2.00 μg $\mathrm{cm^{-3}}$ ＝ 2000 μg $\mathrm{dm^{-3}}$ であるので

$$[\mathrm{Zn^{2+}}] = \frac{2000}{65.4}\ \mathrm{\mu mol\ dm^{-3}} = 30.6\ \mathrm{\mu mol\ dm^{-3}}$$

＊＊＊＊＊＊＊＊＊＊＊＊＊＊＊＊＊＊＊＊＊＊＊＊＊＊＊＊＊＊＊＊＊＊＊＊＊＊

2.4.4　濃度単位の変換

化学分析に限らず，化学実験を行うにあたって濃度単位の変換は必ず必要になる。中でも質量分率（％）とモル濃度間の相互の変換は特に重要である。例えば，濃塩酸など，市販の酸や塩基など化学実験の基本的な試薬の濃度は，通常，質量分率（％）で与えられている一方で，実際の実験で用いる単位は，ほとんどの場合モル濃度である。したがって，この単位変換ができないと化学実験を正確に行うことができない。質量分率（％）濃度のモル濃度への変換には，溶質の分子量のほかに，溶液の密度のデータが必要である。このデータは，試薬瓶に記されていることも多いが，必要ならばデータブックなどで調べる必要がある。具体的な変換方法は，以下の例題の説明に記したが，化学の基礎中の基礎であるので必ず身につけてほしい。

★　質量分率（％）濃度のモル濃度への変換には，溶質の分子量のほかに，溶液の密度のデータが必要である。

＊＊＊＊＊＊＊＊＊＊＊＊＊＊＊＊＊＊＊＊＊＊＊＊＊＊＊＊＊＊＊＊＊＊＊＊＊＊

［例題 2.4］

1）市販酢酸（氷酢酸）（99.5 ％）の密度は 1.05 g $\mathrm{cm^{-3}}$ である。この市販酢酸のモル濃度を求めなさい。

2）その市販酢酸を用いて 2.00 mol $\mathrm{dm^{-3}}$ 酢酸水溶液を 500 $\mathrm{cm^3}$ つくりたい。その方法を説明しなさい。

［答］

1）市販酢酸の 1 $\mathrm{dm^3}$ の質量を計算し，質量分率（％）から酢酸（分子量 60.0）の質量を求める。

$$\text{酢酸の質量} = 1000 \times 1.05 \times 0.995 = 1045\ \mathrm{g}$$

酢酸 1045 g は 1045 g ÷ 60.0 g $\mathrm{mol^{-1}}$ ＝ 17.4 mol だからモル濃度は 17.4 mol $\mathrm{dm^{-3}}$ となる。

2）2.00 mol $\mathrm{dm^{-3}}$ 酢酸水溶液 500 $\mathrm{cm^3}$ が含む酢酸は

$$2.00\ \mathrm{mol\ dm^{-3}} \times 0.500\ \mathrm{dm^3} = 1.00\ \mathrm{mol}$$

酢酸 1 mol を含む市販酢酸の体積 x は，次のような比例式で求まる。

$$1.00 : x = 17.4 : 1000 \qquad x = 1.00 \times \frac{1000}{17.4} = 57.5\ \mathrm{cm^3}$$

すなわち，57.5 $\mathrm{cm^3}$ の市販酢酸をとり，蒸留水を加えて 500 $\mathrm{cm^3}$ に希釈する。（体積をはかりとりにくい場合は，57.5 $\mathrm{cm^3}$ × 1.05 g $\mathrm{cm^{-3}}$ ＝ 60.4 g の市販酢酸をはかりとり，500 $\mathrm{cm^3}$ にしてもよい。）

＊＊＊＊＊＊＊＊＊＊＊＊＊＊＊＊＊＊＊＊＊＊＊＊＊＊＊＊＊＊＊＊＊＊＊＊＊＊

2.5 質量と容積に関する測定と操作

試薬を秤(ひょう)量したり，それを一定の容積の液体に希釈するなど，質量や容積に関する測定と操作は，すべての化学実験において最も基本となる。特に，分析化学における重要性はいうまでもない。ここでは，質量と容積の測定と操作に関する基礎を紹介したい。なお，詳しい操作法は実験書を参照してほしい。

2.5.1 電子天秤

質量の測定は，有史以前から「天秤」によって行われてきた。「天秤」は，原理的に簡単に高精度の測定ができる素晴らしい装置である。「天秤」のおかげで，昔から質量は常に最も高精度な測定が可能な物理量であり，現在も実験室レベルではその状況は変わっていない。

図 2.2 に，以前用いられていた化学天秤と現在の電子天秤を示す。電子天秤の中でセミミクロ天秤と呼ばれるものは，最小目盛りが 0.01 mg であり，高度な分析実験室などで用いられるが，通常の化学実験室では最小目盛りが 0.1 mg の分析天秤と呼ばれるものが使われることが多い。化学天秤が重力を利用して基準分銅とのサオのつり合いから試料の質量を求めるのに対し，電子天秤では，電磁式と呼ばれる方式が主流で，サオをつり合わせるのに必要な電流を精密測定することにより試料の質量を測定する。しかし，その電流は基準分銅により精密に校正されていることが必要であることは言うまでもない[*6]。

*6　各はかりメーカーは基準となる分銅を所有していて，自社の製品をその分銅により校正しているが，その分銅の質量は国家（特定標準器）によって保証されている（2.1 節参照）。

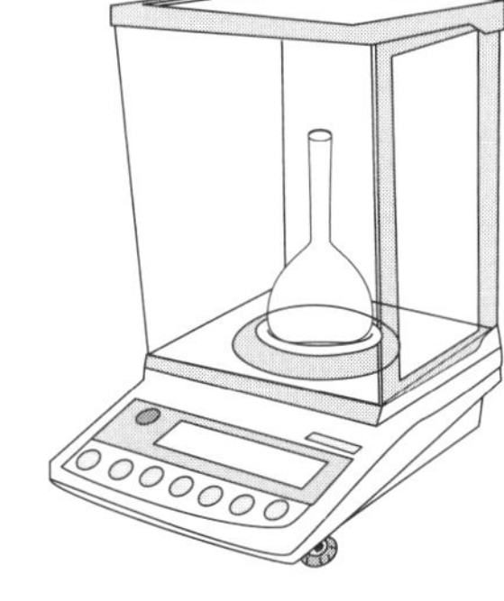

図 2.2　化学天秤と電子天秤

2.5.2 測容ガラス器具

測容ガラス器具も，決まった濃度の溶液を調製するため，あるいは容量分析ほか溶液を対象とする化学分析を行うためにはなくてはならないものである。ここでは精密な測容器であるメスフラスコ，ホールピペット（全量ピペット），ビュレット（**図 2.3**）について説明する。メスシリンダーや駒込ピペットなどは，測容器としては精度が低いので，定量分析を行う場合に試料溶液の正確なはかりとりなどに用いてはならない。

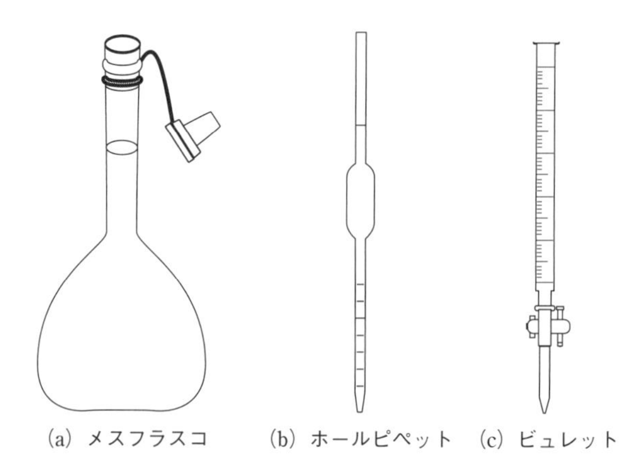

図 2.3　測容ガラス器具

メスフラスコ（全量フラスコ）
volumetric flask

★ TC（あるいは TO CONTAIN）（日本語では「受用」）の器具は中に入っている溶液の体積を保証している。

a) メスフラスコ（全量フラスコ）

メスフラスコは，一定の濃度の溶液を作製したり，試料溶液などを正確に希釈したりするために用いられる。5 cm^3 ～ 10,000 cm^3 まで多くのサイズのものがある。メスフラスコは，決まった温度（通常 20 °C）で標線に液面を正確に一致させたときの溶液の体積を保証するようにつくられている。すなわち，そのとき，フラスコの中に入っている溶液の体積を保証している。そこで，こうしたフラスコには「TC（あるいは TO CONTAIN）」というマークが入っている（日本語では「受用（うけよう）」と呼ぶ）。メスフラスコは使用前に純水などの希釈に用いる溶媒でよく洗浄する必要がある。

ホールピペット（全量ピペット）
transfer or volumetric pipette

★ TD（あるいは TO DELIVER）（日本語では「出用」）の器具は移す体積を保証している。

b) ホールピペット（全量ピペット）

ホールピペットはある一定の容積の溶液を移すのに用いられる。0.1 cm^3 ～ 200 cm^3 まで多くのサイズのものがある。ホールピペットは，メスフラスコと異なり，移す体積が保証されている。そのため「TD（あるいは TO DELIVER）」というマークが入っている（日本語では「出用（だしよう）」と呼ぶ）。外国の基準では先端に溶液が少し残ることを前提に体積が保証されているが，日本の製品は，最終的に息を吹き込むなどしてすべての溶液を出しきることが前提となっている。したがって，若干の注意が必要であるが，通常はどちらを採用しても問題となることはない。ホールピペットは，使用前に移す試料溶液で洗浄（共洗い）する必要がある。

ビュレット buret

c) ビュレット

ビュレットは任意の体積の溶液を正確に移す（加える）ために用いられる。最も重要な用途は，いうまでもなく容量分析（滴定）であり，終点に達するまで必要とされる標準液の体積を測定するために用いられる。ビュレットも，使用前に標準液で洗浄（共洗い）する必要がある。

◯本章のまとめと問題◯

2.1　次の固有の名称をもつ SI 組立量を，例にならって SI 基本単位で表現しなさい。

例）力 N：m kg s^{-2}

1）エネルギー J　　2）圧力 Pa　　3）仕事率 W

2.2　2019 年から有効となる質量の定義では，1 kg はプランク定数を用いてどのように表されるか。

2.3　標準のトレーサビリティー体系について説明しなさい。

2.4　気体において，体積分率とモル分率はほぼ同じ値となるが，その理由を説明しなさい。

2.5　測容ガラス器具には，使用前に共洗い（試料による洗浄）するものと，してはいけないものがある。それらを理由とともにあげなさい。

Column　米国で使われるヤードポンド法

米国は面白い国である。世界の科学技術の最先端の国であり，また 1875 年に締結されたメートル条約の原加盟国であるにもかかわらず，いまだに一般にはヤードポンド法の方が広く用いられている。さすがに，法律上はメートル法を公式の単位系としているため，ヤードポンド法は customary unit（慣用単位）と呼ばれているが，現在，ヤードポンド法が使われている国は，世界中で 3 か国（あとの 2 か国はリベリアとミャンマー）だけであり，しかも，米国以外の 2 か国はメートル法に移行中とのことである。

米国のヤードポンド法は，科学の分野にも進出している。さすがに論文などの主要部分ではメートル法（SI）が用いられているが，米国製の分析装置やその部品などはインチ（inch）単位（1 インチ ＝ 25.4 mm）であることが多い。HPLC（高速液体クロマトグラフィー；19.4 節）でよく使われるステンレス製キャピラリー管の外径は，16 分の 1 インチや 8 分の 1 インチである。圧力のメーターの単位にも psi（1 重量ポンド毎平方インチ ＝ 6894.76 Pa）が用いられている。また，1999 年に NASA により打ち上げられた火星探査衛星は，火星の 150 km 上空を周回する予定であったが，火星に近づきすぎて壊れ，行方不明になるという事故を起こした。この原因は，なんと，エンジンの噴射推力計算の結果について，担当者がヤードポンド法とメートル法を取り違えたためとのことである。

メートル法になじんでしまった日本人にとっては，米国の状況は不可解であるが，メートル法への移行には反対が多いそうである。米国人にとっては，これまでなじんできたヤードポンド法をメートル法に変えるための労力を考えると，それはそれで合理的な判断かもしれない。

I 分析化学の基礎

分析値の取扱いとその信頼性

どのような分析値にも，程度の差こそあれ，必ず測定誤差が含まれている。また，同じ試料を，同じ方法で複数回測定しても，それらの分析値は同じにはならず，ばらつきを示すのが普通である。このように分析値は，つねにあいまいさを含んでいる。こうした分析値が科学的にどのような意味をもつかを理解するには，統計的手法に基づいて分析値を解析することが不可欠である。本章ではその基礎的な概念と手法を学ぶ[*1]。

*1 本章には，ほかの章の内容を知ってから学んだ方がよい内容も含まれているので，先にほかの章を学んだのちに本章に戻ってもよい。

3.1 誤差とは何か

誤差 error

★ 誤差は測定値と「真の値」の差を表す。

誤差は，一般に個々の測定値 (x_i) と真の値 (x_t) との差を表す用語として用いられる。「真の値」とは，実際には使用するのが困難な概念である。なぜなら，通常，私たちは「真の値」を知ることはできず，「真の値」は「神のみぞ知る」値であるからである。しかしながら，例えば，非常に信頼性の高い方法で，しかも複数の機関で分析してその目的物質の濃度が決定された標準物質など，「真の値」あるいはそれに近い値と合理的に判断できる値が知られている場合もある。そうした値は「真の値」とみなせる。いずれにせよ，ここでは「真の値」がわかっていると仮定する。ここで，

$$e_a = x_i - x_t \tag{3.1}$$

絶対誤差 absolute error
相対誤差 relative error

を**絶対誤差** (e_a) と呼ぶ。一方，**相対誤差** (e_r) を次式で定義する。

$$e_r = \frac{x_i - x_t}{x_t} \tag{3.2}$$

＊＊＊＊＊＊＊＊＊＊＊＊＊＊＊＊＊＊＊＊＊＊＊＊＊＊＊＊＊＊＊＊＊＊＊＊＊

［例題 3.1］ 認証値（真の値）が 14.4 μg g^{-1} であるのに対し，分析値は 13.8 μg g^{-1} であった。このときの絶対誤差と相対誤差（% 表示）を計算しなさい。

［答］ 絶対誤差 $e_a = 13.8 - 14.4 = -0.6$ μg g^{-1}

相対誤差 $e_r = -\frac{0.6}{14.4} \times 100 = -4.2$ %

＊＊＊＊＊＊＊＊＊＊＊＊＊＊＊＊＊＊＊＊＊＊＊＊＊＊＊＊＊＊＊＊＊＊＊＊＊

★ 絶対誤差や相対誤差には正負の符号がつく。

絶対誤差や相対誤差には正負の符号がつくことに注意する必要がある。

誤差はその由来から，2 種類に分類される。すなわち確定誤差と不確定誤差である。これらを少し詳しく見ていこう。

確定誤差 determinate error

★ 確定誤差は特定の原因から生じ，測定値につねに一方向の系統的なかたよりをもつ。

a) 確定誤差

特定の原因から生じ，測定値につねに一方向の系統的なかたよりが生じる

タイプの誤差で，**系統誤差**とも呼ばれる。このタイプの誤差は，原因をつきとめれば，除去するか，補正することが可能である。確定誤差の原因としては，1) 測定機器や器具の校正が不適当（ビュレットの補正が正しくない，ゼロ点がずれている，不純な試薬を使用するなど），2) 測定者個人に起因する誤差（ビュレットの目盛りを読み取るときの習癖など，実験操作における個人的な問題），3) 分析方法そのものに内在する欠陥（沈殿物のわずかな溶解，副反応による終点のずれなど），などがあげられる。

系統誤差 systematic error

b）不確定誤差

考えうるすべての系統誤差の原因を取り除いていっても，そのうえで，繰り返し測定によって得られる測定値群にも，もはや制御できないと思われる不規則な誤差，すなわち不確定誤差が依然として含まれている*2。これは**偶然誤差**とも呼ばれる。この不確定誤差は，測定技術の進歩などにより除去されるものもあるが，究極的には自然界のあらゆる事象がもつゆらぎに起因しているので，完全に除去することはできない*3。

不確定誤差 indeterminate error

*2　不確定誤差は無秩序に分布するために統計論の適用が可能である。すなわち，不確定誤差のみをもつ測定を無限回繰り返し，横軸に測定値，縦軸にその測定値が現れる頻度をとると，**図3.1**に示すように，平均値（μ）を中心として左右対称の正規分布曲線（ガウス曲線）となる。ここで，σ は標準偏差と呼ばれ，正規分布曲線の広がりを表す重要な値である。詳しくは3.3節で論じる。

偶然誤差 random error

★　不確定誤差はランダムに起こり避けることはできない。

*3　11章の測定の雑音（ノイズ）のところでもう少し詳しく論じる。

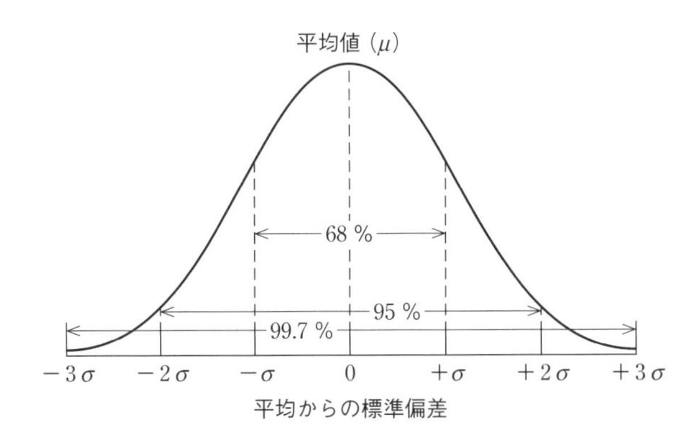

図3.1　正規分布曲線

以上の二つの種類の誤差のほかに，試料溶液をこぼしたり，濃度の単位を間違えるなど，重大な操作ミスや計算ミスによって，ときにほかの測定値とかけ離れた大きな誤差をもった測定値に遭遇することがある。このような誤差を**大誤差**と呼ぶ。

大誤差 gross error

★　大誤差は明らかな操作の失敗によって生じる。

3.2 真度・精度・精確さ

分析値を評価する場合の重要な概念に，「**真度**」と「**精度**」がある。また，1章で論じたように，その総合概念として「**精確さ**」が知られている。ここではこれらを詳しく論じる。真度は最近使われるようになった新しい言葉で，以前は「**正確さ**」という言葉が用いられていた。しかし，近年「accuracy」は真度と精度を包含する概念として定義し直され，その訳語として「精確さ」が使われるようになっている。

真度 trueness

精度 precision

精確さ accuracy

正確さ accuracy

まず，「真度」は，同じ試料を何度も測定したときに得られる測定値群の

★　真度は測定値群の平均値が真の値にどれだけ近いかを表す。

平均値が真の値（真値と認められる値）にどれだけ近いかを表す尺度である。一方，「精度」とは，測定値群の個々の値がその平均値の周りにどの程度集合しているか（逆にばらついているか）の尺度であり，測定の再現性の尺度である。さらに「精確さ」は，個々の測定値がどれだけ真の値に近いかを表す概念と定義されている。

★　精度は測定値群の個々の値がその平均値の周りにどの程度集合しているかを表す。

★　精度は，通常，測定値群の標準偏差によって表現される。

★　精確さは個々の測定値がどれだけ真の値に近いかを表す概念。

これらは，**図3.2**のように，射撃の標的を使って図示することができる。ここでは標的の中心を真の値とし，一つ一つの弾痕を測定値と考える。標的に向かって射撃を行い，その結果がa～dであったとする。aの場合は，標的の中心にすべての弾痕が集中している。この場合は真度も精度もすぐれていることになる（弾痕の平均位置は標的の中心に近く（真度が高い），またばらつきが少ない（精度が高い））。bをみると，弾痕の位置は集中しているが中心からはずれている。この場合は照準がずれていることが考えられるが，分析化学的には確定誤差が混入している結果と考えることができる。この場合，真度は低いが精度は高いといえる。このように，真度と精度は別々の概念であることがわかる。cは，弾痕は平均すれば標的の中心に近いが，より広く広がっている。照準は正しいが，射撃手の技量がそれほど高くないと思われる。これは，真度はまあまあだが，精度は低い場合に相当する。dは，真度も精度も劣っているときに相当する。精確さについて考えると，aの場合は，当然，個々の弾痕もそれぞれ標的に近い。すなわち，精確さもすぐれているといえる。一方，b～dの場合は，個々の弾痕はそれぞれ標的に近いとはいえない。すなわち，これらの場合は，精確さは劣っていることになる。このように，精確さは，真度も精度も高いときのみ優れているといえる。言い換えれば，精確さは真度と精度の総合概念である。通常，精確さは定性的な概念としてのみ用いる。

★　精確さは真度と精度の総合概念。ともに優れているときにのみ優れているといえる。

精度は測定値群の標準偏差（次節参照）によって表現される*4。一方，真度は「真の値」という実際は知ることができない概念を用いているので，その評価は困難である。しかし，真度と精度，すなわち，精確さを評価しないと，分析値を本質的に評価したことにはならない。そこで，近年，「真の値」

*4　精度は2種類に分類される。一つは，繰返し性あるいは繰返し精度（**併行精度**，repeatability）であり，もう一つは再現性（**再現精度**，reproducibility）である。前者の繰返し性は，同一の分析での繰返し測定の精度である。一方，後者の再現性は，分析室，測定者，測定日，あるいは方法などを変えて測定を行った場合の精度として定義されている。さらに，再現性は，同一実験室での再現性である**室内再現性**（intermediate precision，またはreproducibility within laboratory）と，異なる試験室間での精度を表す**室間再現性**（reproducibility）に分類される。

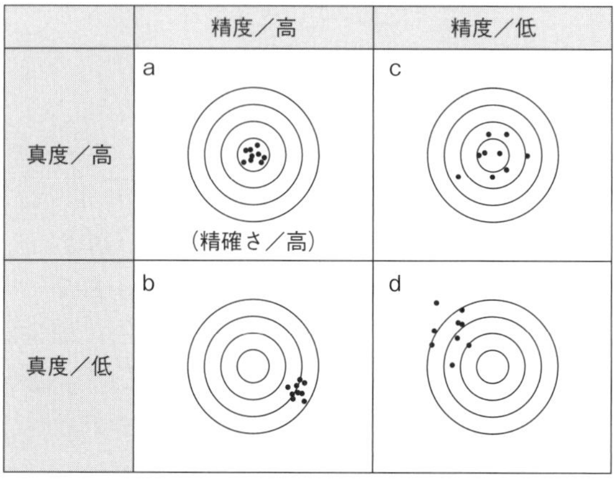

	精度／高	精度／低
真度／高	a （精確さ／高）	c
真度／低	b	d

図3.2　真度・精度・精確さ

を仮定せずに精確さを評価するための指標である「**不確かさ**」が分析値の評価に用いられるようになっている。不確かさは精確さの定量的な評価指標である。不確かさについては，3.5節でさらに扱う。

不確かさ uncertainty

★　不確かさは精確さの定量的な評価指標。

3.3　測定値の表し方

科学においては，基本的に再現性が確かめられて初めてその結果を議論したり利用したりすることができる。したがって，化学分析においても繰り返し測定を行うことは基本中の基本である。個々の測定値は必ず誤差を含んでいる。誤差を定量的に評価するためには，統計学を利用する必要がある。そのためには，繰り返し測定を行い，測定値群を得る必要がある。ここではその測定値群の表示と処理法の基本を学ぶ。

a）測定値の範囲・平均値・中央値

測定値の範囲は，測定値群の最小値と最大値の差として定義される。また，**平均値**[*5]はその測定値群の代表値として表示されることが多い。平均値は式(3.3)で定義され，すべてのデータの和を測定回数（測定値の数）で割った値である。

$$\bar{X} = \Sigma_{\mathrm{i}} \frac{x_{\mathrm{i}}}{N} \tag{3.3}$$

一方，平均値は，測定値の中に少数のかけ離れた値が含まれていると，その値に影響されて代表値としては不適当と考えられる場合もある。そのような場合には**中央値**を用いる。中央値は，測定値の数が奇数個の場合には，測定値を大きさの順に並べた場合に中央に位置する測定値の値を意味する。一方，偶数個の場合には，測定値を大きさの順に並べた場合に，中央に位置する二つの測定値の平均値である。

測定値の範囲 range

平均値 average

*5　この値は厳密には標本平均と呼ばれる（後述）。

★　測定値群の代表値として一般に平均値が用いられる。

★　測定値群の中に少数のかけ離れた値が含まれている場合には，その代表値として中央値が用いられる場合がある。

中央値 median

****

［**例題 3.2**］次の測定値群の平均値と中央値を求めなさい。

11.4 g，10.5 g，11.1 g，10.9 g，11.3 g，10.2 g

［**答**］平均値：$\bar{X} = \dfrac{11.4 + 10.5 + 11.1 + 10.9 + 11.3 + 10.2}{6} = 10.9$

中央値：まず，測定値を大きさの順に並べると

10.2 g，10.5 g，10.9 g，11.1 g，11.3 g，11.4 g

となる。測定値の総数は偶数なので真ん中の二つの測定値の平均をとると，中央値は $\dfrac{10.9 + 11.1}{2} = 11.0$ となる。

****

b）標準偏差と平均値標準偏差

測定値群は，必ず平均値の周りに広がりをもち，その原因が不確定誤差である場合には，それは正規分布となる（図3.1）。その正規分布を特徴づける

標準偏差 standard deviation

＊6　図3.1に示すように，$\mu \pm \sigma$ の範囲内に68 %の測定値が分布する。$\mu \pm 2\sigma$ には95 %，$\mu \pm 3\sigma$ には99.7 %が分布する。

★　測定値群は平均値の周りに必ず広がりをもち，その原因が不確定誤差である場合には，それは正規分布となる。

★　標準偏差は正規分布の広がりを表す指標。

母標準偏差
population standard deviation

標本平均 sample average

標本標準偏差
sample standard deviation

＊7　σ^2 を**分散**と呼ぶ。また s^2 は標本分散である。

相対標準偏差
relative standard deviation

変動係数 coefficient of variance

★　測定値群の平均値も正規分布する。

平均値標準偏差
average standard deviation

値は**標準偏差** σ である＊6。測定を無限回（実際は測定回数 N が30回よりも多いとき）行うと，平均値 μ と標準偏差 σ は本来のその測定値群の値となるはずである。このときの標準偏差 σ は**母標準偏差**と呼ばれ，式(3.4)で表される。

$$\sigma = \sqrt{\frac{\sum_{\mathrm{i}}^{N}(x_{\mathrm{i}} - \mu)^2}{N}} \quad （ここで N \to \infty） \tag{3.4}$$

しかしながら，私たちは通常，そのように測定を繰り返すことはできず，せいぜい3～10回程度の測定で，本来の平均値 μ と標準偏差 σ を推定することになる。このため，このような少数の測定値の平均値と標準偏差をそれぞれ，**標本平均** $\bar{X}$ と**標本標準偏差** s と呼ぶ。s は以下の式(3.5)で計算される＊7。

$$s = \sqrt{\frac{\sum_{\mathrm{i}}^{N}(x_{\mathrm{i}} - \bar{X})^2}{N - 1}} \tag{3.5}$$

標準偏差は，しばしば標準偏差を平均値で割り，パーセントで表した（式(3.6)）**相対標準偏差**として表される。またこれは**変動係数**とも呼ばれる。

$$\frac{s}{\bar{X}} \times 100\ (\%) \tag{3.6}$$

ところで，同じ測定回数（N）の測定群を1組として，その組数を増やしていき，それぞれの組の標本平均 $\bar{X}$ の分布をみると，この場合も正規分布になる。このときの $\bar{X}$ の標準偏差は

$$s_{\bar{X}} = \frac{s}{\sqrt{N}} \tag{3.7}$$

で表される。これを**平均値標準偏差**と呼ぶ。N を無限大に増やしていけば，平均値標準偏差はゼロになるが，これは $\bar{X}$ が母集団の本来の平均値 μ と，当然一致するからである。

私たちは，通常少数の測定値群においても，その母集団（その測定を無限回繰り返して得られる測定値群）は正規分布をしていると仮定して，データ処理を行うことが普通である。しかしながら，それぞれの測定値に確定誤差を引き起こす違った要因が作用してしまうと，その仮定は正しくなくなってしまう。実際には，こうしたことはよく起こるので，実験者は注意深くデータの解析を行わなければならない。

＊＊

［例題3.3］ イチョウの葉試料中のZnの濃度（乾燥質量に対して）を5回測定したところ，それぞれ，分析値は13.3，11.2，12.3，9.8，10.5 μg g^{-1} であった。この分析結果の標本平均値，標本標準偏差，相対標準偏差（変動係数）および平均値標準偏差を求めなさい。

［答］ 標本平均値：$\dfrac{13.3 + 11.2 + 12.3 + 9.8 + 10.5}{5} = 11.4\ \mu\mathrm{g\ g^{-1}}$

標本標準偏差：まずそれぞれの $(x_{\mathrm{i}} - \bar{X})^2$ を求める。

$$(13.3 - 11.4)^2 = 3.61$$
$$(11.2 - 11.4)^2 = 0.04$$
$$(12.3 - 11.4)^2 = 0.81$$

$$(9.8 - 11.4)^2 = 2.56$$
$$(10.5 - 11.4)^2 = 0.81$$

標本分散 $s^2 = \frac{3.61 + 0.04 + 0.81 + 2.56 + 0.81}{5 - 1} = 1.96$

標本標準偏差 $s = \sqrt{1.96} = 1.4\,\mu\mathrm{g\,g^{-1}}$

相対標準偏差 $r_\mathrm{s} = \frac{1.4}{11.4} \times 100 = 12.3\,\%$

平均値標準偏差 $s_\mathrm{a} = \frac{1.4}{\sqrt{5}} = 0.63\,\mu\mathrm{g\,g^{-1}}$

****

c）有効数字と誤差の伝播

有効数字は，ある測定値をその測定精度に合わせて表示するために必要な数字の桁数である。有効数字は，通常，確定的なすべての桁数と，それに続く不確かな1桁を加えたものになる。例えば，測定値が2.31 ± 0.02であった場合，小数点2桁目の1は ± 2の幅のあいまいさを含んでいるが，このとき2.3と表記してしまうと，小数点1桁目の数字が最低でも ± 0.05のあいまいさを含むことになり，実際のばらつきよりも大きくなってしまう。したがって，有効数字の最後の位は，通常，あいまいさを含んだ数字となる。

有効数字 significant figure

★ 有効数字は，ある測定値をその測定精度に合わせて表示するために必要な数字の桁数。

有効数字の桁数をはっきりさせたいときは，例えば 3.450×10^3 と書く。この場合，有効数字は4桁であり，最後の位の0も有効な位であることが明確になるが，3450と表記すると，0が有効な位かどうかは判断できなくなる。また，有効数字同士を演算することは常に必要とされる。この場合，演算は**表3.1**に示す一定のルールに従ってなされる。

★ 有効数字同士の演算は規則に従ってなされる。

表3.1 有効数字の演算

演算	答の有効数字
有効数字同士の足し算と引き算	最後の位が最も高い数字に揃える。
有効数字同士の掛け算と割り算	有効桁数の最も少ない数に揃える。
有効数字の対数	真数と対数の仮数を同じ桁数とする。

****

［**例題3.4**］以下の有効数字の計算をしなさい。

1）$(23.38 + 103.8 + 4.386) \times 68.7 \div 22.58$

2）$-\log(4.236 \times 10^{-4})$

［**答**］1）まずカッコ内を計算すると $23.38 + 103.8 + 4.386 = 131.566$ であり，131.6が桁数を決めるキーナンバー*8なので，結果は319.2となるが，演算の最後に桁数を調整すればよい。そこでここでは131.566として計算を継続する。その結果，400.291… が得られる。以後の演算ではカッコ内の数字（131.6）と22.58は4桁の有効桁数をもつため，3桁である68.7が桁数を決めるキーナンバーとなる。したがって答の有効桁数は3桁となり，答は400である。

*8 その演算で答の桁数を決定する数字をキーナンバーと呼ぶ。

2）$-\log(4.236 \times 10^{-4}) = -(-4 + 0.6270) = 3.3730$

****

★ 測定値のもつ標準偏差は演算により規則に従って合成，伝播される。

一方，複数の測定値に対して四則演算などの演算を施し，最終的な結果を得ることもしばしば必要となる。このとき，個々の測定値のもつ標準偏差は演算により合成され伝播していく。その規則を**表3.2**にまとめる。本書では詳しい議論は省き，結果のみを記述するが，余裕があればさらに詳しい参考書をあたってほしい。

表3.2　標準偏差の合成

計算式	合成された標準偏差
$y = k \pm k_a a \pm k_b b \pm k_c c \pm \cdots$	$s_y = \sqrt{(k_a s_a)^2 + (k_b s_b)^2 + (k_c s_c)^2 + \cdots)}$
$y = \dfrac{kab}{cd}$	$s_y = y\sqrt{\left(\dfrac{s_a}{a}\right)^2 + \left(\dfrac{s_b}{b}\right)^2 + \left(\dfrac{s_c}{c}\right)^2 + \left(\dfrac{s_d}{d}\right)^2}$
$y = f(x)$	$s_y = \left\lvert s_x \times \dfrac{\mathrm{d}y}{\mathrm{d}x} \right\rvert$

測定値 $x, a, b, c, d, \cdots$ の標本標準偏差を $s_x, s_a, s_b, s_c, \cdots$ とする

＊＊＊＊＊＊＊＊＊＊＊＊＊＊＊＊＊＊＊＊＊＊＊＊＊＊＊＊＊＊＊＊＊＊＊＊＊＊

[例題3.5] 二つの測定値，$a = 18.2 \pm 0.3$ と $b = 9.8 \pm 0.2$ について以下のような演算を行うとき，計算結果 y の標準偏差を計算しなさい。

1）$y = 5a - 2b$

2）$y = \dfrac{3a}{b}$

3）$y = \log a$

[答] 1）$s_y = \sqrt{(5 \times 0.3)^2 + (2 \times 0.2)^2} = 1.6$

すなわち，$y = 71.4 \pm 1.6$

2）$y = 5.57$ であり

$$s_y = 5.57 \times \sqrt{\left(\frac{0.3}{18.2}\right)^2 + \left(\frac{0.2}{9.8}\right)^2} = 0.15$$

すなわち，$y = 5.57 \pm 0.15$

3）$y = \log 18.2 = 1.260$

$$s_y = \left| s_a \times \frac{\mathrm{d}\log a}{\mathrm{d}a} \right| = \left| s_a \times \frac{1}{2.303} \times \frac{1}{a} \right| = \left| 0.3 \times \frac{1}{2.303} \times \frac{1}{18.2} \right| \fallingdotseq 7 \times 10^{-3}$$

したがって 1.260 ± 0.007 となる。

＊＊＊＊＊＊＊＊＊＊＊＊＊＊＊＊＊＊＊＊＊＊＊＊＊＊＊＊＊＊＊＊＊＊＊＊＊＊

3.4 信頼限界

信頼区間 confidential interval
信頼限界 confidential limit
信頼水準 confidential level

★ 信頼限界は，真の平均値 μ が信頼水準の確率で存在する区間の上限と下限を示す。

今，一つの測定値群を考える。この測定値群から，この測定値の母集団（正規分布すると仮定する）の真の平均値 μ（無限回測定を行ったときの平均値）の存在しうる範囲を統計的に推定することができる。この範囲は**信頼区間**と呼ばれ，また，この範囲の上限と下限を**信頼限界**という。真の平均値 μ がその信頼区間に存在する確率を**信頼水準**と呼び，通常は％で表される。信頼水準には 90 %，95 %，99 % などがよく用いられる。信頼限界 CL は次式で与えられる。

$$CL = \bar{x} \pm t\frac{s}{\sqrt{N}} \tag{3.8}$$

表 3.3　種々の信頼水準における自由度 ν に対する t 値*

ν	信頼水準			
	90 %	95 %	99 %	99.5 %
1	6.314	12.706	63.657	127.32
2	2.920	4.303	9.925	14.089
3	2.2353	3.182	5.841	7.453
4	2.132	2.776	4.604	5.598
5	2.015	2.571	4.032	4.773
6	1.943	2.447	3.707	4.317
7	1.895	2.365	3.500	4.029
8	1.860	2.306	3.355	3.832
9	1.833	2.262	3.250	3.690
10	1.812	2.228	3.169	3.581
15	1.753	2.131	2.947	3.252
20	1.725	2.086	2.845	3.153
25	1.708	2.060	2.787	3.078
∞	1.645	1.960	2.576	2.807

*　$\nu = N - 1 =$ 自由度

ここで t は自由度の数（測定回数 $N-1$）と信頼水準の値で決まる統計因子である（様々な自由度の数と信頼水準における t 値の値を**表 3.3** に示す）。s は測定値群の標本標準偏差，N は測定回数である。この式から，CL は標本平均値標準偏差に t の値を掛けたものであることがわかる。N の数が増えるにつれ，t の値は小さくなっていき，正規分布の値に近づく（例えば，正規分布で 95 % となるのは $\pm 2\sigma$ なので，t の値は 2（正確には 1.96）に近づく）。

3.5　「不確かさ」とは何か

3.1 節および 3.2 節において，誤差や精度，真度など測定値を評価する概念について論じた。そこでは，「真の値」をまず仮定し，その値からの測定値のずれを主に論じている。しかし，先にも述べたように，一般に真の値は「神のみぞ知る」値であって，私たちは知ることができない。そのため「真の値」を仮定した測定値の評価は，概念的にはわかりやすいが実際は大変難しい。この問題の解決法として，1970 年代から，真の値を仮定しないで分析値を評価する指標である「不確かさ」についての研究が始まった。その後，1980 年に正式に国際度量衡委員会（CIPM）で取り上げられ，1990 年代から一般に普及しだした。今世紀に入り，トレーサビリティ体系（2.1 節）のみならず，商取引などに関連する分析値の評価指標として広く用いられるようになっており，その重要性は高い。

★　標準不確かさは「真の値」を仮定しない測定値の評価指標。

「不確かさ」は，2008 年の VIM3 という国際度量衡局（BIPM）発行の用語集では，「用いる情報に基づいて，測定対象量に帰属する量の値のばらつきを特徴付ける負でないパラメータ（指標）*9」と定義されている。前節で述べたように，これまで測定値は精度の指標である「標準偏差」を付して，例えば，34.5 ± 0.3 % などのように表されてきた。その代りに，測定値には「ばらつきを特徴付ける負でない指標」，すなわち，「**ばらつき**」の定量的な指標

*9　Non-negative parameter characterizing the dispersion of the quantity values being attributed to a measurand, based on the information used.

ばらつき dispersion

★　不確かさは「ばらつきを特徴付ける負でない指標」。

である「標準不確かさ」を付して表そうとするものである。では，具体的に「標準不確かさ」とは何だろうか。この定義だけでは理解できないので，以下に例を用いながら考えていこう。

★ 測定値はばらつきと未知のかたよりをもつ。

かたより bias

まず，測定値は「ばらつき」と「**かたより**」をもつ。これまでの概念との対応では，ばらつきは不確定誤差に相当し，その尺度は精度である。一方，かたよりは確定誤差に相当し，その尺度は，実際には測定できないが，真度と考えることができる。例として，あるガラス器具メーカーの，表示値（呼び値という）が 10 cm^3 の全量ピペットを用いて水をはかりとるときの「標準不確かさ」を考えてみる（例題 3.6 参照）。水をはかりとるに際して，実験者が毎回水をはかりとるたびに，その量は多少ばらつくであろう。すなわち，「ばらつき」が生じる。このばらつきは評価可能である。実験者が一つの全量ピペットを用いて，水を複数回はかりとり，それぞれの質量を測定し，さらに密度補正をすれば，かなり正確にその体積を測定することができるので，そのばらつきも評価することができる。一方，全量ピペットの容積は正確に 10 cm^3 であるわけではない。製品としての許容誤差（公差）は ± 0.02 cm^3 である。この表示を信用すれば，各全量フラスコはこの許容範囲以内の「かたより」をもつが，その値はわからない。もし知ろうとするならば，すべてのピペットで先ほどの実験をしなければならず，手間がかかりすぎる。すなわち，「かたよりは未知」ということになる。さて，この同じ製品の全量ピペットから 1 本を適当に選び出し，水を 1 回はかりとり，希釈などの次の分析操作を行うことを想定してみよう。この場合のはかりとられた水の真の体積を考えてみる。もちろん，私たちはその真の値を知ることはできず，通常は，その代りとして，呼び値の 10 cm^3 を用いる（例題 3.6 および 3.7 参照）。しかし，その真の値が存在する範囲は，実験による「ばらつき」とこの「未知のかたより」を評価することにより推定することができる。その範囲が「標準不確かさ」である。

★ 標準不確かさはばらつきと未知のかたよりの評価指標。

★ 不確かさを評価するときは，ばらつきと未知のかたよりを同じように評価する。

★ A タイプの標準不確かさは実験的に求めることができるばらつき。

★ B タイプの標準不確かさは実験的に求めることが困難なばらつきと未知のかたより。

＊10　例題 3.6 と例題 3.7 の 1）のように，その操作（測定）が 1 回限りの場合は標本標準偏差，例題 3.7 の 2）のように，n 回測定を行う場合は平均値標準偏差を用いる。

★ B タイプに関しては，通常妥当と考えられる確率分布を仮定する（例えば，矩形分布）。

★ 合成標準不確かさは個々の要素の標準不確かさを規則に従って合成して求める。

不確かさを評価するときは，このばらつきと未知のかたよりを同じように評価する。しかし，これらを実験で求めることができるものは「A タイプ」，実験で求めることができず，その確率分布を合理的に推定して求めるものは「B タイプ」と呼ばれる。未知のかたよりは，ほとんどの場合，「B タイプ」に属する。この例では，前者（実験者によるばらつき）は「A タイプ」，後者（全量フラスコの許容誤差）は「B タイプ」に属する。**表 3.4** に示すように，「A タイプ」の標準不確かさには標本標準偏差や平均値標準偏差が用いられる＊10。「B タイプ」に関しては，通常，妥当と考えられる確率分布を仮定する。許容誤差範囲内では，実際のかたよりが起こる確率は等しいと考えられるのであれば，矩形分布とする。この場合の標準不確かさは，統計学的な計算から許容範囲の半分の $1/\sqrt{3}$ の値となる。最終的な「標準不確かさ（合成標準不確かさ）」はこれらを合成して得られる。合成の方法は，基本的に表 3.2 で見た標準偏差の合成法に準じる。

以上をまとめると，**図 3.3** のようになる。これまで例として考えてきた例題 3.6 は，簡単のため分析手順の一部を取り出したものであるが，実際の

表 3.4　測定のばらつきと未知のかたよりの標準不確かさ

種類	内容	仮定する確率分布*	標準不確かさ*
A タイプ	実験的に求めることができる**ばらつき** （主に不確定誤差）	$-\sigma$　σ 正規分布	標本標準偏差 (s) または 標本平均値標準偏差 $\left(\frac{s}{\sqrt{N}}\right)$
B タイプ	実験的に求めることが困難なばらつきと**未知のかたより** （主に確定誤差）	$-a$　a 矩形分布	$\left(\frac{a}{\sqrt{3}}\right)$

*　ここに示すのは代表的な例で，特に，B タイプについては，ほかの確率分布や標準不確かさを表す式を用いることもあることに注意。

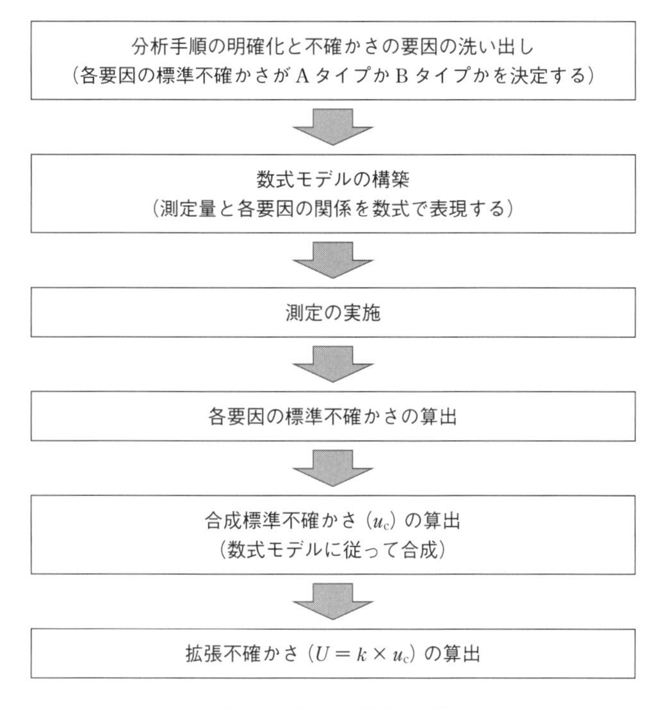

図 3.3　不確かさ評価の手順

分析手順には多くの要素が含まれる。そこで，分析手順を細かく検討し，不確かさが生じる要素を洗い出し，それぞれの要素の標準不確かさが A タイプであるか，B タイプであるかを分類する。次に，それぞれの要素が最終的な分析値とどのような関係になっているのか，数式モデルを構築する。その分析手順に従って一連の実験を行い，それぞれの要素の標準不確かさを実際に求める。そして，数式モデルに従ってそれらを合成し，最終的な合成標準不確かさ（u_c）を計算する。一つ一つの要素のばらつき（確率分布）が正規分布をとらなくても，多くの要素を合成すると，最終的な確率分布は正規分布となることが統計学的に知られており，最終的な合成標準不確かさ（u_c）は，正規分布の標準偏差としての意味をもつ。すなわち，$\pm u_c$ の範囲内に真の値が存在する確率は約 68 ％である。このため，合成標準不確かさ（u_c）に適当な係数 k（通常は $k = 2$）を掛けて約 95 ％の存在範囲を報告することが多い。これを「拡張不確かさ（U）」と呼ぶ。

★　拡張不確かさ（U）は，合成標準不確かさ（u_c）に適当な係数 k（通常は $k = 2$）を掛けたもの。$k = 2$ の場合，報告値 $\pm U$ の範囲に真の値が存在する確率は 95 ％。

＊＊

［例題 3.6］ ある実験者が，呼び値が 10 cm^3 の全量ピペットを 1 本取り出し，10 回水をはかりとってそれぞれの質量を測定し，さらに密度補正をしたところ，平均値は 9.9908 cm^3，また，そのときの標準偏差は 0.0132 cm^3 となった。また，この全量ピペットの公差は ±0.02 cm^3 であった。この全量ピペットと同じ製品の中から適当に 1 本を選び出し，試料溶液を 1 回はかりとり，希釈操作を行ったとき，このピペット操作の合成標準不確かさおよび拡張不確かさ（$k = 2$）を計算しなさい。

［答］ 前述のように，このピペット操作による不確かさの要因は

① 実験者の操作によるばらつき（A タイプ）

② 製品のもつ未知のかたより（B タイプ）

の二つと考えることができる。① を評価するために，この例題では 1 本のピペットを選び出し，10 回の測定を行い，それぞれについて質量測定と密度補正（温度に関する補正）により正確な容積を求めたうえで，そのばらつき（標準偏差）を求めている。厳密には，その質量測定と密度補正に関する不確かさ（A タイプと B タイプの両方を含む）も考慮する必要があるが，ここではそれらは相対的に小さいので無視できると考える。そのため，① の標準不確かさ（A タイプ）は，測定の標準偏差 0.0132 cm^3 となる。ここで標準偏差をそのまま標準不確かさと考えるのは，希釈操作が 1 回限りであり，そのときの容積のばらつきを考えているからである。

② には，通常製品の公差 ± 0.02 cm^3 を考える。公差内での製品のかたよりが起こる確率は等しいと考えると，その確率分布は $a = 0.02$ cm^3 の矩形分布となる。すなわち，この標準不確かさ（B タイプ）は $\dfrac{a}{\sqrt{3}} = \dfrac{0.02}{\sqrt{3}} = 0.0115$ となる。

これらを合成すると

$$\text{合成標準不確かさ}\ (u_c) = \sqrt{0.0132^2 + 0.0115^2} = 0.0175\ \mathrm{cm^3}$$

$$\text{拡張不確かさ}\ (U) = 0.0175 \times 2 = 0.0350\ \mathrm{cm^3}\ (k = 2)$$

となる。すなわち，この場合，呼び値 10 cm^3 に対して，0.0350 cm^3 の拡張不確かさをもつことになる。

＊＊

次の例題では，例題 3.6 の実験において，実験の状況や目的が異なるときに，標準不確かさの値がどのように変化するかを考察する。

＊＊

［例題 3.7］

1）例題 3.6 において，その後，実験者は，ばらつきの測定に用いた全量ピペットのみを用いて，希釈操作を行った。このときの標準不確かさと拡張不確かさ（$k = 2$）を求めなさい。

2) 例題3.6の実験の目的を，実験者がばらつきの測定に用いた全量ピペットの容積そのものを正確に求めることとしたときの標準不確かさと拡張不確かさ ($k = 2$) を求めなさい。

［答］

1) 9.9908 cm^3 ± 0.0132 cm^3 のはかりとりであることがわかっている全量ピペットを用いて実験を行うので，Bタイプの不確かさ（公差）は考える必要はない。したがって，このときの標準不確かさはAタイプの標準不確かさのみの 0.0132 cm^3 となる。すなわち，この場合，9.9908 cm^3 に対して，0.0264 cm^3 の拡張不確かさをもつことになる。

2) この場合の実験の目的は，特定の全量ピペットの真の容積の測定である。その目的のために10回繰り返し実験を行っている。今求めようとしているのは，真の値の存在範囲，すなわち，母集団の平均値の存在範囲となる。そのため，ここでは標準不確かさとして，平均値標準偏差を用いる。すなわち，

$$\text{標準不確かさ} = \frac{0.0132}{\sqrt{10}} = 0.0042\ \mathrm{cm^3}$$

$$\text{拡張不確かさ} = 0.0042 \times 2 = 0.0084\ \mathrm{cm^3}$$

したがって，この場合，9.9908 cm^3 に対して，0.0084 cm^3 の拡張不確かさをもつことになる。

＊＊＊＊＊＊＊＊＊＊＊＊＊＊＊＊＊＊＊＊＊＊＊＊＊＊＊＊＊＊＊＊＊＊＊＊＊＊＊

以上，「不確かさ」を論じたが，本書の目的はその概念の理解であり，実際の分析値の「不確かさ」を求めるには不充分である。実際に「不確かさ」を求める場合には，章末にあげた他書などを参考にしてさらに学習してほしい。

3.6 有意差検定

分析化学では，二つの測定値群の分散と平均値に有意な差があるかを検定することなど，統計的な検定がしばしば必要となる。分散に関する検定は F 検定，平均値については t 検定がよく知られている。これら二つの検定は，しばしばセットで用いられるが，本書では，t 検定のみを紹介する。

★ t 検定は平均値についての検定法。

★ F 検定は測定値群の分散の差が統計的に有意かどうかを判定する。

★ 「真の値」と測定値群の平均値との差の判定。

a) 真の値 μ_0 がわかっている場合の t 検定

これは，認証値つきの標準物質（3.9節参照）を分析し，認証値 μ_0 と得られた測定値群の標本平均値 $\bar{x}$ に差があるかどうか（測定値にかたよりがあるかどうか）を検定する場合などが含まれる。すなわち，用いた方法の信頼性の評価などに用いられる。この場合には，以下の式で t 値を計算する。

$$t = \frac{|\bar{x} - \mu_0|}{\frac{s}{\sqrt{N}}} \tag{3.9}$$

ここで $\bar{x}$ は標本平均値，μ_0 は認証値，s は標本標準偏差，N は測定回数である。この t 値が t 表（表3.3）の値（決められた信頼水準と自由度（測定回数 $N - 1$）から得られる値）よりも小さければ，「得られた平均値 $\bar{x}$ は μ_0 に等

しい」という仮説が，その信頼水準では否定されないと判断される。

★　二つの測定値群の平均値の差の判定。

b）二つの測定群の平均値の t 検定

これは同じ試料を二つの方法で測定し，方法間で測定結果に差があるかどうかを判定する，あるいは一つの方法で2種類の試料群を測定し，試料群の平均値に差があるかどうかを判定する場合などに用いられる。特に，後者は，ある物質の濃度について，健康な人と特定の病気の人の間に差があるか，あるいは地域によって差があるかどうかなど，様々な場合に用いられる検定法である。

測定群1の標本平均値 $\overline{x_1}$，標本標準偏差 s_1，測定回数 N，測定群2の標本平均値 $\overline{x_2}$，標本標準偏差 s_2，測定回数 M とすると，

$$t = \frac{|\overline{x_1} - \overline{x_2}|}{\sqrt{\left\{\dfrac{(N-1){s_1}^2 + (M-1){s_2}^2}{N+M-2}\right\}\left(\dfrac{1}{N} + \dfrac{1}{M}\right)}} \qquad (3.10)$$

となり，a) の場合と同様に，この t 値が t 表（表3.3）の値（決められた信頼水準と自由度（$N+M-2$）から得られる値）よりも小さければ，「平均値 $\overline{x_1}$ と $\overline{x_2}$ は等しい」という仮説が，その信頼水準では否定されないと判断される。

★　通常は，あらかじめ F 検定を行い，二つの測定値群の標本分散間に有意の差がないことを確認してから t 検定を行う。

なお，この検定においては，二つの測定群の母分散には差がないとの仮定をしている。したがって，二つの標本分散の値に大きな差がある場合には，あらかじめ F 検定と呼ばれる分散に関する検定を行う必要がある。詳しくは章末の参考書などを参照してほしい。

＊＊

［例題3.8］ 河川水中の亜鉛濃度を原子吸光法（13章）で4回測定したところ，平均値 20.5 ng cm^{-3}，標本標準偏差 $s_1 = 1.8$ ng cm^{-3} であった。一方，この亜鉛濃度を吸光光度法（14章）で5回測定したところ，平均値 22.8 ng cm^{-3}，標本標準偏差 $s_2 = 2.8$ ng cm^{-3} であった。これら二組の測定値について平均値に有意な差があるかどうかを，t 検定により信頼水準95％で判定しなさい。

［答］

$$t = \frac{|\overline{x_1} - \overline{x_2}|}{\sqrt{\left\{\dfrac{(N-1){s_1}^2 + (M-1){s_2}^2}{N+M-2}\right\}\left(\dfrac{1}{N} + \dfrac{1}{M}\right)}}$$

$$= \frac{|\overline{x_1} - \overline{x_2}|}{\sqrt{\left\{\dfrac{(4-1)1.8^2 + (5-1)2.8^2}{4+5-2}\right\}\left(\dfrac{1}{4} + \dfrac{1}{5}\right)}} = 1.415$$

信頼水準95％，自由度7のときの t 表の値は2.365であり，計算値より大きい。したがって，両者の平均値は等しいとした仮定が，この信頼水準では否定されないと結論される。

＊＊

3.7　かけ離れた測定値の棄却

同一試料を繰り返して測定する場合，得られた測定値の中の一つの測定値

だけが，ほかの値とかけ離れて見えることがよくある。このような場合には，この測定値が，特別な操作上のミスによるものか（大誤差を含むいわゆる異常値），正常なばらつきの範囲内なのか，判定する必要がある。こうした場合には，統計学的に確立している種々の検定法を用いて測定値の棄却の可否を客観的に判定する。ここでは，その一例として，ディーンとディクソンにより考案された Q テストを紹介する。

ディーン Dean, R.
ディクソン Dixson, W.

★ 異常値の棄却法。

まず，異常値を含んでいると疑われる測定値群について，次式で定義される Q 値を算出する。

Q = [(疑わしい値) − (疑わしい値に最も近い値)] / [最大値 − 最小値]

この値を**表 3.5** の棄却係数値と比較し，算出した Q 値が対応する表の値よりも小さければ，「疑わしい値は異常値ではない」という仮説が，その信頼水準では否定されないと判断される。

表 3.5　異なる信頼水準における棄却係数 Q^*

測定回数	信頼水準		
	Q_{90}	Q_{95}	Q_{99}
3	0.941	0.970	0.994
4	0.765	0.829	0.926
5	0.642	0.710	0.821
6	0.560	0.625	0.740
7	0.507	0.568	0.680
8	0.468	0.526	0.634
9	0.437	0.493	0.598
10	0.412	0.466	0.568
15	0.338	0.384	0.475
20	0.300	0.342	0.425
25	0.277	0.317	0.393
30	0.260	0.298	0.372

＊ Rorabacher, D. B. (1991) *Anal. Chem.*, **63** 139 から転載。

＊＊＊＊＊＊＊＊＊＊＊＊＊＊＊＊＊＊＊＊＊＊＊＊＊＊＊＊＊＊＊＊＊＊＊＊＊＊＊

［例題 3.9］ ある試料中の銅の濃度を 4 回測定したところ，測定値は 16.3 $\mu g\ g^{-1}$，15.8 $\mu g\ g^{-1}$，12.8 $\mu g\ g^{-1}$，15.5 $\mu g\ g^{-1}$ となった。一つの値は疑わしいと思われるが，それを棄却すべきかを 95 %の信頼水準で Q 検定により判定しなさい。

［答］ まずこの四つの測定値を大きさの順に並べると

$$12.8\ \mu g\ g^{-1},\ 15.5\ \mu g\ g^{-1},\ 15.8\ \mu g\ g^{-1},\ 16.3\ \mu g\ g^{-1}$$

となる。疑わしい値は 12.8 $\mu g\ g^{-1}$ である。この値について Q 値を計算する。

$$Q = \frac{15.5 - 12.8}{16.3 - 12.8} = 0.771$$

この値と表 3.5 の Q_{95} ($N = 4$) を比べると，$Q_{95} = 0.829$ であり $Q = 0.771$ の方が小さい。したがって，この値を 95 %の信頼水準で棄却することはできない。

＊＊＊＊＊＊＊＊＊＊＊＊＊＊＊＊＊＊＊＊＊＊＊＊＊＊＊＊＊＊＊＊＊＊＊＊＊＊＊

3.8　最小二乗法

分析化学では検量線法といわれる方法が定量によく用いられる。検量線

★　検量線は，分析成分の濃度が既知の一連の標準物質について，その濃度に対して測定装置の信号強度をプロットしたグラフ。

★　検量線は分析成分の定量に用いられる。

最小二乗法
method of least square

回帰直線　regression line

決定係数
coefficient of determination

*11　Rは**相関係数**（coefficient of correlation）である。−1～1の値をとり，二つの変数間の相関の程度を表す指標である。二つの変数が正の相関を示すときは0～1，負の相関を示すときは−1～0の値をとり，絶対値が1に近いほど強い相関を表す。検量線のように，強い相関を評価するためには決定係数が適している（1付近の値の差が大きくなる）。

は，分析成分の濃度が既知の一連の標準物質について，その濃度に対して測定装置の信号強度をプロットしたグラフである。通常の機器分析法では，この検量線を利用して分析成分の定量を行う。検量線は直線となるのが理想である。詳しくは第III部の機器分析法の章で学ぶ。n組の標準物質の測定点$(x_1, y_1), (x_2, y_2), \cdots (x_i, y_i) \cdots (x_n, y_n)$から最適の検量線を決定するためには，**最小二乗法**がよく用いられる。ここでは，その原理を，直線での最小二乗法を例にとって説明する。上述のn組の測定点を次のような直線で代表するとしよう。

$$y = a + bx \tag{3.11}$$

このような直線を**回帰直線**と呼ぶ。ここで，実測されたy_iの値と，式(3.11)にx_iを代入して回帰直線から推定される$y_i'(= a + bx_i)$との偏差$(y_i - y_i')$は正負，様々な値となるので，それらの二乗和$[\sum(y_i - y_i')^2]$が最小となるように，係数aとbの値を定めるのが本法のやり方である。**図3.4**に，表計算ソフトのエクセルを用いて描いた最小二乗法による検量線の例を示す。表中の一次関数が最小二乗法を用いて得られた回帰直線式である。R^2は**決定係数**と呼ばれ，0～1の値をとり，測定値がどれほどばらついているかを示す指標である*11。1の場合はすべての測定点が直線上にある。各測定点は，通常厳密には最小二乗法で描いた検量線上にはのらないが，統計学的に最も妥当な直線と考えることができる。以前は，手計算で係数を求めていたが，現在は，コンピュータの表計算ソフトや関数付電卓でも簡単に計算することができるので，具体的な計算方法は，そうした説明書などを参照してほしい。また，例えば，二次曲線や指数関数など直線以外の関数でも同様な考え方に基づいて最小二乗法で係数を求め，回帰曲線を決定することができる。なお，11章に検量線の例題を載せているので学習してほしい。

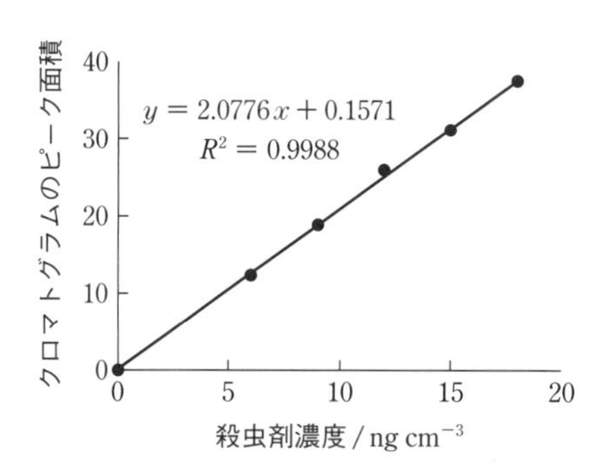

図3.4　検量線の例

3.9　分析値の信頼性の評価

得られた分析値の真度と精度，すなわち，精確さ（不確かさ）を評価することは，得られた分析値に基づいて様々な判断をするための基礎となる大変重要な事柄である。一方，信頼できる分析値は，よく管理された実験室で，信頼できる分析者が，信頼できる方法を使って初めて得られる。そのため，社会で広く必要とされる分析項目については，まず，信頼できる分析法として，国などの公的機関により公定法と呼ばれる標準分析法が定められている。日本においては，鉱業・工業分野では経済産業省が定める日本工業規格（JIS）法，農林水産分野では農林水産省が定める日本農林規格（JAS）法，医薬品・食品分野では厚生労働省が定める日本薬局方および食品衛生検査指針，環境分野では環境省告示に定める方法（JIS法やその他独自に告示別表に定める方法）などがその代表例である。分析結果を公的機関に報告する場合には，それぞれの分野指定の方法で得られた試験結果を求められる場合が多い。

★ 公定法は公的機関が定めた標準分析法。

公定法を用いたからといって，分析値の信頼性が直接保証されることにはならない。そこで，その分析値の信頼性が商取引や行政の問題に直結している企業や公的機関の分析室では，例えば，**国際標準化機構**（ISO）*12,13 のような国際的に認められた機関が定めた基準に従って分析室の管理を行っていることを，公的な認証機関により証明を受ける制度が普及している（試験所認定制度と呼ばれている）。ある分析室がISOの認定*14 を得ていれば，その分析室のことをよく知らない外国の企業も，その分析室が信頼できると判断できるわけである。2章で議論した通り，分析値は国際的に通用することが求められる。こうした国際機関による認定は，そのための方策の一つである。ISOの規程の中では，分析手順を詳しく規定した「**標準作業手順書**（SOP）」の作成とその遵守や，「**バリデーション**」といわれる分析の方法やその作業プロセスなどが適切であるかを科学的に検証することの重要性が強調されている。

*12 電気分野を除く工業分野の国際的な標準である国際規格を策定するための民間の非政府組織で，本部はスイスのジュネーヴにある。ねじ（通称イソネジ）や写真のフィルムの規格（ISO 400 など）は有名である。

*13 ISOでも標準分析法を定めている。現在，JISなどの国内規格をISOの規格と一致させる努力がはらわれている。

*14 分析室の認定のための国際規格としてはISO/IEC 17025がよく知られている。その規格と整合性をもつ国内規格（JIS Q 17025 試験所及び校正機関の能力に関する一般要求事項）も整備されている。

標準作業手順書
standard operation procedure

★ 標準作業手順書は分析手順を詳しく規定する。

バリデーション validation

★ バリデーションとは，分析の方法やその作業プロセスなどが適切であるか科学的に検証すること。

一方，そうした認定を受けた分析室においても，また私たちが通常の実験で分析を行う場合においても，分析値の信頼性の評価に有効な手段として，**標準物質**の利用があげられる。例えば，今，ある植物試料中の重金属元素を測定したいとする。そのとき，その分析試料と同様の成分組成をもち，分析成分の量（濃度）が前もって厳密に測定され，また均質性や保存性が保証された植物試料（標準物質）があれば，そうした試料を分析試料と同時に分析する。そして，その標準物質についての実際の分析値と，標準物質に付与された値を比較することにより，分析値（分析法）の信頼性，特に真度を評価することができる。もしも，その分析法を用いて，標準物質の値と一致する値が得られれば，その方法は信頼できると判断されるため，実際の分析試料についての分析値も真値に近い（真度が高い）と判断できるわけである。こうした実際の試料と類似の組成をもつ標準物質を組成標準物質という*15。標準物質に関してもその品質を保証するための国際的なガイドがあり，値付けの方法などについて一定の条件を満たす信頼性の高い標準物質を特に**認証標準物質**と呼ぶ。日本では国立研究開発法人産業技術総合研究所，国立研究開発法人国立環境研究所，米国では国立標準技術研究所（NIST）などが認証標準物質を作製している。**表3.6**は，産業技術総合研究所から頒布されている認証標準物質のうちの組成標準物質の例である。また，その写真を**図3.5**に示す。そのほか，実用的な標準物質は様々な学協会などからも頒布されている。

標準物質 reference material

★ 組成標準物質は，実際の分析試料と同形態で，均質性や保存性が保証され，分析成分組成の値が付与されている物質。

*15 標準物質の中には組成標準物質以外にも，検量線作成に用いる純物質の標準物質など様々なものがある。

認証標準物質
certified reference material

表 3.6　産業技術総合研究所が頒布している組成標準物質の例

7202-b	河川水（微量元素分析用　添加*）
7302-a	海底質（有害金属分析用）
7303-a	湖底質（有害金属分析用）
7304-a	海底質（PCB・塩素系農薬類分析用－高濃度）
7307-a	湖底質（多環芳香族炭化水素分析用）
7308-a	トンネル粉じん（多環芳香族炭化水素分析用・有害元素分析用）
7404-a	スズキ魚肉粉末（有機汚染物質分析用）
7902-a	絶縁油（PCB 分析用－高濃度）
7903-a	絶縁油（PCB 分析用－低濃度）
7904-a	重油（PCB 分析用）

*　河川水にさらに微量元素を添加した試料

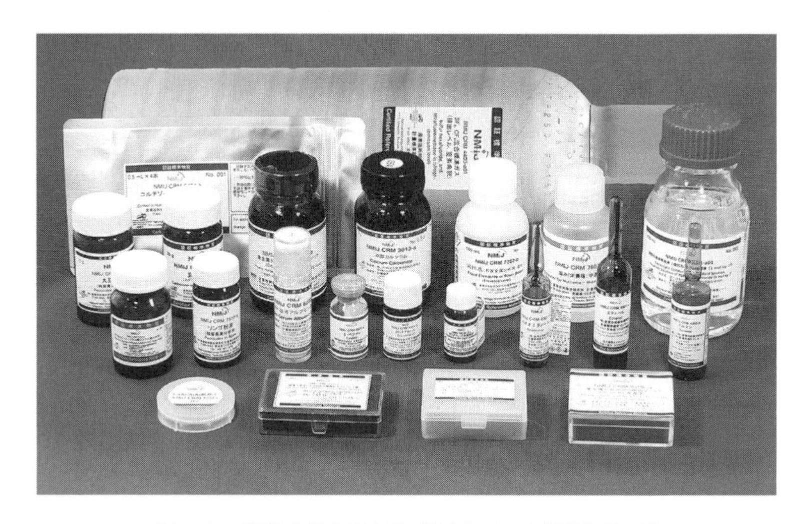

図 3.5　産業技術総合研究所が頒布している標準物質の例
産業技術総合研究所提供。

本章のまとめと問題

3.1　確定誤差と不確定誤差の違いを説明しなさい。

3.2　真度，精度，精確さの意味を説明しなさい。

3.3　分析値の標準偏差のもつ意味を説明しなさい。

3.4　信頼区間，信頼限界，信頼水準の意味を説明しなさい。

3.5　分析値はすべて有効数字として表されるが，その理由を説明しなさい。

3.6　不確かさの意味を説明しなさい。また，A タイプのばらつきと B タイプのばらつきの違いを説明しなさい。

3.7　t 検定，Q 検定の意義を説明しなさい。

3.8　公定法，試験所認定制度，組成標準物質の必要性を説明しなさい。

水溶液の化学平衡

化学分析においては，対象とする試料は水溶液であることが多く，さらに，古典分析法の多くは水溶液内化学平衡を利用している。そのため，まず，水の溶媒としての性質を学ぶ。さらに化学平衡の基礎を学ぶ。特に，熱力学的に化学平衡を議論するときに重要な活量と活量係数について学ぶ。

4.1　水

本書では，主として水溶液を取り扱う。この理由は，化学分析において水溶液が最も重要だからである。実際，化学分析で対象とする試料は水溶液であることが多く，さらに，例えば生体試料のように固体の試料であっても，分解するなどして水溶液試料に変換してから分析を行う場合が多い。また，化学分析，特に古典的方法の多くは水溶液内化学平衡を利用している。こうした理由から，分析化学の教科書の多くは，水溶液の化学に多くのページを費やしている。本書もそれらの例にならって，まず，水溶液の化学平衡を詳しく論じる。

水は，地球上に最もありふれた溶媒であるにもかかわらず，化学的には極めて奇妙な溶媒である。**表 4.1** に示すように，同程度の分子量をもつほかの物質に比べて，水は異常に高い融点と沸点を示す。また，**図 4.1** に示すように，水と同族元素の水素化物の沸点を比べてみると，ここでも異常に高い沸点を示していることがわかる。さらに奇妙なことに，水は 4 °C で最大の密度を示し，固体の氷は水よりも密度が低いため水に浮くという現象が起こる（章末コラム参照）。また，水の顕著な性質の一つとして，塩（えん），すなわち**電解質**[*1] をよく溶かすことがあげられる。水は，電解質を溶かすための

★　水は異常に高い融点と沸点を示す。

★　氷は水よりも密度が低いため水に浮く。

電解質 electrolyte

*1　電解質とは，水に溶けてイオンに解離する物質のことである。NaCl などの塩のように，ほぼ完全に解離する物質を強電解質，酢酸のように一部だけが解離する物質を弱電解質，グルコースや尿素のように，分子のまま溶け，解離しない物質を非電解質と呼ぶ。

表 4・1　水および水と同程度の分子量をもつほかの液体の物理的性質

	NH_3	H_2O	HF
分子量	17	18	20
融　点 / °C	−78	0	−83
沸　点 / °C	−33	100	20
誘電率 (0 °C)	19.6	88.0	83.6

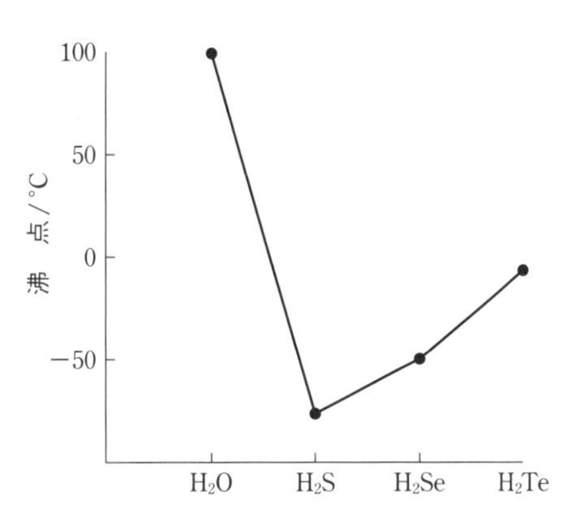

図 4.1　16 族元素と水素の化合物の沸点

★　水は電解質を溶かすための最もすぐれた溶媒である。

最もすぐれた溶媒である。では，これらの水の奇妙なふるまいは，水のどのような性質に由来しているのであろうか。

4.1.1　水の構造

図 4.2 に水分子の構造を示す。この水分子の特徴は，まず，H−O−H が直線ではなく曲がっており，その角度が正四面体構造の場合 (109°) に近い 104.5° であることである。これは，O 原子が sp^3 混成軌道をとっており，本来ならば，正四面体と同じ角度をもつはずであるが，二つの O 原子の非共有電子対間の反発により，若干，角度が小さくなっているためと理解されている。この正四面体に近い角度は，水の性質に大きな影響を与えている。まず，一つは水分子が強い極性，すなわち，大きな**双極子モーメント**[*2] をもつことである。O と H は**電気陰性度**[*3] に大きな差がある。したがって，O は負電荷を帯び，H は正電荷を帯びている。負電荷の重心と正電荷の重心が異なるとき，その分子は極性をもつ (逆を考えれば，二酸化炭素は O−C−O が直線構造をとるため，負電荷と正電荷の重心が一致し無極性の分子となる)。その極性の程度を表す指標が (永久) 双極子モーメントである。より大きな双極子モーメントをもつ分子間には，ファンデルワールス力と呼ばれる，静電力に基づくより大きな分子間引力が働く。**表 4.2** に示すように，水分子は比較的大きな双極子モーメントをもつ物質であることがわかる。

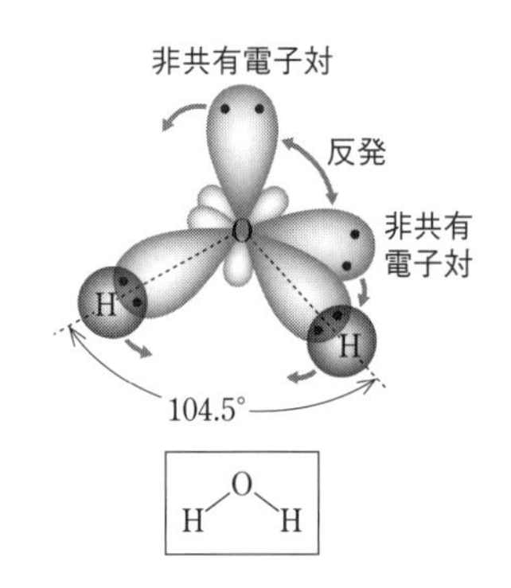

図 4.2　水分子の構造

★　水は折れ曲がった構造をもつ。

双極子モーメント dipole moment

*2　双極子モーメント m は「電荷 × 距離」の値をもつ。すなわち，

$$m = qd$$

q：分子内の正電荷と負電荷 (C：クーロン)

d：分子内の正電荷と負電荷のそれぞれの重心間の距離 (m)

で表される。その単位には，SI 単位ではないが，D (デバイ) がよく用いられ，$1\,\mathrm{D} = 3.3356 \times 10^{-30}$ C m が成り立つ。

電気陰性度 electronegativity

*3　酸素 O の電気陰性度は 3.6，水素 H は 2.3 である。水分子は比較的大きな双極子モーメントをもつ。

表 4・2　代表的な溶媒の双極子モーメントと比誘電率

	化学式	双極子モーメント /D	比誘電率 (298 K)
水	H_2O	1.85	78.54
エタノール	C_2H_5OH	1.70	24.3
ジエチルエーテル	$C_2H_5OC_2H_5$	1.15	4.33
アセトン	CH_3COCH_3	2.8	20.7
四塩化炭素	CCl_4	0	2.24
クロロホルム	$CHCl_3$	1.15	4.90
ベンゼン	C_6H_6	0	2.28
シクロヘキサン	C_6H_{12}	0	2.10

水素結合 hydrogen bond

★　水素結合は，水分子間でできる直線的な O−H…O 結合で，その強度は一般的な共有結合の 1/10 程度である。

一方，水分子同士は，**水素結合**で結ばれる。水素結合は，水分子間でできる直線的な O−H…O 結合で，その強度は一般的な共有結合の 1/10 程度である。この水素結合により，**図 4.3 (a)** に示すように O 原子を中心として最近接の水分子が正四面体に近い構造をとり，さらにそれがつらなって，**図 4.3 (b)** に示すように網目状構造をとっている。この構造は最密充てん構造

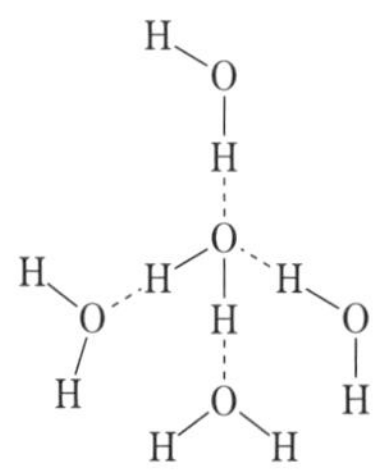

(a) 水分子間の水素結合

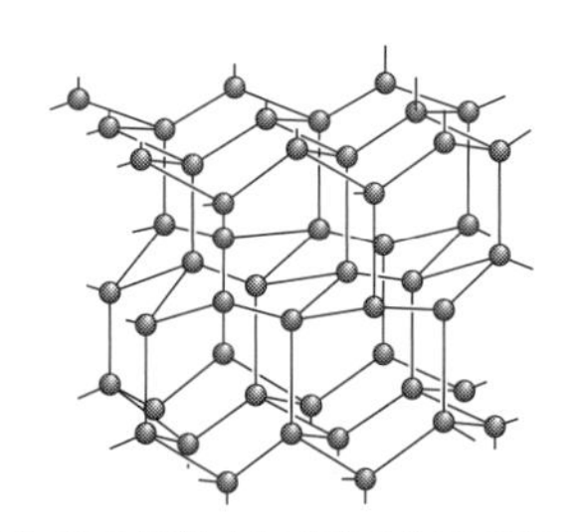

(b) 氷の構造 (丸は酸素分子を表す)

図 4.3　水 (氷) の構造

ではなく，空隙の多い構造である。固体の氷では，図のように，この構造で結晶化している。一方，液体の水では，網目構造が一部維持されている中で自由な水分子がこうした構造の中に進入するので，密度が高まると理解されている。この水の水素結合による網目状構造は，水の性質に大きな影響を与えている。

★ 氷は水素結合により網目状構造をとり，その一部は液体の水でも維持される。

4.1.2 電解質の溶解

なぜ水が電解質を溶かすのかは，本質的には極めてむずかしい問題で，現在でも不明なところも残されている。しかし，ここでは単純で定性的な説明を試みる。結論から述べると，電解質の水への溶解には，水の以下の二つの性質が関与していると考えられている。すなわち，a) 水の極端に大きな比誘電率，および b) イオンの水和，である。これらを順に説明する。

★ 水の極端に大きな比誘電率とイオンの水和が，イオンがよく水に溶ける主因。

a) 比誘電率

距離 r (m) 離れた電荷 q_1 と q_2 (C) 間に働く力 F (N) は，以下の**クーロンの法則**で記述される。

クーロンの法則 Coulomb's law

$$F = \frac{q_1 q_2}{4\pi\varepsilon_r\varepsilon_0 r^2} \tag{4.1}$$

ε_0 は**真空の誘電率** (8.854×10^{-12} N^{-1} C^2 m^{-2} = J^{-1} C^2 m^{-1})，ε_r は**比誘電率**で，電荷がおかれた媒体の性質により決まる無次元の定数である。大きな比誘電率をもつ媒体の中におかれた電荷間に働く力は，クーロンの法則に従って，比誘電率の値に反比例する。**表 4.2** に示したように，水は極端に大きな比誘電率をもつ液体である。すなわち，水の中におかれた電荷間に働く力は，ほかの溶媒に比べて極めて小さいことがわかる。これを塩の溶解にあてはめて考えてみると，塩を溶解するときはその中の陽イオンと陰イオンの引力に打ち勝って，イオン同士をばらばらにしなくてはならないが，そのエネルギーが小さくてすむことを意味している。これは塩の溶解には有利であることがわかる。

真空の誘電率 vacuum permittivity

比誘電率 relative permittivity

★ 比誘電率は，物質と真空の誘電率の比を表す (無次元)。

★ 比誘電率の大きな溶媒中ではイオン間に働くクーロン力が小さくなる。

それでは，なぜ水はこのように大きな比誘電率をもつのであろうか。比誘電率は，媒体の分極に依存する。分極はその物質が電場の中におかれたときの電荷のかたよりを表し，分極が大きいほど比誘電率は大きい。分極は分子の (永久) 双極子モーメントの大きさに依存するので，基本的には大きな双極子モーメントをもつ分子ほど，大きな比誘電率をもつことになる[*4]。しかし，表 4.2 に示したように，水分子は比較的大きな双極子モーメントをもつが，表中のアセトン分子などと比較すると，それだけでは水の異常に大きな比誘電率を理解できないこともわかる。その異常性を説明するほかの要因としては，(1) 水素結合により水分子の双極子モーメントが打ち消されずに整列し，大きな分子のように挙動すること，(2) 水分子のモル濃度が 55.5 mol dm^{-3} と非常に高い (分子の密度が高い) こと (一方，例えば，アセトンは 13.6 mol dm^{-3})，(3) 酸素原子の分極率が大きい，などがあげられている。

*4 物質の分極の大きさは，電場により決まった向きの分子の数が増える配向効果による分極 (分子の (永久) 双極子モーメントの大きさにより決まる) と，その物質が電場に置かれることにより電子雲が変形する誘起効果による分極 (分極率はこの変形のしやすさを示す尺度である)，の二つの要素により決まる。

b）水 和

水和 hydration

★　水和は，イオンと水分子との間に働く静電引力のため，水分子の一部が水の構造を乱してイオンの周りに集まりイオンが安定化する現象。

水和は，イオンと大きな双極子モーメントをもつ水分子との間には静電引力が働くため，その結果として，水分子の一部が水の構造を乱してイオンの周りに集まりイオンが安定化する現象と理解される。一般に，イオンの電荷が大きく，またイオン半径が小さいイオンほど強く水和する。陽イオンでは，**図 4.4 (a)** のように，水分子中の O 原子がよりイオンに近づくが，このとき O 原子の非共有電子対を陽イオンに供与して配位結合（7 章参照）を形成する。一方，陰イオンでは，**図 4.4 (b)** のように，水分子の H 原子がよりイオンに近づく。イオンと水素結合を形成してより安定化するといわれている。

このように，水の大きな比誘電率と水和は，溶解現象を考えるうえで車の両輪である。両者を考慮して初めて，水の電解質に対する溶解力を理解することができる。

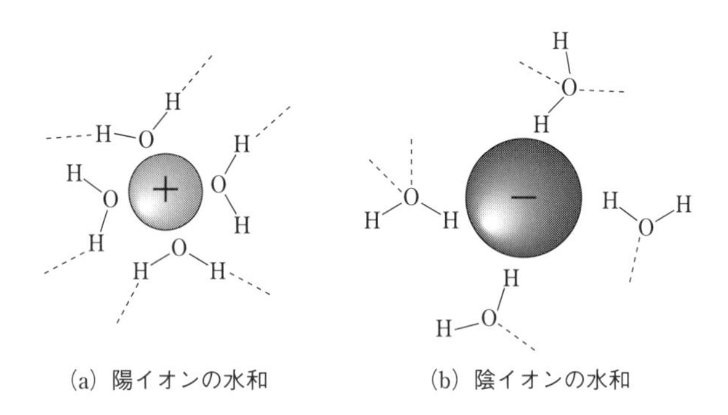

(a) 陽イオンの水和　　(b) 陰イオンの水和

図 4.4　イオンの水和

4.2　化学平衡と電解質効果

化学平衡の法則
the law of chemical equilibrium

質量作用の法則
the law of mass action

化学平衡は**化学平衡の法則**（**質量作用の法則**）により記述される。化学平衡の法則は，後述のように，正しくは活量（4.3 節参照）で記述されるが，溶質の場合，簡易的にはモル濃度で代用される。すなわち，次の化学平衡を考えると，

$$aA + bB \rightleftharpoons cC + dD \tag{4.2}$$

化学平衡の法則は，次のように表される。

$$\frac{[C]^c[D]^d}{[A]^a[B]^b} = K \tag{4.3}$$

モル濃度平衡定数
molar concentration equilibrium constant

＊5　活量表記の平衡定数（熱力学的平衡定数）$K^\ominus$ は，温度一定（および圧力一定）のもとで一定の値となる（4.5 節参照）。

ここで K は**モル濃度平衡定数**と呼ばれる。モル濃度平衡定数 K は，温度，共存物質の組成などによって変化する＊5。

ここで水溶液中の化学平衡の一例として，酢酸の解離反応を考える。反応式は

$$CH_3COOH \rightleftharpoons CH_3COO^- + H^+ \tag{4.4}$$

と書かれ，モル濃度を用いた化学平衡の式は，

$$\frac{[CH_3COO^-][H^+]}{[CH_3COOH]} = K_a \tag{4.5}$$

となる。ここで共存する電解質の濃度を変化させながら（例えばNaClを溶液に加えていく），モル濃度平衡定数（酸解離定数（5章参照））K_aを測定してみると，**図4.5**のような結果が得られる。すなわち，電解質濃度を上げていくに従って酢酸の解離が進む現象がみられる。平衡定数は，活量で表現すれば常に一定になるはずであるので，モル濃度平衡定数の変化は，電解質の濃度変化により，平衡に関与している三つの化学種の活量が変化していることを意味している。このように電解質の添加により水溶液中の物質の活量が変化する現象を**電解質効果**と呼ぶ。

電解質効果 electrolyte effect

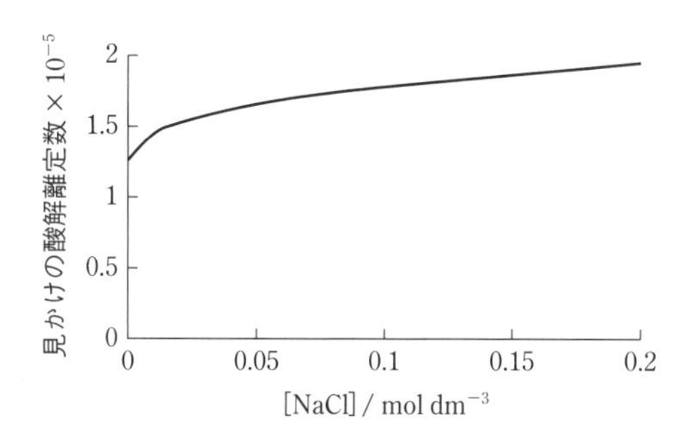

図4.5　NaCl水溶液中での酢酸の見かけの解離定数*6

*6　モル濃度酸解離定数K_aを意味している。

酢酸の解離反応について，もう少し詳しく見ていこう。酢酸の解離により生成した水素イオンと酢酸イオンの一部は，電解質，例えばNa^+とCl^-が存在すると，静電的な引力により，水素イオンはCl^-と，酢酸イオンはNa^+と，それぞれ結合をつくる。このような静電的な力により生成するイオンの結合状態を**イオン対**と呼ぶ。イオン対は強い結合状態というわけではないが，イオン対を生成した酢酸イオンや水素イオンの動きは束縛され，再結合が起こりにくくなる。言い換えれば，イオン対の生成により，反応に関与できる自由に動けるイオンの濃度が減少することになる。このため，平衡は正反応の方向にずれ，見かけの平衡定数の値の増加として観測される。

★　電解質効果とは電解質の添加により水溶液中の物質の活量（活量係数）が変化する現象。

イオン対 ion pair

電解質効果は，主としてこのようなイオン対の生成の効果と考えられるが，以下の二つの性質をもつ。

1）電解質の種類にはほとんど関係がなく，イオン強度と呼ばれるパラメーターにのみ依存する。

2）平衡に関与する化学種の電荷が大きいほど大きな影響を受ける。

★　電解質効果は，主としてイオン対の生成の効果と考えられる。

イオン強度は，以下の式で与えられるパラメーターであり，単位は mol dm^{-3}である。

★　イオン強度の単位は mol dm^{-3}。

$$\mu = \frac{1}{2}(\Sigma_j C_j Z_j^2) \tag{4.6}$$

ここで，C_jはイオンjのモル濃度，Z_jはイオンjの電荷である。

一方，2）は，静電力の強さ，すなわちイオン対の生成のしやすさを考慮すれば容易に理解できる。

＊＊＊＊＊＊＊＊＊＊＊＊＊＊＊＊＊＊＊＊＊＊＊＊＊＊＊＊＊＊＊＊＊＊＊＊＊＊

[例題 4.1] 次の塩の水溶液のイオン強度を計算しなさい。

1）0.030 mol dm^{-3}　KCl

2）0.030 mol dm^{-3}　K_2SO_4

3）0.030 mol dm^{-3}　$MgSO_4$

[答] 1）$\mu = \frac{1}{2}(0.030 \times 1^2 + 0.030 \times 1^2) = \underline{0.030 \text{ mol dm}^{-3}}$

2）$\mu = \frac{1}{2}(0.060 \times 1^2 + 0.030 \times 2^2) = \underline{0.090 \text{ mol dm}^{-3}}$

3）$\mu = \frac{1}{2}(0.030 \times 2^2 + 0.030 \times 2^2) = \underline{0.120 \text{ mol dm}^{-3}}$

同じモル濃度の塩の水溶液でも，電荷の大きなイオンの塩の水溶液の方が大きなイオン強度をもつことがわかる。

＊＊＊＊＊＊＊＊＊＊＊＊＊＊＊＊＊＊＊＊＊＊＊＊＊＊＊＊＊＊＊＊＊＊＊＊＊＊

4.3 溶質の活量と活量係数

上述の酢酸の解離反応で，水素イオンと酢酸イオンのうち反応に関与できるのは，電解質とイオン対を形成していない自由に動けるイオンである。これらの自由に動けるイオンの濃度を考えれば，平衡定数は一定となる。言い換えれば，**活量**は，自由に動けるイオンの濃度ということになる。活量 a_A と濃度 [A] は**活量係数** γ_A を用いて，

活量 activity

活量係数 activity coefficient

$$a_A = [A]\gamma_A \tag{4.7}$$

と書ける。すなわち，活量 a は自由に動けるイオンの実効濃度を意味し，活量係数 γ はその割合を表す。活量を用いて，前述の式 (4.3) を書き直すと，

★　活量は自由に動けるイオンの濃度（実効濃度）。活量係数はその割合。

$$\frac{a_C{}^c a_D{}^d}{a_A{}^a a_B{}^b} = K^{\ominus} \tag{4.8}$$

となる。ここで $K^{\ominus}$ は**熱力学的平衡定数**と呼ばれる。$K^{\ominus}$ は，前述のように温度だけで決まる定数である。モル濃度平衡定数 K と熱力学的平衡定数 $K^{\ominus}$ の関係は，

熱力学的平衡定数
thermodynamic equilibrium

$$K^{\ominus} = \frac{\gamma_C{}^c \gamma_D{}^d}{\gamma_A{}^a \gamma_B{}^b} K \tag{4.9}$$

となる。

活量係数は，実際の状態の理想状態に対する補正係数と考えることができる。活量と活量係数は，そもそも，モル分率について定義された。そのため，本来，ともに無次元である。利便性を考えて，溶質の活量にはモル濃度が用いられるが，単位については，そのまま無次元とされている。すなわち，以下のように定められている。

★　活量と活量係数は無次元。したがって熱力学的平衡定数 $K^{\ominus}$ も無次元。

① 溶質：モル濃度（1 mol dm^{-3} で除した値）を活量とする。

② 固体：純粋な固体は，本来の定義通り，$a = 1$ とする。

③ 溶媒：希薄溶液の溶媒は，本来の定義通り，$a = 1$ とする。

② と ③ から，反応式中の純粋な固体や溶媒は，化学平衡の式には書く必要はないことがわかる。また，熱力学的平衡定数 $K^{\ominus}$ は常に無次元となる。

ここで，式(4.2)の反応について，この反応におけるギブズ自由エネルギーの変化(ΔG)から，式(4.8)を導いてみよう[*7]。まず，反応に関与する成分の化学ポテンシャルは次のように表される。

*7 以下の部分については，詳しくは物理化学の教科書を参照してほしい。

$$\mu_A = \mu_A^\ominus + RT \ln a_A \tag{4.10}$$

$\mu_A^\ominus$ は，成分Aの標準化学ポテンシャルである。定温，定圧下で反応が進み，A～Dの量(mol)が Δn_A～Δn_D だけ変化したとすると，そのときの ΔG は，

$$\Delta G = \mu_A \Delta n_A + \mu_B \Delta n_B + \mu_C \Delta n_C + \mu_D \Delta n_D \tag{4.11}$$

ここで，$\Delta n_A = -a\Delta\xi$，$\Delta n_B = -b\Delta\xi$，$\Delta n_C = c\Delta\xi$，$\Delta n_D = d\Delta\xi$（成分AとBは減少の方向なのでマイナス）と書き直すことができるので，式(4.11)は

$$\Delta G = (-a\mu_A - b\mu_B + c\mu_C + d\mu_D)\Delta\xi \tag{4.12}$$

平衡の条件 $\Delta G = 0$ より，

$$-a\mu_A - b\mu_B + c\mu_C + d\mu_D = 0 \tag{4.13}$$

が得られる。式(4.10)と式(4.13)から，式(4.8)が得られ，このとき

$$K^\ominus = \exp\left(-\frac{\Delta G^\ominus}{RT}\right) \tag{4.14}$$

$$\Delta G^\ominus = -a\mu_A^\ominus - b\mu_B^\ominus + c\mu_C^\ominus + d\mu_D^\ominus \tag{4.15}$$

となる。$\Delta G^\ominus$ は反応の標準ギブズ自由エネルギー変化である。

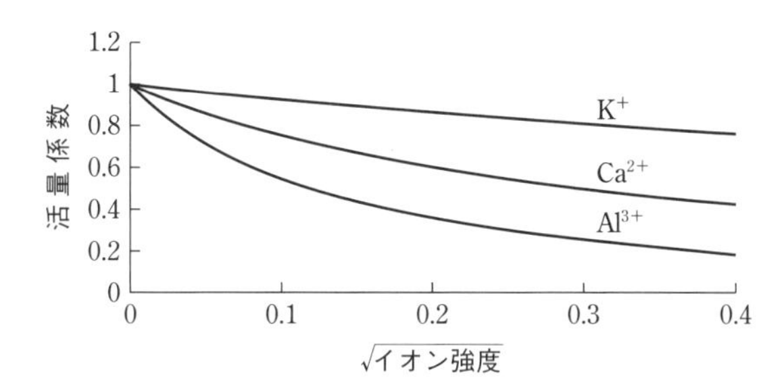

図4.6 活量係数とイオン強度の関係

さて，**図4.6**はイオン強度と活量係数の関係を示したものである。図からわかるように，イオン強度が0に近づくにつれて，活量係数は1に近づく。また，活量係数の値は，イオンの電荷数に強く依存することがわかる。同じ電荷をもつイオンについては，一定のイオン強度で活量係数はほぼ等しいが，水和イオンの有効サイズにより，わずかに差が生じる。1923年にデバイとヒュッケルは，活量係数を計算するためのデバイ-ヒュッケルの式を提案した。この式は，静電的な効果とボルツマンの式のみを考慮しているにもかかわらず，実験値とよい一致を示したため，有名な式となった。ここでは，キーランドにより改良が加えられた個々のイオンの活量係数を求めるためのデバイ-ヒュッケルの式を示す。すなわち，イオンiに対して，

デバイ Debye, P.

ヒュッケル Hückel, E.

キーランド Kielland, J.

★ デバイ-ヒュッケルの式はイオンの活量係数を計算するための理論式。

$$-\log \gamma_i = \frac{AZ_i^2\sqrt{\mu}}{1 + B\alpha_i\sqrt{\mu}} \quad (\approx AZ_i^2\sqrt{\mu}) \tag{4.16}$$

と表せる。ここで A，B は定数で，水溶液の場合，25℃でそれぞれ $A = 0.511$，$B = 0.329$ である。また α_i は，イオン直径パラメーターと呼ばれる

個々のイオンのサイズにより決まるパラメーターであり，イオンの種類により 2〜10 程度の値をとる（単位はオングストローム，$\mathrm{\AA} = 10^{-10}$ m）。デバイ-ヒュッケルの式は，イオン強度がおよそ 0.1 mol dm^{-3} 以下のときに実測と一致する。また，イオン強度 μ が 0.001 mol dm^{-3} 以下のときには，$1 \gg B\alpha_i\sqrt{\mu}$ となるので，デバイ-ヒュッケルの式はカッコ内のように簡略化できる。この式を極限式と呼ぶ。

＊＊＊＊＊＊＊＊＊＊＊＊＊＊＊＊＊＊＊＊＊＊＊＊＊＊＊＊＊＊＊＊＊＊＊＊＊＊＊

［例題 4.2］

1）0.020 mol dm^{-3} $CaCl_2$ 水溶液のイオン強度を計算しなさい。

2）この水溶液における H^+ と OH^- の活量係数をデバイ-ヒュッケルの式を用いて計算しなさい。イオン直径パラメーターの値は H^+ は 9 (Å)，OH^- は 3.5 (Å) とする。

3）水のイオン積（活量表示，25 ℃）は，$K_w^\ominus = 1.00 \times 10^{-14}$ である。この溶液におけるモル濃度表示の水のイオン積を計算しなさい。

4）3）の結果から，電解質の存在により水の解離はより進むと考えられるか。あるいは抑制されると考えられるか。理由とともに答えなさい。

［答］ 1）$\mu = \frac{1}{2}(0.020 \times 2^2 + 0.040 \times 1^2) = \underline{0.060\ \mathrm{mol\ dm^{-3}}}$

2）H^+ の活量係数

$$\log \gamma_{H^+} = -\frac{0.51 \times 1^2 \times \sqrt{0.060}}{1 + 0.33 \times 9.0 \times \sqrt{0.060}} = -0.0723$$

$$\gamma_{H^+} = 0.847$$

OH^- の活量係数

$$\log \gamma_{OH^-} = -\frac{0.51 \times 1^2 \times \sqrt{0.060}}{1 + 0.33 \times 3.5 \times \sqrt{0.060}} = -0.0974$$

$$\gamma_{OH^-} = 0.799$$

3）$K_w = \frac{K_w^\ominus}{\gamma_H \times \gamma_{OH}} = \frac{1.00 \times 10^{-14}}{0.847 \times 0.799} = 1.48 \times 10^{-14}$

4）濃度表示のイオン積が大きくなるので，解離は進む。これは，H^+ や OH^- が，電解質のイオンとイオン対を生成し動きにくくなり，再結合が抑制されるためと考えられる。

＊＊＊＊＊＊＊＊＊＊＊＊＊＊＊＊＊＊＊＊＊＊＊＊＊＊＊＊＊＊＊＊＊＊＊＊＊＊＊

以上のように，化学平衡を考える場合には，厳密には活量で議論しなければならないことを充分に理解する必要がある。しかし，一方で，活量を正確に求めることはしばしば大変困難である。そこで，分析化学では，多くの場合，活量の代りに濃度を用いて平衡を議論する。ただし，必要な場合には後で活量を計算できるように，イオン強度を一定として実験を行うとともに，その値を明記することが一般的に行われている。本書でも，特に断らない限り，濃度を用いて平衡を議論する。

本章のまとめと問題

4.1　水はイオンを溶かすための最も良い溶媒である。その理由を説明しなさい。

4.2　電解質効果について説明しなさい。

4.3　水溶液中のイオンの活量と活量係数について説明しなさい。

4.4　モル濃度平衡定数と熱力学的平衡定数の関係について説明しなさい。

4.5　活量係数を計算するデバイ-ヒュッケルの式には改良型がある。それらにはどんなものがあるか調べなさい。

Column　スノーボールアース

地球は，全球凍結（スノーボールアース）と呼ばれる，地球全体が氷で覆われた時代を三度経験しているといわれている。1992年に米国の地質学者カーシュビングによってこの説が唱えられたときは，支持する人は一人もいなかったそうだが，その後，次々と証拠が見つかり，現在では定説となっている。

全球凍結は，少なくとも3回，6.65～6.35億年前，7.3～7.0億年前，23.00～22.22億年前に起こったと考えられている。そして，20億年前の真核生物の誕生，6億年前の多細胞生物の大量発生など，生物進化の大イベントと深く関係しているという説が有力視されている。氷は水に浮くため，氷の下には液体の水があり，生物の生育場所は確保された。さらに，凍結状態脱出にもこの性質が重要だったと考えられている。すなわち，水がほかの物質と同じように固体が液体よりも重ければ，氷は海底に堆積し，地球は全球凍結のままだったと推定されている。

5　酸塩基平衡

本章では，まず酸・塩基に関する三つの定義を学ぶ。中でもブレンステッド-ローリーの酸・塩基について詳しく学ぶ。さらに，この定義に従って水溶液の酸塩基平衡を学ぶ。p 関数，水のイオン積（自己プロトリシス定数）K_w，酸解離平衡定数 K_a，塩基解離平衡定数 K_b は，重要な概念である。これらに基づき，各種，酸，塩基，さらにそれらの塩の水溶液の pH の計算方法，緩衝液の概念とその pH，多塩基酸の解離平衡などを学ぶ。

5.1　酸と塩基の概念

ブレンステッド Brønsted, J.N.
ローリー Lowry, T.M.
酸 acid
塩基 base

酸と塩基は化学のみならず，生物学などを含む「科学」における極めて重要な概念の一つである。酸と塩基には，一般に，以下の三つの定義が知られており，まず，これらを概観する。

a）アレニウスの酸・塩基*1

アレニウス Arrhenius, S.A.

*1　この概念では中和反応がしっかり定義されるので，酸塩基滴定を考えるときには便利である。しかし，大学では，この概念だけでは説明しにくい様々な化学平衡を扱うため，ほとんど利用されない。

スウェーデンのアレニウスは，1887 年に，酸・塩基を次のように定義している。

水に溶けたとき

酸（HA）：H^+（H_3O^+）と陰イオンに解離する物質

$$HA \rightleftharpoons H^+ + A^- \tag{5.1}$$

塩基（BOH）：OH^- と陽イオンに解離する物質

$$BOH \rightleftharpoons B^+ + OH^- \tag{5.2}$$

これらの酸と塩基は，反応して塩と水を生じる。これを中和反応と呼ぶ。

$$\text{中和反応}\quad HA + BOH \rightleftharpoons BA + H_2O \tag{5.3}$$

b）ブレンステッド-ローリーの酸・塩基（プロトン説）*2

*2　分析化学では最も重要な概念。非水溶媒系へも拡張可能。

1923 年に，デンマークのブレンステッドとイギリスのローリーは，独立に新たな酸・塩基の概念を提案した。この説は，酸と塩基をプロトンの授受から説明したもので，

酸：H^+を他に与える物質

塩基：H^+を他から受け取る物質

と定義され，プロトン説とも呼ばれる。この定義は水以外の溶媒系（非水溶媒系）にも適用可能であり，酸・塩基の概念を大きく拡張することになった。分析化学においては，この概念が最も重要であり，次節で改めて詳しく論じる。

c) ルイスの酸・塩基（電子説）

ルイス Lewis, G.N.

ルイスは，1923 年に，まったく別の見地から，新たな酸・塩基の概念を提案した。すなわち，

酸：ほかから**電子対を受け取る**ことのできる物質

塩基：ほかに**電子対を与える**ことのできる物質

である。この定義によれば，アンモニア分子に水素イオンが配位する反応は，

$$\underset{\text{酸}}{H^+} + \underset{\text{塩基}}{:NH_3} \rightleftharpoons \underset{\text{塩（配位錯体）}}{NH_4^+} \quad (5.4)$$

のように，電子対を受け入れることができる H^+（酸）と電子対を与えることができる NH_3（塩基）の中和反応と理解され，生じるアンモニウムイオン（NH_4^+）は，塩（**配位錯体**と呼ばれる）と考えられる。また，例えば SO_3 のように，水に溶ければ硫酸となり強い酸性を示すような物質も，以下のような反応を考えれば，立派な酸ということになる。

配位錯体 coordination complex

★　SO_3 のように，水に溶ければ強い酸性を示すような物質も，立派な酸と定義される。

$$\underset{\text{酸}}{SO_3} + \underset{\text{塩基}}{:OH_2} \rightleftharpoons \underset{\text{塩（配位錯体）}}{H_2SO_4} \quad (5.5)$$

このルイス酸・塩基を用いると，錯生成反応（7 章参照）や多くの有機化学反応を酸・塩基反応として理解することが可能となるため大変有用である。また，分析化学においては，金属イオンの定性分析を理解するために役に立つ（章末コラム参照）。しかし一方で，酸・塩基中和反応を定量的に扱うことができないなど不都合なことも多いため，本書ではこれ以上論じない。

5.2　ブレンステッド-ローリーの酸・塩基

この節では，ブレンステッド-ローリーの酸・塩基をさらに詳しく論じる。今，以下のように水溶液中での塩酸の解離反応を考える。

$$\underset{\text{酸 (1)}}{HCl} + \underset{\text{塩基 (2)}}{H_2O} \rightleftharpoons \underset{\text{酸 (2)}}{H_3O^+} + \underset{\text{塩基 (1)}}{Cl^-} \quad (5.6)$$

ここで正反応を考えてみると，HCl はプロトンを水分子に与え，水分子の一部はプロトンを受け取りヒドロニウムイオン（H_3O^+）*3 となる。すなわち，HCl はプロトンを水分子に与えるのであるから酸，H_2O は H^+ を受け取るので塩基ということになる。一方，逆反応を考えれば，ヒドロニウムイオンは Cl^- にプロトンを与えることができるので酸，一方，Cl^- はプロトンを受け取ることができるので塩基ということになる（この反応では，実際の平衡はほとんど生成側に傾いている）。この反応を一般化して記述すると

*3　近年はオキソニウムイオン（oxonium ion）と呼ばれることが多いが，これは純粋な H_3O^+ を指す用語である。実際の水和プロトンは H_3O^+，$H_5O_2^+$ など多様な形であり，その代表として H_3O^+ を用いる場合には，海外ではヒドロニウムイオン（hydronium ion）と呼ばれるのが一般的であるため，本書ではそれに従う。

$$HA + B \rightleftharpoons A^- + BH^+ \quad (5.7)$$

と書ける。ここで HA/A^- と BH^+/B の組合せに着目すると，

$$HA \rightleftharpoons A^- + H^+ \quad (5.8)$$

$$BH^+ \rightleftharpoons B + H^+ \quad (5.9)$$

と書け，式 (5.7) の反応は，式 (5.8)，(5.9) の組合せと考えることができる。これらの式から，ある酸が H^+ を失ったときは，つねにそれに相当する

★　ある酸が H^+ を失ったときは常にそれに相当する塩基が生成する（共役酸塩基対）。

塩基が生成することがわかる。すなわち，HAに対してA^-，またBH^+に対してBが生成し，これらはH^+を受け取ることができるので塩基となる。このような酸・塩基の組合せを**共役酸塩基対**と呼ぶ。すなわち，HAとA^-は共役酸塩基対であり，HAの**共役塩基**はA^-である。一方，BH^+とBも共役酸塩基対であり，Bの**共役酸**がBH^+となる。

共役酸塩基対 conjugate acid-base pair
共役塩基 conjugate base
共役酸 conjugate acid

ここで酸・塩基の強弱の問題を考えてみよう。強酸はプロトンを放出する力が強い（放出しやすい）酸であり，強塩基はプロトンと強く結合する（受け入れやすい）塩基を意味している。ここで，式(5.6)の例に戻って考えてみると，塩酸（HCl）は強酸として知られている。すなわち，プロトンを放出しやすい。一方，別の見方をすると，HClが強酸であるのは，共役塩基であるCl^-がプロトンをなかなか受け取らない，つまり塩基として弱いからともいえる。

この関係は一般的に成り立つ。すなわち，強酸の共役塩基は弱塩基であり，弱酸の共役塩基は強塩基であり，式(5.6)の例では以下のようになる。

★　強酸の共役塩基は弱塩基。弱酸の共役塩基は強塩基。

$$HCl \rightleftharpoons Cl^- + H^+ \ (\text{強酸} \rightleftharpoons \text{弱塩基} + H^+) \tag{5.10}$$

$$H_3O^+ \rightleftharpoons H_2O + H^+ \ (\text{強酸} \rightleftharpoons \text{弱塩基} + H^+) \tag{5.11}$$

次に，ブレンステッド-ローリーの酸塩基反応における水の性質について議論する。式(5.11)のように，HClのような強酸が存在すると水は塩基として働く。一方，

$$\underset{\text{塩基(1)}}{NH_3} + \underset{\text{酸(2)}}{H_2O} \rightleftharpoons \underset{\text{酸(1)}}{NH_4^+} + \underset{\text{塩基(2)}}{OH^-} \tag{5.12}$$

という反応では

$$NH_4^+ \rightleftharpoons NH_3 + H^+ \ (\text{弱酸} \rightleftharpoons \text{強塩基} + H^+) \tag{5.13}$$

$$H_2O \rightleftharpoons OH^- + H^+ \ (\text{弱酸} \rightleftharpoons \text{強塩基} + H^+) \tag{5.14}$$

となり，水は塩基となる。式(5.11)と式(5.14)をまとめて書けば，

$$\underset{\text{塩基(1)}}{H_2O} + \underset{\text{酸(2)}}{H_2O} \rightleftharpoons \underset{\text{酸(1)}}{H_3O^+} + \underset{\text{塩基(2)}}{OH^-} \tag{5.15}$$

と書ける。すなわち，水には，わずかに自ら解離する性質があり，酸としても塩基としても働く。これを**水の両性**と呼び，水溶液の酸塩基平衡を考えるうえで極めて重要な性質である[*4]。また，ブレンステッド-ローリーの酸・塩基の概念においては，塩とか水といった，中性を念頭においた考えがないことも重要である。すなわち，中性分子，陽イオン，陰イオンのいずれも，酸にも塩基にもなりうる。

*4　水のように酸としても塩基としても働く物質を**両性物質**（amphoteric substance）と呼ぶ。

＊＊＊＊＊＊＊＊＊＊＊＊＊＊＊＊＊＊＊＊＊＊＊＊＊＊＊＊＊＊＊＊＊＊＊＊＊＊＊

［例題5.1］ 次の反応における酸と塩基を示しなさい。

1）$H_2SO_4 + SO_4^{2-} \rightleftharpoons 2HSO_4^-$
2）$HPO_4^{2-} + CH_3COOH \rightleftharpoons CH_3COO^- + H_2PO_4^-$
3）$CH_3COOH + HCl \rightleftharpoons CH_3COOH_2^+ + Cl^-$
4）$BF_3 + NH_3 \rightleftharpoons BF_3NH_3$
5）$[Fe(OH_2)_6]^{2+} + 6CN^- \rightleftharpoons [Fe(CN)_6]^{4-} + 6H_2O$

［答］1)～3) はブレンステッド-ローリーの酸・塩基，4)，5) はルイスの酸・塩基である。

1) $H_2SO_4 + SO_4^{2-} \rightleftharpoons HSO_4^- + HSO_4^-$
酸 (1)　塩基 (2)　酸 (2)　塩基 (1)

2) $HPO_4^{2-} + CH_3COOH \rightleftharpoons CH_3COO^- + H_2PO_4^-$
塩基 (1)　酸 (2)　塩基 (2)　酸 (1)

3) $CH_3COOH + HCl \rightleftharpoons CH_3COOH_2^+ + Cl^-$
塩基 (1)　酸 (2)　酸 (1)　塩基 (2)

4) $BF_3 + NH_3 \rightleftharpoons BF_3NH_3$
酸　塩基　塩 (配位錯体)

5) $[Fe(OH_2)_6]^{2+} + 6CN^- \rightleftharpoons [Fe(CN)_6]^{4-} + 6H_2O$
酸　塩基　塩 (配位錯体)

****

5.3 水の自己解離反応と pH

今，水の自己解離反応，すなわち先の式 (5.15)

$$H_2O + H_2O \rightleftharpoons H_3O^+ + OH^-$$

を考えてみる。この化学平衡の式は，通常

$$[H^+][OH^-] = K_w \tag{5.16}$$

と書かれる。ここでヒドロニウムイオン (H_3O^+) は，単に H^+ と表記され，また，活量の定義から分母の $[H_2O]^2$ は省略される (4 章参照)。ここで平衡定数の K_w は水の**イオン積**と呼ばれる。また，**自己プロトリシス定数**とも呼ばれる。この K_w の値は極めて小さく，25 ℃ では 1.0×10^{-14} である。この反応は吸熱反応であるため，温度が上がるにつれて解離が進み，K_w は大きくなる。

$[H^+]$ や $[OH^-]$ は，10^{-14} mol dm^{-3}～10^0 mol dm^{-3} 程度の範囲で変化する*5。こうした非常に範囲の広い領域の数字を表す指標として，p 関数は極めて便利である。p 関数は以下のように定義される*6。

$$pX = -\log X \quad (X：物質の濃度あるいは平衡定数) \tag{5.17}$$

この p 関数を式 (5.16) に作用させてみると，

$$-\log[H^+] + (-\log[OH^-]) = -\log K_w$$

となり

$$pH + pOH = pK_w \tag{5.18}$$

が得られる。25 ℃ では $pK_w = 14$ となる*7。また，pH がわかれば，式 (5.18) より pOH は簡単に計算できる。そこで，通常は pH を用いるが，必要ならば pOH を用いても問題はない。pH の導入は，単に濃度表示の方法を変えただけであるが，その効果は極めて大きく，現在では酸塩基平衡を議論するうえでなくてはならない概念となっている。

イオン積 ion product

自己プロトリシス定数 auto-protolysis constant

★ K_w は水のイオン積，または自己プロトリシス定数と呼ばれる。

*5 ここで $[H^+] > [OH^-]$，すなわち $[H^+] > 10^{-7}$ mol dm^{-3} ($[OH^-] < 10^{-7}$ mol dm^{-3}) ならば，この水溶液は酸性であり，$[H^+] < [OH^-]$，すなわち $[H^+] < 10^{-7}$ mol dm^{-3} ($[OH^-] > 10^{-7}$ mol dm^{-3}) ならば塩基性である。一方，$[H^+] = [OH^-]$ ($= 10^{-7}$ mol dm^{-3}) のとき，水溶液は中性である。

*6 pH は，1909 年にデンマークの化学者セーレンセン (Sørensen, P. L.) により導入された。導入当時の定義は，上記のとおり H^+ の濃度 $[H^+]$ で定義されていたが，その後，正確には H^+ の活量を用いて $pH = -\log a_{H^+}$ と定義し直されている。しかし，本書では濃度のまま議論を続ける。

★ pH + pOH = 14

*7 pH < 7 ならば，その水溶液は酸性。pH > 7 であれば塩基性。pH = 7 であれば中性。

5.4 酸解離平衡と塩基解離平衡

酸 HA の水溶液における解離反応を考えると

$$HA + H_2O \rightleftharpoons H_3O^+ + A^- \tag{5.19}$$

となる。このとき，H_2O の濃度は一定なので，前述のように省略すると，式 (5.19) は

$$HA \rightleftharpoons H^+ + A^- \tag{5.20}$$

と書け，その化学平衡の式は

$$\frac{[H^+][A^-]}{[HA]} = K_a \tag{5.21}$$

K_a：酸解離定数

酸解離定数
acid dissociation constant

となる。ここで K_a は**酸解離定数**と呼ばれる。

また，HA の共役塩基である A^- の水溶液中での解離を考えると，

$$A^- + H_2O \rightleftharpoons HA + OH^- \tag{5.22}$$

となり，この反応の H_2O を省略した化学平衡の式は

$$\frac{[HA][OH^-]}{[A^-]} = K_b \tag{5.23}$$

K_b：塩基解離定数

塩基解離定数
base dissociation constant

と書ける。ここで K_b は**塩基解離定数**と呼ばれる。

ここで，K_a とその共役塩基の K_b には，

$$K_a \times K_b = \frac{[H^+][A^-]}{[HA]} \times \frac{[HA][OH^-]}{[A^-]}$$
$$= [H^+][OH^-] = K_w \ (= 10^{-14}) \tag{5.24}$$

★　$K_a \times K_b = K_w$，すなわち，$pK_a + pK_b = pK_w$ (= 14)。

という関係が成り立つことがわかる。式 (5.24) に p 関数を作用させると，

$$(-\log K_a) + (-\log K_b) = -\log K_w \tag{5.25}$$

となるので，したがって

$$pK_a + pK_b = pK_w \ (= 14) \tag{5.26}$$

となる。この式から，共役酸の pK_a がわかればその共役塩基の pK_b は計算できることがわかる。そのため，酸塩基平衡を議論するには，通常 pK_a を用いる*8。

*8　pOH の場合と同様に，必要ならば，もちろん pK_b を用いてもかまわない。

＊＊＊＊＊＊＊＊＊＊＊＊＊＊＊＊＊＊＊＊＊＊＊＊＊＊＊＊＊＊＊＊＊＊＊＊＊＊＊

[例題 5.2] 安息香酸の pK_a は 3.99 である。安息香酸の共役塩基を記し，さらにその pK_b を計算しなさい。

[答] 安息香酸の酸解離平衡は以下のように表される。

$$C_6H_5COOH \rightleftharpoons C_6H_5COO^- + H^+$$

したがって，共役塩基は $C_6H_5COO^-$ であり，その $pK_b = 14 - 3.99 = 10.01$ となる。

＊＊＊＊＊＊＊＊＊＊＊＊＊＊＊＊＊＊＊＊＊＊＊＊＊＊＊＊＊＊＊＊＊＊＊＊＊＊＊

5.5 pK_a とは

pK_a の意味をさらに詳しく考えてみよう。式 (5.21) から，

$$\begin{aligned} pK_a &= -\log\frac{[A^-][H^+]}{[HA]} \\ &= -\log[H^+] - \log\frac{[A^-]}{[HA]} \\ &= pH - \log\frac{[A^-]}{[HA]} \end{aligned} \tag{5.27}$$

が得られる。この式を変形すると

$$\log\frac{[A^-]}{[HA]} = pH - pK_a \tag{5.28}$$

となる。この式から，酸 HA の解離の程度を，pH と pK_a から計算できることがわかる。ここで，解離していない化学種 HA と解離した化学種 A^- の分率 (割合) を，それぞれ，α_0 と α_1 (酸の解離度) とすると，

$$\begin{aligned} \alpha_0 &= \frac{[HA]}{[HA]+[A^-]} = \frac{[H^+]}{[H^+]+K_a} \\ \alpha_1 &= \frac{[A^-]}{[HA]+[A^-]} = \frac{K_a}{[H^+]+K_a} \end{aligned} \tag{5.29}$$

となる。式 (5.28) を用いて α と pH との関係を計算すると，**図 5.1** が得られる。ここでは例として酢酸の場合を示している。

式 (5.28)，および図 5.1 からわかるように，pH が pK_a に等しい場合，酸 HA は半分解離している[*9]。すなわち，pK_a の値が小さい酸は，より低 pH でも解離していることになる。つまり pK_a が小さな酸ほど強い酸であることを意味する。pK_b に関してもまったく同じことがいえ，pK_b が小さな塩基ほど強い塩基となる。したがって，塩基の強さをその共役酸の pK_a で表現すると，式 (5.26) から，大きな pK_a をもつほど強い塩基となる。このように，pK_a は物質の酸・塩基としての強さを表す指標として大変重要である。**表 5.1** および**表 5.2** に，代表的な酸と塩基の pK_a と pK_b の例をそれぞれ示す。

*9 分率 α_0，α_1 は，pH が pK_a 付近で大きく変化する。
pK_a から 1 高い pH (pH = pK_a + 1) での α_1 は 0.91 となり，1 低い pH (pH = pK_a − 1) での α_1 は 0.09 になる。

★ pH が pK_a に等しい場合，酸 HA は半分解離している。

★ pK_a が小さな酸ほど強い酸であり，また pK_b が小さな塩基ほど強い塩基である。

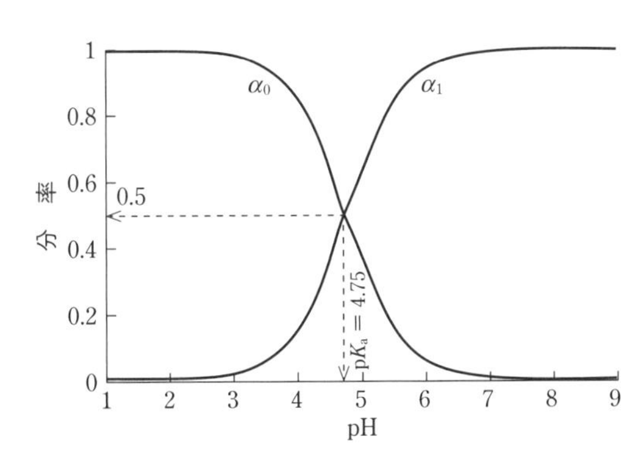

図 5.1 pH と分率 α の関係 (酢酸 HA，pK_a = 4.75)
α_0：HA の分率，α_1：A^- の分率 (解離度)。

表 5.1　弱酸の解離定数 (25 °C)

化合物	化学式	pK_{a1}	pK_{a2}	pK_{a3}	イオン強度 (mol dm^{-3})
安息香酸	C_6H_5COOH	3.99			0.1
ギ酸	$HCOOH$	3.54			0
クエン酸	$HOC(COOH)(CH_2COOH)_2$	2.79	4.30	5.65	0.1
酢酸	CH_3COOH	4.75			0.1
シアン化水素酸	HCN	9.22			0
シュウ酸	$(COOH)_2$	1.37	3.81		0.1
炭酸	H_2CO_3	6.34	10.25		0
フェノール	C_6H_5OH	9.78			0.1
フタル酸	$C_6H_4(COOH)_2$	2.76	4.92		0.1
フッ化水素酸	HF	3.17			0
ホウ酸	H_3BO_3	8.95			0.1
硫化水素	H_2S	7.07	12.20		0
硫酸	H_2SO_4		1.59		0.1
リン酸	H_3PO_4	2.15	7.20	12.35	0

表 5.2　弱塩基の解離定数

化合物	化学式	pK_b	イオン強度
アンモニア	NH_3	4.71	0.1
アニリン	$C_6H_5NH_2$	9.38	0.05
ピリジン	C_6H_5N	8.67	0.1

5.6　様々な水溶液の pH の計算

ここでは，平衡状態にある様々な水溶液の pH の計算方法を学ぶ。一般に，平衡計算では

1）物質収支（系に加えられた物質は，化学反応によって形が変わっても，総和は加えた量と同じ）

2）電荷均衡（溶液の正電荷と負電荷の量は等しくなければならない）

3）化学平衡の式（複数の式となる場合もある）

の3種類の関係から連立方程式を立て，それを解くことにより平衡に関与している物質の濃度を計算する。しかし，常に解析的に完全に解けるとは限らず，通常は様々な仮定を入れて近似解を求めていく*10。

★ 平衡計算の3要素
1）物質収支
2）電荷均衡
3）化学平衡式

*10　最近では，表計算ソフトを用いて，pH の計算や滴定曲線の作成を行うことができるようになっている。詳しくは，巻末の参考書を参照してほしい。

5.6.1　強酸水溶液の pH

水溶液で完全に解離している酸を強酸と呼ぶ。強酸の pH の計算は，平衡計算のうち，最も簡単な例の一つである。

今，加えた強酸の総濃度を C_{HA} とする。考慮すべき化学平衡は

$$HA \longrightarrow H^+ + A^- \text{（完全解離）} \tag{5.30}$$

$$H_2O \rightleftharpoons H^+ + OH^- \tag{5.31}$$

の二つである。ここでは

1）物質収支　$C_{HA} = [A^-]$（完全解離）　(5.32)

2）電荷均衡　$[H^+] = [A^-] + [OH^-]$　(5.33)

3）化学平衡

$$C_{HA} = [A^-] \text{（完全解離）} \tag{5.32}$$

$$[H^+][OH^-] = K_w \tag{5.34}$$

が成立する。

a) 酸濃度が高く，$C_{HA} = [A^-] \gg [OH^-]$ ($C_{HA}^2 \gg K_w$) が成立するとき[*11]

$[H^+] = [A^-] = C_{HA}$ なので

$$pH = -\log C_{HA}$$

*11　$C_{HA} = [A^-] \gg [OH^-]$ が成り立ち，$[H^+] = C_{HA}$ とするならば，$[OH^-] = K_w/[H^+]$ より，$C_{HA} \gg K_w/C_{HA}$，すなわち，$C_{HA}^2 \gg K_w$ が成立する。

b) 酸濃度が希薄で a) の条件が成立しないとき，式 (5.32)，(5.34) を式 (5.33) に代入することにより

$$[H^+] = C_{HA} + \frac{K_w}{[H^+]} \tag{5.35}$$

が得られる。これを整理すると

$$[H^+]^2 - C_{HA}[H^+] - K_w = 0 \tag{5.36}$$

この方程式を解くことにより

$$[H^+] = \frac{C_{HA} + \sqrt{C_{HA}^2 + 4K_w}}{2} \tag{5.37}$$

が得られる[*12]。

*12　強塩基の水溶液の pH の計算は，$[H^+]$ を $[OH^-]$ に代えただけで同様であるので，自分で確認してほしい。

なお，強酸である硝酸，塩酸，過塩素酸などは，水溶液中で完全解離する。これらの酸の本来的な酸としての強さは異なっているが（例えば，酢酸（溶媒）中では硝酸 ＜ 塩化水素 ＜ 過塩素酸の順序で強くなる），水溶液中では，どの酸溶液でも実際に存在するのはヒドロニウムイオン H_3O^+ であり，水中ではその差は現れない。すなわち，水溶液中で最も強い酸は H_3O^+ であり，強酸は H_3O^+ と同じ強さになる（水平化される）。これを**水平化効果**と呼ぶ。同様に水溶液中で最も強い塩基は水酸化物イオン OH^- であり，強塩基は OH^- の強さまで水平化される。

★　水溶液中では，強酸である硝酸，塩酸，過塩素酸などの酸としての強さはヒドロニウムイオン H_3O^+ の強さに水平化される（水平化効果）。

水平化効果 leveling effect

＊＊＊＊＊＊＊＊＊＊＊＊＊＊＊＊＊＊＊＊＊＊＊＊＊＊＊＊＊＊＊＊＊＊＊＊＊＊

［例題 5.3］ 1.00×10^{-7} mol dm^{-3} 塩酸の pH を計算しなさい。

［答］ a) の条件は成立しないので，b) に従って計算を行うと，

$$[H^+] = \frac{1.00 \times 10^{-7} + \sqrt{(1.00 \times 10^{-7})^2 + 4 \times 10^{-14}}}{2} = 1.6 \times 10^{-7}\ \text{mol dm}^{-3}$$

$$pH = -\log(1.6 \times 10^{-7}) = 6.80$$

＊＊＊＊＊＊＊＊＊＊＊＊＊＊＊＊＊＊＊＊＊＊＊＊＊＊＊＊＊＊＊＊＊＊＊＊＊＊

5.6.2　弱酸水溶液の pH

弱酸 (HA) 水溶液の場合，考慮すべき平衡は

$$HA \rightleftharpoons H^+ + A^- \tag{5.38}$$

$$H_2O \rightleftharpoons H^+ + OH^- \tag{5.39}$$

である。弱酸の総濃度を C_{HA} とすると，

1) 物質収支：$[HA] + [A^-] = C_{HA}$　(5.40)

2) 電荷均衡：$[H^+] = [A^-] + [OH^-]$　(5.41)

3) 化学平衡：$\dfrac{[A^-][H^+]}{[HA]} = K_a$　(5.42)

$$[H^+][OH^-] = K_w \quad (5.43)$$

これらの連立方程式から

(5.41) より　$$[A^-] = [H^+] - [OH^-] \quad (5.44)$$

(5.40), (5.44) より $$[HA] = C_{HA} - ([H^+] - [OH^-]) \quad (5.45)$$

(5.44), (5.45) を (5.42) に代入すると

$$\frac{[H^+]([H^+] - [OH^-])}{C_{HA} - ([H^+] - [OH^-])} = K_a \quad (5.46)$$

(5.43), (5.46) から,

$$[H^+]^3 + K_a[H^+]^2 - (K_aC_{HA} + K_w)[H^+] - K_aK_w = 0 \quad (5.47)$$

a) $[H^+] \gg [OH^-]$ ($K_aC_{HA} \gg K_w$) の場合*13
式(5.46) において $[OH^-]$ を無視することができるので,

$$\frac{[H^+]^2}{C_{HA} - [H^+]} = K_a \quad (5.48)$$

となる。式を整理すると

$$[H^+]^2 + K_a[H^+] - K_aC_{HA} = 0 \quad (5.49)$$

となり, この式を解くと

$$[H^+] = \frac{-K_a + \sqrt{K_a^2 + 4K_aC_{HA}}}{2} \quad (5.50)$$

が得られる。

b) さらに $C_{HA} \gg [H^+]$ ($\sqrt{C_{HA}} \gg \sqrt{K_a}$) が成立する場合*14
式(5.48) から

$$[H^+]^2 = K_aC_{HA} \quad (5.51)$$

となり,

$$pH = \frac{1}{2}(pK_a - \log C_{HA}) \quad (5.52)$$

が得られる*15。

*13　$[H^+] \gg [OH^-]$ が成立するならば, 式(5.48) より

$$[H^+] = \frac{K_aC_{HA}}{[H^+] + K_a}$$

が成立する。この式と $[OH^-] = K_w/[H^+]$ を, それぞれ $[H^+] \gg [OH^-]$ に代入すると,

$$\frac{K_aC_{HA}}{[H^+] + K_a} \gg \frac{K_w}{[H^+]}$$

さらに整理し,

$$K_aC_{HA} \gg K_w\left(1 + \frac{K_a}{[H^+]^2}\right)$$

ここで $\frac{K_w}{[H^+]^2}$ は通常 < 1, すなわち, $K_aC_{HA} \gg K_w$ が得られる。

*14　$C_{HA} \gg [H^+]$ が成立するとき, $[H^+]^2 = K_aC_{HA}$ より, $C_{HA} \gg \sqrt{K_aC_{HA}}$, すなわち, $\sqrt{C_{HA}} \gg \sqrt{K_a}$ が得られる。

*15　弱塩基の水溶液の pH の計算は, 強塩基の場合と同様, $[H^+]$ を $[OH^-]$ に代えただけで同様であるので, 自分で確認してほしい。b) の条件 (この場合, 弱塩基の総濃度 $= C_B \gg [OH^-]$) が成り立つときの弱塩基の水溶液の pH を求めてみると,

$$pOH = \frac{1}{2}(pK_b - \log C_B)$$

となる。この式から pH を求める式

$$pH = 7 + \frac{1}{2}(pK_a + \log C_B)$$

が導ける。

****

[例題 5.4] 次の弱酸の水溶液の pH を計算しなさい。

1) 0.10 $mol\ dm^{-3}$ 酢酸水溶液　(酢酸の $pK_a = 4.75$)

2) 1.0×10^{-3} $mol\ dm^{-3}$ ギ酸水溶液 (ギ酸の $pK_a = 3.54$)

[答]

1) 酢酸の K_a は 1.7×10^{-5} であり, 上記 a), b) の条件を満たすので式 (5.52) を適用することができる。したがって, 下記のとおりとなる。

$$pH = \frac{1}{2}(4.75 - \log 0.10) = 2.88$$

2) ギ酸の K_a は 2.9×10^{-4} であり, a) は成立するが b) は成立しないので, 式 (5.50) を適用すると

$$[H^+] = \frac{-2.9 \times 10^{-4} + \sqrt{(2.9 \times 10^{-4})^2 + 4 \times 2.9 \times 10^{-4} \times 1.0 \times 10^{-3}}}{2}$$

$$= 4.1 \times 10^{-4}$$

$$pH = -\log(4.1 \times 10^{-4}) = 3.38$$

参考までに式 (5.52) で計算してみると

$$\mathrm{pH} = \frac{1}{2}(3.54 - \log 10^{-3}) = 3.27$$

となり，わずかだが誤差を生じることがわかる。

＊＊＊＊＊＊＊＊＊＊＊＊＊＊＊＊＊＊＊＊＊＊＊＊＊＊＊＊＊＊＊＊＊＊＊＊＊＊

5.6.3　塩の水溶液のpH

強酸と強塩基からなる塩の水溶液は，理論上中性となる。一方，弱酸HAと強塩基NaOHから生じた塩NaAを水に溶かすと，Na^+とA^-は完全解離するが，A^-は弱酸の共役塩基であるため，式(5.22)に従って，塩基解離反応が起こり，水溶液は塩基性を示す。このような反応を**加水分解**とも呼ぶ。この溶液のpHは，弱塩基の水溶液と同じように考えればよい。また，同様に，強酸HClと弱塩基Bの塩BHClを水に溶かすと，BH^+とCl^-は完全解離するが，BH^+は弱塩基の共役酸であるため，加水分解（酸解離反応）により，水溶液は酸性を示す。この溶液のpHも弱酸の水溶液と同じように考えればよい。こうした塩の水溶液のpHは，次章の酸塩基滴定における当量点のpHを計算するために重要である。

★　強酸と強塩基の塩の水溶液は中性。

★　弱酸と強塩基の塩の水溶液は塩基性（弱酸の共役塩基の水溶液のpH）。

★　強酸と弱塩基の塩の水溶液は酸性（弱塩基の共役酸の水溶液のpH）。

加水分解　hydrolysis

一方，弱酸HAと弱塩基Bの塩BHA（濃度C_s）の水溶液のpHは，酸塩基滴定では問題となる機会はほとんどないが，後述の緩衝液の原理と関連して重要である。ここでは，濃度方程式を最初から解いていく方式から離れ，C_sは充分大きいとして近似的に考えていく。今，塩BHAの水溶液中の酸塩基解離反応（加水分解反応）は前述の式(5.7)で表され，

$$\mathrm{HA} + \mathrm{B} \rightleftharpoons \mathrm{A^-} + \mathrm{BH^+} \qquad (5.7)$$

さらに，以下のように分離できる。

$$\mathrm{HA} \rightleftharpoons \mathrm{A^-} + \mathrm{H^+} \qquad (5.8)$$

$$\mathrm{BH^+} \rightleftharpoons \mathrm{B} + \mathrm{H^+} \qquad (5.9)$$

ここで，HAの酸解離定数K_aとBの塩基解離定数K_bを考えると，

$$\frac{K_a}{K_b} = \frac{[\mathrm{H^+}][\mathrm{A^-}]}{[\mathrm{HA}]} \times \frac{[\mathrm{B}]}{[\mathrm{BH^+}][\mathrm{OH^-}]} = \frac{[\mathrm{H^+}]^2}{K_w} \times \frac{[\mathrm{A^-}][\mathrm{B}]}{[\mathrm{HA}][\mathrm{BH^+}]} \qquad (5.53)$$

塩であるので $[\mathrm{HA}] + [\mathrm{A^-}] = [\mathrm{B}] + [\mathrm{BH^+}]$ が成り立つ。また，水溶液は電気的に中性であるので，$[\mathrm{A^-}] \fallingdotseq [\mathrm{BH^+}]$ が成り立つ[*16]。したがって，$[\mathrm{HA}] = [\mathrm{B}]$。これらの関係を式(5.53)に代入すると

$$\frac{K_a}{K_b} = \frac{[\mathrm{H^+}]^2}{K_w} \qquad (5.54)$$

すなわち，

$$\mathrm{pH} = 7 + \frac{1}{2}(\mathrm{p}K_a - \mathrm{p}K_b) \qquad (5.55)$$

が得られる。この式から，弱酸と弱塩基の塩の水溶液のpHは，基本的に濃度が変わっても変わらないことがわかる。

＊16　この関係が成り立つためには，$[\mathrm{H^+}]$，$[\mathrm{OH^-}]$に比べて，塩BHAの濃度が充分に高いことが必要である。すなわち，$[\mathrm{BH^+}] \gg [\mathrm{H^+}]$，$[\mathrm{A^-}] \gg [\mathrm{OH^-}]$が成立しなければならない。

★　弱酸と弱塩基の塩の水溶液のpHは濃度に依存しない。

5.7 緩衝液

緩衝液 buffer solution

緩衝作用 buffer action

外部から酸あるいは塩基を加えても，あるいはその溶液を薄めても，pHが大きく変わらない溶液のことを**緩衝液**と呼ぶ。また，緩衝液がもつpHを一定に保つ作用のことを**緩衝作用**と呼ぶ。生体内において，水素イオンは，加水分解反応，脱縮合反応など様々な反応に関与しており，生命を維持するために体液のpHは一定に保たれる必要がある。また，多くの生物が生息する海水や土壌溶液のpHも，生物にとっては一定に保たれていることが望ましい。実際にこれらの溶液は緩衝作用をもっている。

★　緩衝液は弱酸とその共役塩基(または弱塩基とその共役酸)の混合溶液。

緩衝液は弱酸とその共役塩基(または弱塩基とその共役酸)の混合溶液である。例として，酢酸(HA)と酢酸ナトリウム(BA)の混合溶液(酢酸－酢酸ナトリウム緩衝液)を考える。この溶液では，

$$\mathrm{CH_3COOH} \rightleftharpoons \mathrm{CH_3COO^-} + \mathrm{H^+} \tag{5.56}$$

の平衡が成り立っているが，酢酸(CH_3COOH)も酢酸イオン(CH_3COO^-)も，多量に含まれている。

酢酸の総濃度 $= C_{HA}$　　酢酸ナトリウムの総濃度 $= C_{BA}$

とおく。この水溶液中には酢酸イオンが高濃度に含まれているので，式(5.56)の平衡は，ルシャトリエの法則を考えると反応系側に傾き，加えた酢酸の解離はごくわずかと考えられるので

$$[\mathrm{CH_3COOH}] = C_{HA} \tag{5.57}$$

が成り立つ。一方，酢酸イオンは弱塩基であり，塩基解離して生成するOH^-も無視できるので，

$$[\mathrm{CH_3COO^-}] = C_{BA} \tag{5.58}$$

となる。ここで式(5.21)の酸解離平衡式から

$$\mathrm{pH} = \mathrm{p}K_a - \log\frac{[\mathrm{CH_3COOH}]}{[\mathrm{CH_3COO^-}]} \tag{5.59}$$

すなわち，

$$\mathrm{pH} = \mathrm{p}K_a - \log\frac{C_{HA}}{C_{BA}} \tag{5.60}$$

ヘンダーソン-ハッセルバルクの式 Henderson-Hasselbalch equation

が得られる。この式は，緩衝液のpHを表す一般式で，**ヘンダーソン-ハッセルバルクの式**と呼ばれる[*17]。この式から，弱酸と共役塩基の濃度が等しいとき($C_{HA} = C_{BA}$)，その緩衝液のpHは，pK_aに等しくなることがわかる[*18]。

＊17　ヘンダーソン-ハッセルバルクの式も近似式であり，C_{HA}とC_{BA}が，ともに充分に大きくないと成立しないことに注意する必要がある。

＊18　緩衝能を示すpH範囲は図5.1の分率αの交差する領域である。

表5.3　緩衝液

緩衝液の組成	pH領域
フタル酸水素カリウム-塩酸	2.2～4.0
フタル酸水素カリウム-水酸化ナトリウム	4.1～5.9
ホウ砂-水酸化ナトリウム	9.2～10.8
リン酸二水素カリウム-リン酸水素二ナトリウム	4.5～9.2
酢酸-酢酸ナトリウム	3.4～5.9
トリス(ヒドロキシメチル)アミノメタン-塩酸(トリス緩衝液)	7.2～9.1
アンモニア-塩化アンモニウム	8.3～10.8
炭酸ナトリウム-炭酸水素アンモニウム	9.2～10.6

また，そのとき緩衝作用が最大となる。一般に，その緩衝液が使用できるpH 範囲は約 $\mathrm{p}K_\mathrm{a} \pm 1.7$ とされている。すなわち $C_\mathrm{HA}:C_\mathrm{BA} = 50:1 \sim 1:50$ の範囲内である。どちらかの成分の濃度が小さくなると，次第に緩衝作用が小さくなってしまう。そのため，緩衝液で広い pH 領域をカバーするためには，様々な緩衝液が必要となる。**表 5.3** に代表的な緩衝液をまとめる。

＊＊＊＊＊＊＊＊＊＊＊＊＊＊＊＊＊＊＊＊＊＊＊＊＊＊＊＊＊＊＊＊＊＊＊＊＊＊

［例題 5.5］ 酢酸緩衝液 A（0.20 mol dm^{-3} 酢酸 - 0.10 mol dm^{-3} 酢酸ナトリウム）50 cm^3 と，0.020 mol dm^{-3} 水酸化ナトリウム水溶液 50 cm^3 を混合した。次の問に答えなさい。ただし，酢酸の pK_a は 4.75 である。

1）酢酸緩衝液 A の pH を計算しなさい。

2）この混合液の pH を計算しなさい。

［答］ 1）$\mathrm{pH} = 4.75 - \log\dfrac{0.20}{0.10} = 4.45$

2）この溶液において酢酸は加わった水酸化ナトリウム分だけ減少し，逆に酢酸イオンは増加する。すなわち，

酢酸の濃度 $C_\mathrm{HA} = \dfrac{0.20 \times 50 - 0.02 \times 50}{50 + 50} = 0.09\ \mathrm{mol\ dm^{-3}}$

酢酸ナトリウムの濃度 $C_\mathrm{BA} = \dfrac{0.10 \times 50 + 0.02 \times 50}{50 + 50} = 0.06\ \mathrm{mol\ dm^{-3}}$

したがって　$\mathrm{pH} = 4.75 - \log\dfrac{0.09}{0.06} = 4.57$

すなわち，pH は 4.45 から 4.57 に変化する。これが蒸留水の場合には pH は 7 から 12 まで変化することになり，緩衝液の効力が絶大であることがわかる。

＊＊＊＊＊＊＊＊＊＊＊＊＊＊＊＊＊＊＊＊＊＊＊＊＊＊＊＊＊＊＊＊＊＊＊＊＊＊

5.8　多塩基酸水溶液

5.8.1　多塩基酸水溶液の解離平衡

多塩基酸は，複数の H$^+$ を放出できる酸である。クエン酸，炭酸，リン酸などが多塩基酸である＊19。これらは段階的に解離し，その解離平衡は，**表 5.1** に示すような複数の**逐次酸解離定数** $K_{\mathrm{a}n}$ で記述される。ここでは，リン酸を例にとって考える。

リン酸の酸解離は以下のように逐次酸解離定数で記述される。

$$\mathrm{H_3PO_4} \rightleftharpoons \mathrm{H^+} + \mathrm{H_2PO_4^-} \qquad K_\mathrm{a1} = 7.1 \times 10^{-3} = \frac{[\mathrm{H^+}][\mathrm{H_2PO_4^-}]}{[\mathrm{H_3PO_4}]} \tag{5.61}$$

$$\mathrm{H_2PO_4^-} \rightleftharpoons \mathrm{H^+} + \mathrm{HPO_4^{2-}} \qquad K_\mathrm{a2} = 6.3 \times 10^{-8} = \frac{[\mathrm{H^+}][\mathrm{HPO_4^{2-}}]}{[\mathrm{H_2PO_4^-}]} \tag{5.62}$$

$$\mathrm{HPO_4^{2-}} \rightleftharpoons \mathrm{H^+} + \mathrm{PO_4^{3-}} \qquad K_\mathrm{a3} = 4.5 \times 10^{-13} = \frac{[\mathrm{H^+}][\mathrm{PO_4^{3-}}]}{[\mathrm{HPO_4^{2-}}]} \tag{5.63}$$

多塩基酸 polyprotic acid

＊19　H$^+$ を二つ以上解離または供与できる酸（H$_n$A）は多塩基酸と呼ばれる。塩基（B）の場合，H$^+$ を二つ以上受容できるもの（共役酸は BH$_n$$^+$）は多酸塩基と呼ばれる。

逐次酸解離定数 stepwise acid dissociation constant

ここで，それぞれの pK_a は pK_{a1} = 2.15，pK_{a2} = 7.20，pK_{a3} = 12.35 である。一般に，酸解離が進むと，より大きな負電荷の化合物から H^+ を放出することになり，pK_{an} は大きくなっていく。

また，以下のようなリン酸が三つの H^+ を放出する全酸解離反応に対して，**全酸解離定数** K_a が定義される。全酸解離定数は逐次酸解離定数の積になる。

全酸解離定数
overall acid dissociation constant

★　逐次酸解離定数 K_{an} と全酸解離定数 K_a は
$$K_a = K_{a1}K_{a2}\cdots K_{an}$$

$$H_3PO_4 + 3H_2O \rightleftharpoons 3H_3O^+ + PO_4^{3-}$$

$$K_a = \frac{[H_3O^+]^3[PO_4^{3-}]}{[H_3PO_4]} = K_{a1}K_{a2}K_{a3} = 2.0\times10^{-22} \qquad (5.64)$$

5.8.2　任意の pH における解離化学種の分率：α 値

pH がわかっている溶液中のリン酸の各化学種の分布を知ることは重要である。まず，リン酸の総濃度を C とすると，下式のようになる。

$$C = [PO_4^{3-}] + [HPO_4^{2-}] + [H_2PO_4^-] + [H_3PO_4] \qquad (5.65)$$

ここで，さらに個々の化学種の分率 α を以下のように定義する。

$$\alpha_0 = \frac{[H_3PO_4]}{C_{H_3PO_4}} \qquad \alpha_1 = \frac{[H_2PO_4^-]}{C_{H_3PO_4}} \qquad \alpha_2 = \frac{[HPO_4^{2-}]}{C_{H_3PO_4}}$$

$$\alpha_3 = \frac{[PO_4^{3-}]}{C_{H_3PO_4}} \qquad \alpha_0+\alpha_1+\alpha_2+\alpha_3 = 1 \qquad (5.66)$$

$\alpha_0 \sim \alpha_3$ は，$[H^+]$ と $K_{a1} \sim K_{a3}$ を用いて，以下のように計算される。すなわち，分率は pH により決まることがわかる。

$$\alpha_0 = \frac{[H^+]^3}{[H^+]^3 + K_{a1}[H^+]^2 + K_{a1}K_{a2}[H^+] + K_{a1}K_{a2}K_{a3}} \qquad (5.67\sim5.70)$$

$$\alpha_1 = \frac{K_{a1}[H^+]^2}{[H^+]^3 + K_{a1}[H^+]^2 + K_{a1}K_{a2}[H^+] + K_{a1}K_{a2}K_{a3}}$$

$$\alpha_2 = \frac{K_{a1}K_{a2}[H^+]}{[H^+]^3 + K_{a1}[H^+]^2 + K_{a1}K_{a2}[H^+] + K_{a1}K_{a2}K_{a3}}$$

$$\alpha_3 = \frac{K_{a1}K_{a2}K_{a3}}{[H^+]^3 + K_{a1}[H^+]^2 + K_{a1}K_{a2}[H^+] + K_{a1}K_{a2}K_{a3}}$$

これらの式に基づき，各 pH における分率 $\alpha_0 \sim \alpha_3$ を表計算ソフトを利用して計算すると，**図 5.2** が得られる。このグラフからわかるように，pH により優先化学種は異なり，また，図 5.1 の場合と同様，pH が各 pK_{an} で各化学種の分率の曲線が交差し，その付近で大きな変化が起こる。

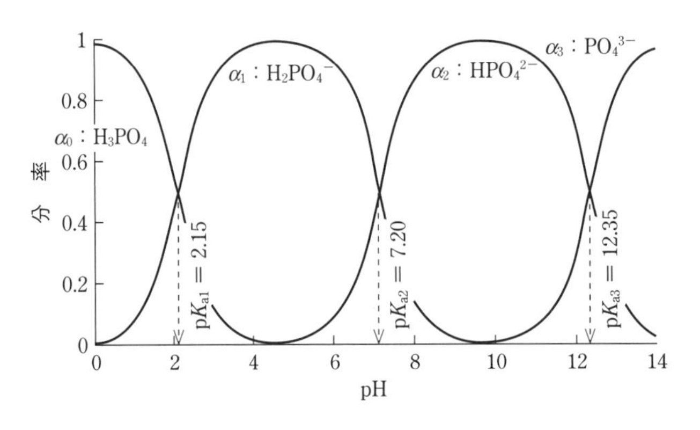

図 5.2　リン酸の分率-pH 図
リン酸の pK_{a1} = 2.15，pK_{a2} = 7.20，pK_{a3} = 12.35 として計算。

なお，分率が交差する近傍のpHでは溶液は緩衝液となる。例えば，KH_2PO_4 と Na_2HPO_4 の混合溶液はpH 7付近の緩衝液として，汎用されている。このpHでは，H_3PO_4 と PO_4^{3-} の寄与は無視できる。

★ KH_2PO_4 と Na_2HPO_4 の混合溶液はpH 7付近の緩衝液。

5.8.3 多塩基酸やその塩の水溶液のpH

a) リン酸 (H_3PO_4) 水溶液

リン酸 (H_3PO_4) 溶液のpH計算は，これまで学んだ弱酸と同じように行うことができる。第一段階の解離によって生成した H^+ により，第二，第三段階の解離は抑えられるので，第一段階の解離のみを考えればよい。なお，この場合，pK_{a1} の値は2.15とかなり小さいため，$C_{HA} \gg [H^+]$ ($\sqrt{C_{HA}} \gg \sqrt{K_a}$) が成立しないので，式 (5.50) を用いて解く必要がある。

b) リン酸二水素カリウム (KH_2PO_4) 水溶液

一方，KH_2PO_4 のような酸性塩の水溶液のpHもしばしば問題となる。ここで生じる $H_2PO_4^-$ は，以下のように酸としても塩基としても働く**両性イオン**となる。すなわち，

両性イオン amphoteric ion

★ 酸性塩のイオン（ここでは $H_2PO_4^-$）は，酸としても，塩基としても働く（両性イオン）。

酸解離 $$H_2PO_4^- \rightleftharpoons HPO_4^{2-} + H^+ \tag{5.71}$$

式 (5.62) 参照

塩基解離 $$H_2PO_4^- + H_2O \rightleftharpoons H_3PO_4 + OH^-$$

$$K_{b1} = \frac{[H_3PO_4][OH^-]}{[H_2PO_4^-]} = \frac{K_w}{K_{a1}} = 1.4 \times 10^{-12} \tag{5.72}$$

の二つの反応を考慮する必要がある。しかし，この場合は酸解離定数 $K_{a2} = 6.3 \times 10^{-8} \gg K_{b1}$ なので，水溶液は酸性になると予想される。

今，KH_2PO_4 の総濃度 C の水溶液のpHを求める。

物質収支より *20

$$C = [H_3PO_4] + [H_2PO_4^-] + [HPO_4^{2-}] = [K^+] \tag{5.73}$$

*20 この場合，第三段階の解離は起こりにくいとして無視していることに注意せよ。したがって，二塩基酸と同じとして扱っている。

電荷収支より

$$[K^+] + [H^+] = [H_2PO_4^-] + 2[HPO_4^{2-}] + [OH^-] \tag{5.74}$$

これら2式より

$$\begin{aligned}[H^+] &= -[H_3PO_4] + [HPO_4^{2-}] + [OH^-] \\ &= -\frac{[H_2PO_4^-][H^+]}{K_{a1}} + \frac{K_{a2}[H_2PO_4^-]}{[H^+]} + \frac{K_w}{[H^+]}\end{aligned} \tag{5.75}$$

これを整理すると式 (5.76) のようになる。

$$[H^+] = \sqrt{\frac{K_{a1}K_w + K_{a1}K_{a2}[H_2PO_4^-]}{K_{a1} + [H_2PO_4^-]}} \tag{5.76}$$

ここで $H_2PO_4^-$ は，酸解離も塩基解離も起こしにくいと考えられるので，$[H_2PO_4^-] \fallingdotseq C$，また $K_{a2}C \gg K_w$ ($[H^+] \gg [OH^-]$) が成り立つので，式 (5.76) は

$$[H^+] = \sqrt{\frac{K_{a1}K_{a2}C}{K_{a1} + C}} \tag{5.77}$$

となる。この式は両性イオン HA^-（濃度 C）の水素イオン濃度を計算するための一般式となる。さらに，$K_{a1} \ll C$ であれば，次のように簡単になる。

★　多塩基酸の酸性塩の水溶液のpHは濃度に依存しない。

$$[H^+] = \sqrt{K_{a1}K_{a2}} \tag{5.78}$$

すなわち，

$$pH = \frac{1}{2}(pK_{a1} + pK_{a2}) \tag{5.79}$$

となる。

＊＊＊＊＊＊＊＊＊＊＊＊＊＊＊＊＊＊＊＊＊＊＊＊＊＊＊＊＊＊＊＊＊＊＊＊＊

[例題 5.6] 0.10 mol dm^{-3} NaH_2PO_4 の pH を計算しなさい。

[答] 式 (5.77) より，

$$[H^+] = \sqrt{\frac{7.1 \times 10^{-3} \times 6.3 \times 10^{-8} \times 0.10}{7.1 \times 10^{-3} + 0.10}} = 2.04 \times 10^{-5}$$

$$pH = 4.68$$

$K_{a1} \ll [HA^-]$ (7.1×10^{-3} と 0.10 の比較) は成り立たないが，参考のため計算すると pH = 4.67 となり，近似式はやや低い値を与えることがわかる[*21]。

＊＊＊＊＊＊＊＊＊＊＊＊＊＊＊＊＊＊＊＊＊＊＊＊＊＊＊＊＊＊＊＊＊＊＊＊＊

*21　Na_2HPO_4 の水溶液の $[H^+]$ については，ここでは計算式のみを紹介する。各自，この式を導出してほしい (章末問題 5.8)。

$$[H^+] = \sqrt{\frac{K_{a2}K_w + K_{a2}K_{a3}[HPO_4^{2-}]}{K_{a2} + [HPO_4^{2-}]}} \tag{5.80}$$

本章のまとめと問題

5.1　5.1 節で学んだ三つの酸・塩基の概念の特徴を比較しなさい。

5.2　次の塩基の共役酸を記しなさい。

1) シアン化物イオン，2) リン酸一水素イオン，3) フェノキシドイオン，4) アンモニア，5) アニリン

5.3　強酸の水溶液は，酸の種類にかかわらず，酸としては同じ性質を示す。これを水の水平化効果と呼ぶが，その理由を論じなさい。

5.4　5.6 節で論じた強酸，弱酸の水溶液の pH の計算法を参考にして，強塩基，弱塩基の溶液の pH の計算法を導出しなさい。

5.5　0.10 mol dm^{-3} 酢酸アンモニウム水溶液の pH を計算しなさい。

5.6　式 (5.61) ～ (5.63) から，式 (5.67) ～ (5.70) を導出しなさい。

5.7　0.10 mol dm^{-3} H_3PO_4 水溶液の pH を計算しなさい。

5.8　Na_2HPO_4 および Na_3PO_4 水溶液の pH の計算法を導出しなさい。

Column ルイス酸・塩基の硬さ，軟らかさ

金属イオンの定性分析は，高校や大学に入って最初の化学実験で経験した人も多いだろう。金属イオンの定性分析系は，金属イオンの酸素および硫黄に対する親和性をもとにした分属法である。Al^{3+}，アルカリ土類金属などは，水酸化物，炭酸塩をつくりやすく，硫化物をつくりにくい。すなわち，親和性は $O > S$ である。一方，Ag^{+}, Pb^{2+}, Cu^{2+} などは，酸性条件からも硫化物をつくって沈殿する。すなわち，親和性は $O < S$ である。

こうした金属イオンの親和性の違いをピアソン（Pearson, R. G.）は，ルイス酸の硬さ（hard），軟らかさ（soft）という直観的な概念で説明した。その特徴を，下の表にまとめる。硬い（hard な）酸・塩基同士，また軟らかい（soft な）酸・塩基同士は，より強い親和性をもつ。酸素を含む配位子は硬い塩基の代表であり，硫化物イオンは軟らかい塩基の代表である。

この概念は，定性分析のみならず，元素の地球化学的な挙動を理解するうえでも重要である。岩石の主成分の親石元素（アルカリ金属，アルカリ土類金属，Al, O, Si など）は，そのイオンが硬いルイス酸・塩基となる元素群であり，硫化物鉱床の元素である親銅元素（Cu, Ag, Pb および Zn 以下の 12 族，Ga 以下の 13 族，As 以下の 15 族，S）は，軟らかいルイス酸・塩基となる元素群である。

表　硬い酸・塩基と軟らかい酸・塩基

硬い塩基	分極しにくく，電気陰性度大	例：OH^{-}, F^{-}, Cl^{-}, SO_4^{2-}, NH_3, CH_3COO^{-}
軟らかい塩基	分極しやすく，電気陰性度小	例：I^{-}, CO, CN^{-}, S^{2-}, R_2S, R_3P, R^{-}
硬い酸	体積小さく，高い正電荷をもつ	例：H^{+}, Mg^{2+}, Al^{3+}, Cr^{3+}, Si^{4+}
軟らかい酸	体積大きく，低い正電荷をもつ	例：Ag^{+}, Cu^{+}, Pt^{2+}, Hg^{+}

6 酸塩基滴定

本章では，まず容量分析法の基本概念を学ぶ。当量点と終点の意味の違いは重要である。さらに様々な酸塩基滴定を滴定曲線に基づいて学ぶ。前章の pH の平衡計算法により滴定曲線を作成してみると，この方法の原理がよく理解できる。また，適切な指示薬を選ぶ重要性についても学ぶ。酸塩基滴定は，酸や塩基の定量，また酸解離定数や塩基解離定数の決定に，現在も広く用いられている。

6.1 酸塩基滴定の基本的な概念

酸塩基滴定 acid-base titration
中和滴定 neutralization titration
容量分析法 volumetric analysis

酸塩基滴定（**中和滴定**）は，古典分析法の一つであり，滴定法の総称である**容量分析法**の代表例である。この方法は，現在でも，様々な分野，特に食品や医薬品の分野などでよく利用されている。

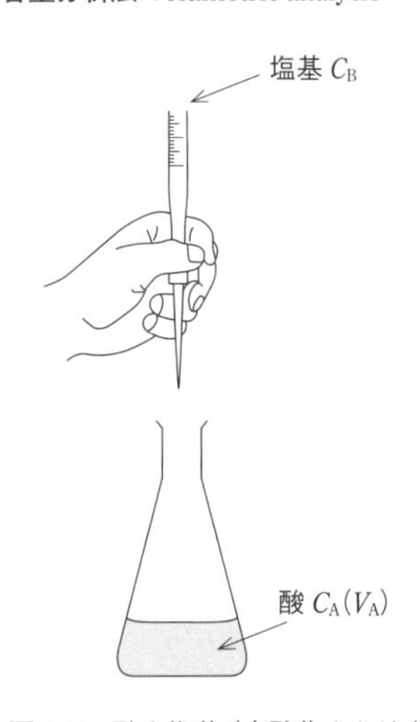

図 6.1　酸を塩基（水酸化ナトリウム標準液）で滴定する場合

滴定剤 titrant
標準液 standard solution
終点 end point

＊1　終点は実験に用いられる用語で，滴定の終了点（指示薬の変色が起こった点）を表す。一方，当量点は理論的な概念で，塩基と酸が正確に同量（当量）である点を示す。いわば当量点は「真の値」を意味し，終点はその実験値である。両者はできる限り近いことが望まれるが，実際は厳密に等しくなることはない。

図 6.1 に，基本的な酸塩基滴定の装置の図を示す。滴定には，通常，排出される溶液の体積を精密に測定できるビュレットを用いる（2.5 節参照）。このビュレットの中には**滴定剤**（この場合は水酸化ナトリウム）の濃度が精密にわかっている**標準液**を入れておく。そして，ビュレットの下には，分析成分（この場合は酸）の濃度のわからない試料溶液が入っているコニカルビーカーを置く。ここで注意すべきは，試料溶液の体積がやはり精密にわかっていることである。ここでさらに，終点（後述）検出のために少量の指示薬を加えておく。滴定を開始する前に，まずビュレットの目盛りを読んでおく。そして，注意深く標準液を加えていき，指示薬による試料溶液の色が変色する点，すなわち**終点**[*1] を検出し，そのときのビュレットの値を読み取る。ビュレットの滴定開始前と終了時点の目盛りの差が，滴定に要した標準液の体積を与える。標準液と試料溶液の間では中和反応が進行し，この場合，標

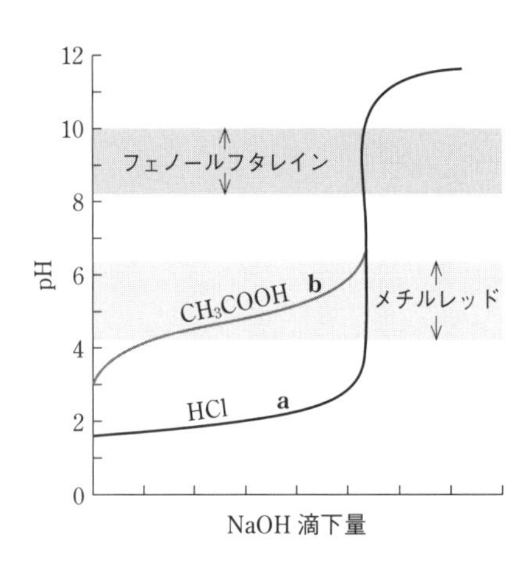

図 6.2　強塩基による酸の滴定曲線
(a) 強塩基（0.100 mol dm^{-3} 水酸化ナトリウム標準液）による強酸（0.100 mol dm^{-3} 塩酸水溶液，20 cm^3）の滴定
(b) 強塩基（0.100 mol dm^{-3} 水酸化ナトリウム標準液）による弱酸（0.100 mol dm^{-3} 酢酸水溶液，20 cm^3）の滴定

準液中の塩基の量と試料溶液中の酸の量が等しくなったとき（**当量点**）*1 に，酸と塩基は過不足なく反応し，その付近でpHの大きな変化が起こる。この様子を図示したのが**滴定曲線**である。**図6.2**に実際の酸塩基滴定の滴定曲線を示す（詳しい説明は次節）。横軸は標準液の添加量，縦軸にはpHを示す。実際に当量点付近で大きなpHの変化が起こることがわかる。

当量点 equivalent point

滴定曲線 titration curve

このとき（当量点）の関係を式で表すと，溶液中の目的物質のモル数はモル濃度 × 体積で計算されるので，

$$C_A \cdot V_A = C_B \cdot V_B \tag{6.1}$$

C_A：試料溶液中の酸（一塩基酸*2）の濃度（未知）

V_A：試料溶液の体積（既知）

C_B：標準液中の塩基（一酸塩基）の濃度（既知）

V_B：滴定に要した標準溶液の体積（既知－実験で測定）

となり，式(6.1)から

$$C_A = \frac{C_B \cdot V_B}{V_A} \tag{6.2}$$

が導かれる。すなわち，求めたい未知の量 C_A を得ることができる。ここで C_A を計算するために必要な三つの要素，すなわち，C_B，V_B，V_A を考えてみよう。まず，標準液の濃度 C_B を精密に決定するには，非常に純度の高い物質を標準物質に用いてその質量を測定し，それを体積が精密に決まっている容器（通常はメスフラスコ）で希釈することにより可能である*3。一方，V_B,V_A は体積測定である。すなわち，C_A は質量と体積の測定のみに直接基づいて決定される。質量と体積は，どちらも精密な測定が可能であるため，容量分析法は原理的に濃度の精密な測定が可能な方法である。

*2 酸が多塩基酸（H_nA）の場合，式(6.1)の関係は

$$n C_A \cdot V_A = C_B \cdot V_B$$

となり，酸の濃度は $C_A = C_B \cdot V_B / (nV_A)$ となる。

*3 実際はもう少し複雑な場合が多い。水酸化ナトリウム標準液の作製方法は，以下のとおりである。まず，適当な濃度の塩酸溶液をつくる。さらに，高純度な無水炭酸ナトリウムを適当な量を正確にはかりとり，蒸留水で希釈した試料をつくる。塩酸溶液で炭酸ナトリウム水溶液を滴定し，正確な塩酸溶液の濃度を求める。そして，その塩酸溶液を水酸化ナトリウム標準液で滴定し，正確な水酸化ナトリウム標準液の濃度を求める（標定操作）。

*4 ファクターとは，濃度を表記するときの補正係数である。例えば，0.1 mol dm^{-3} 水酸化ナトリウム標準液を作製するとき，正確に 0.1000 mol dm^{-3} に調製するのは大変むずかしいので，おおよそ 0.1 mol dm^{-3} に合わせ，正確な値は，ファクターを用いて表現するのが習慣になっている。すなわち，表示濃度 × ファクターが正確な濃度を表す。

＊＊＊＊＊＊＊＊＊＊＊＊＊＊＊＊＊＊＊＊＊＊＊＊＊＊＊＊＊＊＊＊＊＊＊＊＊＊＊

［例題6.1］ 濃度未知の塩酸水溶液 20.00 cm^3 を，0.1 mol dm^{-3} 水酸化ナトリウム標準液（ファクター，$f = 1.014$）*4 で滴定したところ，終点に到達するまでに 13.82 cm^3 を要した。この塩酸水溶液の濃度を求めなさい。

［**答**］（例）

C_A：塩酸水溶液の濃度（未知）

V_A：塩酸水溶液の体積 20.00 cm^3

C_B：水酸化ナトリウム標準液の濃度 $0.1 \times 1.014 = 0.1014$ mol dm^{-3}

V_B：滴定に要した標準液の体積 13.82 cm^3

であるので，上記の式(6.2)より，

$$C_A = 0.1014 \times \frac{13.82}{20.00} = 0.07007 \text{ mol dm}^{-3}$$

＊＊＊＊＊＊＊＊＊＊＊＊＊＊＊＊＊＊＊＊＊＊＊＊＊＊＊＊＊＊＊＊＊＊＊＊＊＊＊

6.2 酸塩基滴定の滴定曲線

酸塩基滴定の反応式は

$$H^+ + OH^- \rightleftharpoons H_2O \tag{6.3}$$

である。ここで，水のイオン積 K_w が 10^{-14} であることを考えると，平衡は生成側に大きく傾いていることがわかる。すなわち，この反応は化学量論的（1.3 節参照）である。酸塩基滴定はこの酸塩基反応の性質を利用している。

6.2.1　強塩基による強酸の滴定曲線

酸や塩基が 100 %解離していると考えることができる強塩基による強酸の滴定をまず考える。今，滴定される試料として塩酸（濃度 C_A mol dm^{-3}, 体積 V_A cm^3），塩基標準液として水酸化ナトリウム（濃度 C_B mol dm^{-3}, 体積 V_B cm^3）を用いる。このときの pH を表す式を考えてみよう。

(1)　当量点以前

塩基は酸に対して不足している。このときの $[H^+]$ は，水の解離を無視できる領域では

$$[H^+] = \frac{C_A V_A - C_B V_B}{V_A + V_B} \qquad (6.4)$$

となる。この式から pH は容易に計算できる*5。

*5　当量点付近では，水の解離が無視できないので，正確には前章で学んだような計算式 (5.37) を用いて計算する必要があるが，実用的にはこの領域は無視できる。

(2)　当量点

塩酸と水酸化ナトリウムは過不足なく反応し，塩化ナトリウムが生成する。当量点では塩化ナトリウム水溶液の pH と同じになる。したがって，中性の pH 7 になる。

(3)　当量点後

塩基は酸に対して過剰である。したがって，このときの $[OH^-]$ は，水の解離を無視できる領域では，

$$[OH^-] = \frac{C_B V_B - C_A V_A}{V_A + V_B} \qquad (6.5)$$

となる。この式から pH は容易に計算できる。

これらの式を使い描いたのが図 6.2a の強酸－強塩基の滴定曲線である。当量点付近で pH が大きく変化することが実際の計算でわかる。

＊＊

［例題 6.2］ 0.100 mol dm^{-3} 塩酸水溶液 20.00 cm^3 を 0.100 mol dm^{-3} 水酸化ナトリウム標準液で滴定した。以下の場合の試料溶液の pH を計算しなさい。

1）0.100 mol dm^{-3} 水酸化ナトリウム標準液を 10.00 cm^3 加えた。

2）0.100 mol dm^{-3} 水酸化ナトリウム標準液を 21.00 cm^3 加えた。

［答］ 1）式 (6.4) より

$$[H^+] = \frac{0.100 \times 20.00 - 0.100 \times 10.00}{20 + 10} = 3.33 \times 10^{-2}\ \mathrm{mol\ dm^{-3}}$$

$$\mathrm{pH} = -\log 3.33 \times 10^{-2} = 1.48$$

2）式 (6.5) より，

$$[OH^-] = \frac{0.100 \times 21.00 - 0.100 \times 20.00}{20.00 + 21.00} = 2.44 \times 10^{-3}\ \mathrm{mol\ dm^{-3}}$$

$$\mathrm{pOH} = -\log 2.44 \times 10^{-3} = 2.61 \quad \mathrm{pH} = 14 - 2.61 = 11.39$$

＊＊

6.2.2　強塩基による弱酸の滴定曲線

酢酸水溶液（濃度 C_A mol dm^{-3}，体積 V_A cm^3）を水酸化ナトリウム標準液（濃度 C_B mol dm^{-3}，体積 V_B cm^3）で滴定したときのことを考える。酢酸の pK_a = 4.75 である。

酢酸水溶液の pH

まず，滴定を始める前の弱酸の pH を求める。簡単のため，5.6.2 項の a)，b) の条件（p.56）が成立するとして検討を進める。このとき弱酸の pH は

$$\mathrm{pH} = \frac{1}{2}(\mathrm{p}K_a - \log C_A) \tag{6.6}$$

となる。

(1) 当量点前

このとき溶液中には，酢酸と塩基との中和反応により生成する共役塩基である酢酸ナトリウム（酢酸イオン）がともに存在している。したがって，このとき溶液は緩衝液になっている。酸の濃度は

★　この領域は緩衝液になる。

$$[\mathrm{CH_3COOH}] = \frac{C_AV_A - C_BV_B}{V_A + V_B} \tag{6.7}$$

であり，一方，酢酸イオンの濃度は

$$[\mathrm{CH_3COO^-}] = \frac{C_BV_B}{V_A + V_B} \tag{6.8}$$

である。したがって，溶液の pH は

$$\mathrm{pH} = \mathrm{p}K_a - \log\frac{C_AV_A - C_BV_B}{C_BV_B} \tag{6.9}$$

となる。ここで，ちょうど滴定が半分終了したとき（半中和点）の pH は pK_a に等しくなることがわかる。つまり，弱酸の pK_a を求めるには，強塩基による滴定曲線を描き，当量点の半分の量の塩基を加えたときの pH を求めればよい（これをしばしば pH$_{1/2}$ と表記する）。pK_a は化合物の基本的な性質として大変重要であるため，酸塩基滴定は pK_a を測定するためにもしばしば利用されている。

★　当量点の半分の量の塩基を加えたときの pH（pH$_{1/2}$）は pK_a に等しくなる。

(2) 当量点

このとき弱酸と強塩基の塩の水溶液，すなわち，この場合は酢酸ナトリウムの水溶液が得られる。酢酸イオンは酢酸の共役塩基である。そのため，

★　当量点では弱酸と強塩基の塩の水溶液となる。

$$\mathrm{CH_3COO^-} + \mathrm{H_2O} \rightleftharpoons \mathrm{CH_3COOH} + \mathrm{OH^-} \tag{6.10}$$

という弱塩基の解離反応を考える必要がある*6。弱塩基の水溶液の pH は 5.6 節で学んだように，弱酸の pH の計算と同様と考えることができる。ここで，やはり，5.6.2 項の a)，b) と同様の条件が成立する*7 として検討を進めると，

$$\mathrm{pOH} = \frac{1}{2}\left(\mathrm{p}K_b - \log\frac{C_BV_B}{V_A + V_B}\right) \tag{6.11}$$

となる。したがって，

$$\mathrm{pH} = 7 + \frac{1}{2}\left(\mathrm{p}K_a + \log\frac{C_BV_B}{V_A + V_B}\right) \tag{6.12}$$

*6　この反応を加水分解反応と呼び，その平衡定数を加水分解定数 K_h と呼ぶこともある。この場合，K_h は K_b に等しい。

*7　この場合の式（6.11），（6.12）が成り立つ条件は，a) $[\mathrm{OH^-}] \gg [\mathrm{H^+}]$ ($K_bC_B' \gg K_w$)，b) $C_B' \gg [\mathrm{OH^-}]$ ($\sqrt{C_B'} \gg \sqrt{K_b}$) である。ここで C_B' は当量点における生成した塩（共役塩基）の濃度とする。実際に C_B' が 0.01 mol dm^{-3} 程度とすると，pK_b = 9.25 であるので，これらの条件は満足されることがわかる。

となる。すなわち，当量点は塩基性を示すことになる。

(3) 当量点後

塩基が過剰に存在するので，$[OH^-]$ は強塩基による強酸の滴定の場合と同じように

$$[OH^-] = \frac{C_B V_B - C_A V_A}{V_A + V_B} \tag{6.13}$$

となる。

以上の検討から滴定曲線を描くと図 6.2b となる。弱酸である酢酸は，そのごく一部しか解離しないため，はじめから pH が比較的高く，さらに滴定の途中では，酢酸と水酸化ナトリウムと反応して生成する酢酸の共役塩基である酢酸イオンが共存する状態，すなわち，緩衝液となり，pH がなかなか変化しない。さらに，当量点では共役塩基の塩基解離が無視しえないので pH は塩基性となる。当量点後は強酸を強塩基で滴定した場合と同様の pH となり，大きな pH の変化が観測される。例題 6.3 では実際の計算例を示す。

★　この領域では強塩基の水溶液の pH となる。

＊＊＊＊＊＊＊＊＊＊＊＊＊＊＊＊＊＊＊＊＊＊＊＊＊＊＊＊＊＊＊＊＊＊＊＊＊＊＊

[例題 6.3] 0.100 mol dm^{-3} 酢酸水溶液 20.00 cm^3 を 0.100 mol dm^{-3} 水酸化ナトリウム標準液で滴定した。以下の場合の試料溶液の pH を計算しなさい。酢酸の pK_a は 4.75 である。

1) 0.100 mol dm^{-3} 酢酸水溶液

2) 0.100 mol dm^{-3} 水酸化ナトリウム標準液を 10.00 cm^3 加えた。

3) 0.100 mol dm^{-3} 水酸化ナトリウム標準液を 20.00 cm^3 加えた。(当量点)

4) 0.100 mol dm^{-3} 水酸化ナトリウム標準液を 21.00 cm^3 加えた。

[答] 1) $[H^+] \gg [OH^-]$ $(K_a C_{HA} \gg K_w)$ と $C_{HA} \gg [H^+]$ $(\sqrt{C_{HA}} \gg \sqrt{K_a})$ の条件が成立するので，下のように計算できる。

$$pH = \frac{1}{2}(4.75 - \log 0.100) = 2.88$$

2) 当量点前であるので pH は式 (6.9) で計算できる。

$$pH = 4.75 - \log \frac{0.100 \times 20.00 - 0.100 \times 10.00}{0.100 \times 10.00} = 4.75$$

3) 当量点であり，pH は式 (6.12) で計算できる

$$pH = 7 + \frac{1}{2}\left(4.75 + \log \frac{0.100 \times 20.00}{20.00 + 20.00}\right) = 8.72$$

4) 当量点後であり，式 (6.13) から

$$[OH^-] = \frac{0.100 \times 21.00 - 0.200 \times 20.00}{20.00 + 21.00} = 2.44 \times 10^{-3}\ \text{mol dm}^{-3}$$

$$pOH = -\log 2.44 \times 10^{-3} = 2.61 \quad pH = 14 - 2.61 = 11.39$$

＊＊＊＊＊＊＊＊＊＊＊＊＊＊＊＊＊＊＊＊＊＊＊＊＊＊＊＊＊＊＊＊＊＊＊＊＊＊＊

6.2.3　強塩基による多塩基酸の滴定

ここでもリン酸を例にとり，その水溶液 (濃度 C_A) を水酸化ナトリウム標準液 (濃度 C_B) で滴定することを考えてみよう。この場合，H_3PO_4 と NaOH のモル比が 1：1 のところに第一当量点，1：2 のところに第二当量点が現れる (図 6.3 参照)＊8。

★　多塩基酸の水溶液を強塩基で滴定すると複数の当量点が得られる。

＊8　第三当量点は，K_{a3} が小さすぎて pH のジャンプが現れないので検出できない。

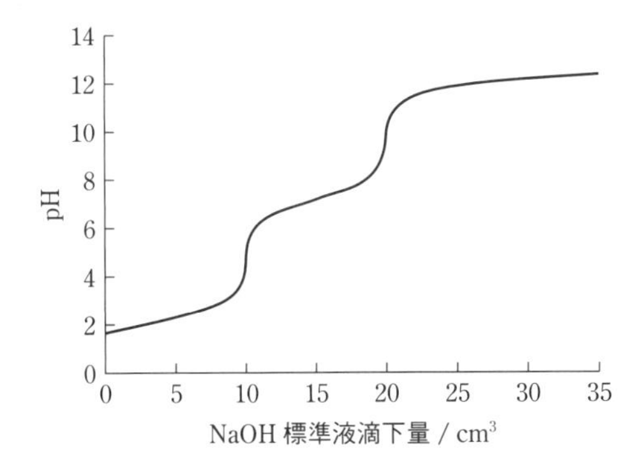

図 6.3 0.100 mol dm^{-3} NaOH 標準液による 0.100 mol dm^{-3} リン酸水溶液 (10.0 cm^3) の中和滴定曲線
リン酸の酸解離定数は表 5.1 (p.54) 参照。

第一当量点までの中和反応は

$$H_3PO_4 + OH^- \rightleftharpoons H_2PO_4^- + H_2O \qquad (6.14)$$

で表され，第一当量点までの pH は，

$$pH = pK_{a1} - \log\frac{[H_3PO_4]}{[H_2PO_4^-]} = pK_{a1} - \log\frac{C_AV_A - C_BV_B}{C_BV_B} \qquad (6.15)$$

第一当量点では濃度 $C\ (= C_AV_A\,/\,(V_A + V_B))$ の NaH_2PO_4 水溶液の pH となるので，5 章で学んだように，式 (5.77)，また，濃度が充分に高く $K_{a1} \ll C_BV_B\,/\,(V_A + V_B)$ となる場合には式 (5.79) を用いて計算できる。

第一当量点から第二当量点までの間は，式 (6.16) で表せる。

$$pH = pK_{a2} - \log\frac{[H_2PO_4^-]}{[HPO_4^{2-}]} = pK_{a2} - \log\frac{2\,C_AV_A - C_BV_B}{C_BV_B - C_AV_A} \qquad (6.16)$$

第二当量点では濃度 $C\ (= C_AV_A\,/\,(V_A + V_B))$ の Na_2HPO_4 水溶液の pH となるので，式 (5.80) を考えてみると，$[HPO_4^{2-}] \fallingdotseq C$，$C \gg K_{a2}$ は成り立つが $K_w \ll K_{a3}C$ は成り立たない可能性が高いので，

$$pH = -\log\sqrt{\frac{K_{a2}K_w + K_{a2}K_{a3}C}{C}} \qquad (6.17)$$

で与えられる。

一般に，$pK_{a2} - pK_{a1} > 4$ であれば，第一当量点と第二当量点は充分に離れて現れる。

6.3 pH 指示薬

当量点付近で起こる pH の大きな変化を，pH 指示薬により検出することが最も一般的に行われる。その原理を，メチルオレンジを例にとって説明する。**図 6.4** に示すように，メチルオレンジは弱酸の色素である。非解離型 (HIn) のときは赤色であるが，解離型 (In^-) は橙黄色となる。その反応を式で表すと以下のように書ける。

★ 指示薬は，弱酸 (弱塩基) で非解離型と解離型で色調が変化する色素である。

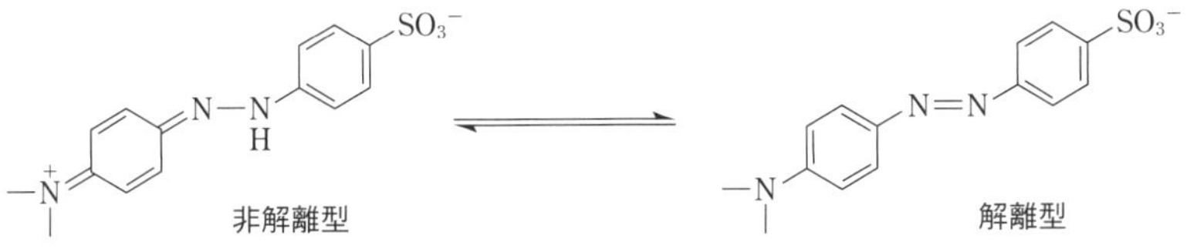

非解離型 ⇌ 解離型

図 6.4 メチルオレンジの酸解離

$$\underset{(\text{赤色})}{HIn} \rightleftharpoons H^+ + \underset{(\text{橙黄色})}{In^-} \qquad (6.18)$$

変色域は HIn から In^- に，または In^- から HIn に変化する領域，すなわち，HIn と In^- が共存する領域ということになる。ここで前章 5.5 節の式 (5.28) より

$$\log\frac{[In^-]}{[HIn]} = pH - pK_a \qquad (6.19)$$

★ 変色域は，基本的に $pH = pK_a \pm 1$。

が得られ，この式より $[In^-]:[HIn]$ が 1 : 10 ～ 10 : 1 で変化する pH 領域は $pK_a - 1$ ～ $pK_a + 1$，すなわち $pH = pK_a \pm 1$ の領域となる。つまり，指示薬の変色域はその指示薬の pK_a で決まることになる。ほかの pH 指示薬の原理も同様である。**表 6.1** に，代表的な pH 指示薬の変色域と色調をまとめる。また，図 6.2 にはフェノールフタレインとメチルレッドの変色域も示してある。この図より，低 pH 領域で変色するメチルオレンジを強塩基による弱酸の滴定で用いると，当量点に達する前に変色してしまい正しい終点の判定ができないことがわかる。一方，フェノールフタレインを用いれば，当量点付近の pH の大きなジャンプの検出，すなわち，正しい終点の検出が可能である。このように，滴定の当量点付近の pH 変化に合わせ適切な指示薬を選ぶことは大変重要である。

表 6.1　酸塩基指示薬と変色域

指示薬	酸性色	変色域 (pH)	塩基性色
チモールブルー	赤	1.2～2.8	黄
2,6-ジニトロフェノール	無	2.4～4.0	黄
ブロモフェノールブルー	黄	3.0～4.6	青紫
メチルオレンジ	赤	3.1～4.4	橙黄
ブロモクレゾールグリーン	黄	3.8～5.4	青
メチルレッド	赤	4.2～6.3	黄
4-ニトロフェノール	無	5.0～7.0	黄
ブロモチモールブルー	黄	6.0～7.6	青
フェノールレッド	黄	6.8～8.4	赤
クレゾールレッド	黄	7.2～8.8	赤
チモールブルー	黄	8.0～9.6	青
フェノールフタレイン	無	8.3～10.0	紅
チモールフタレイン	無	9.3～10.5	青

本章のまとめと問題

6.1　水のイオン積 K_w が 10^{-14} ではなく，もっと大きな値，例えば，10^{-7} であるとすると，強酸を強塩基で滴定する場合の滴定曲線はどのようになるだろうか。

6.2　図 6.2 の強塩基による強酸の滴定曲線の例 (a) にならって，強酸による強塩基の滴定曲線を作成しなさい。

6.3　図 6.2 の強塩基による弱酸の滴定曲線の例 (b) にならって，強酸による弱塩基の滴定曲線を作成しなさい。

6.4　問 6.2，6.3 における適当な pH 指示薬を選択しなさい。

6.5　図 6.2 の酸と塩基の濃度をそれぞれ 10 倍 ($1.00\ mol\ dm^{-3}$) にすると，滴定曲線はどうなるか。10 分の 1 ($0.0100\ mol\ dm^{-3}$) の場合はどうか。

II　化学平衡と化学分析

7 錯生成平衡とキレート滴定

本章では錯体の生成を利用する錯滴定法の原理を学ぶ。錯滴定のほとんどはキレート滴定法と呼ばれる方法であり，中でも，EDTA滴定法は，金属イオンの定量法として現在でも広く用いられている。身近なところでは，例えば飲料水の硬度*1の測定などに利用されている。本章では，まずその基礎となる錯体と錯生成平衡を概観したのち，錯滴定法の基礎を論じる。さらにEDTA滴定法を詳しく紹介する。

7.1 錯体とは何か

錯体は，中心イオンまたは中心原子に，別種のイオン，分子，多原子イオン（配位子）が**配位結合**した集合体と定義される。本章で扱うのは，このうち中心イオンが金属イオンの錯体である。錯体のうちイオンであるものを**錯イオン**，またその塩を**錯塩**と呼ぶ。金属錯体は，金属イオンを含む色鮮やかな物質として古くより知られていたが，その詳しい構造や性質は長らく謎であった。これら一群の化合物の基本的な性質を解き明かしたのは，スイスの化学者でノーベル化学賞受賞者のヴェルナーである。彼は1893年に配位説を発表し，これが現代的な錯体化学の始まりとされている。

前述の，金属イオンと配位子を結びつける配位結合は大変重要な概念である。配位結合は，配位子の非共有電子対が，金属イオンの空（から）の軌道に供与されてできる。直接金属イオンと配位結合をつくる配位子中の原子のことを配位原子と呼ぶ。例えば，式(7.1)の場合では，中心金属イオンはCu^{2+}，配位子はNH_3，配位原子はNである。このN原子は非共有電子対を一つもち，それをCu^{2+}と共有することにより配位結合ができる。配位結合は，ルイス酸塩基の概念から理解される。すなわち，電子対を供与する配位子はルイス塩基であり，電子対を受け取る金属イオンはルイス酸となり，錯体の生成反応は，ルイス酸塩基反応と考えることができる。

$$Cu^{2+} + 4NH_3 \rightleftharpoons [Cu(NH_3)_4]^{2+} \qquad (7.1)$$

*1　水に含まれるカルシウム塩とマグネシウム塩の濃度を表す指標で，飲料水や洗濯水など日常使われる水の性質を表すために重要である。硬度が低い（濃度が低い）水を軟水と呼び，硬度が高い水を硬水と呼ぶ。軟水は一般に料理やお茶に適しているとされている。一方，硬水は石鹸の泡立ちを抑えたり，また極端な硬水を飲料に用いると下痢を起こしたりする。日本の自然水は一般に軟水である（章末問題7.5を参照）。

★　錯体は，中心イオンまたは中心原子に，別種のイオン，分子，多原子イオン（配位子）が配位結合した集合体である。

錯体 complex

配位結合 coordinate bond

錯イオン complex ion

錯塩 complex salt

ヴェルナー Werner, A.

★　配位結合は，配位子の非共有電子対が，金属イオンの空（から）の軌道に供与されてできる。

7.2 配位数と配位子の種類

錯体では，金属イオンの種類や配位子の種類や大きさによって，その錯体の中の配位結合（配位原子）の数，すなわち，配位数が変化する。配位数は，通常，2～6の間にあるが，7以上となる場合もある。特に，2，4，6の配位数をとる場合が一般的である。**表7.1**に，金属イオンの配位数とその例を示す。

表 7.1　金属イオンの配位数と配位結合の形

金属錯体の例	配位数	配位結合の形
$[Ag(NH_3)_2]^+$, $[AuCl_2]^-$, $[HgCl_2]$ など d^{10} の電子配置をもつ金属イオン	2	直線形 L−M−L
$[Zn(NH_3)_4]^{2+}$, $[Cd(CN)_4]^{2-}$, $[CoCl_4]^{2-}$ など 広く一般的にみられる	4	正四面体形
$[Cu(NH_3)_4]^{2+}$, $[Ni(CN)_4]^{2-}$, *cis*-$[PtCl_2(NH_3)_2]$ など d^8 や d^9 の電子配置をもつ金属イオン	4	平面正方形
$[Co(NH_3)_6]^{2+}$, $[Fe(CN)_6]^{3-}$, $[Fe(CN)_6]^{4-}$ など 最も一般的にみられる	6	正八面体形

この表に示すように，配位数 2 の錯体は直線形となり，d^{10} の電子配置をとる金属イオンの錯体に限られる。また，配位数 4 の錯体は，正四面体形と平面正方形の錯体の二種類に分かれる。このうち，正四面体形は一般的で，典型元素や d^8 以外の遷移金属イオンにおいて広く見られる。一方，平面正方形は d^8 のもの，また d^9 の Cu^{2+} などがこの配置をとる。図中，*cis*-$[PtCl_2(NH_3)_2]$ はシスプラチンと呼ばれ，制がん剤として大変有名な化合物である。さらに，配位数 6 の錯体は最も一般的で，ほとんどの金属イオンがこの配位数の錯体をつくり，それらはすべて正八面体形となる。これらの構造は，配位原子（配位結合）について考えていることに注意が必要である。

表 7.2 に分析化学でよく用いられる配位子となる分子とイオンをまとめる。配位子のうち，金属イオンと一つの配位結合をつくるものを**単座配位子**という。また，金属イオンに同時に二つ以上の配位結合をつくる配位子を**多座配位子**と呼ぶ。二つの配位結合をつくるものは**二座配位子**，三つのものは**三座配位子**である。これらをキレート配位子と呼び，その錯体を**キレート化合物**という*2。

キレート化合物は，対応する一座配位子の錯体に比べて安定度が高い。これを**キレート効果***3 と呼ぶ。このためキレート配位子は，分析化学にとっ

★　配位数は配位原子の数で，中心金属イオンの種類により決まる。

単座配位子　monodentate ligand

多座配位子　multidentate ligand

二座配位子　bidentate ligand

三座配位子　tridentate ligand

キレート　chelate

★　キレート配位子は，一分子のうちに複数の配位原子をもつ。

*2　多座配位子が金属イオンを挟む構造から，「蟹(かに)のはさみ」を意味する chela にちなんで命名された。

キレート効果　chelete effect

*3　多座キレート配位子の錯体の生成定数は同じ配位原子をもつ類似単座配位子のつくる錯体のそれよりも大きいという経験則で，EDTA，ポルフィリンなどキレート環の数が増すほど，その程度は大きくなる。キレート効果は，多座配位子 1 分子の配位により元のアクア錯体から複数の水分子が遊離されるが，これが系のエントロピー増大に寄与するために生じると考えられている。表 7.3 のアンモニアとエチレンジアミンの銅(II)錯体の例はその典型である。

表 7.2　分析化学でよく用いられる配位子

配位子の種類	配位子の例		
単座配位子	F^-, Cl^-, Br^-, I^-, CN^-, OH^-, H_2O, NH_3		
二座配位子	エチレンジアミン	$H_2NCH_2CH_2NH_2$	(en)
	8-キノリノラトイオン		(ox^-)
	1,10-フェナントロリン		
三座配位子	イミノ二酢酸イオン	$HN(CH_2COO^-)_2$	(ida^{2-})
	ジエチレントリアミン	$H_2NCH_2CH_2NHCH_2CH_2NH_2$	(det)
四座配位子	ニトリロ三酢酸イオン	$N(CH_2COO^-)_3$	(nta^{3-})
六座配位子	エチレンジアミン四酢酸イオン	$(^-OOCH_2C)_2NCH_2CH_2N(CH_2COO^-)_2$	($edta^{4-}$)

て大変重要である。キレート滴定で最も重要な試薬であるエチレンジアミン四酢酸 (EDTA) は，通常，**六座配位子**として働き，金属イオンと 1：1 錯体をつくる。その錯イオンの構造を**図 7.1** に示す (7.4 節で詳しく学ぶ)。ここで EDTA の配位原子は O と N 原子であり，これらを結ぶと正八面体となることに注意してほしい。また，その構造の一部に注目すると，図のように，金属イオンと EDTA は環を形成していることがわかる。すなわち，EDTA 錯体では六つの 5 員環が形成されている。一般に，安定なキレート化合物は 5 員環あるいは 6 員環をつくる。4 員環以下あるいは 7 員環以上では，環のひずみが大きくなってしまい，一般に比較的不安定になってしまう。

六座配位子 hexadentate ligand

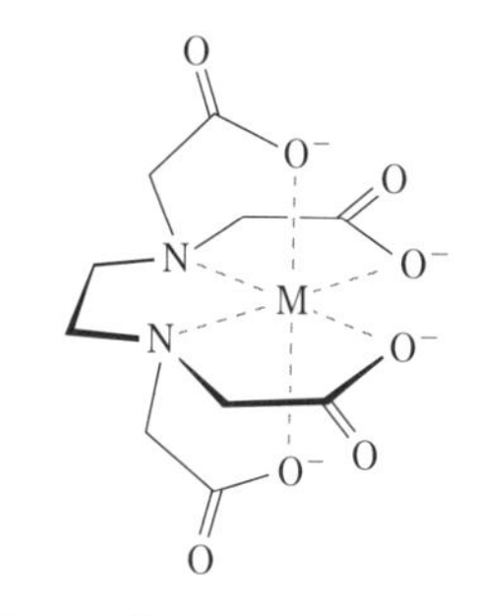

図 7.1　金属－EDTA 錯体の構造

★　一般に，安定なキレート化合物は中心金属イオンと 5 員環あるいは 6 員環を形成している。

7.3　錯生成平衡

溶液中の金属イオン M に最大 n 個の単座配位子 L が錯形成する場合を考える。配位子 L を加えていくと，以下のような一群の平衡式に従って錯体が逐次生成する。

$$\mathrm{M} + \mathrm{L} \rightleftharpoons \mathrm{ML} \qquad K_1 = \frac{[\mathrm{ML}]}{[\mathrm{ML}][\mathrm{L}]}$$

$$\mathrm{ML} + \mathrm{L} \rightleftharpoons \mathrm{ML_2} \qquad K_2 = \frac{[\mathrm{ML_2}]}{[\mathrm{ML}][\mathrm{L}]}$$

$$\mathrm{ML_2} + \mathrm{L} \rightleftharpoons \mathrm{ML_3} \qquad K_3 = \frac{[\mathrm{ML_3}]}{[\mathrm{ML_2}][\mathrm{L}]}$$

$$\vdots$$

$$\mathrm{ML}_{n-1} + \mathrm{L} \rightleftharpoons \mathrm{ML}_n \qquad K_n = \frac{[\mathrm{ML}_n]}{[\mathrm{ML}_{n-1}][\mathrm{L}]} \qquad (7.2)$$

逐次生成定数
successive formation constant

ここで，$K_1, K_2, K_3, \cdots K_n$ を**逐次生成定数**と呼ぶ。また，この ML_n の錯形成反応について，以下のような平衡を考えることも可能である。

$$M + nL \rightleftharpoons ML_n \qquad \beta_n = \frac{[ML_n]}{[M][L]^n} \tag{7.3}$$

β_n は，簡単な計算により

$$\beta_n = K_1 \cdot K_2 \cdots K_n \tag{7.4}$$

全生成定数
overall formation constant

★　逐次生成定数と全生成定数の関係
$\beta_n = K_1 \cdot K_2 \cdots K_n$

となることがわかる。ここで β_n を**全生成定数**と呼ぶ。**表7.3**に，銅(II)アンミン錯体とエチレンジアミン(en)の逐次生成定数の例を示す。この表より，逐次生成定数は K_1 から K_4 になるに従い，徐々に小さくなっていくことがわかる。これは錯形成平衡における一般的な傾向であり，生成する配位結合の強さに違いがあるためではなく，K_1 から K_4 になるに従い，アンモニア分子の結合できる場所の数が減っていくと同時に，解離するアンモニア分子の数が増えていくという統計的な理由による。また，アンミン錯体と en 錯体の全生成定数（β_4 と β_2）を比べてみると，en の全生成定数の方が断然大きいことがわかる。これは前述のキレート効果の典型例である。

表7.3　銅(II)錯体の生成定数の例

配位子	$\log K_1$	$\log K_2$	$\log K_3$	$\log K_4$	$\log \beta_n$
NH_3	4.04	3.43	2.80	1.48	11.75 ($n = 4$)
en	10.48	9.07	−	−	19.55 ($n = 2$)

en：エチレンジアミン（$_2HNCH_2CH_2NH_2$）

金属イオン M と配位子 L が n 次錯体（ML_n）まで生成するときの遊離金属イオン（M）と j 次錯体（ML_j）の分率（割合）を考える。式(7.4)の全生成定数 β_j（j 次までの全生成定数）を用いると，$[ML_j]$ は $\beta_j[M][L]_j$ と表せる。したがって，金属イオンの全濃度を C_M とすると，ML_j の分率は

$$\frac{[ML_j]}{C_M} = \frac{[ML_j]}{[M] + [ML] + [ML_2] + \cdots + [ML_n]}$$
$$= \frac{\beta_j[L]^j}{1 + \beta_1[L] + \beta_2[L]^2 + \cdots + \beta_n[L]^n} \tag{7.5}$$

となる。また，M の分率は

$$\frac{[M]}{C_M} = \frac{1}{1 + \beta_1[L] + \beta_2[L]^2 + \cdots + \beta_n[L]^n} \tag{7.6}$$

と表される。例えば，表7.3の Cu^{2+}-アンモニア錯体系について，遊離のアンモニア濃度 $[NH_3]$ に対する各化学種の分率をプロットすると，**図7.2**のようになる。

錯形成反応において，前述のように，金属イオンはルイス酸であり，配位子はルイス塩基である。そこで同じルイス酸である H^+ が存在すると，金属イオンと H^+ は配位子と競争的に反応することになる。特に，キレート剤の多くは一般に弱酸であり，その錯形成平衡は溶液の pH に強く影響される。pH の影響に関する定量的な扱いは，次節7.4で，金属イオンと EDTA の錯形成反応に関して学ぶが，ここでは定性的に考えてみよう。金属イオンは，H^+ が解離したキレート剤と錯形成する。すなわち，pH が高いほどキレート

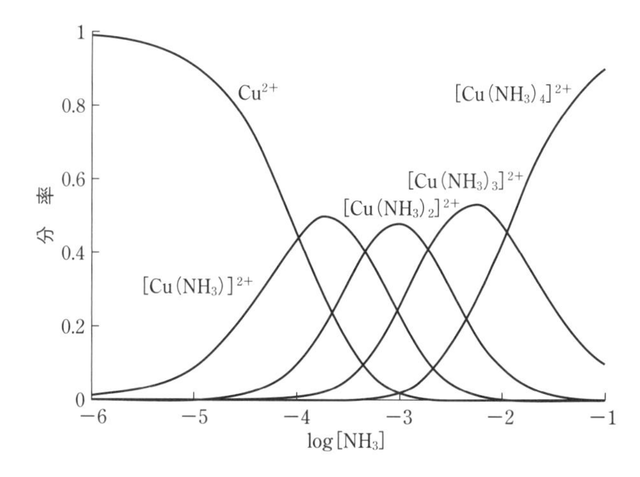

図 7.2　$[NH_3]$ に対する Cu^{2+}-アンモニア系の分率

剤の H^+ 解離が進むため錯形成に有利となる。しかし，高すぎると水酸化物イオンの金属イオンへの配位が起こり，キレート剤との錯形成は妨害される。そのため，錯形成には最適 pH 領域があり，それはキレート剤の pK_a や，金属水酸化物の生成定数などによって決まる。

7.4　錯滴定の原理

錯生成反応を利用して金属イオンを滴定する方法を**錯滴定**と呼ぶ。なかでも，キレート試薬を用いる**キレート滴定**が一般的であり，その代表例は前述のエチレンジアミン四酢酸（EDTA）を用いる EDTA 滴定である。

錯滴定 compleximetric titration
キレート滴定 chelatometric titration

本論に入る前に，一般的にどのような錯形成反応が錯滴定に適しているか考えてみよう。結論から述べると，錯滴定に適した錯生成反応の条件として，以下の三つがあげられる。

(1) 金属イオンと滴定試薬が 1：1 の錯体をつくる
(2) 充分に大きな錯生成定数をもつ
(3) 錯生成の反応速度が充分に大きい

(3) の条件は，反応が遅いと滴定に時間がかかるうえに，終点が見分けにくくなるので，実用上は大変重要な要素である。しかし，平衡論では取り扱えないので，ここでは論じない。問題は (1) と (2) の条件であり，少し詳しく検討してみよう。今，例として，全生成定数が $\beta = 10^{12}$ で，金属イオン M と配位子が ① 1：1 錯体をつくる，② 1：3 錯体（$K_1 = 10^6$ と $K_2 = 10^4$，$K_3 = 10^2$）をつくる，の二つの場合を考えてみよう。

$$① \ \mathrm{M} + \mathrm{L} \rightleftharpoons \mathrm{ML} \qquad \frac{[\mathrm{ML}]}{[\mathrm{M}][\mathrm{L}]} = \beta_1 \qquad \beta_1 = 10^{12} \tag{7.7}$$

$$② \ \mathrm{M} + 3\mathrm{L} \rightleftharpoons \mathrm{ML_3}$$

$$\frac{[\mathrm{ML}]}{[\mathrm{M}][\mathrm{L}]} = K_1 \qquad \frac{[\mathrm{ML_2}]}{[\mathrm{ML}][\mathrm{L}]} = K_2 \qquad \frac{[\mathrm{ML_3}]}{[\mathrm{ML_2}][\mathrm{L}]} = K_3$$

$$K_1 = 10^6,\ K_2 = 10^4,\ K_3 = 10^2 \qquad \beta_3 = 10^{12} \tag{7.8}$$

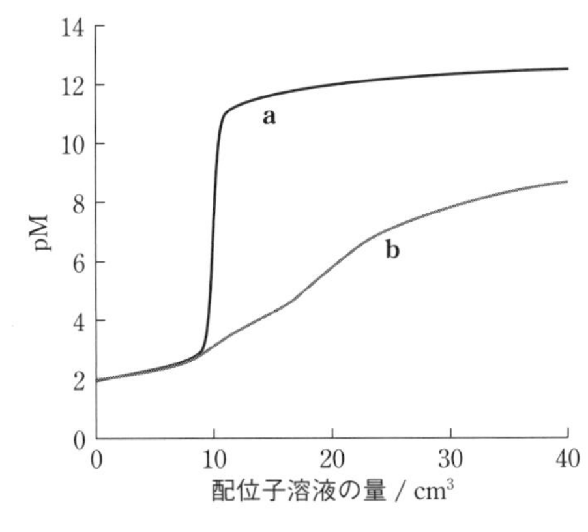

図 7.3　錯体の組成による滴定曲線の変化

金属イオンの試料溶液 ($10\ cm^3$)，金属イオンの総濃度 $= 0.0200\ mol\ dm^{-3}$，配位子溶液中の配位子の濃度 $= 0.0200\ mol\ dm^{-3}$ として計算している。a. 1：1 錯体を生成する場合，b. 1：3 錯体を生成する場合

① の滴定曲線を**図 7.3 a** に，また ② の場合を**図 7.3 b** に示す。① の場合は，当量点付近で大きな pM のジャンプが観測される。錯滴定では，この pM のジャンプを検出して金属イオンの濃度を求める。ではこのとき，錯体はどのくらいの大きさの生成定数 K の値をもてばよいのだろうか。その解答は例題 7.1 を見てほしい。一方，② の場合には，図 7.3 b から，pM は当量点 ($30\ cm^3$) のかなり以前からだらだらと変化して，当量点付近でも pM の大きな変化が観測されないことがわかる。これは，当量点前に滴定試薬の量が M に比べて多くなり，低次の錯体 (ML) の生成により，L と結合していない M の濃度が滴定の初期段階から大きく減少してしまうためである。同様の現象は，1：2 や 1：4 錯体の場合にも起こる。したがって，錯滴定には 1：1 錯体を生成できるキレート試薬が最も適している。

★　錯滴定には金属イオンと滴定試薬が 1：1 の錯体をつくることが必須。

＊＊＊＊＊＊＊＊＊＊＊＊＊＊＊＊＊＊＊＊＊＊＊＊＊＊＊＊＊＊＊＊＊＊＊＊＊＊＊

[例題 7.1]　金属イオン (M) の濃度が $0.01\ mol\ dm^{-3}$ の試料溶液を，$0.01\ mol\ dm^{-3}$ のキレート剤 (L) の標準溶液でキレート滴定を行うとき，滴定が可能となる場合の生成定数 K の値を計算しなさい。ただし，M と L は 1：1 錯体を形成する。また，滴定が可能となる条件を，当量点における未反応の M が，M の総濃度の 0.1 %以下となる場合とする。

[答] M の総濃度 $= C_M$ とおく。当量点では $[M] = [L]$ となる。また，当量点では $[ML] \fallingdotseq C_M = 0.005\ mol\ dm^{-3}$。したがって，当量点で [M]（錯形成していない金属イオン濃度）が，総金属濃度の 0.1 %以下となる条件として，$[M] / C_M \fallingdotseq [M]/[ML] < 10^{-3}$ を満たせばよい。

今，$\dfrac{[ML]}{[M]^2} = K$ の両辺に [ML] を掛けると

$\dfrac{[ML]^2}{[M]^2} = K[ML]$ が得られる。すなわち，

$$\left(\frac{[M]}{[ML]}\right) = \sqrt{\frac{1}{[ML]K}} < 10^{-3} \quad \frac{1}{[ML]K} < 10^{-6} \quad K > \frac{10^6}{[ML]}$$

$$[ML] \fallingdotseq 0.005\ M\ なので \quad K > 2 \times 10^8$$

したがって，キレート滴定を行うためには，おおよそ 10^8 以上の生成定数が必要となる。

★　キレート滴定には約 10^8 以上の生成定数が必要。

＊＊＊＊＊＊＊＊＊＊＊＊＊＊＊＊＊＊＊＊＊＊＊＊＊＊＊＊＊＊＊＊＊＊＊＊＊＊＊

7.5 EDTA滴定

EDTAの化学式は表7.2および図7.1に示されている。図からもわかるように，EDTAは四つのカルボキシ基をもつ弱酸である。EDTAは，しばしばH_4Yと表される。したがって，その解離イオンはH_4Y, H_3Y^-, H_2Y^{2-}, HY^{3-}, Y^{4-}となる。EDTAは図7.1のように六座配位子であり，H^+がすべて解離したY^{4-}の四つのカルボキシ基の酸素と二つの窒素を通して配位する。EDTAは2価や3価の金属イオンのほとんどと1：1の安定な錯イオンを生成する。その反応は

$$M^{n+} + Y^{4-} \rightleftharpoons MY^{(n-4)+} \tag{7.9}$$

$$\frac{[MY^{(n-4)+}]}{[M^{n+}][Y^{4-}]} = K_{MY} \qquad K_{MY}\text{：生成定数} \tag{7.10}$$

となる。**表7.4**に，代表的な金属-EDTA錯体の生成定数K_{MY}を示す。K_{MY}は，ほとんどすべての金属イオンに関して，キレート滴定に充分に大きな生成定数をもつ。しかし，この値はY^{4-}と金属イオンの生成定数であり，実際のY^{4-}の濃度はpHに強く依存することにも注意しなければならない。そこでY^{4-}濃度のpH依存性を検討してみよう。

まず，水溶液中のEDTA化学種のうちY^{4-}の分率α_4を以下のように定義する。

$$\alpha_4 = \frac{[Y^{4-}]}{C_T} \tag{7.11}$$

ここでC_Tは錯形成していないEDTAの総濃度である[*4]。$\alpha_0 \sim \alpha_4$は，EDTAの酸解離定数$K_{a1}, K_{a2}, K_{a3}, K_{a4}$とpHから計算できる。特に，$\alpha_4$は次の式(7.13)のように表される[*5]。

*4 $C_T = [Y^{4-}] + [HY^{3-}] + [H_2Y^{2-}] + [H_3Y^-] + [H_4Y]$ (7.12)
$\alpha_0 = [H_4Y]/C_T$, $\alpha_1 = [H_3Y^-]/C_T$, $\alpha_2 = [H_2Y^{2-}]/C_T$, $\alpha_3 = [HY^{3-}]/C_T$, $\alpha_4 = [Y^{4-}]/C_T$。定義に従って$\alpha_0 + \alpha_1 + \alpha_2 + \alpha_3 + \alpha_4 = 1$。

*5 詳しくは5章のリン酸の分率の項(5.8.2)参照。

表7.4 代表的な金属イオンとEDTAの生成定数($\log K_{MY}$)*

金属イオン	$\log K_{MY}$	金属イオン	$\log K_{MY}$	金属イオン	$\log K_{MY}$
Ag^+	7.32	Fe^{3+}	25.1	Sm^{3+}	16.34
Al^{3+}	16.5	Ga^{3+}	21.7	Sn^{2+}	18.3
Ba^{2+}	7.73	Gd^{3+}	17.53	Sr^{2+}	8.60
Be^{2+}	9.63	Hg^{2+}	22.02	Tb^{3+}	18.09
Bi^{3+}	28.2	Ho^{3+}	18.04	Th^{4+}	25.1
Ca^{2+}	10.73	In^{3+}	25.3	Tl^+	6.53
Cd^{2+}	16.54	La^{3+}	15.25	Tl^{3+}	35.30
Ce^{3+}	16.03	Lu^{3+}	19.99	Tm^{3+}	19.48
Co^{2+}	16.49	Mg^{2+}	8.65	UO_2^{2+}	17.8
Co^{3+}	41.1	Mn^{2+}	14.05	V^{2+}	12.70
Cr^{3+}	23	Mn^{3+}	24.8	V^{3+}	25.9
Cu^+	8.5	Nd^{3+}	16.77	VO_2^+	18.63
Cu^{2+}	18.83	Ni^{2+}	18.66	Y^{3+}	17.38
Dy^{3+}	18.46	Pb^{2+}	17.88	Yb^{3+}	19.67
Er^{3+}	19.01	Pr^{3+}	16.56	Zn^{2+}	16.68
Eu^{3+}	17.51	Sb^{3+}	19.84	Zr^{4+}	27.7
Fe^{2+}	14.94	Sc^{3+}	23.1		

* 主に，25℃，イオン強度0.1 mol dm^{-3}の場合のデータ。

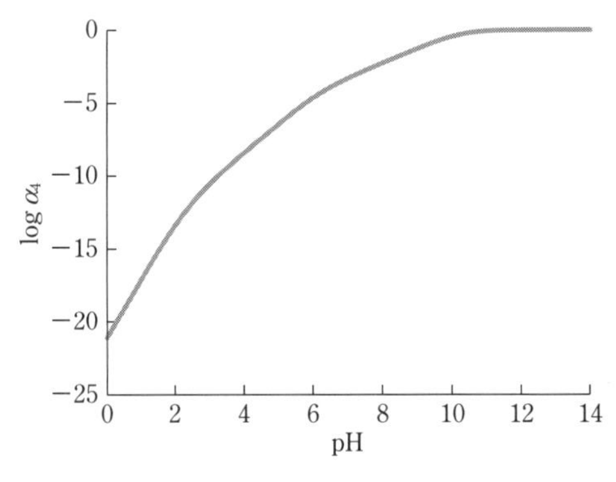

図 7.4　各 pH における α_4 の値
pH 3.0：$\alpha_4 = 2.5 \times 10^{-11}$,
pH 7.0：$\alpha_4 = 4.8 \times 10^{-4}$,
pH 10.0：$\alpha_4 = 3.5 \times 10^{-1}$

$$\alpha_4 = \frac{K_{a1}K_{a2}K_{a3}K_{a4}}{[H^+]^4 + K_{a1}[H^+]^3 + K_{a1}K_{a2}[H^+]^2 + K_{a1}K_{a2}K_{a3}[H^+] + K_{a1}K_{a2}K_{a3}K_{a4}} \tag{7.13}$$

図 7.4 に EDTA の α_4 の値を各 pH で計算した結果を示す。特に，α_4 の pH ＝ 3, 7, 10 の値を図の説明に示した*6。α_4 は，pH に大きく依存し，低 pH 領域では，非常に小さな値をとることがわかる。

*6　ここでは EDTA の解離定数として，以下のような値を用いている。
$K_{a1} = 1.0 \times 10^{-2}$，$K_{a2} = 2.2 \times 10^{-3}$，$K_{a3} = 6.9 \times 10^{-7}$，$K_{a4} = 5.5 \times 10^{-11}$。

式 (7.10) を，α_4 を用いて書き直すと，以下のようになる。

$$\frac{[MY^{(n-4)+}]}{[M^{n+}][Y^{4-}]} = \frac{[MY^{(n-4)+}]}{[M^{n+}]\alpha_4 C_T} = K_{MY} \tag{7.14}$$

すなわち

$$\frac{[MY^{(n-4)+}]}{[M^{n+}]C_T} = \alpha_4 K_{MY} = K'_{MY} \tag{7.15}$$

と書ける。この K'_{MY} を見かけの生成定数（条件生成定数）と呼ぶ。この見かけの生成定数 K'_{MY} の意味は例題 7.2 で詳しく論じる。すなわち，pM の計算には，K_{MY} の代りに K'_{MY} を用いなければならず，K'_{MY} が，その pH における金属-EDTA 錯体の実際の安定度を表すことになる。

★　見かけの生成定数 K'_{MY} が，その pH における金属-EDTA 錯体の実際の安定度を表す。

＊＊

［例 題 7.2］ pH 10.0 の条件下で 0.0100 mol dm^{-3} Ca^{2+} 水溶液 10.00 cm^3 を 0.0100 mol dm^{-3} EDTA 標準液で滴定した。以下の溶液の pCa（$-\log[Ca^{2+}]$）を計算しなさい。ただし，$K_{CaY} = 5.4 \times 10^{10}$，pH 10 のときの $\alpha_4 = 0.35$ である。

1）0.0100 mol dm^{-3} Ca^{2+} 水溶液
2）0.0100 mol dm^{-3} EDTA 標準液を 9.90 cm^3 加えた。
（当量点のわずかに手前の場合）
3）0.0100 mol dm^{-3} EDTA 標準液を 10.00 cm^3 加えた。（当量点）
4）0.0100 mol dm^{-3} EDTA 標準液を 10.10 cm^3 加えた。
（当量点をわずかに超えた場合）

［答］ まず，見かけの生成定数 K'_{CaY} を求めておく。

$$\text{pH} = 10.0,\quad \alpha_4 = 3.5 \times 10^{-1}$$

$$K'_{CaY} = \alpha_4 K_{CaY} = 3.5 \times 10^{-1} \times 5.4 \times 10^{10} = 1.9 \times 10^{10}$$

1）Ca^{2+} はすべて水和イオンとして存在していると考えられるので，

$$\text{pCa} = -\log[Ca^{2+}] = -\log(0.0100) = 2.00$$

2）Ca^{2+} と EDTA は化学量論的に反応するので EDTA と当量の Ca^{2+} は EDTA

と錯形成し，CaY^{2-} となると考えてよい。そこで，未反応の Ca^{2+} を考えると，$10.00 - 9.90\ \mathrm{cm^3}$ 分の Ca^{2+} が未反応で残っていると考えることができる。この Ca^{2+} は，加えられた EDTA 溶液などにより希釈されるので，以下のように計算される。

$$[\mathrm{Ca^{2+}}] = 0.01 \times \frac{10.00 - 9.90}{10.00 + 9.90} = 5.03 \times 10^{-5}\ \mathrm{mol\ dm^{-3}}$$

すなわち，$\mathrm{pCa} = 4.30$

3) 今，加えた EDTA の総濃度を C_Y，錯形成していない EDTA の総濃度を C_T とする。また，総 Ca 濃度を C_M とする。この場合は，当量点であるので，$C_Y = C_M$，また $C_Y = C_T + [\mathrm{CaY^{2-}}]$，$C_M = [\mathrm{Ca^{2+}}] + [\mathrm{CaY^{2-}}]$。これらの式から，$C_T = [\mathrm{Ca^{2+}}]$ が成立する。また，ほとんどの Ca^{2+} と EDTA は，CaY^{2-} となっているので，$[\mathrm{CaY^{2-}}] \fallingdotseq 0.00500\ \mathrm{mol\ dm^{-3}}$，式(7.15) より $[\mathrm{CaY^{2+}}] / ([\mathrm{Ca^{2+}}]C_T) = K'_{\mathrm{CaY}}$ すなわち，$C_T = [\mathrm{Ca^{2+}}]$ より，$[\mathrm{Ca^{2+}}]^2 = [\mathrm{CaY^{2-}}] / K'_{\mathrm{MY}}$

$$[\mathrm{Ca^{2+}}] = \sqrt{\frac{[\mathrm{CaY^{2-}}]}{K'_{\mathrm{CaY}}}} = \sqrt{\frac{0.00500}{1.9 \times 10^{10}}} = 5.1 \times 10^{-7}\ \mathrm{mol\ dm^{-3}}$$

したがって $\mathrm{pCa} = 6.29$。

このように，当量点における pCa は，見かけの生成定数 K'_{CaY} によって決まることがわかる。すなわち，例題 7.1 の結果に従うと，K'_{CaY} が約 10^8 以上である必要がある。

4) これは当量点をわずかに超えた場合である。$10.00\ \mathrm{cm^3}$ 分の EDTA は Ca^{2+} と錯形成しており，$(10.10 - 10.00)\ \mathrm{cm^3}$ 分の EDTA が未反応で残っている。この EDTA が溶液全体 $(10.00 + 10.10)\ \mathrm{cm^3}$ に溶けているので，未反応の EDTA，すなわち C_T は

$$C_T = 0.0100 \times \frac{10.10 - 10.00}{10.00 + 10.10} = 4.98 \times 10^{-5}\ \mathrm{mol\ dm^{-3}}$$

また，$[\mathrm{CaY^{2-}}] = 0.0100 \times \dfrac{10}{10.00 + 10.10} = 4.98 \times 10^{-3}\ \mathrm{mol\ dm^{-3}}$

$$[\mathrm{Ca^{2+}}] = \frac{[\mathrm{CaY^{2-}}]}{K'_{\mathrm{CaY}}C_T} = \frac{4.98 \times 10^{-3}}{1.9 \times 10^{10} \times 4.98 \times 10^{-5}} = 5.26 \times 10^{-9}\ \mathrm{mol\ dm^{-3}}$$

したがって $\mathrm{pCa} = 8.28$。

＊＊

図 7.5 に，各 pH での Ca^{2+} の滴定曲線を示す。pH が低くなるにつれて，

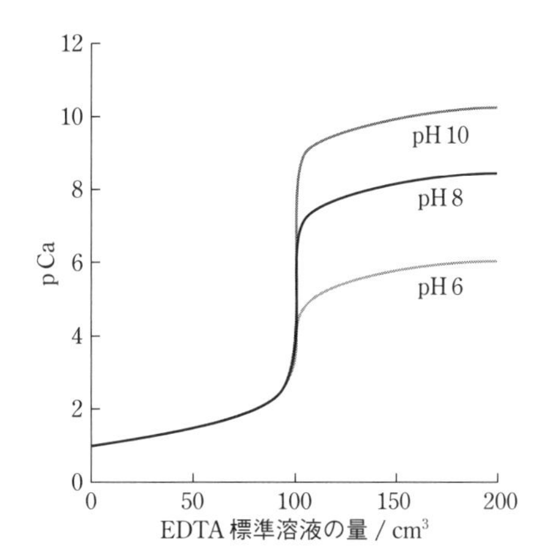

図 7.5 Ca^{2+} の EDTA 滴定曲線
$[\mathrm{Ca^{2+}}] = 0.0100\ \mathrm{mol\ dm^{-3}}$，溶液量 $10.00\ \mathrm{cm^3}$ の試料を $0.0100\ \mathrm{mol\ dm^{-3}}$ EDTA 標準液で滴定した。

当量点付近での pCa の変化が小さくなっていくことがわかる。これは，図 7.4 に示したとおり，pH が低くなるにつれて α_4 が急激に小さくなり，それにつれて，式 (7.15) により K'_{MY} が小さくなっていくためである。例題 7.1 で，正確な滴定を行うためには，錯体の生成定数は約 10^8 以上必要との結果を得たが，EDTA 滴定では K'_{MY} が 10^8 以上である必要がある。図 7.5 からもわかるように，Ca^{2+} を EDTA で滴定するには，その溶液を pH 10 程度以上の塩基性溶液とする必要がある。水の硬度測定などにおいて，EDTA 滴定法でしばしば Ca^{2+} と一緒に測定される Mg^{2+} の K_{MgY} も，表 7.4 からわかるように比較的小さく，α_4 の大きな塩基性領域で滴定を行う。

★ 当量点付近の pM のジャンプの大きさは K'_{MY} に依存する。

a) 金属指示薬

EDTA 滴定の終点を検出するには，通常，EDTA よりも弱い錯形成剤で，錯形成しているときとしていないときでは色調が変化する色素を用いる。こうした試薬を**金属指示薬**と呼ぶ。代表的な金属指示薬であるエリオクロムブラック T (BT) を例にとり，金属指示薬の働きを考えてみよう。

金属指示薬 metal indicator

★ 金属指示薬は EDTA よりも弱い錯形成剤で，錯形成しているときとしていないときでは色調が変化する色素。

BT は構造式からもわかるように，強酸性基のスルホン基以外に二つのフェノール基をもつ。これらの基の解離は次式で与えられる。

$$\underset{(赤)}{H_2In^-} \rightleftharpoons \underset{(青)}{HIn^{2-}} + H^+ \qquad K_{a1} = 5 \times 10^{-7}$$

$$\underset{(青)}{HIn^{2-}} \rightleftharpoons \underset{(赤)}{In^{3-}} + H^+ \qquad K_{a2} = 2.8 \times 10^{-12} \qquad (7.16)$$

BT 指示薬の化学構造式

BT の金属錯体は一般に赤いので，青色の HIn^{2-} が代表的な化学種である pH 領域 (pH 7 ～ 11) では，BT 金属錯体の解離や生成によって，溶液の色の変化が起こる。例えば，Zn^{2+} の EDTA 滴定において前記の pH に調整した試料に BT を少量添加すると，当量点前では $ZnIn^-$ が生成し，溶液は赤色となるが，当量点付近では以下のような反応が起こる。

$$\underset{(赤)}{ZnIn^-} + HY^{3-} \rightleftharpoons \underset{(青)}{HIn^{2-}} + ZnY^{2-} \qquad (7.17)$$

$ZnIn^-$ は ZnY^{2-} に比べて安定度が低いので，反応は右側に進み，HIn^{2-} が生じて溶液は青色となる。この色調の変化で終点を検出することができる。ここで注意してほしいのは，溶液の色が変わり始めても，赤味が残っている間は，$ZnIn^-$ が残っている，すなわち，EDTA と未反応の Zn^{2+} が残っていることである。したがって，終点は赤味がまったく消えてきれいな青色となる点である。これは酸塩基滴定の場合と大きく異なっている。酸塩基滴定の場合は，少しでも色調の変化が見られた点が終点となる。

★ BT 指示薬による終点は赤味がまったく消えてきれいな青色となる点。

表 7.5 に，代表的な金属指示薬の例をまとめる。BT の例でも明らかなよ

表 7.5　代表的な金属指示薬（慣用名）

金属指示薬	金属イオン	最適 pH	変色
エリオクロムブラック T (BT)	Zn^{2+}, Cd^{2+}, Pd^{2+}, Mn^{2+}, Ca^{2+}, Mg^{2+}	8 ～ 10	赤 → 青
NN 指示薬	Ca^{2+}	12 ～ 13	赤 → 青
キシレノールオレンジ (XO)	Bi^{3+}, Cd^{2+}, Hg^{2+}, Pb^{2+}	< 6	赤紫 → 黄

うに，各指示薬には適用可能なpH領域がある。このため，表7.5に示すように，目的金属イオンに応じて適当な金属指示薬を選択する必要がある。

b）選択性

EDTAは，Na^+やK^+などのアルカリ金属イオンを除くほとんどすべての金属イオンと錯形成するために，EDTA滴定は本質的に金属イオンに対する選択性をもたない。言い換えれば，試料中に様々な種類の金属イオンが含まれていたとしても，EDTAはどの金属イオンとも同じように反応してしまい，それぞれの金属イオンを区別して測定することがむずかしいことを意味している。しかし，pHを調整して測定することなどにより，ある程度選択的に目的金属イオンのみを滴定する方法がいくつか知られている。

まず，Ca^{2+}とMg^{2+}の分別定量について説明しよう。河川水や水道水などに含まれる金属イオンの主成分は，アルカリ金属イオンを除くと，Ca^{2+}とMg^{2+}であり，水の硬度はそれらの濃度により決まる（p.71 ＊1参照）。表7.4からもわかるように，EDTAのK_{CaY}とK_{MgY}の値は比較的小さく，塩基性側で滴定を行う必要がある。pH = 10で滴定を行うと，Ca^{2+}とMg^{2+}の両者の合計の濃度を求めることができる（この値をAとする）。さらに，pHを上げ，pH = 12～13とすると，Mg^{2+}は水酸化物として沈殿してしまい，EDTAと反応しなくなる。一方，Ca^{2+}は沈殿せず，EDTAで滴定することができる。すなわち，このときCa^{2+}の濃度を求めることができる（この値をBとする）。これら二つの滴定値の差，すなわち，A − BはMg^{2+}の濃度となり，Ca^{2+}とMg^{2+}，それぞれの金属イオンの濃度を求めることができる。一方，pH = 4～5では，EDTAとCa^{2+}やMg^{2+}は生成定数が小さいので錯形成しない。そこで，生成定数の充分大きな重金属イオンをCa^{2+}やMg^{2+}の妨害なしに滴定することができる。

★ EDTA滴定によるCa^{2+}やMg^{2+}の分別定量。

一方，**マスキング剤**を用いる方法も知られている。マスキング剤は，共存物質を不活性化する目的で添加する試薬である。例えば，Zn^{2+}, Cd^{2+}, Co^{2+}, Cu^{2+}などの重金属イオンが共存する場合のCa^{2+}とMg^{2+}の定量において，KCNを加えると，CN^-は重金属イオンと強く錯形成して重金属イオンとEDTAの錯形成を妨げる。しかし，Ca^{2+}とMg^{2+}とはほとんど反応しない。すなわち，KCNを加えることで，重金属イオンを不活性化することができるために，重金属イオンが共存していてもCa^{2+}とMg^{2+}を測定することが可能である。マスキング剤は滴定法のみならず様々な分析法で用いられており，化学分析において大変重要な概念である。

マスキング剤 masking reagent

★ マスキング剤は，共存物質を不活性化する目的で添加する試薬。

本章のまとめと問題

7.1　逐次生成定数と全生成定数の関係を述べなさい。

7.2　例題7.2の条件における滴定曲線を完成させなさい。

7.3　pH 7.0の条件下で，0.0100 mol dm^{-3} Ca^{2+}水溶液 10.00 cm^3 を 0.0100 mol dm^{-3} EDTA標準液で滴定する場合の滴定曲線を描きなさい。

7.4　pH 3.0の条件下で，Cu^{2+}とBa^{2+}のそれぞれのEDTA錯体の見かけの生成定数を求めなさい。また，このpHでこれら金属イオンのEDTA滴定が可能か判定しなさい。

7.5　水の硬度の表示法はいくつか知られているが，日本では，水中のカルシウム塩とマグネシウム塩の濃度（総硬度）を炭酸カルシウムに換算した値を，mol dm^{-3} を単位にして表すのが一般的である。今，pH 10で 50.0 cm^3 の水試料を 0.0100 mol dm^{-3} のEDTA標準液で滴定したところ，終点までに 3.14 cm^3 のEDTA標準液を要した。この水試料の硬度を計算しなさい。

Column　植物の中のマスキング剤

マスキング剤は，測定の妨害となる共存物質と結合して，その物質を不活性化してしまう試薬である。植物中でも，同じように錯形成剤が金属イオンの不活性化に使われることがある。Al^{3+}（水和イオン）は植物に強い毒性を示す。しかし，アジサイ，ソバ，ツバキなど，酸性土壌を好む植物の中には，葉にAlを高濃度に蓄積する植物も知られている。Al^{3+}はそれらの植物にとっても本質的には毒であるが，これらの植物はAl^{3+}を錯形成剤と結合させることにより無毒化し，さらに液胞に閉じ込めるという戦略をとって，Al^{3+}の毒性から自身を守っている。どのような錯形成剤を主に使うかは植物の種類によって異なっている。アジサイはクエン酸，ソバはシュウ酸，ツバキはクエン酸とフッ化物イオン（Al^{3+}にクエン酸とF^-が同時に配位した三元錯体と呼ばれる錯体を形成しているらしい）を使っている。

8 酸化還元平衡と酸化還元滴定

物質が電子を放出することを酸化と呼び，反対に電子を受容することを還元と呼ぶ。物質から放出された電子は，他方の物質に受容されるので，酸化と還元は常に一緒に起こる。このような電子の授受反応を酸化還元反応と呼ぶ。高等学校・化学では，この酸化還元反応について，定性的ではあるがかなり詳しく取り扱っている。大学では平衡論に基づいて，より定量的な観点で酸化還元反応について学ぶ。本章では，酸化還元平衡を論じたのちに酸化還元滴定について学ぶ。

8.1 酸化還元平衡

酸化 oxidation
還元 reduction
酸化還元反応 redox reaction

図8.1a（次ページ）のように，硫酸銅の水溶液に亜鉛板を入れると，亜鉛が溶けて，銅が析出する。この反応は，高校の教科書の口絵などでしばしば紹介されている反応（銅樹の生成）である。この反応は次式で表される。

$$Zn + Cu^{2+} \rightleftharpoons Zn^{2+} + Cu \tag{8.1}$$

このとき，Cu^{2+}は還元されてCuになり，逆にZnはZn^{2+}に酸化される。この反応は二つの**半電池反応**

半電池反応 half-cell reaction

$$Zn^{2+} + 2e^- \rightleftharpoons Zn \tag{8.2}$$

$$Cu^{2+} + 2e^- \rightleftharpoons Cu \tag{8.3}$$

からなる。これらの半電池反応の標準電極電位はそれぞれ，$E^{\ominus}{}_{Zn^{2+}/Zn} = -0.76\ V$，$E^{\ominus}{}_{Cu^{2+}/Cu} = +0.34\ V$である（表8.1 (p.86) 参照）。標準電極電位とは，その反応に関わる物質の電子の放出しやすさ，または受け取りやすさを定量的に評価する尺度である。式 (8.2)，(8.3) のような二種類の電子授受系が共存すると，$E^{\ominus}$のより低い系の還元体 (Zn) が電子を出し，それを$E^{\ominus}$の高い系の酸化体 (Cu^{2+}) が受けとるという酸化還元反応が進行する（標準電極電位については8.3節で改めて詳しく述べる）。

図8.1aでは電子はZnとCu^{2+}の間で直接やりとりされる，すなわち，式 (8.2)，(8.3) の反応は同じ所で起こっている。しかし，これらをそれぞれ別のところで起こさせ，電子の流れを外部回路にとりだすことができる。これが**ガルバニ電池**といわれるものである。硫酸亜鉛水溶液と亜鉛板，硫酸銅水溶液と銅板から構成される**図8.1b**のようなガルバニ電池は，発明者の名前をとって特に**ダニエル電池**と呼ばれる。図8.1aと図8.1bでは，化学的にはまったく同じ反応が起こるが，図8.1aでは反応自由エネルギーが熱として外界に放出されるのに対して，図8.1bでは電気エネルギーに変換されている。

★　ガルバニ電池は，酸化反応と還元反応を別のところで起こさせ，電子の流れを外部回路にとりだしたものである。

ガルバニ電池 galvanic cell
ダニエル電池 Daniell cell

図8.1bに示すようにダニエル電池では，二つの水溶液は**塩橋**，または多孔性の隔膜[*1]により仕切られている。塩橋には，KClで飽和させた寒天な

塩橋 salt bridge

*1　素焼きの板，透析膜など。

(a)

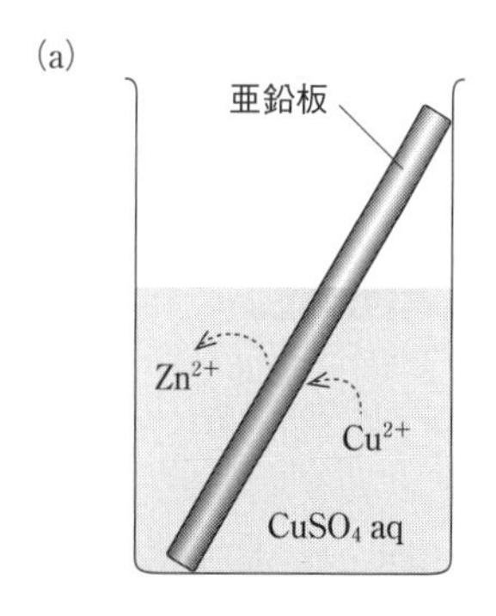

(b)

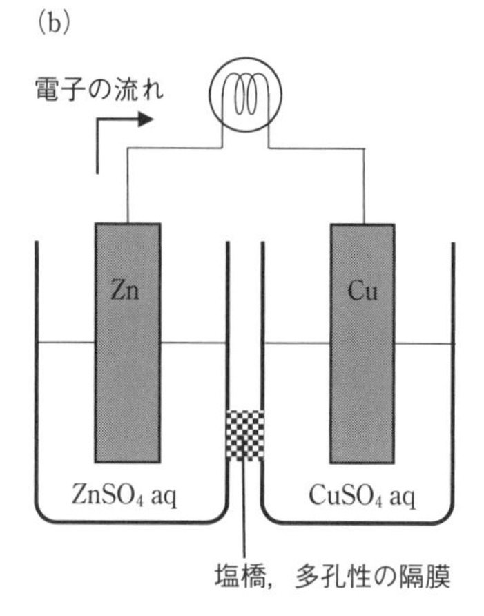

図 8.1　酸化還元平衡と電池
(a) 亜鉛板と硫酸銅(II)水溶液の反応，(b) ダニエル電池の概念図

どがよく用いられ，二つの溶液を混じり合わせないで，電気的に接続させるために用いられる*2。ここで，亜鉛板と銅板を導線でつなぐと電池が形成される。亜鉛板（亜鉛電極）上では式(8.2)の左方向への反応，すなわち，酸化反応が起こる。酸化反応が起こる電極を**アノード**と呼ぶ。一方，銅板（銅電極）上では式(8.3)の右方向への反応，すなわち，還元反応が起こる。還元反応が起こる電極を**カソード**と呼ぶ。電子は外部の導線内をアノードからカソードに流れる。電流はカソードからアノードに流れるため，カソード（銅電極）が正極，アノード（亜鉛電極）が負極となる。これを，**電池図式**で表現すると以下のように表される。

$$(-)\ \mathrm{Zn}\,|\,\mathrm{ZnSO_4\,aq}\,\|\,\mathrm{CuSO_4\,aq}\,|\,\mathrm{Cu}\ (+) \qquad (8.4)$$

通常，酸化反応が起こる負極を左に，還元反応が起こる正極を右に書く。また，‖は塩橋など，溶液を仕切る隔膜を示す。aq は水溶液であることを表す。

*2　二種の溶液の間には，その界面を移動するイオンの移動度の差によって生じる液間電位差 (liquid junction potential) が発生するが，KCl や KNO_3 の濃厚水溶液を含む塩橋を使用することで，液間電位差を非常に小さくすることができる。これは K^+ と Cl^- や NO_3^- の移動度がほぼ等しいためである。

電池図式 cell diagram

アノード anode
カソード cathode

8.2　ガルバニ電池の起電力

一般的な電池の正極反応を式(8.5)，負極反応を式(8.6)で表す。

$$\mathrm{R1} \rightleftharpoons \mathrm{O1} + n\mathrm{e}^- \qquad (8.5)$$

$$\mathrm{O2} + n\mathrm{e}^- \rightleftharpoons \mathrm{R2} \qquad (8.6)$$

このとき電池全体の反応は，

$$\mathrm{R1} + \mathrm{O2} \rightleftharpoons \mathrm{O1} + \mathrm{R2} \qquad (8.7)$$

となる。このとき反応自由エネルギー変化 $\Delta_r G$ は，

$$\Delta_r G = \mu_{O1} + \mu_{R2} - (\mu_{R1} + \mu_{O2}) \qquad (8.8)$$

と書ける。ここで μ_i は，成分 i の化学ポテンシャルであり，

$$\mu_i = \mu_i^\ominus + RT \ln a_i \qquad (8.9)$$

(a_i は成分 i の活量）と表される。式(8.8)，(8.9)から式(8.10)が得られる。

$$\Delta_r G = \Delta_r G^\ominus + RT \ln \frac{a_{O1} a_{R2}}{a_{R1} a_{O2}} \qquad (8.10)$$

ここで，$\Delta_r G^\ominus = \mu_{O1}{}^\ominus + \mu_{R2}{}^\ominus - (\mu_{R1}{}^\ominus + \mu_{O2}{}^\ominus)$ であり，各化学種の活量が1の標準状態における標準反応自由エネルギーである。また，R は気体定数，T は絶対温度である。

電池反応が可逆的に進むとき，反応自由エネルギー変化 $\Delta_r G$ と等しい電気的仕事がなされる。電気的仕事は，流れる電気量と電極間の電位差（ΔE_c，すなわち電池の**起電力**）の積であるので式(8.11)が得られる。

$$\Delta_r G = -nF\Delta E_c{}^{*3} \qquad (8.11)$$

n：反応に関与する電子の数

F：ファラデー定数（＝電子1個の電荷*4 × アボガドロ定数
　　＝ 96500 C mol^{-1}）

標準状態では，**標準起電力** ($\Delta E_c{}^\ominus$) を用いて，

$$\Delta_r G^\ominus = -nF\Delta E_c{}^\ominus \qquad (8.12)$$

と表されるので，式(8.10)〜(8.12)より式(8.13)が得られる。

起電力 electromotive force

*3　起電力 ΔE_c が正のときに，反応自由エネルギー $\Delta_r G$ が減少の方向に向かうよう，右辺に負号をつけている。

*4　電子1個の電荷は，電気素量 1.602×10^{-19} C として知られている。

★　ガルバニ電池の起電力は，反応自由エネルギー変化 $\Delta_r G$ で決まる。

標準起電力
standard electromotive force

$$\Delta E_c = \Delta E_c^{\ominus} - \frac{RT}{nF}\ln\frac{a_{O1}a_{R2}}{a_{R1}a_{O2}} \tag{8.13}$$

25 ℃では式（8.14）となる。

$$\Delta E_c = \Delta E_c^{\ominus} - \frac{0.059}{n}\log\frac{a_{O1}a_{R2}}{a_{R1}a_{O2}} \tag{8.14}$$

電池が完全に放電すると電池反応は平衡状態に達する。平衡状態のとき，$\Delta_r G = 0$ であるので，$\Delta E_c = 0$ となる。ここで，平衡定数 $K = a_{O1}a_{R2}/a_{R1}a_{O2}$ とおくと，式（8.15）が得られる。

$$K = \exp\frac{nF\Delta E_c^{\ominus}}{RT} \tag{8.15}$$

8.3　電極電位（酸化還元電位）

あらためて，式（8.1）の酸化還元反応を考えよう。この反応が進行する方向は，どのように決まっているのだろうか？　Cu から Zn^{2+}への電子移動は起こらないのだろうか？

電極電位　electrode potential

半電池反応 $R + ne^- \rightleftharpoons O$ の電極電位 E は式（8.16）で表される。

$$E = E^{\ominus} - \frac{RT}{nF}\ln\frac{a_R}{a_O} \tag{8.16}$$

この式は**ネルンスト式**[*5] と呼ばれ，電気化学の基本式の一つである。また，25 ℃では式（8.17）となる。

$$E = E^{\ominus} - \frac{0.059}{n}\log\frac{a_R}{a_O} \tag{8.17}$$

$E^{\ominus}$は，酸化還元対 O/R の**標準電極電位**（**標準酸化還元電位**）と呼ばれ，$a_R = a_O = 1$ のとき，$E = E^{\ominus}$となる。この標準電極電位は，その半反応に関わる物質の電子の放出しやすさ，または受け取りやすさを定量的に評価する尺度[*6] であり，**標準水素電極**（SHE）を基準にして決められている。標準水素電極とは，**図 8.2** に示すように白金黒付き白金電極[*7] を活量 $a_{H^+} = 1$ の水溶液に浸し，標準圧力（1×10^5 Pa）の水素ガスと接触させた構造をしている。標準水素電極の半反応は以下の通りであり，この電極電位 E_H は，常に $E_H = E_H^{\ominus} = 0$ と定義されている。

$$H^+ + e^- \rightleftharpoons \frac{1}{2}H_2 \tag{8.18}$$

代表的な反応の標準電極電位を**表 8.1** にまとめた。これらの電極電位が正の場合は，SHE と比較して電子を取り込む（還元される）傾向が強く，負の場合は，SHE と比べ電子を放出する（酸化される）傾向が強いことを意味する。

電池の起電力は，右側の半電池（正側）の電極電位から左側の半電池（負側）の電極電位を引いた値（電位差）である。起電力が正の値であれば，その反応の自由エネルギー変化が負であるため，自発的に反応が進行する。

また，式（8.16），（8.17）は活量で表されているが，濃度で表記した場合，

ネルンスト式　Nernst equation

*5　ネルンスト（Nernst, W.）により 1891 年に提唱された式である。

標準電極電位（標準酸化還元電位）
standard (electrode) potential
(standard redox potential)

*6　金属 M とそのイオン M^{n+}の間の半反応の $E^{\ominus}$は，その金属のイオン化傾向を評価する尺度である。

標準水素電極
standard hydrogen electrode

★　標準電極電位 $E^{\ominus}$は標準水素電極（SHE）を基準に決められる。

*7　白金電極の上に白金を電着して表面積を大きくした電極。

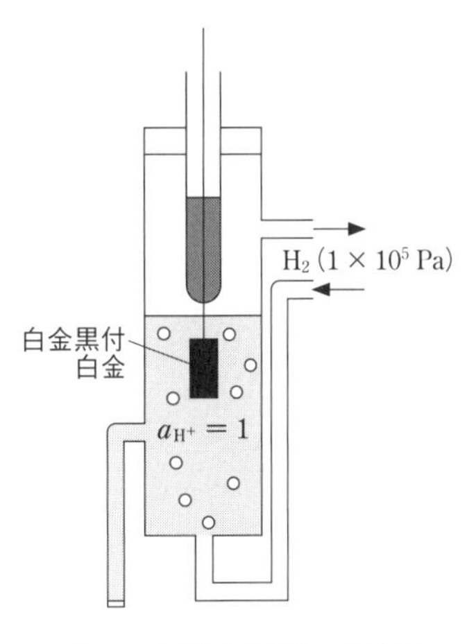

図 8.2　標準水素電極の概念図

表 **8.1**　水溶液中での標準電極電位（25 °C）

電極反応	$E^{\ominus}$/V *vs.* SHE
$Li^+ + e^- \rightleftharpoons Li$	− 3.05
$K^+ + e^- \rightleftharpoons K$	− 2.93
$Ca^{2+} + 2e^- \rightleftharpoons Ca$	− 2.89
$Na^+ + e^- \rightleftharpoons Na$	− 2.71
$Ce^{3+} + 3e^- \rightleftharpoons Ce$	− 2.483
$Mg^{2+} + 2e^- \rightleftharpoons Mg$	− 2.36
$Al^{3+} + 3e^- \rightleftharpoons Al$	− 1.68
$Mn^{2+} + 2e^- \rightleftharpoons Mn$	− 1.18
$Zn^{2+} + 2e^- \rightleftharpoons Zn$	− 0.76
$2CO_2 + 2H^+ + 2e^- \rightleftharpoons H_2C_2O_4$†	− 0.49
$Fe^{2+} + 2e^- \rightleftharpoons Fe$	− 0.44
$Ni^{2+} + 2e^- \rightleftharpoons Ni$	− 0.26
$2H^+ + 2e^- \rightleftharpoons H^2$	0.000（定義）
$AgBr + e^- \rightleftharpoons Ag + Br^-$	＋ 0.071
$Sn^{4+} + 2e^- \rightleftharpoons Sn^{2+}$	＋ 0.15
$Cu^{2+} + e^- \rightleftharpoons Cu^+$	＋ 0.15
$AgCl + e^- \rightleftharpoons Ag + Cl^-$	＋ 0.22
$Cu^{2+} + 2e^- \rightleftharpoons Cu$	＋ 0.34
$[Fe(CN)_6]^{3-} + e^- \rightleftharpoons [Fe(CN)_6]^{4-}$	＋ 0.36
$Cu^+ + e^- \rightleftharpoons Cu$	＋ 0.52
$I_2 + 2e^- \rightleftharpoons 2I^-$	＋ 0.54
$Ag_2SO_4 + 2e^- \rightleftharpoons 2Ag + SO_4^{2-}$	＋ 0.653
$O_2 + 2H^+ + 2e^- \rightleftharpoons H_2O_2$	＋ 0.70
$Fe^{3+} + e^- \rightleftharpoons Fe^{2+}$	＋ 0.77
$Ag^+ + e^- \rightleftharpoons Ag$	＋ 0.80
$O_2 + 4H^+ + 4e^- \rightleftharpoons 2H_2O$	＋ 1.23
$MnO_2(s) + 4H^+ + 2e^- \rightleftharpoons Mn^{2+} + 2H_2O$	＋ 1.23
$Cr_2O_7^{2-} + 14H^+ + 6e^- \rightleftharpoons 2Cr^{3+} + 7H_2O$	＋ 1.36
$MnO_4^- + 8H^+ + 5e^- \rightleftharpoons Mn^{2+} + 4H_2O$	＋ 1.51
$Ce^{4+} + e^- \rightleftharpoons Ce^{3+}$	＋ 1.72
$H_2O_2 + 2H^+ + 2e^- \rightleftharpoons 2H_2O$	＋ 1.76

†　示性式で表すと $(COOH)_2$ である。

姫野貞之・市村彰男 著（2009）『溶液内イオン平衡に基づく分析化学』第2版，（化学同人）より抜粋，一部は大堺利行・加納健司・桑畑 進 著（2000）『ベーシック電気化学』（化学同人）より。

$$E = E^{\ominus} - \frac{RT}{nF}\ln\frac{\gamma_R}{\gamma_O} - \frac{RT}{nF}\ln\frac{[R]}{[O]} \qquad (8.19)$$

と表せる。この第1項，第2項をまとめて**式量電位** $E^{\ominus\prime}$*8 とおくと，

$$E = E^{\ominus\prime} - \frac{RT}{nF}\ln\frac{[R]}{[O]} \qquad (8.20)$$

となり，濃度で取り扱うことができる。さらに 25 °C では式(8.21)となる。

$$E = E^{\ominus\prime} - \frac{0.059}{n}\log\frac{[R]}{[O]} \qquad (8.21)$$

式量電位 formal potential

＊8

$$E^{\ominus\prime} = E^{\ominus}\frac{RT}{nF}\ln\frac{\gamma_R}{\gamma_O}$$

γ_R, γ_O はそれぞれ R, O の活量係数（4.3節参照）。

＊＊＊＊＊＊＊＊＊＊＊＊＊＊＊＊＊＊＊＊＊＊＊＊＊＊＊＊＊＊＊＊＊＊＊＊＊＊＊

［例題 8.1］ ダニエル電池（図 8.1b）において，硫酸銅水溶液の濃度が 0.10 mol dm^{-3}，硫酸亜鉛の濃度が 0.010 mol dm^{-3} であったとき，25 °C におけるこの電池の起電力を計算しなさい。ただし，活量係数はすべて 1.0 とする。

［答］ Cu/Cu^{2+} と Zn/Zn^{2+} の半電池反応はそれぞれ式(1)，式(2)と書ける。

$$Cu^{2+} + 2e^- \rightleftharpoons Cu \qquad E^\ominus = +0.34\,V \tag{1}$$

$$Zn^{2+} + 2e^- \rightleftharpoons Zn \qquad E^\ominus = -0.76\,V \tag{2}$$

それぞれの電極電位を表すネルンスト式は式 (3)，(4) となる。

$$E_1 = 0.34 - \frac{0.059}{2}\log\frac{a_{Cu}}{a_{Cu^{2+}}} \tag{3}$$

$$E_2 = -0.76 - \frac{0.059}{2}\log\frac{a_{Zn}}{a_{Zn^{2+}}} \tag{4}$$

ダニエル電池の起電力 ΔE_c は，式 (3)，(4) より，式 (5) で表される。

$$\Delta E_c = E_1 - E_2 = 0.34 - (-0.76) - \frac{0.059}{2}\log\frac{a_{Cu}\,a_{Zn^{2+}}}{a_{Cu^{2+}}\,a_{Zn}} \tag{5}$$

ここで $a_{Cu} = 1$，$a_{Zn} = 1$ (固体の純物質の活量 = 1) であるので，以下のようになる。

$$\Delta E_c = E_1 - E_2 = 1.10 - \frac{0.059}{2}\log\frac{a_{Zn^{2+}}}{a_{Cu^{2+}}}$$

$$= 1.10 - \frac{0.059}{2} \times \log\frac{0.010}{0.10} = 1.13\,V$$

＊＊＊＊＊＊＊＊＊＊＊＊＊＊＊＊＊＊＊＊＊＊＊＊＊＊＊＊＊＊＊＊＊＊＊＊＊＊＊

＊＊＊＊＊＊＊＊＊＊＊＊＊＊＊＊＊＊＊＊＊＊＊＊＊＊＊＊＊＊＊＊＊＊＊＊＊＊＊

[例題 8.2] 各半電池反応が式 (1)，(2) に示すように電子数が等しくない場合，電池式 (3) で表される電池の起電力 ΔE_c を表す式を導きなさい。

$$O1 + n_1 e^- \rightleftharpoons R1 \qquad E^\ominus = E_1^\ominus \tag{1}$$

$$O2 + n_2 e^- \rightleftharpoons R2 \qquad E^\ominus = E_2^\ominus \tag{2}$$

金属 M1 | O1, R1 ‖ O2, R2 | 金属 M2　(3)

[答] 全体の電池反応は，

$$n_2 R1 + n_1 O2 \rightleftharpoons n_2 O1 + n_1 R2$$

となる。M1，M2 の電位をそれぞれ E_1，E_2 とおくと，

$$E_1 = E_1^\ominus - \frac{RT}{n_1 F}\ln\frac{a_{R1}}{a_{O1}} \qquad E_2 = E_2^\ominus - \frac{RT}{n_2 F}\ln\frac{a_{R2}}{a_{O2}}$$

と書ける。

$$\Delta E_c = E_2 - E_1 = \Delta E_c^\ominus - \frac{RT}{n_1 n_2 F}\ln\frac{{a_{O1}}^{n2}\,{a_{R2}}^{n1}}{{a_{R1}}^{n2}\,{a_{O2}}^{n1}},\quad \Delta E_c^\ominus = E_2^\ominus - E_1^\ominus$$

と表される。

＊＊＊＊＊＊＊＊＊＊＊＊＊＊＊＊＊＊＊＊＊＊＊＊＊＊＊＊＊＊＊＊＊＊＊＊＊＊＊

8.4 均化反応と不均化反応

鉄 Fe やクロム Cr，過酸化水素 H_2O_2 など，複数の酸化状態をとる元素や化合物では，各状態間の標準電極電位を比較することで，どの酸化状態がより安定に存在するか見積もることができる。

例えば，ある物質が 3 種の酸化状態 A, B, C をとるとする。このとき二つの半反応式

$$A + n\,e^- \rightleftharpoons B \qquad E_1^\ominus \tag{8.22}$$

$$B + m\,e^- \rightleftharpoons C \qquad E_2^\ominus \tag{8.23}$$

が書け，それぞれの標準電極電位が，$E_1^\ominus$，$E_2^\ominus$ であったとする。$E_1^\ominus$，$E_2^\ominus$

の大小関係が

1）$E_1^\ominus > E_2^\ominus$ のとき，

より $E^\ominus$ の低い系（$B + me^- \rightleftharpoons C$）の還元体Cが電子を出しBになり，より $E^\ominus$ の高い系（$A + ne^- \rightleftharpoons B$）の酸化体Aがその電子を受け取りBになる。すなわち，

$$mA + nC \longrightarrow (m+n)B \tag{8.24}$$

均化反応
proportionation reaction

が熱力学的に安定に進行することになる。このような反応を**均化反応**と呼ぶ。このとき，反応自由エネルギーは，式(8.10)と同様に式(8.25)で表される。

$$\Delta_r G = (m+n)\mu_B - (m\mu_A + n\mu_C) = \Delta_r G^\ominus + RT\ln K \tag{8.25}$$

このとき，

$$\Delta_r G^\ominus = (m+n)\mu_B{}^\ominus - (m\mu_A{}^\ominus + n\mu_C{}^\ominus) = -mnF\Delta E_c{}^\ominus \tag{8.26}$$

$$K = \frac{a_B{}^{m+n}}{a_A{}^m a_C{}^n} \tag{8.27}$$

$$\Delta E_c{}^\ominus = E_1{}^\ominus - E_2{}^\ominus \tag{8.28}$$

である。平衡状態（$\Delta_r G = 0$）では，式(8.25)，(8.26)より，

$$K = \exp\frac{nmF\Delta E_c{}^\ominus}{RT} \tag{8.29}$$

★　$E_1^\ominus > E_2^\ominus$ のとき均化反応が起こる。

が導かれる。$E_1^\ominus > E_2^\ominus$，すなわち $\Delta E_c^\ominus > 0$ のとき，$\Delta_r G^\ominus < 0$，$K > 1$ となり，式(8.24)の反応（平衡）が右方向に傾いていることがわかる。

2）$E_1^\ominus < E_2^\ominus$ のとき，

より $E^\ominus$ の低い系（$A + ne^- \rightleftharpoons B$）の還元体Bが電子を出しAになり，より $E^\ominus$ の高い系（$B + me^- \rightleftharpoons C$）の酸化体Bがその電子を受け取りCになる。すなわち，

$$(m+n)B \longrightarrow mA + nC \tag{8.30}$$

不均化反応
disproportionation reaction

★　$E_1^\ominus < E_2^\ominus$ のとき不均化反応が起こる。

が熱力学的に安定に進行することになる。このような反応を**不均化反応**と呼ぶ。1）と同様に考えると，$E_1^\ominus < E_2^\ominus$ のとき式(8.30)に対して $\Delta_r G^\ominus < 0$，$K > 1$ となる。

実際の反応例として，鉄では，

$$Fe^{3+} + e^- \rightleftharpoons Fe^{2+} \qquad E_1^\ominus = 0.77\,V \tag{8.31}$$

$$Fe^{2+} + 2e^- \rightleftharpoons Fe \qquad E_2^\ominus = -0.44\,V \tag{8.32}$$

であるため均化反応が進行し，Fe^{2+}がより安定に存在する。（空気の存在下では，酸素により酸化が進行するためFe^{3+}の生成が進行する。）

一方，過酸化水素H_2O_2では，

$$O_2 + 2H^+ + 2e^- \rightleftharpoons H_2O_2 \qquad E_1^\ominus = 0.70\,V \tag{8.33}$$

$$H_2O_2 + 2H^+ + 2e^- \rightleftharpoons 2H_2O \qquad E_2^\ominus = 1.76\,V \tag{8.34}$$

であるため不均化反応が進行し，H_2O_2は自然に分解していくことがわかる。

****

［例題8.3］ $2Cu^+ \rightleftharpoons Cu + Cu^{2+}$ の平衡定数を求め，この平衡が不均化方向に大きく傾いていることを示しなさい。

［答］表8.1より

$$Cu^{2+} + e^- \rightleftharpoons Cu^+ \quad E_1^{\ominus} = 0.15\ V$$

$$Cu^+ + e^- \rightleftharpoons Cu \quad E_2^{\ominus} = 0.52\ V$$

$$K = \frac{a_{Cu}\,a_{Cu^{2+}}}{a_{Cu^+}^2} = \exp\left(\frac{F\Delta E_c^{\ominus}}{RT}\right) = 1.8 \times 10^6$$

よって，この反応は右辺方向に大きく傾いている。

＊＊＊＊＊＊＊＊＊＊＊＊＊＊＊＊＊＊＊＊＊＊＊＊＊＊＊＊＊＊＊＊＊＊＊＊＊

8.5 酸化還元滴定

化学量論的[*9]に起こる酸化還元反応も滴定に利用することができる。ヨウ素化合物を利用した滴定法（ヨウ素酸化滴定法，ヨウ素還元滴定法）[*10]，過マンガン酸カリウムや重クロム酸カリウムを用いる滴定法など多くの酸化還元滴定法が知られており，現在でも環境分析などで広く用いられている。ここでは，比較的強い酸化剤であるセリウム(Ⅳ)イオンを用いた滴定法について説明する。セリウム(Ⅳ)の半反応は式(8.35)のように表され，一電子反応であるため，最も単純な系である。

$$Ce^{4+} + e^- \rightleftharpoons Ce^{3+} \quad E_1^{\ominus} = 1.44\ V \tag{8.35}$$

滴定はCe^{4+}の加水分解を避けるため，1 mol dm^{-3}硫酸など強酸性の水溶液で行う。

*9　反応物の物質量比が，常に一定である反応のことを，化学量論的に起こる反応と呼ぶ（1.3節参照）。

*10　ヨウ素酸化滴定法とヨウ素還元滴定法の原理を調べてみよう。

8.5.1 滴定曲線

今，1 mol dm^{-3}硫酸を含む0.100 mol dm^{-3} Fe^{2+}水溶液（10.00 cm^3）を，1 mol dm^{-3}硫酸を含む0.100 mol dm^{-3} Ce^{4+}標準溶液で滴定することを考えてみよう。反応式は式(8.36)で表される。

$$Ce^{4+} + Fe^{2+} \rightleftharpoons Ce^{3+} + Fe^{3+} \tag{8.36}$$ [*11]

また，Fe^{3+}/Fe^{2+}の半反応は式(8.37)で表される。

$$Fe^{3+} + e^- \rightleftharpoons Fe^{2+} \quad E_2^{\ominus} = 0.68\ V \tag{8.37}$$

ここで，Ce^{4+}/Ce^{3+}およびFe^{3+}/Fe^{2+}の標準電極電位は，表8.1ではそれぞれ1.72 Vと0.77 Vとなっているが，1 mol dm^{-3}硫酸中の式量電位$E^{\ominus\prime}$は，それぞれ1.44 Vと0.68 Vであるため，その値を用いている。式(8.35)，(8.37)に対するネルンスト式は，各化学種の活量係数を1，25 ℃の場合を考えると，それぞれ，式(8.38)，(8.39)となる。

$$E_1 = 1.44 - 0.059 \log \frac{[Ce^{3+}]}{[Ce^{4+}]} \tag{8.38}$$

$$E_2 = 0.68 - 0.059 \log \frac{[Fe^{2+}]}{[Fe^{3+}]} \tag{8.39}$$

滴定の過程では，Ce^{4+}標準溶液を滴下するたびに，式(8.36)の反応は常に平衡となるまで進行する（すなわち$E_1 = E_2$となる）。このとき，滴定中の溶液に白金電極などを入れ，その電極電位（**平衡電位**）を標準水素電極(SHE)に対して測定[*12]することで滴定曲線を描くことができる。それでは，順を追って電位の変化を計算してみよう。

*11　反応の物質量比は1：1である。ここでは，Ce^{4+}標準溶液とFe^{2+}水溶液の濃度が等しいため，滴定終点（当量点）は10.00 cm^{3}滴下したときである。

平衡電位
equilibrium potential

*12　SHE ‖ Ce^{4+}，Ce^{3+}，Fe^{2+}，Fe^{3+} | Pt の起電力を測定することと同義である。

1）滴定前

試料溶液中のすべての鉄はFe^{2+}として存在する。このとき，Fe^{3+}の濃度は0であるため，平衡電位Eは計算できない[*13]。

2）Ce^{4+}標準溶液を1.00 cm^{3}加える。（滴定率10 %）

加えられたCe^{4+}はほぼ完全に反応するため[*14]，加えたCe^{4+}と同物質量のFe^{3+}が生成する。すなわち，Ce^{4+}標準溶液1.00 cm^{3}分のFe^{2+}が減少し，Fe^{3+}が生じたと考えることができるので，

$$[Fe^{2+}] = \frac{0.100\ \mathrm{mol\ dm^{-3}} \times (10.00\ \mathrm{cm^3} - 1.00\ \mathrm{cm^3})}{10.00\ \mathrm{cm^3} + 1.00\ \mathrm{cm^3}} = 8.18 \times 10^{-2}\ \mathrm{mol\ dm^{-3}}$$

$$[Fe^{3+}] = \frac{0.100\ \mathrm{mol\ dm^{-3}} \times 1.00\ \mathrm{cm^3}}{10.00\ \mathrm{cm^3} + 1.00\ \mathrm{cm^3}} = 9.09 \times 10^{-3}\ \mathrm{mol\ dm^{-3}}$$

である[*15]。これを式(8.39)に代入すれば，平衡電位は以下のようになる。

$$E = E_2 = 0.68 - 0.059 \times \log 9.00 = 0.62\ \mathrm{V}$$

3）Ce^{4+}標準溶液を5.00 cm^{3}加える。（滴定率50 %）

2）と同様に，以下のように平衡電位を計算できる。

$$[Fe^{2+}] = \frac{0.100\ \mathrm{mol\ dm^{-3}} \times (10.00\ \mathrm{cm^3} - 5.00\ \mathrm{cm^3})}{10.00\ \mathrm{cm^3} + 5.00\ \mathrm{cm^3}} = 3.33 \times 10^{-2}\ \mathrm{mol\ dm^{-3}}$$

$$[Fe^{3+}] = \frac{0.100\ \mathrm{mol\ dm^{-3}} \times 5.00\ \mathrm{cm^3}}{10.00\ \mathrm{cm^3} + 5.00\ \mathrm{cm^3}} = 3.33 \times 10^{-2}\ \mathrm{mol\ dm^{-3}}$$

$$E = E_2 = 0.68 - 0.059 \times \log 1.00 = 0.68\ \mathrm{V}$$

すなわち，このとき平衡電位は，Fe^{3+}/Fe^{2+}の式量電位と等しくなる。

4）Ce^{4+}標準溶液を9.90 cm^{3}加える。（滴定率99 %）

同様に以下の式で電位が計算できる。

$$E = E_2 = 0.68 - 0.059 \times \log \frac{[Fe^{2+}]}{[Fe^{3+}]} = 0.68 - 0.059 \times \log 0.0101 = 0.80\ \mathrm{V}$$

5）Ce^{4+}標準溶液を10.00 cm^{3}加える。（当量点，滴定率100 %）

当量点では，加えられた標準溶液の酸化剤と試料中の還元剤は当量関係にある。すなわち，式(8.40)が成立する。

$$[Fe^{2+}] + [Fe^{3+}] = [Ce^{4+}] + [Ce^{3+}] \qquad (8.40)$$

また，還元された酸化剤と，酸化された還元剤の物質量も等しいので，式(8.41)が成り立つ。

$$[Ce^{3+}] = [Fe^{3+}] \qquad (8.41)$$

式(8.40)と(8.41)から式(8.42)が成り立つ。

$$[Ce^{4+}] = [Fe^{2+}] \qquad (8.42)$$

このとき，$E = E_1 = E_2$であるので，式(8.38)，(8.39)より，

$$E = \frac{E_1 + E_2}{2} = \frac{0.68 + 1.44}{2} - \frac{0.059}{2} \log \frac{[Fe^{2+}][Ce^{3+}]}{[Fe^{3+}][Ce^{4+}]} \qquad (8.43)$$

式(8.41)と(8.42)から式(8.44)が成り立つので，$E = 1.06$ Vと求まる。

$$\frac{[Fe^{2+}][Ce^{3+}]}{[Fe^{3+}][Ce^{4+}]} = 1 \qquad (8.44)$$

*13　実際の実験では，平衡電位Eはある値として測定される。これはごくわずかに存在するFe^{3+}や，その他の不純物などの影響により得られる電位であるため，計算で求めることは困難である。

*14　平衡反応であるため，ごくわずかにCe^{4+}が存在するが，その濃度は極めて低く，計算上無視することができる。そのため式(8.38)ではなく式(8.39)を用いて平衡電位を計算する。
　最終的に求まった$E = 0.62$ V（$= E_1$）を式(8.38)に，$[Ce^{3+}] = 9.09 \times 10^{-3}$ mol dm^{-3}とともに代入すると，$[Ce^{4+}] = 1.14 \times 10^{-16}$ mol dm^{-3}と計算でき，極めて低濃度であることが確認できる。

*15　一本の式

$$\frac{[Fe^{2+}]}{[Fe^{3+}]} = \frac{\dfrac{0.100 \times (10.00 - 1.00)}{10.00 + 1.00}}{\dfrac{0.100 \times 1.00}{10.00 + 1.00}} = 9.00$$

で考えた方が計算は楽になる。

6）Ce^{4+} 標準溶液を 10.10 cm^3 加える。（滴定率 101 %）

滴下した Ce^{4+}のうち，10.00 cm^3 分の Ce^{4+}は，被滴定溶液中の Fe^{2+}と反応し，Ce^{3+}となっている（同時に同物質量の Fe^{3+}が生成する）。過剰に滴下した 0.10 cm^3 分の Ce^{4+}は，反応せずそのままである。そこで，以下のように $[Ce^{3+}]/[Ce^{4+}]$ が求められる*16。

$$[Ce^{3+}] = \frac{0.100\ \text{mol dm}^{-3} \times 10.00\ \text{cm}^3}{10.00\ \text{cm}^3 + 10.10\ \text{cm}^3} = 4.98 \times 10^{-2}\ \text{mol dm}^{-3}$$

$$[Ce^{4+}] = \frac{0.100\ \text{mol dm}^{-3} \times (10.10\ \text{cm}^3 - 10.00\ \text{cm}^3)}{10.00\ \text{cm}^3 + 10.10\ \text{cm}^3}$$

$$= 4.98 \times 10^{-4}\ \text{mol dm}^{-3}$$

すなわち，$[Ce^{3+}]/[Ce^{4+}] = 100$

これを式 (8.38) に代入すれば，平衡電位が得られる。

$$E = E_1 = 1.44 - 0.059 \times \log 100 = 1.32\ \text{V}$$

7）Ce^{4+}標準溶液を 20.00 cm^3 加える。（滴定率 200 %）

6) の場合と同じように式 (8.38) から平衡電位を計算することができる。

$$[Ce^{3+}] = [Ce^{4+}] = 3.33 \times 10^{-2}\ \text{mol dm}^{-3}$$

$$\text{すなわち，}\quad \frac{[Ce^{3+}]}{[Ce^{4+}]} = 1$$

$$E = E_1 = 1.44 - 0.059 \times \log 1.00 = 1.44\ \text{V}$$

このときの平衡電位は，Ce^{4+}/Ce^{3+}の式量電位と等しくなる。

このようにして描いた硫酸セリウム(IV) 標準溶液による Fe^{2+}の滴定曲線を**図 8.3** に示す。当量点付近で電位ジャンプが見られる。この電位ジャンプを検出することにより，試料中の Fe^{2+}の濃度を決定することができる（終点の検出については 8.5.2 項参照）。一般に，標準電極電位（式量電位）の差が 0.3 V 以上あれば滴定が可能である。

一方，図 8.3 は縦軸に電極電位をとっているが，当量点付近で $[Fe^{2+}]$ (pFe^{2+}) のジャンプは見られないのだろうか？　当然，電極電位の大きな変

*16　この条件では，$[Fe^{2+}]$ が極めて低いため，式 (8.39) ではなく式 (8.38) を適用する。
最終的に得られた $E = 1.32$ V $(= E_2)$ を，$[Fe^{3+}] = 4.98 \times 10^{-2}$ mol dm^{-3} とともに式 (8.39) に代入すると，$[Fe^{2+}] = 7.03 \times 10^{-13}$ mol dm^{-3} と計算できる。

★　当量点付近で電位ジャンプ，すなわち pFe^{2+} のジャンプが見られる。

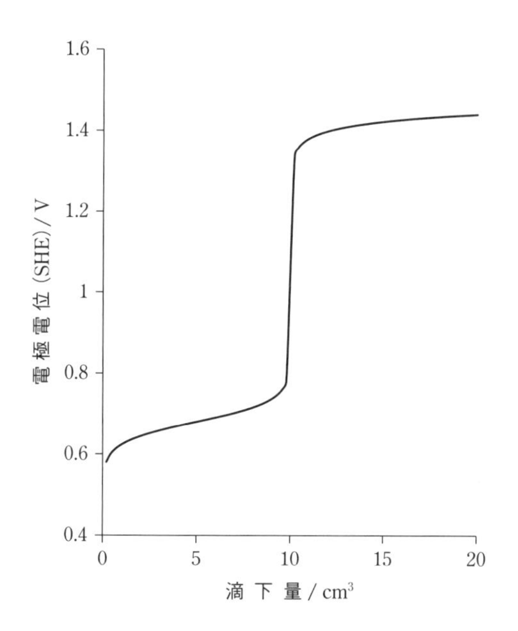

図 8.3　Ce^{4+} 標準液による Fe^{2+} の滴定曲線

化は，$[Fe^{2+}]/[Fe^{3+}]$ の急激な変化，すなわち，$[Fe^{2+}]$ のジャンプを反映している。以下の例題で具体的に考える。

＊＊＊＊＊＊＊＊＊＊＊＊＊＊＊＊＊＊＊＊＊＊＊＊＊＊＊＊＊＊＊＊＊＊＊＊＊＊＊

［例題 8.4］ 上記の滴定での当量点における $[Fe^{2+}]$ を求めなさい。

［答］ 当量点の電位 $E = 1.06$ V であり，$E = E_2$ が成り立つので，以下の式が得られる。

$$E_2 = 0.68 - 0.059 \log \frac{[Fe^{2+}]}{[Fe^{3+}]} = 1.06$$

$$\frac{[Fe^{2+}]}{[Fe^{3+}]} = 10^{-6.44} = 3.6 \times 10^{-7}$$

当量点では，$[Fe^{3+}] = 0.050$ mol dm^{-3} と考えることができる。したがって，

$$[Fe^{2+}] = 1.8 \times 10^{-8} \text{ mol dm}^{-3}$$

である。

また，上記 4）において 9.90 cm^3 滴下時では，$[Fe^{2+}] = 5.02 \times 10^{-4}$ mol dm^{-3} であるため，ほかの滴定法と同様に，当量点付近で Fe^{2+} の大きな濃度変化（減少）が起こっていることがわかる。

＊＊＊＊＊＊＊＊＊＊＊＊＊＊＊＊＊＊＊＊＊＊＊＊＊＊＊＊＊＊＊＊＊＊＊＊＊＊＊

8.5.2　終点の検出

過マンガン酸カリウム滴定法では，滴定試薬それ自体の色の変化で終点を検出することができる。しかし，上述の Ce^{4+} を用いた滴定をはじめ，色の変化が起こらない（顕著でない）滴定も多い。その場合，終点の確認のために**酸化還元指示薬**を用いる。指示薬には，特定の電極電位で可逆に酸化還元を受け，色調が変化するものが利用される。今，酸化還元指示薬の酸化体を I_{ox}，還元体を I_{red} とすると，式 (8.45) が得られる。

酸化還元指示薬
oxidation-reduction indicator

★　酸化還元指示薬は，特定の電極電位で可逆に酸化還元を受け，色調が変化するものである。

$$I_{ox} + n e^- = I_{red} \qquad (8.45)$$

電極電位は式 (8.46) となる。

$$E = E_I^{\ominus\prime} - \frac{0.059}{n} \log \frac{[I_{red}]}{[I_{ox}]} \qquad (8.46)$$

ここで $E_I^{\ominus\prime}$ は指示薬の式量電位である。指示薬の色の変化は $[I_{red}]/[I_{ox}] = 1$，すなわち，電極電位が式量電位 $E_I^{\ominus\prime}$ 付近で顕著に起こる。そこで，式量電位 $E_I^{\ominus\prime}$ が当量点の電位付近にある指示薬を選べばよいことになる。これを定性的に表現すれば，酸化剤を滴定試薬として用いる場合は，滴定対象物質よりも酸化されにくい指示薬を用いて，滴定対象物質がほとんど酸化されたとき（当量点付近に到達したとき）に，指示薬の酸化が起こるように指示薬を選択すればよい。よく使われる酸化還元指示薬を**表 8.2** に示す。

8.5.1 項で詳しく論じた Ce^{4+} による Fe^{2+} の滴定においては，しばしば，フェロインが指示薬として用いられる。この指示薬の式量電位 $E_I^{\ominus\prime}$ は 1.06 V であり，当量点の電位と一致する。フェロインの還元体 (Fe^{II}) は赤色であり，これが酸化されて青色の酸化体 (Fe^{III}) となることで終点を判別する。また，I_2 を用いる滴定では，酸化還元指示薬ではなく，I_2-デンプン反応による色変化によって終点を判別することができる。

表 8.2 主な酸化還元指示薬

指示薬名	変色電位/V *vs.* SHE	還元体の色／酸化体の色
フェノサフラニン	0.28	無色／赤
インジゴテトラスルホン酸	0.36	無色／青
メチレンブルー	0.53	無色／青
ジフェニルアミンスルホン酸	0.85	無色／赤紫
フェロイン	1.06	赤／青
ニトロフェロイン	1.25	赤／青

フェロイン：トリス(1,10-フェナントロリン)鉄(II)
ニトロフェロイン：トリス(5-ニトロ-1,10-フェナントロリン)鉄(II)

8.5.3 過マンガン酸カリウム滴定

過マンガン酸カリウム滴定法は，環境分野における**化学的酸素要求量**(COD)[*17]の測定に用いられるなど，現在でも重要な滴定法の一つである。この方法の利点の一つに，終点の検出に指示薬がいらないことがあげられる。過マンガン酸カリウム標準溶液は，それ自身MnO_4^-の赤紫色をしており，当量点前は，MnO_4^-はすべて消費されてMn^{2+}になり，無色になるが[*18]，当量点をわずかに過ぎるとMnO_4^-の色が残り淡いピンク色になり終点が求められる。MnO_4^-の半反応式を式(8.47)に示す。

$$MnO_4^- + 8\,H^+ + 5\,e^- \rightleftharpoons Mn^{2+} + 4\,H_2O \qquad (8.47)$$

COD 測定では，一定体積の試料溶液(硫酸酸性[*19])に対して一定体積の過マンガン酸カリウム水溶液を添加し[*20]，沸騰水浴中で加熱したのち(JIS 法では 30 分)，シュウ酸ナトリウム水溶液を過剰量加えて，過剰の過マンガン酸イオンを還元する。ここで過剰に存在するシュウ酸イオンを過マンガン酸カリウム水溶液で**逆滴定**する[*21]。この酸化還元滴定において標準溶液としてシュウ酸ナトリウム溶液が用いられる。シュウ酸イオンの反応式は式(8.48)で表されるため，硫酸酸性の条件下で，シュウ酸ナトリウム水溶液を，過マンガン酸カリウム溶液で滴定するときの全体の反応式は式(8.49)の通りである。

$$C_2O_4^{2-} \rightleftharpoons 2\,CO_2 + 2\,e^- \qquad (8.48)$$

$$5\,C_2O_4^{2-} + 2\,MnO_4^- + 16\,H^+ \rightleftharpoons 10\,CO_2 + 2\,Mn^{2+} + 8\,H_2O \qquad (8.49)$$

すなわち，反応するMnO_4^-と$C_2O_4^{2-}$の物質量比は 2 : 5 である。例えば，5 mmol dm^{-3} の $KMnO_4$ 溶液($f = 0.95$)によって，12.5 mmol dm^{-3} のシュウ酸ナトリウム水溶液 25.0 cm^3 を滴定した場合，

$5 \times 0.95 \times x$ cm^3 : $12.5 \times 25 = 2 : 5$ より，$KMnO_4$ 溶液は $x = 26.3$ cm^3 必要である。

過マンガン酸イオンではなく，酸素が 4 電子還元を受けるときは，

$$O_2 + 4\,H^+ + 4\,e^- \rightleftharpoons 2\,H_2O \qquad (8.50)$$

であるため，同物質量の被酸化性物質を酸化するために，MnO_4^-に対して 1.25 倍の物質量の O_2 が必要になる。例えば，100 cm^3 の環境試料水の COD 測定において，逆滴定時に 5 mmol dm^{-3} の $KMnO_4$ 溶液($f = 0.95$)が 10.0 cm^3(空試験を差し引いた結果)必要であったとすると，COD は[*22]

化学的酸素要求量 chemical oxygen demand

*17 有機物などによる水質汚濁の指標として用いられる(コラム参照)。

*18 Mn^{2+} はごく淡いピンク色をしているが，吸光係数が小さいため，ほとんど無色に見える。

*19 塩化物イオンが存在する試料に対しては，硝酸銀などを加えることで，塩化物イオンを除去しておく。

*20 試料中の有機物など，酸化を受ける化合物に対して過剰となる量を加える。

逆滴定 back titration

*21 逆滴定時に必要であった過マンガン酸の物質量が，試料中の被酸化物を酸化するのに必要な過マンガン酸の物質量と一致する。逆滴定は反応速度を上げるために，50 ℃～60 ℃ 程度に温めながら行う。

*22 JIS では 5 mmol dm^{-3} $KMnO_4$ 溶液を用いる前提で，$5 \times 10^{-3} \times 1.25 \times 32 = 0.2$ を(滴下量)$\times f \times$ 1000 / (試料体積)に掛け合わせて COD 計算式としている。

$\underbrace{\underbrace{\underbrace{5 \times 10^{-3}\ \mathrm{mol\ dm^{-3}} \times 0.95 \times 10.0 \times 10^{-3}\ \mathrm{dm^3}}_{\text{酸化に必要であった}MnO_4^-\text{の物質量}} \times 1.25 \times 32\ \mathrm{g\ O_2\ mol^{-1}}}_{\text{酸化に必要な}O_2\text{の質量に換算}} \times 1000\ \mathrm{cm^3\ dm^{-3}}/100\ \mathrm{cm^3}}_{\text{試料水}1\ dm^3\text{の酸化に必要な}O_2\text{の質量}\ g\ dm^{-3}}$

$= 19 \times 10^{-3}\ \mathrm{g\ dm^{-3}} = 19\ \mathrm{mg\ dm^{-3}} \rightarrow$ COD 19 mg L^{-1}　のように求められる。

◎本章のまとめと問題◎

8.1　次の各酸化還元反応について半反応式を書きなさい。また，25 ℃ における平衡定数を求めなさい。

1）$Sn^{2+} + 2Ce^{4+} \rightleftharpoons Sn^{4+} + 2Ce^{3+}$　2）$5Fe^{2+} + MnO_4^- + 8H^+ \rightleftharpoons 5Fe^{3+} + Mn^{2+} + 4H_2O$

3）$I_2 + 2S_2O_3^{2-} \rightleftharpoons 2I^- + S_4O_6^{2-}$（$E^{\ominus}_{S_4O_6^{2-}/S_2O_3^{2-}} = 0.08$ V とする）

8.2　次の半反応の電極電位を示すネルンスト式を書きなさい。

1）$Ni^{2+} + 2e^- \rightleftharpoons Ni$　2）$[Fe(CN)_6]^{3-} + e^- \rightleftharpoons [Fe(CN)_6]^{4-}$

3）$AgCl + e^- \rightleftharpoons Ag + Cl^-$　4）$Cr_2O_7^{2-} + 14H^+ + 6e^- \rightleftharpoons 2Cr^{3+} + 7H_2O$

8.3　次の電池の 25 ℃ での起電力を求めなさい。ただし，簡単のため各イオンの活量係数は 1 と仮定する。

1）SHE ‖ 10.0 mmol dm^{-3} Fe^{2+}，2.00 mmol dm^{-3} Fe^{3+} | Pt

2）SHE ‖ 1.00×10^{-3} mol dm^{-3} $AgNO_3$ | Ag　3）SHE ‖ 0.10 mol dm^{-3} KCl | AgCl | Ag

8.4　$Ag^+ + e^- \rightleftharpoons Ag$ の標準電極電位 $E^{\ominus}_{Ag^+/Ag} = 0.80$ V，AgBr の溶解度積 $K_{sp}(AgBr) = a_{Ag^+}a_{Br^-} = 4 \times 10^{-13}\ \mathrm{mol^2\ dm^{-6}}$（溶解度積は 9 章で説明する）が与えられたとき，

$AgBr + e^- \rightleftharpoons Ag + Br^-$　の標準電極電位 $E^{\ominus}_{AgBr/Ag,Br^-}$ を求めなさい。

8.5　H^+ 移動を伴う電子移動反応（半電池反応）を一般式で表すと，以下のようになる。

$O + ne^- + mH^+ \rightleftharpoons R\text{-}H_m$

この反応式に対してネルンスト式を立て，電極電位の pH 依存性を示しなさい。

Column　COD 測定

COD は河川や湖沼・海域などの水質の指標として用いられる。一定の条件下で酸化剤と反応する被酸化性物質の量を，それを酸化するのに要する酸素量として表したものである。水中の有機物などを好気性微生物が酸化分解する際に必要な酸素量を表す，生物化学的酸素要求量（biochemical oxygen demand；BOD）とともによく用いられる。COD，BOD ともに，値が大きいほど，水質は悪いと判断される。

COD の測定法として本章にあげた過マンガン酸カリウム滴定法は，日本工業規格（JIS）の工業排水試験方法（K 0102：2013）に，COD 測定法の一つとして記載されている方法である。しかし，上述の手順については，非常に回りくどい方法だと感じる人も多いだろう。なぜ逆滴定が必要なのだろうか？

試料をはじめから過マンガン酸カリウム水溶液で滴定しないのは，この反応が非常に遅いためである。環境水中の有機物等の被酸化性物質は，滴定を行う程度の短い時間では充分に酸化されないものがほとんどである。そのため過剰の過マンガン酸イオンを添加し，沸騰水中で時間をかけて反応を進行させる。それでも現実には反応は完了せずに，徐々に反応が進行していくことが懸念される。そこで，反応時間を統一させるために，一定時間経過後に過剰のシュウ酸を一度に添加し，過マンガン酸イオンによる酸化反応を終結させる。このとき余ったシュウ酸を，再び過マンガン酸滴定により定量する。

先に過剰になった過マンガン酸イオンをシュウ酸で滴定せず逆滴定を行うのは，このように酸化反応を一定時間で終了させることと，もう一つ，終点判別をしやすくする目的がある。滴定終点を見分ける際に，無色から赤色に呈色したことを見る方が，その逆よりも見分けやすいのである。

9 沈殿平衡とその応用

沈殿生成反応は，定量化学分析において様々に用いられている。中でも重量分析法は古典分析法の中心的手法として重要であるが，近年，応用範囲が縮小しているので，本書では簡単な紹介にとどめる。沈殿滴定法については詳しく論じる。一方，沈殿生成反応は，機器分析法（第 III 部）において，試料の前処理法にも応用されている。例えば，分析機器で測定する前に，分析試料中に含まれている測定の妨害物質を沈殿させて除いたり，妨害物質を溶液に残し，沈殿中に目的物質を回収してその分離と濃縮を行う（共沈法）などである。こうした方法の基礎は沈殿平衡（溶解平衡）であり，本章では，まずそれらについて学ぶ。

9.1 沈殿平衡

9.1.1 溶解度積

沈殿平衡と**溶解平衡**は化学的には同じ意味をもつ。沈殿平衡を記述するのに用いられる平衡定数は，**溶解度積**と呼ばれる。ここでは溶質が難溶性塩，すなわち，**溶解度**[*1]の小さな塩の沈殿平衡を考える。例えば，塩化銀（AgCl）は難溶性塩であり，純水を加えるとわずかに溶けて飽和水溶液が得られる。このとき，以下のような溶解平衡が成立する。

$$\mathrm{AgCl}\ (固体) \rightleftharpoons \mathrm{Ag^+} + \mathrm{Cl^-}\ (溶解) \tag{9.1}$$

溶解した塩化銀は銀イオンと塩化物イオンに完全解離している。ここで式 (9.1) の平衡定数をそれぞれの活量を用いて表すと，a_{AgCl} は，4 章で述べたように，固体の純物質であるため 1 となるので，

$$K_{\mathrm{sp}}{}^{\ominus} = a_{\mathrm{Ag^+}}\, a_{\mathrm{Cl^-}} \tag{9.2}$$

となり，これを**熱力学的溶解度積**と定義する。熱力学的溶解度積は，温度が一定であれば，難溶性塩に固有の定数である[*2]。

一方，以下の式 (9.3) で表される値を**濃度溶解度積** K_{sp} と呼ぶ。

$$K_{\mathrm{sp}} = [\mathrm{Ag^+}][\mathrm{Cl^-}] \tag{9.3}$$

熱力学的溶解度積 $K_{\mathrm{sp}}{}^{\ominus}$ と濃度溶解度積 K_{sp} の関係は，以下の式で表される。

$$K_{\mathrm{sp}} = \frac{K_{\mathrm{sp}}{}^{\ominus}}{\gamma_{\mathrm{Ag^+}}\gamma_{\mathrm{Cl^-}}} = [\mathrm{Ag^+}][\mathrm{Cl^-}] \tag{9.4}$$

表 9.1 に，代表的な難溶性塩の熱力学的溶解度積 $K_{\mathrm{sp}}{}^{\ominus}$ を示す。イオン濃度が希薄なときは，熱力学的溶解度積 $K_{\mathrm{sp}}{}^{\ominus}$ と濃度溶解度積 K_{sp} はほぼ等しくなる。

沈殿平衡 precipitation equilibria
溶解平衡 solubility equilibria
溶解度積 solubility product
溶解度 solubility

*1　ある物質（溶質）が溶媒に溶解する限度を意味し，飽和溶液中における溶質の濃度（通常，モル濃度）で表される。

熱力学的溶解度積
thermodynamic solubility product

*2　ここで，溶解度積を一般的に表すと以下のようになる。
$\mathrm{C}_m\mathrm{A}_n$ (固体) $\rightleftharpoons m\mathrm{C}^{n+} + n\mathrm{A}^{m+}$
の場合，
$$K^{\ominus}{}_{\mathrm{sp}} = a^m_{\mathrm{C}^{n}}\, a^n_{\mathrm{A}^{m+}}$$

濃度溶解度積
concentration solubility product

＊＊＊＊＊＊＊＊＊＊＊＊＊＊＊＊＊＊＊＊＊＊＊＊＊＊＊＊＊＊＊＊＊＊＊＊＊＊＊

［例題 9.1］ クロム酸銀（$\mathrm{Ag_2CrO_4}$）の溶解度を求めなさい。ただし，クロム酸銀

表 9.1　代表的な難溶性塩の熱力学的溶解度積 $K_{sp}^{\ominus}$

塩	$K_{sp}^{\ominus}$	塩	$K_{sp}^{\ominus}$	塩	$K_{sp}^{\ominus}$
AgCl	1.8×10^{-10}	$Ca(OH)_2$	5.0×10^{-6}	$Fe(OH)_3$	2.8×10^{-39}
AgBr	5.4×10^{-13}	$CaSO_4$	4.9×10^{-5}	$Fe(OH)_2$	4.9×10^{-17}
AgI	8.5×10^{-17}	CaC_2O_4	2.3×10^{-9}	HgS	3.0×10^{-52}
AgSCN	1.0×10^{-12}	$CaCO_3$	3.4×10^{-9}	$Mg(OH)_2$	5.6×10^{-12}
Ag_2CrO_4	1.1×10^{-12}	$Cd(OH)_2$	7.2×10^{-15}	NiS	1.1×10^{-21}
$Ag_2C_2O_4$	5.4×10^{-12}	CdS	1.6×10^{-28}	PbF_2	3.9×10^{-8}
$BaCO_3$	2.6×10^{-9}	CuCl	1.7×10^{-7}	$Pb(OH)_2$	1.4×10^{-20}
$BaSO_4$	1.1×10^{-10}	CuI	1.3×10^{-12}	$PbSO_4$	2.5×10^{-8}
BaC_2O_4	2.0×10^{-8}	$Cu(OH)_2$	1.3×10^{-20}	PbS	7.1×10^{-28}
CaF_2	3.5×10^{-11}	CuS	1.3×10^{-36}	ZnS	4.0×10^{-22}

の濃度溶解度積 K_{sp} を 1.1×10^{-12} とする。

[答] $Ag_2CrO_4 \rightleftharpoons 2Ag^+ + CrO_4^{2-}$

$$K_{sp} = [Ag^+]^2[CrO_4^{2-}] = 1.1\times10^{-12}$$

今，$[CrO_4^{2-}] = x$ とおくと，$[Ag^+] = 2x$。

したがって，$K_{sp} = (2x)^2x = 4x^3 = 1.1\times10^{-12}$。$x^3 = 2.8\times10^{-13}$

$3\log x = -12.55$。$\log x = 4.18$。

すなわち $x = 6.5\times10^{-5}\ \mathrm{mol\ dm^{-3}}$。クロム酸銀 ($Ag_2CrO_4$) の濃度は $[CrO_4^{2-}]$ と等しいので，クロム酸銀の溶解度は $6.5\times10^{-5}\ \mathrm{mol\ dm^{-3}}$ である。

＊＊＊＊＊＊＊＊＊＊＊＊＊＊＊＊＊＊＊＊＊＊＊＊＊＊＊＊＊＊＊＊＊＊＊＊＊＊

9.1.2　溶解度に影響を及ぼす種々の因子

水溶液中の難溶性塩の溶解度は，イオン強度（活量），難溶性塩と共通のイオンの存在，錯生成，pH，また温度などに影響される。例えば，温度を上げると多くの無機塩の溶解度は増加するが，これは無機塩の水への溶解過程が吸熱反応であるからである[*3]。さらに，エタノールやアセトンなどの水と混じり合う溶媒の添加によっても影響を受ける。このような効果のうち代表的なものを見ていこう。

*3　炭酸カルシウムなどの例外も存在する。

a）イオン強度

4章で学んだように，活量係数はイオン強度の増加とともに減少する。ここで，前述の式 (9.4) から，濃度溶解度積 K_{sp} は，イオン強度の増加（活量係数の減少）とともに大きくなっていくことがわかる。すなわち，難溶性塩の溶解度は増加する[*4]。

*4　ここでは，難溶性塩の構成イオンと異なるイオンが溶液中に存在することによるイオン強度の増加を考えている。例えば，AgCl の溶解度に対する KNO_3 の濃度の影響などである。

b）共通イオン効果

難溶性塩の構成イオンと共通のイオンを加えると，その塩の溶解度は著しく減少する。この現象を**共通イオン効果**と呼ぶ。

共通イオン効果 common-ion effect

塩化銀の沈殿生成を例に，その効果を考えてみる。今，塩化銀の $K_{sp}^{\ominus}$ は表 9.1 に示すとおり，1.8×10^{-10} である。したがって，純水中の塩化銀の溶解度 S は，

$$S = [Ag^+] = [Cl^-] \qquad (9.5)$$

となるので，

$$S = \sqrt{K_{sp}} = \sqrt{1.8 \times 10^{-10}} = 1.3 \times 10^{-5}\,\mathrm{M}$$

となる。ここに，硝酸銀（$AgNO_3$）水溶液を加えて，Ag^+ の濃度が 0.001 mol dm^{-3} となるように溶液を調製してみよう。このとき，溶解度積の定義から以下の関係が成り立つ。

$$[Ag^+][Cl^-] = 0.001 \times [Cl^-] = 1.8 \times 10^{-10} \qquad (9.6)$$

すなわち，$[Cl^-] = 1.8 \times 10^{-7}$ mol dm^{-3} が得られる。また，このときの塩化銀の溶解度 S' は $[Cl^-]$ と等しいと考える。このように難溶性塩と共通イオンである Ag^+ を加えることにより，塩化銀の溶解度は，この場合，約 100 分の 1 に減少していることがわかる。塩化物イオン（Cl^-）を定量的に塩化銀の沈殿として回収しようとする場合，Cl^- の化学量論量よりも少し過剰に Ag^+ を加えると，共通イオン効果によって，より完全に Cl^- を沈殿させることができる。しかし，共通イオンを過剰に加えすぎると，前述のイオン強度の効果や後述の錯形成の影響などが現れるので注意しなければならない。

＊＊＊＊＊＊＊＊＊＊＊＊＊＊＊＊＊＊＊＊＊＊＊＊＊＊＊＊＊＊＊＊＊＊＊＊＊＊＊

［例題 9.2］ 1.0×10^{-3} mol dm^{-3} 塩化ナトリウム水溶液 10 cm^3 に 2.0×10^{-3} mol dm^{-3} 硝酸銀水溶液 10 cm^3 を加えた。溶液中に残存している塩化物イオンの濃度を求めなさい。AgCl の濃度溶解度積 $K_{sp} = [Ag^+][Cl^-] = 1.8 \times 10^{-10}$ とする。

［答］ AgCl の沈殿が生じた後の過剰の Ag^+ の濃度は

$$[Ag^+] = \frac{2.0 \times 10^{-3} \times 10 - 1.0 \times 10^{-3} \times 10}{10 + 10} = 0.50 \times 10^{-3}\,\mathrm{mol\,dm^{-3}}$$

したがって，溶解度積から残存している塩化物イオンのモル濃度は

$$[Cl^-] = \frac{1.8 \times 10^{-10}}{0.50 \times 10^{-3}} = 3.6 \times 10^{-7}\,\mathrm{mol\,dm^{-3}}$$

＊＊＊＊＊＊＊＊＊＊＊＊＊＊＊＊＊＊＊＊＊＊＊＊＊＊＊＊＊＊＊＊＊＊＊＊＊＊＊

c）錯形成

AgCl の溶解度に関して，もう一つの共通イオンである Cl^- を添加していくことを考える。Cl^- 濃度が増加していくと，先ほどと同じ原理により Ag^+ 濃度は減少する。しかし，過剰に Cl^- を加えると，式（9.5）に示すように，水溶性の銀塩化物錯体が生成し，AgCl の溶解度は逆に増大する[*5]。

$$Ag^+ + n\,Cl^- \rightleftharpoons AgCl_n{}^{(1-n)+} \qquad (9.7)$$

ここで，$n = 4$ までの生成が知られている。Cl^- の濃度に対する AgCl の溶解度の変化をプロットすると，共通イオン効果と塩化物錯イオンの生成によって，最小値をもつような変化をする。

＊5　ここでの AgCl の溶解度は，水溶液中に溶けている総銀濃度（mol dm^{-3}）を意味する。

d）pH

塩化物，硫酸塩などの強酸の塩の溶解度は，pH にほとんど影響されないが，シュウ酸塩，炭酸塩，フッ化物，水酸化物など弱酸の塩の溶解度は pH の影響を受ける。

今，CaF_2 の溶解度を例にとり，pH の影響を考えてみる。CaF_2 の溶解平

衡は次式で表すことができる。

$$CaF_2 \rightleftharpoons Ca^{2+} + 2F^- \tag{9.8}$$

$$K_{sp} = [Ca^{2+}][F^-]^2 = 3.5 \times 10^{-11}$$

一方，HF は弱酸であり，以下の酸解離反応の $K_a = 1.4 \times 10^{-3}$ である。

$$HF \rightleftharpoons H^+ + F^- \tag{9.9}$$

ここで F^- の分率 α_1 を表す式は，式 (5.29) (p. 53) より

$$\alpha_1 = \frac{K_a}{[H^+] + K_a} \tag{9.10}$$

したがって，HF の総濃度を C_{HF} とすると，

$$K_{sp} = [Ca^{2+}][F^-]^2 = [Ca^{2+}](\alpha_1 C_{HF})^2 = 3.5 \times 10^{-11}$$

$$[Ca^{2+}]{C_{HF}}^2 = \frac{K_{sp}}{{\alpha_1}^2} = K'_{sp} \tag{9.11}$$

★ K'_{sp} は条件溶解度積。EDTA 滴定 (7章) における条件生成定数 (見かけの生成定数) と同様の概念。

となる。K'_{sp} は条件溶解度積であり，式 (9.10) より pH に依存する値である。今，C_{HF} を一定として pH を低下させていくと，式 (9.11) より，溶液中の CaF_2 の溶解度は増加していくことになる。

＊＊＊＊＊＊＊＊＊＊＊＊＊＊＊＊＊＊＊＊＊＊＊＊＊＊＊＊＊＊＊＊＊＊＊＊＊＊＊

［例題 9.3］ pH 1 と pH 4 における CaF_2 の溶解度を求めなさい。

［答］ pH 1 の場合の F^- の分率 α_1 は

$$\alpha_1 = \frac{K_a}{[H^+] + K_a} = \frac{1.4 \times 10^{-3}}{0.1 + 1.4 \times 10^{-3}} = 1.4 \times 10^{-2}$$

したがって，

$$K'_{sp} = \frac{3.5 \times 10^{-11}}{(1.4 \times 10^{-2})^2} = 1.8 \times 10^{-7}$$

今，$[Ca^{2+}] = x$ とすると，$[F^-] = 2x$

(CaF_2 の溶解度は x に等しい)

$$x(2x)^2 = 1.8 \times 10^{-7}$$

$x^3 = 0.45 \times 10^{-7}$。対数を用いて解くと，$x = 3.6 \times 10^{-3}\ \mathrm{mol\ dm^{-3}}$

pH 4 の場合の F^- の分率 α_1 は

$$\alpha_1 = \frac{1.4 \times 10^{-3}}{10^{-4} + 1.4 \times 10^{-3}} = 0.93$$

したがって

$$K'_{sp} = \frac{3.5 \times 10^{-11}}{0.93^2} = 4.0 \times 10^{-11}$$

同様に，$x^3 = 1.0 \times 10^{-11}$。対数を用いて解くと，

$$x = 2.2 \times 10^{-4}\ \mathrm{mol\ dm^{-3}}$$

CaF_2 の溶解度が pH により大きく変化することがわかる。

＊＊＊＊＊＊＊＊＊＊＊＊＊＊＊＊＊＊＊＊＊＊＊＊＊＊＊＊＊＊＊＊＊＊＊＊＊＊＊

9.2　沈殿滴定法

沈殿滴定法
precipitation titration method

沈殿生成を利用する滴定法が**沈殿滴定法**である。このうち銀塩の沈殿生成を利用する銀滴定は，塩化物イオン，臭化物イオン，ヨウ化物イオン，チオシアン酸イオンの定量などに，現在でも広く用いられている。その他の沈殿

滴定法も知られてはいるが，あまり実用的ではない。滴定法として重要な，充分に大きな反応速度や終点の検出法の存在などの条件を満たす沈殿反応が少ないためである。そこで，本書では，銀イオンによるハロゲン化物イオンの滴定のみを紹介する。中でも塩化物イオンの滴定法は，海水の塩化物イオン濃度の定量に現在も広く用いられている。

★ 銀滴定法は海水の塩化物イオンの定量などに用いられている。

9.2.1 滴定曲線

これまでの章で議論したように，滴定には化学量論的な化学反応が用いられる。この観点で AgCl の沈殿生成反応を考えれば，反応は次式で示される。

$$Ag^{+} + Cl^{-} \longrightarrow AgCl\,(固体) \qquad (9.12)$$

ここで AgCl の溶解度積 K_{sp} の逆数が生成系へのかたよりの大きさを表すことになる。$K_{sp} = 1.8 \times 10^{-10}$ であり，その逆数は充分大きな値となり，この反応の平衡は充分に生成系にかたよっており，滴定に使用できることがわかる。また，**図 9.1** に，ハロゲン化物イオン（X^{-}）を硝酸銀標準溶液で滴定したときの滴定曲線とそれぞれの AgX の溶解度積（pK_{sp}）を示す。pK_{sp} が大きくなるにつれて，当量点付近の pX の変化が大きくなることがわかる。例題 9.4 で滴定曲線の計算方法を学ぶ。

★ pK_{sp} が大きくなるにつれて，当量点付近の pX のジャンプは大きくなる。

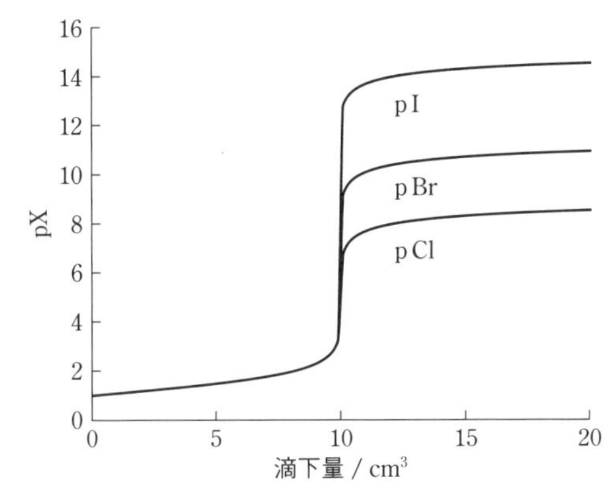

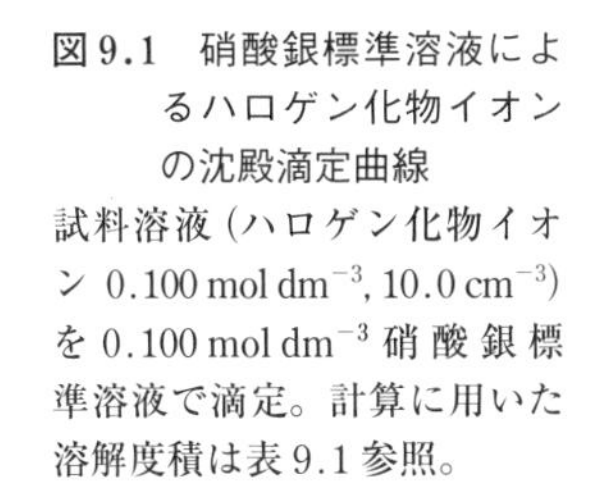
図 9.1 硝酸銀標準溶液によるハロゲン化物イオンの沈殿滴定曲線
試料溶液（ハロゲン化物イオン 0.100 mol dm^{-3}, 10.0 cm^{-3}）を 0.100 mol dm^{-3} 硝酸銀標準溶液で滴定。計算に用いた溶解度積は表 9.1 参照。

* *

［例題 9.4］ 0.100 mol dm^{-3} NaCl 水溶液 10.00 cm^{3} を 0.100 mol dm^{-3} 硝酸銀標準液で滴定した。以下の溶液の pCl（$-\log[Cl^{-}]$）を計算しなさい。ただし，$K_{sp} = [Ag^{+}][Cl^{-}] = 1.8 \times 10^{-10}$ である。

1）0.100 mol dm^{-3} NaCl 水溶液

2）0.100 mol dm^{-3} 硝酸銀標準液を 9.90 cm^{3} 加えた。
（当量点のわずかに手前の場合）

3）0.100 mol dm^{-3} 硝酸銀標準液を 10.00 cm^{3} 加えた。（当量点）

4）0.100 mol dm^{-3} 硝酸銀標準液を 10.10 cm^{3} 加えた。
（当量点をわずかに超えた場合）

［答］ 1） $pCl = -\log[Cl^{-}] = -\log(0.100) = 1.00$

2）Cl^{-} と Ag^{+} は，この場合，化学量論的に反応するので，Ag^{+} と当量の Cl^{-} は Ag^{+} と反応して，AgCl となると考えてよい。そこで，未反応の Cl^{-} を考えると，10.00 − 9.90 cm^3 分の Cl^-が未反応で残っていると考えることができる。この Cl^-は，加えられた硝酸銀溶液により希釈されるので，結局，以下のように計算される。

$$[Cl^-] = 0.1 \times \frac{10.00 - 9.90}{10.00 + 9.90} = 5.03 \times 10^{-4}\ \mathrm{mol\ dm^{-3}}$$

すなわち，pCl = 3.30

3) 系（溶液と沈殿）の中の銀イオンの総量と塩化物イオンの総量は等しく，塩化銀の飽和溶液であるので，$[Cl^-]$は

$$[Cl^-] = [Ag^+] = \sqrt{K_{sp}}$$

となる。

したがって $[Cl^-] = 1.3 \times 10^{-5}\ \mathrm{mol\ dm^{-3}}$。すなわち，pCl = 4.89。

4) 10.00 cm^3 分の Ag^+ は Cl^- と反応して AgCl として沈殿しており，(10.10 − 10.00) cm^3 分の Ag^+が未反応で残っている。この Ag^+が溶液全体 (10.00 + 10.10) cm^3 に溶けているので，未反応の Ag^+の濃度は

$$[Ag^+] = 0.100 \times \frac{10.10 - 10.00}{10.00 + 10.10} = 5.0 \times 10^{-4}\ \mathrm{mol\ dm^{-3}}$$

$$[Cl^-] = \frac{K_{sp}}{[Ag^+]} = \frac{1.8 \times 10^{-10}}{5.0 \times 10^{-4}} = 3.6 \times 10^{-7}\ \mathrm{mol\ dm^{-3}}$$

したがって pCl = 6.44。

＊＊

9.2.2　終点の決定

モール Mohr, C.F.
ファヤンス Fajans, K.

沈殿滴定の終点を決定する方法として，有色沈殿生成を利用するモール法や，沈殿へ吸着すると鋭敏に変色する有機化合物を指示薬とするファヤンス法が知られている。

a) モール法

塩化物イオンを銀イオンで滴定するときに，少量のクロム酸イオンを指示薬として加えておく。クロム酸銀は塩化銀より溶解度が大きいので，塩化物イオンが存在する限りは，銀イオンは塩化物イオンと反応して塩化銀の白色沈殿を生成するが，当量点を過ぎて銀イオンの濃度が増大し，クロム酸銀の溶解度を超えると，以下のように赤褐色沈殿が生じるため終点を検出できる。

$$2Ag^+ + \underset{\text{(黄色)}}{CrO_4^{2-}} \longrightarrow \underset{\text{(赤褐色)}}{2Ag_2CrO_4} \qquad (9.13)$$

b) ファヤンス法

フルオレセイン（**図9.2**）などの，沈殿表面に吸着すると鋭敏に変色する有機化合物を指示薬として用いる方法である。塩化物イオンを銀イオンで滴定するとき，当量点に達するまでは塩化物イオンが過剰に存在するので塩化銀の沈殿表面に塩化物イオンが吸着し，負に帯電している。一方，フルオレセインは中性領域では負電荷を帯びているので，このときは沈殿に吸着せず，黄緑色の蛍光を示している。しかし，当量点を過ぎ，銀イオンが過剰と

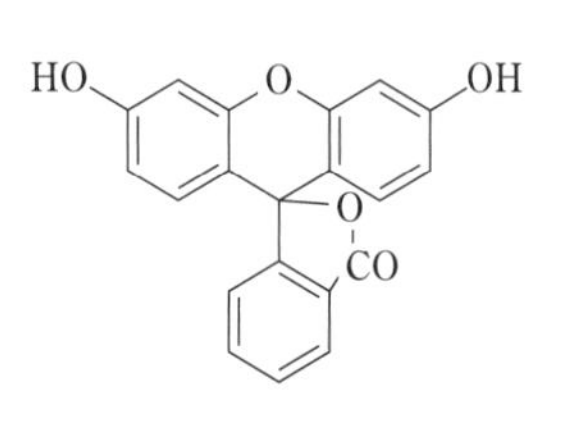

図9.2　フルオレセイン

なると，沈殿表面に銀イオンが吸着し正に帯電する。するとフルオレセインは沈殿表面に吸着し赤紫色に変化する。この色調の変化で終点を検出する。

9.3 重量分析

重量分析は，分析成分を何らかの方法でほかの共存成分から分離し，秤量できる形（秤量形）にして天秤でその質量をはかり，試料中の分析成分の質量パーセント（wt%）を求める方法である。質量は，近代化学の創始者であるラボアジエの時代から現在に至るまで，通常の化学実験室で最も正確で高精度な測定が可能な物理量である。重量分析は，この質量測定に基礎をおく方法であり，標準物質との比較に基づかない絶対測定法である。したがって，原理的には極めて精確な分析が可能であり，現在でも主成分の高精度分析には欠かすことのできない方法である。しかし，熟練を要する長時間の化学操作が必要なため，近年，その応用範囲は狭まりつつある。そこで，本書では，その概要を簡単に紹介するにとどめる。

重量分析 gravimetric analysis

★ 重量分析は，質量の測定に基づく高精度主成分分析法。

重量分析法は，基本的に三種類に分類される。すなわち，(1) 沈殿法：分析成分を含む難溶性の沈殿を生成させて他成分から分離する，(2) 電解法：電気分解により，分析成分を電極上に（純金属や酸化物として）析出させる，(3) 減量法：分析成分（水が代表例）を蒸発させて他成分から分離する。ここでは，(1) 沈殿法のみを紹介する。

★ 重量分析法には (1) 沈殿法，(2) 電解法，(3) 減量法，の三つの方法が知られている。

9.3.1 重量分析法の操作と種類

重量分析法の主な操作として，(1) 試料の溶解，(2) 沈殿の生成と熟成，(3) 沈殿のろ別，(4) 加熱による沈殿形から秤量形への変換，(5) 質量の測定，(6) 分析成分の質量の計算*6，があげられる*7。

表 9.2 に，重量分析に用いられる主な沈殿形と秤量形をまとめる。無機の難溶性塩生成やテトラフェニルホウ酸塩（K^+の沈殿剤）やジメチルグリオキシム（Ni の沈殿剤）などの有機沈殿剤と，分析成分のイオン対生成や錯体生成による沈殿反応が利用されている。

*6 重量分析係数（gravimetric factor）は秤量形における分析成分の比率で，前もって計算しておくと便利。
分析成分の質量
＝沈殿の質量 × 重量分析係数

*7 1章1.3節に，硫酸バリウムの沈殿生成による硫酸イオンの重量分析法の記述がある。

表 9.2 重量分析に用いられる主な沈殿形と秤量形

元素	沈殿形	秤量形	恒量加熱温度 /°C
Al	$Al(OH)_3$	Al_2O_3	500 ～ 900
Ca	$CaC_2O_4 \cdot H_2O$	CaO	> 850
Cl	AgCl	AgCl	130 ～ 450
Fe	$Fe(OH)_3$	Fe_2O_3	800 ～ 900
K	$KB(C_6H_5)_4$	$KB(C_6H_5)_4$	100 ～ 130
Mg	8-キノリノール塩	$Mg(C_9H_6ON)_2 \cdot 2H_2O$	105 ～ 130
	リン酸塩	$Mg_2P_2O_7$	> 600
Ni	ジメチルグリオキシム塩	$Ni(C_4H_7O_2N_2)_3$	100 ～ 200
P	$MgNH_4PO_4 \cdot 6H_2O$	$Mg_2P_2O_7$	> 600
S	$BaSO_4$	$BaSO_4$	210 ～ 900
Si	$SiO_2 \cdot nH_2O$	SiO_2	> 1000

9.3.2　沈殿の生成と熟成

こうした沈殿平衡に影響を与える要因については，すでに9.1節で論じている。ここでは沈殿生成に影響を与える速度論的な因子について述べる。沈殿は**過飽和**の溶液から生成する。過飽和度が大きいと，小さい沈殿粒子が多数出現する。その効果は，以下の相対的過飽和度で評価される。

過飽和 supersaturation

$$\frac{Q-S}{S} \tag{9.14}$$

ここで，Qは初濃度，Sは溶解度である。沈殿粒子の大きさはこの相対的過飽和度に反比例するとされている。すなわち，この値が大きいと小さい結晶粒子が多数出現するが，表面積/体積比が大きくなり，不純物が吸着しやすい。また，結晶に欠陥が生じ，その欠陥にも不純物を取り込みやすくなる。したがって，純度の高い沈殿を得るためには，この相対的過飽和度を常に低く保つ必要がある。沈殿剤を加えるときに局所的に過飽和度が大きくなってしまうので，比較的低濃度の沈殿剤を，よく撹拌しながらゆっくり加える。さらに，それを防ぐ方法として沈殿剤を溶液中で生成させる**均一沈殿法**が知られている。その代表例は，尿素を用いる方法である。すなわち，尿素を含む溶液を90℃～100℃に加熱し，以下のような加水分解を起こさせることにより，水酸化物イオンの濃度を徐々に上げていく。

均一沈殿法 homogeneous precipitation method

★　均一沈殿法は，相対的過飽和度を小さく保ち，不純物の少ない沈殿を生成させる優れた方法である。

$$(NH_2)_2CO + 3H_2O \longrightarrow CO_2 + 2NH_4^+ + 2OH^- \tag{9.15}$$

この方法はFe^{3+}やAl^{3+}などの水酸化物の沈殿生成に利用される。

また，生成した沈殿を数時間湯浴上で温めたのちに数時間ないし一夜放置すると，大きな結晶が成長しろ過しやすくなる。この過程を**熟成**と呼ぶ。この過程では，結晶の表面積や欠陥が減少し，吸着あるいは吸蔵されていた不純物が放出される。

熟成 digestion

★　ろ別の前に沈殿の熟成をする。

9.3.3　共　沈

共沈は，ある物質を沈殿させるとき，単独であれば沈殿しない物質が同時に沈殿する現象である。共沈には沈殿表面への**吸着**と結晶内部への**吸蔵**の二つの機構が知られている。さらに後者では，結晶格子の隙間や欠陥に不純物が侵入すること，結晶格子の位置を不純物の原子が置換すること（混晶の生成），の二つの機構が知られている。

共沈 coprecipitation

吸着 adsorption

吸蔵 occlusion

★　共沈には吸着と吸蔵の二つの機構がある。

重量分析では，この現象は不純物を沈殿が取り込む現象であり，なるべく避けなければならないが，近年では，原子スペクトル分析（13章）の前処理法として，微量金属イオンの分離濃縮に積極的に用いられている。水酸化鉄（III）やマンガン酸化物$MnO_2 \cdot xH_2O$の沈殿を利用した微量金属イオンの共沈法は，例えば，天然水中の微量金属イオンを，迅速，簡単に，高い濃縮率で定量的に沈殿中に回収できるため，重要な前処理法となっている。また，浄水場では，水酸化アルミニウムによる共沈法が水の浄化に広く用いられている。

★　共沈法は，微量金属イオンの分離濃縮法や水道水の浄化に利用されている。

本章のまとめと問題

9.1　難溶性塩に関する溶解度積と溶解度の意味を述べなさい。

9.2　Mg^{2+}の濃度を 1.0×10^{-6} mol dm^{-3} 以下とするための pH の条件を求めなさい。ただし，$Mg(OH)_2$ の溶解度積は $K_{sp} = 5.6 \times 10^{-12}$ とする。

9.3　例題 9.4 の条件における滴定曲線を完成させなさい。

9.4　0.100 mol dm^{-3} チオシアン酸イオンを含む溶液 10.0 cm^3 を 0.100 mol dm^{-3} 硝酸銀標準液で滴定した。このときの当量点におけるチオシアン酸イオンの濃度を計算しなさい。ただし，AgSCN の溶解度積は $K_{sp} = 1.0 \times 10^{-12}$ とする。

9.5　均一沈殿法を説明し，その利点を述べなさい。

Column　セオドア・リチャーズの仕事

リチャーズ（Richards, T. W.）は米国の化学者で，1914 年にノーベル化学賞を受賞し，米国に最初のノーベル賞をもたらした。彼と彼の学生は，様々な方法を駆使し 55 元素の原子量の精密測定を行っている。中でも代表的な方法は，非常に純粋な様々な元素の塩化物塩を得，その質量を精秤したのち，分解してその中の塩化物を重量分析する，というものであった。彼は偉大な実験家であり，その精密な実験により，コバルトとニッケルの原子番号と原子量が逆転していること，自然から産出する鉛（207.2）と放射壊変の結果生成する鉛（206.08）の原子量に差があること（同位体の概念を支持する結果），一方で，銅の原子量には産地による差がないこと，地球上の鉄も隕石中の鉄も同じ原子量をもつことなど，物質の本質に迫る数々の発見をしている。もちろん，原子量そのものは，その後，質量分析法など，最新の機器を用いて改定されているが，彼の研究の価値は歴史上に燦（さん）然と輝いている。彼の研究概要と研究に対する哲学は，ノーベル財団のホームページの彼の受賞講演から，現在も知ることができる。

（https://www.nobelprize.org/nobel_prizes/chemistry/laureates/1914/present.html）

II　化学平衡と化学分析

分離と濃縮

本章では，まず，分離・濃縮法の化学分析における意義，その分類と基本的な原理を学ぶ。さらに，液液抽出法とイオン交換法を中心とする固相抽出法についてやや詳しく学ぶ。クロマトグラフィーと電気泳動法は，現代の分離法の中心的手法であるが，19章で詳しく紹介するので本章では扱わない。

10.1　化学分析における分離と濃縮

試料中の目的成分を共存する他成分から分離・濃縮し，時には高純度な物質として得るための技術は，化学に関連したあらゆる分野において大変重要である。例えば，ウイスキーや焼酎の製造には，発酵原酒からアルコール分を取り出すために蒸留法が用いられている。また，半導体産業では超高純度のシリコンが必要だが，その精製には帯域融解法（ゾーンメルティング法）などが用いられている。さらに製薬業では，薬剤に含まれる不純物は甚大な副作用を引き起こす危険性があるため，その分離・精製には多大な注意が払われる。

★　物質の分離・濃縮技術は，化学研究のみならず産業や科学技術全体を支える基盤技術の一つである。

このように，物質の分離・濃縮技術は，化学研究のみならず産業や科学技術全体を支える基盤技術の一つとなっている。大学のカリキュラムにおいては，分離・濃縮技術のうち，蒸留などの基礎的原理は物理化学で学ぶが，より専門的には，分析化学と化学工学で扱われる。この二つの分野では，スケールという点で大きな違いがあるが，基本的には同じ原理に基づく分離技術が大変重要な役割を果たしている。

さて，化学分析における分離と濃縮の役割を，化学分析の基礎に立ち返って考えてみよう。まず，分離が化学分析の中心的な技術となることがある。9章で紹介した重量分析法においては，試料中の様々な成分の中から，特定の成分の沈殿を生成させる。このとき，分析成分の損失も不純物の混入もほとんどない条件での沈殿生成（分離）が達成できれば，あとは質量測定のみで正確な定量ができる。この場合，「分離技術」は化学分析の主要な技術ということになる。このように「完璧な分離」が分析法の中心となっている分析法として，最も古典的な分析法である重量分析法がある一方で，最先端の分析法であるガスクロマトグラフィーや高速液体クロマトグラフィーなどもあげられる。

一方，現在，広く化学分析に用いられている機器分析法の多くは，比較的高い選択性（11章11.5.3項参照）をもっているが，その選択性は完璧ではない。そこで，そうした機器分析法の限界を補う目的で，機器分析装置で試料を測定する前に，分析成分をほかの共存物質から分離する操作が行われることがある。また，極微量の分析成分を測定する際には，機器の感度不足により直接測定できないこともある。こうした場合は，分析成分を濃縮する操作も同時に行われる。このように，機器による測定に先だって行われる分離・濃縮操作は，機器分析において大変重要な過程であり，「**試料前処理**」と表現される（1章参照）。

★　機器による測定に先だって分析試料に対して行われる分離・濃縮操作は，「試料前処理」と呼ばれ，機器分析における重要なプロセスの一つである。

試料前処理 sample pretreatment

10.2　分離法の分類

分離過程は，均一に混じり合っているものが分かれた状態になることが基本である。物理化学で学んだように，エントロピーの観点から考えると，これは「エントロピーの減少過程」，すなわち，孤立系では自然には進まない過程であることに注意が必要である。したがって，分離は常にその系へのエネルギーや新たな物質の投入による平衡の移動などによって初めて可能となる。

化学的な分離法は大きく以下の二つに分類できる。

1）相転移を利用する方法：目的物質を含む新たな相の生成により分離する方法（phase formation）

2）分配を利用する方法：目的物質とそれ以外の物質が二つの相間に分配する度合いの差を利用する方法（phase competition）

★　化学的分離法には相転移や二相間の分配に基づくものがある。

さらに物理的な原理を利用する分離法も，以下の二つに分類できる。

3）外力場を用いる方法：電場勾配（電気泳動），重力場（遠心分離），温度勾配，磁場勾配などの外力場を利用する方法

4）隔膜を利用する方法：いわゆるろ過法や透析法など，ろ過膜などの隔膜を用いて分離する方法

★　物理的分離法には外力場や隔膜を利用するものがある。

表10.1にこれら四種類に分類される代表的な分離法をまとめる。1）の相転移を利用する方法は，分離の基本的な過程であり，蒸留・沈殿生成・昇華などは，例えば，有機合成化学の研究室においても，合成した目的物質の分離・精製に広く利用されている。蒸留は物質の蒸気圧の違いを利用して分離する方法であり，分析化学においても重要な手法であるが，物理化学で扱われるので，ここでは省略する。また，沈殿生成も9章で論じたので，ここでは繰り返さない。一方，2）の分配を利用する方法には，溶媒抽出やクロマトグラフィーなど化学分析で用いられる最も重要な分離法が含まれている。そこで，本章では，特に重要性の高い溶媒抽出とイオン交換法を中心とする

表10.1　分離法の分類

原理	分離法
相転移（phase formation）	蒸留，融解，沈殿生成，昇華
分配（phase competition）	吸収，抽出，吸着，イオン交換，クロマトグラフィー
外力場	電気泳動，遠心分離，沈降
隔膜	ろ過，透析，逆浸透，限外ろ過

固相抽出を論じる。クロマトグラフィーについては19章で詳しく扱う。3), 4) の外力場や隔膜を用いる方法は，近年，その重要度が増している。特に，電気泳動法は，現在，クロマトグラフィーと並び，最も重要な分離法の一つとなっており，19章で詳しく扱う。逆浸透は水の精製などに広く使われているほか，人工透析法は腎不全患者の血液の浄化法であり重要な治療方法となっている。これは血液中の有用成分と老廃物を分離する分離法の一種である。

10.3　分配平衡と抽出

塩や極性分子は水によく溶けるが，無極性分子は水に溶けにくい。一方，無極性の有機溶媒であるヘキサンには，逆に，塩や極性分子は溶けにくいが，無極性分子はよく溶ける。また，水とヘキサンのような無極性（または極性の低い）の有機溶媒（水と油）は，お互いに混じり合わず2相を形成する。

今，ある溶質Sが溶けている水溶液に水とは混じり合わないヘキサンを加え，充分に振り混ぜたのち静置する。そうすると，溶質Sの一部は水相にとどまるが，一部はヘキサン相にも溶ける。その割合はその溶質の性質により大きく異なる。溶質Sが，極性が低く水には溶けにくい物質であれば，そのほとんどがヘキサン相に移るが，一方，塩のような物質であれば，ヘキサン相にはまったくと言っていいほど移らないであろう。このように，異なる二つの相に物質がその性質に基づいて分布することを**分配**と呼び，その平衡を**分配平衡**と呼ぶ（**図10.1**）。溶質Sの水相中の濃度を $[S]_w$，有機相中の濃度を $[S]_o$ とすると，分配平衡は以下のように記述される。

★　二つの相に物質がその性質に基づいて分布することを分配と呼び，その平衡を分配平衡と呼ぶ。

分配　distribution

分配平衡　distribution equilibrium

$$K_D = \frac{[S]_o}{[S]_w} \qquad (10.1)$$

ここで，K_D は**分配係数**と呼ばれる平衡定数である。

分配係数　distribution coefficient

★　分配係数 K_D は，単一の化学種に対して定義される。

★　分配比 D は，それぞれの相中に様々な化学種として存在する溶質Sの総濃度の2相間の比を表す。

ところで，式(10.1)は，単一の化学種の分配平衡を表している。しかし，実際の抽出系ではいくつかの化学種が平衡に関わっている。例えば，解離している酸と解離していない酸が共存するような場合である。このようなときは，以下のような分配比 D が用いられる。今，水相の溶質Sを含むすべての化学種の総濃度を C_w，有機相の総濃度を C_o とすると，式(10.2)のよう

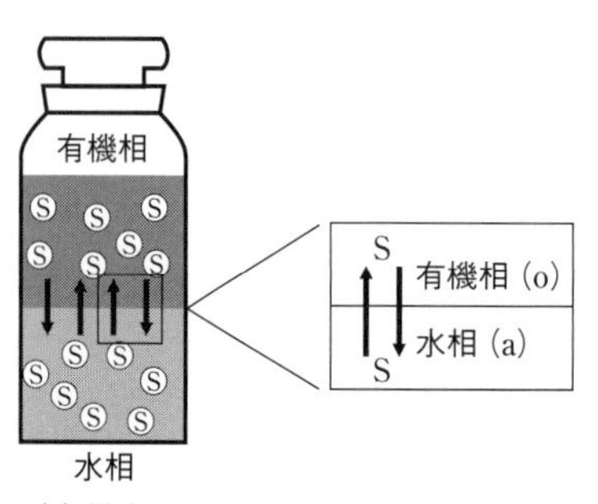

図10.1　2相間での溶質Sの分配

になる。

$$D = \frac{C_o}{C_w} \tag{10.2}$$

さらに，有機相に実際に全溶質の何％が抽出されるかが問題となることが多い。それを表す指標として**抽出率** $\%E$ を用いる。すなわち，下式のように表せる。

抽出率 percent extraction

★　抽出率 $\%E$ は，一方の相に抽出される全溶質Sの割合（%）を表す。

$$\%E = \frac{\text{有機相中の全溶質量}}{\text{有機相中の全溶質量} + \text{水相中の全溶質量}} \times 100$$

$$= \frac{C_o \times V_o}{C_o \times V_o + C_w \times V_w} \times 100 \tag{10.3}$$

ここで，V_o は有機相の体積，V_w は水相の体積である。また，式(10.2)，(10.3)から

$$\%E = \frac{D}{D + \frac{V_w}{V_o}} \times 100 \tag{10.4}$$

が成立する。

****

[例題 10.1] ヘキサン相と水相間の分配比が 5.0 の物質Sについて，水相と同体積のヘキサンで溶媒抽出を試みた。この操作を3回繰り返したとき，水相に残る溶質Sの量は全体の何％か。

[答] 1回の抽出操作で水相に残る溶質S(%)は

$$100 - \%E = 100 \times \left(1 - \frac{D}{D + \frac{V_w}{V_o}}\right) = 100 \times \left(\frac{\frac{V_w}{V_o}}{D + \frac{V_w}{V_o}}\right)$$

より

$$100 - \%E = 100 \times \left(\frac{1}{5+1}\right) = 16.7\ \%$$

次の操作では，水相に残った 16.7 %の溶質Sのうちの 16.7 %が水相に残る。この過程を繰り返すので，

$$(0.167)^3 \times 100 \approx 0.47\ \%$$

このように，分配比は比較的小さくても，抽出を繰り返すことにより，高い抽出率を得ることができる。

****

この2相への分配は，液相間（液液分配）のみならず固相と液相間（固液分配）[*1] も考えることができる。このような分配平衡を利用して，試料中の目的物質を一方の相に移すと同時に，共存物質の多くをほかの相に残すことにより分離と濃縮を行う方法を，**抽出法**と呼ぶ。目的物質を液相に回収する場合は**溶媒抽出法**であり，特に2相がともに液体である場合は，**液液抽出法**と呼ばれる。一方，固相に回収する場合は**固相抽出法**と呼ぶ。近年，この方法は，機器分析の前処理法として大変重要な方法になっている。

*1　食品，土壌などの固体から分析成分を液相に抽出する方法として，19世紀よりソックスレー(Soxhlet, F.)抽出法などが知られており，現在でも環境試料や食品試料の分析に広く用いられている。

抽出法 extraction

★　抽出法には溶媒抽出法や固相抽出法がある。

溶媒抽出法 solvent extraction

液液抽出法
liquid-liquid extraction

★　溶媒抽出法のうち，2相がともに液体である場合は液液抽出法と呼ばれる。

固相抽出法 solid phase extraction

10.4 液液抽出法

この方法は，分析成分のお互いに混じり合わない2液相（通常，水相と有機相）間への分配を利用する方法である。通常は，水試料に含まれる分析成分や，分析成分以外の共存物質を有機相に移すことにより，分析成分を共存物質から分離したり，濃縮したりするのに用いられる。この方法は，有機化合物のみならず，微量の金属イオンなどの無機物質の分離・濃縮にも広く用いられている。

水相から有機相に分析成分を定量的に移す（分配させる）には，分配係数 K_D が充分大きいことが必要である。通常，水に溶けている物質の K_D は金属イオンのように極めて小さいか，それほど大きくないことが多いので，様々な化学的な工夫をして分析成分をより大きな K_D をもつ物質に変換することが行われている。まず，イオン性の物質は，電荷を中和して中性の物質にすると，水に溶けにくくなる一方，有機相には溶けやすくなる。すなわち，大きな分配係数 K_D をもつ物質を得るには，まず電荷を中和する方法を考えればよい。このための方法として，実用的には以下の四つの方法が知られている。

★　イオン性の物質を水相から有機相へ抽出するには電荷を中和することが必要である。

1）弱酸・弱塩基の物質を抽出するためにpHを調整する。例えば，フェノール基やカルボキシ基をもつ弱酸性の物質を有機相に抽出したいときは，水相のpHを酸性にすると，これらの酸性基の解離が抑えられて電荷がなくなるため，より有機相に分配される。一方，弱塩基性の物質は，反対にpHを上げると有機相に分配される。

2）酸化還元反応を利用して，イオンを分子に変える。例えば，I^-を抽出するために，以下のようにI^-をI_2分子に変換すると，I_2は四塩化炭素のような有機溶媒に抽出される。

$$2I^- \longrightarrow I_2$$

3）弱酸の有機キレート剤と金属イオンの錯形成反応により中性のキレート化合物を生成させて，それを有機相に抽出する（キレート抽出法）。

4）中性のイオン対（イオン会合体）を生成させて，それを比誘電率の大きな有機溶媒に抽出する（イオン対抽出法）。

このうち，3）と4）は応用範囲が広く，分析化学にとって特に重要な方法であり，ここではさらに詳しく学ぶ。

10.4.1 キレート抽出法

この方法は，1950年代以降，原子力産業の発展とともに大きく発展した。原子力産業では，例えば，放射能をもつ物質は，どんな微量でも分離・回収されなければならない。そのために，アクチノイドやランタノイドなどの重元素をはじめとする様々な金属元素の分離・回収技術の研究とその実用化が進んだ。本法も，その中の一つとして大きな進歩を遂げた。そして様々なキレート剤や溶媒を用いる多くの優れた抽出法が実用化し，現在も用いられて

表 10.2　金属イオンの液液抽出に用いられる代表的なキレート剤

キレート剤	備考
H, C, C, C, CF_3, S, O, OH テノイルトリフルオロアセトン	β-ジケトン類の代表的なキレート剤として，特に，ランタノイド，ウランの抽出に用いられる。
N, OH 8-キノリノール	多くの金属イオンと錯形成する。
N=N, C−NH, S, HN ジフェニルチオカルバゾン（ジチゾン）	代表的な抽出剤として，広く使われている。また，吸光光度試薬（14 章参照）としても用いられる。
$[(C_2H_5)_2N-CS_2]^-\ Na^+$ ジエチルジチオカルバマートナトリウム（DDTC）	多くの金属イオンと錯形成する。

いる。

弱酸の有機キレート剤が金属イオンに錯形成し中性のキレート化合物が生成すると，それは親有機性が高く，有機相に抽出されやすくなる。**表 10.2** に代表的な金属抽出用のキレート剤をまとめる。また，このときの有機溶媒には，シクロヘキサン，四塩化炭素，クロロホルム，トルエンなどの，極性の小さなものが用いられる。

★　キレート抽出法は，弱酸の有機キレート剤と金属イオンの錯形成により生成する中性のキレート化合物を有機相に抽出する方法である。

この反応の平衡を**図 10.2** に表す。ここで描かれる平衡は複雑であるが，酸解離していないキレート剤 HA と金属錯体 MA_n はすべて有機相に分配され，それ以外の反応していない金属イオンや水素イオンはすべて水相に分配されていると考えても差し支えないことが多いので，図 10.2 の平衡は簡略化でき，式 (10.5) のように表される。

$$M^{n+} + n\,HA_o \rightleftharpoons MA_{n,o} + n\,H^+ \qquad (10.5)$$

ここで添え字 o は当該化学種が有機相に，添え字なしは水相に存在することを意味する。この反応に関し，抽出平衡定数 K_{ex} が次のように定義される。

$$K_{ex} = \frac{[MA_n]_o[H^+]^n}{[M^{n+}][HA]_o{}^n} \qquad (10.6)$$

また，実際の抽出の解析には，前述の分配比 D が利用される。D と K_{ex} の関係は，式 (10.5)，(10.6) より，以下のように表される。

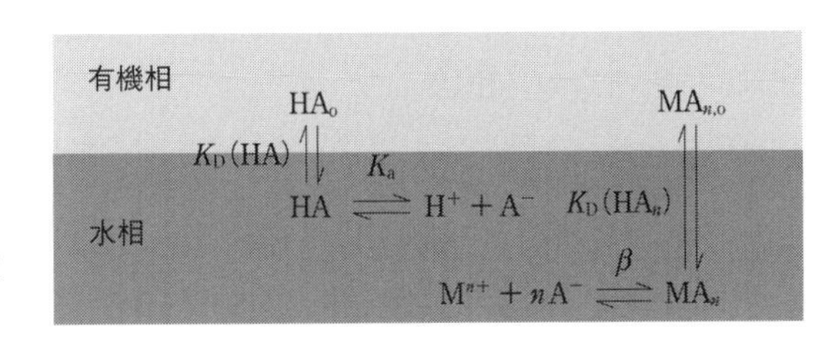

図 10.2　キレート抽出における化学平衡

$$D = \frac{[MA_n]_o}{[M^{n+}]} = K_{ex}\frac{[HA]_o{}^n}{[H^+]^n} \qquad (10.7)$$

式(10.7)の両辺の対数をとると

$$\log D = \log K_{ex} + n\log[HA]_o + n\,pH \qquad (10.8)$$

が得られる。この式は抽出系を解析するのに大変便利な式である。例えば，D，pHは実験的に測定できる。また，抽出剤濃度（$[HA]_o$）もあらかじめ実験条件を設定することができる。そこで$\log[HA]_o$を一定にして，様々なpHで抽出を行い$\log D$ *vs.* pHをプロットすると，その傾きからn（キレート剤の結合モル比）を求めることができる。また，プロットのy切片からK_{ex}の算出も可能である。

★　$\log D$ *vs.* pHプロットの傾きからキレート剤の結合モル比を求めることができる。また，プロットのy切片からK_{ex}の算出も可能である。

水相と有機相の体積が同じ場合には，目的金属イオンを定量的に抽出する条件は$\log D \geqq 2$（約99％以上抽出）となる。また，ほかの共存金属イオンを水相に残したければ，その金属イオンの$\log D \leqq -2$の条件（約1％以下しか抽出されない）を探す。pHや抽出剤濃度などの最適抽出条件は，金属イオンやキレート剤の種類により異なるため，これらの条件をうまく選ぶと，金属イオンの相互分離が可能になる。例えば，類縁元素*2であるZrとHfの相互分離なども可能となる場合がある。

*2　お互いに性質のよく似た元素同士のことで，一般に分離がむずかしい。

＊＊＊＊＊＊＊＊＊＊＊＊＊＊＊＊＊＊＊＊＊＊＊＊＊＊＊＊＊＊＊＊＊＊＊＊＊＊

［例題10.2］ 金属イオンのキレート抽出系では，分配比$\log D = 0$となるpHを半抽出$pH_{1/2}$と呼ぶ。この値は，キレート剤濃度によって変わるが，その金属イオンの抽出可能なpH領域を推定するためのよい指標となる。今，8-キノリノール(Hox)はAl^{3+}と次のような反応をしてクロロホルム中に抽出される。

$$Al^{3+} + 3\,Hox \rightleftharpoons Al(ox)_3$$

Hoxのクロロホルム中の濃度を$0.1\ mol\ dm^{-3}$としたときのAl^{3+}の$pH_{1/2}$は，2.9である。このときの$\log K_{ex}$を計算しなさい。また，定量的な抽出（分配比$\log D \geq 2$以上）が達成されるpHを計算しなさい。

［答］ 式(10.8)において，$n = 3$，また$pH_{1/2} = 2.9$であるので，

$$0 = \log D = \log K_{ex} + 3 \times \log 0.1 + 3 \times 2.9$$

したがって，$\log K_{ex} = -5.7$

$\log D \geq 2$となるpHは，式(10.8)から

$$pH \geq \frac{1}{n} \times (\log D - \log K_{ex} - n\log[HA])$$

$$= \frac{1}{3} \times (2 - (-5.7) - 3(-1)) = 3.6$$

Al^{3+}はpH 3.6以上で定量的に抽出される。（ただし，pHが高すぎると，水酸化物イオンとの錯形成により，その抽出は妨害される。）

＊＊＊＊＊＊＊＊＊＊＊＊＊＊＊＊＊＊＊＊＊＊＊＊＊＊＊＊＊＊＊＊＊＊＊＊＊＊

10.4.2　イオン対抽出法

★　イオン対抽出法は，水溶液中のイオンを，中性のイオン対（イオン会合体）として比誘電率が大きい有機溶媒に抽出する方法である。

本法もキレート抽出法と並び，金属イオンや無機陰イオンあるいはイオン性界面活性剤などの様々な物質の抽出分離に用いられる。例えば，古くから，高濃度の塩酸溶液中のFe^{3+}をジエチルエーテル(R_2O)に抽出する方法

が知られている。この方法では，陰イオンの $FeCl_4^-$ と陽イオンの R_2OH^+ が生成し，これらがイオン対としてエーテル相に抽出される。有機相に抽出されやすいイオン対は，陽イオン・陰イオンともにサイズが大きく，電荷が小さい (1価) ものの組合せである。特に，イオン対の親有機性を高め，抽出しやすくするために，イオン対の片方は，分子量が比較的大きく疎水基をもつ，例えば，イオン性界面活性剤などの有機化合物がよく用いられる。逆に環境水中のイオン性界面活性剤の測定などにおいても，イオン性界面活性剤を抽出濃縮するために本法が用いられている*3。イオン対抽出法では，有機相でイオン対が安定に存在する必要があるため，ジクロロエタン，ニトロベンゼン，エーテルなど，比誘電率が大きい溶媒が用いられることが多い。

★ 抽出されやすいイオン対は，陽イオン・陰イオンともにサイズが大きく，電荷が小さい (1価) ものの組合せである。

*3 環境水中の陰イオン界面活性剤の測定法として，陽イオンの色素であるメチレンブルーとのイオン対をクロロホルムなどの有機相に抽出して吸光光度定量する方法がJIS法に採用されている。

図10.3に，例として金属イオンのイオン対抽出に用いられる代表的な試薬を示す。陰イオンのテトラフェニルホウ酸イオン (カリボール) やテトラキス (4-フルオロフェニル) ホウ酸イオン (セシボール) は，それぞれ，K^+ や Cs^+ の沈殿剤として有名であるが，同時にこれら金属イオンのイオン対抽出剤として用いることができる。また，クラウンエーテルに代表される中性の大環状配位子は，金属イオンのサイズにより選択的に錯形成し環内に取り込む。例えば，ジベンゾ-18-クラウン-6 (DB18C6) は K^+ と選択的に錯形成し，以下のような反応により有機相にイオン対抽出される。

$$K^+ + DB18C6_{(org)} + ClO_4^- \rightleftharpoons K(DB18C6)^+ \cdot ClO_4^-{}_{(org)}$$

ここで添え字の (org) は，この化学種が主に有機相に存在することを示す。

ドデカンなどの溶媒にリン酸トリブチル (TBP) を 30 %程度溶かした溶液は，以下のような反応により，ウラン，プルトニウム，トリウムなどを硝酸に溶かした使用済み核燃料から抽出するのに用いられている*4。

$$UO_2^{2+} + 2NO_3^- + 2TBP_{(org)} \rightleftharpoons UO_2(NO_3)_2(TBP)_{2(org)}$$

*4 この抽出法はPUREX法と呼ばれる有名な核燃料再処理プロセスの一部である。

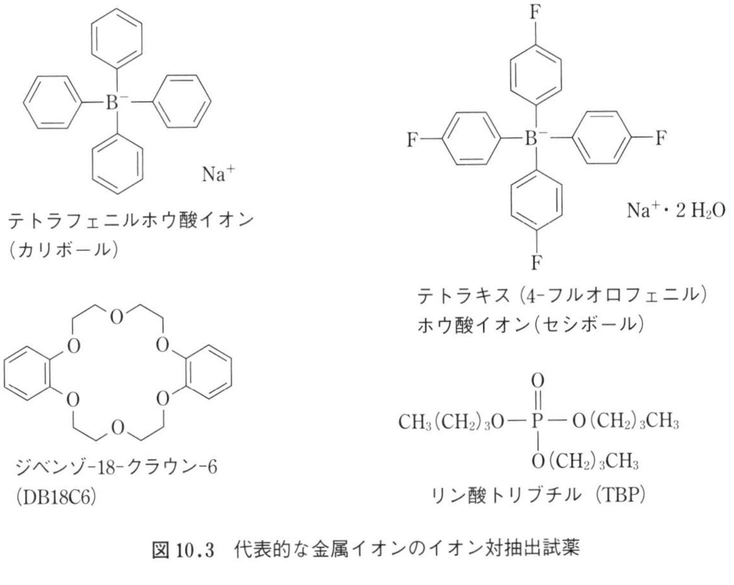

テトラフェニルホウ酸イオン (カリボール)　Na^+

テトラキス (4-フルオロフェニル) ホウ酸イオン (セシボール)　$Na^+ \cdot 2H_2O$

ジベンゾ-18-クラウン-6 (DB18C6)

$CH_3(CH_2)_3O-P(=O)-O(CH_2)_3CH_3$, $O(CH_2)_3CH_3$
リン酸トリブチル (TBP)

図10.3 代表的な金属イオンのイオン対抽出試薬

10.4.3　溶媒抽出法の問題点

★　溶媒抽出法に用いられる有機溶媒の使用には環境や健康への配慮が求められている。

溶媒抽出法に用いられる有機溶媒の多くは，比較的毒性が高い。特に，クロロホルムや四塩化炭素などの塩素系の有機溶媒は，大変優れた抽出溶媒であるが，現在では使用が厳しく制限されるようになってきている。したがって，有機溶媒を使わない固相抽出法を採用したり，方法自体をミクロ化して溶媒の使用量を減らしたり，密閉系で実験を行うなどの工夫がなされるようになっている。溶媒抽出法は，現在も，しばしば他法で置き換えることができない重要な方法であるが，有機溶媒の使用には環境や健康への配慮が求められている。

10.5　固相抽出法

固相抽出法 solid phase extraction

10.5.1　固相抽出法の原理と分類

★　固相抽出法は，様々な官能基を担持したシリカ粒子やポリマー粒子（基材）表面に分析成分を吸着させて回収する方法である。

★　固相抽出法には，1）疎水性相互作用，2）極性相互作用，3）イオン交換反応，4）錯形成反応（キレート樹脂）などを利用するものがある。

前述のように，主に毒性の観点から，液液抽出法の使用が制限される中，それに代わる分離・濃縮法として利用が広がっているのが，固相抽出法である。この方法は，通常は様々な官能基を担持したシリカ粒子やポリマー粒子（基材）表面に分析成分を吸着させ回収する方法である。固相抽出法の代表的な捕集機構として，主に以下の四種類が知られている。

1）**疎水性相互作用**　基材表面に導入されたオクタデシル基（$-C_{18}H_{37}$）やフェニル基（$-C_6H_5$）との疎水性相互作用により分析成分を捕集する。

2）**極性相互作用**　基材表面に導入されたシアノプロピル基（$-C_3H_6CN$）やジオール基（$-CH(OH)CH_2OH$）などの極性基との双極子－双極子相互作用や水素結合により分析成分を捕集する。

3）**イオン交換反応**　基材表面に導入されたイオン交換基とのイオン交換反応により分析成分を捕集する。

4）**錯形成反応**（キレート樹脂）　基材表面に導入されたイミノ二酢酸基（$-N(CH_2COOH)_2$）などの多座配位子との錯形成反応により金属イオンを選択的に捕集する。

1）は原理的に液液抽出法に近い。さらに，1）と2）は高速液体クロマトグラフィー（HPLC）の固定相に大変近いので，その原理については19章で詳しく扱う。3）については次節で詳しく扱う。4）のキレート樹脂として，様々な種類の配位子を導入した樹脂が市販されており，以前より重金属イオンの捕集に広く用いられている。多くのキレート樹脂は，アルカリ金属イオンやアルカリ土類金属イオンとの結合は弱いが，重金属イオンとは強く結合する。そこで，例えば，ICP-MS法などの原子スペクトル分析法（13章参照）で海水中の重金属イオンを測定する際に，塩を除去し，重金属イオンを選択的に濃縮するための試料前処理に広く利用されている。また，廃液からの重金属の除去などにも用いられる。

バッチ法 batch method

カラム法 column method

★　固相抽出法の操作法には，バッチ法とカラム法がある。

固相抽出法の操作法として，**バッチ法**と**カラム法**が知られている。バッチ法は，粉末状の固相を試料溶液中に分散させ，よくかき混ぜ分析成分を捕集する。その後，ろ過や遠心分離によって固相を回収し，適当な溶離液で分析

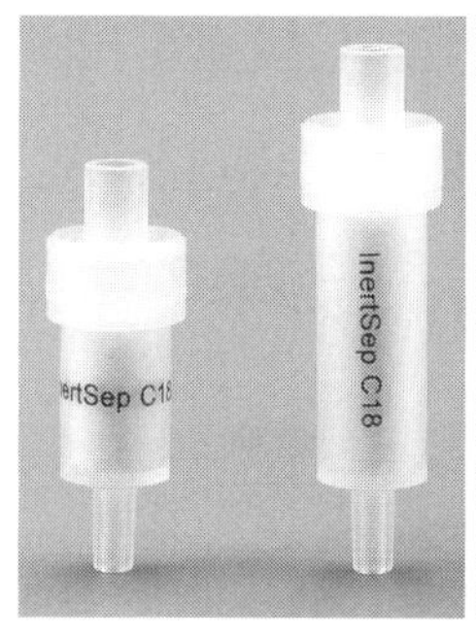

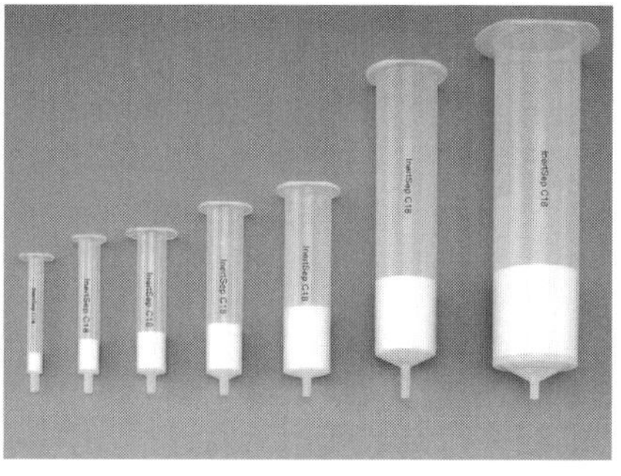

図 10.4　市販されている様々な固相抽出デバイス
ジーエルサイエンス株式会社提供。

成分を溶出させる。一方，カラム法は，円筒状の管に固相粒子を充填したもの（これをカラムと呼ぶ）に試料溶液を通過させて分析成分を捕集する。その後，適当な溶離液で分析成分を溶出させる。

近年，シリンジ（注射筒）の先端部分に固相を充填したカートリッジ型の固相抽出デバイス（カラム法の一種である）が市販されている（**図 10.4** 参照）。これらには様々な種類のものがあるが，特に，前述の 1）や 2）の機能をもつものが，GC や HPLC の試料前処理に広く用いられている。これらは，有機化合物である分析成分を捕集・濃縮するとともに，機器による測定を妨害する夾雑物の除去に大変有効である。

★　近年，カートリッジ型の固相抽出デバイスが普及している。

10.5.2　イオン交換法

イオン交換反応は，固相であるゼオライトのような無機の固体や，イオン交換基をもつ高分子の樹脂に吸着しているイオンと試料溶液中のイオンが交換し，固相中のイオンが溶液中に放出され，逆に試料中のイオンが固相に吸着される反応である。こうした性質をもつ固体をイオン交換体と呼ぶ。このイオン交換反応を利用して，目的物質の分離・濃縮を行う方法を**イオン交換法**と呼ぶ。この方法は固相抽出法の一つに分類されるが，長い歴史をもち，溶媒抽出法と同様に原子力産業の発展とともに進歩してきた。これまでに様々なイオン交換体が開発されており，現在では無機イオンの分離のみならず，アミノ酸やタンパク質などの生化学物質などに広く利用される重要な方法となっている。ここでは，最も広く利用されるポリスチレン系のイオン交換樹脂を用いるイオン交換法について解説する。

イオン交換 ion exchange

イオン交換法
ion-exchange method

★　イオン交換法は，イオン性物質の重要な分離・濃縮法であり，長い歴史をもつ。

a）イオン交換樹脂の種類

最も一般的なイオン交換樹脂は，ポリスチレン系のもので，スチレンと橋かけ構造をつくるための少量（8 %程度）のジビニルベンゼン（DVB）と共重合して調製されるビーズ状の多孔性の高分子基材中に，イオン交換基（X）を共有結合で導入したものである。その構造を**図 10.5** に示す。また，**表 10.3** にイオン交換樹脂（R）の種類をまとめる。例えば，陽イオン交換樹脂のイオン交換基はスルホン基（$-SO^{3-}$）やカルボキシ基（$-COO^{-}$）で，この

★　ビーズ状で多孔性のスチレン－ジビニルベンゼン共重合体の基材中に，イオン交換基（X）を共有結合で導入したイオン交換樹脂が広く用いられている。

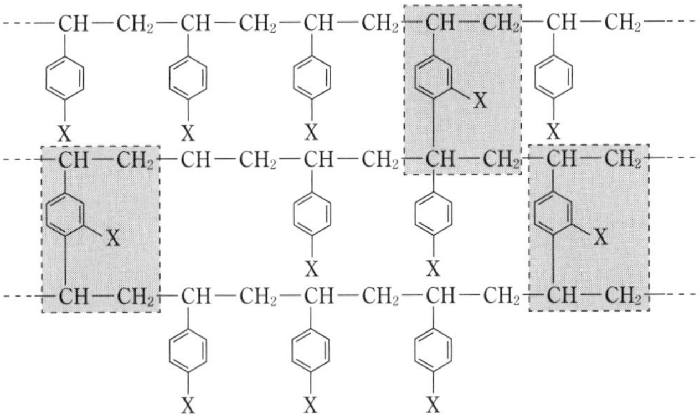

X：イオン交換基（$-SO_3^-H^+$, $-CH_2-N^+(CH_3)_3OH^-$ など）
アミかけ部分はジビニルベンゼンによる橋かけ構造

図 10.5　ポリスチレン系イオン交換樹脂の構造

表 10・3　代表的なイオン交換樹脂

種別	典型的な交換基 (X)	商品名
陽イオン交換樹脂		
強酸性	スルホン基〔$-SO_3^-H^+$〕	Dowex-50, Amberlite IR-120
弱酸性	カルボキシ基〔$-CO_2^-H^+$〕	Amberlite IRC-50, Rexyn-102
陰イオン交換樹脂		
強塩基性	第四級アンモニウム基〔$-CH_2-N^+(CH_3)_3OH^-$〕	Dowex-1, Amberlite-IRA 400
弱塩基性	アミノ基〔$-NH_3^+OH^-$〕	Dowex-3, Amberlite-IR 45

ときの水素イオンと金属イオンの陽イオン交換反応は，

$$n R^-H^+ + M^{n+} \rightleftharpoons R_n M^{n+} + n H^+ \tag{10.9}$$

と表される。また，陰イオン交換樹脂で OH^- と陰イオンの交換反応は

$$n R^+OH^- + A^{n-} \rightleftharpoons R_n A^{n-} + n OH^- \tag{10.10}$$

と表される。表 10.3 からわかるように，陽イオン交換樹脂には強酸性と弱酸性のものが存在するが，強酸性の陽イオン交換樹脂はそのイオン交換基 ($-SO^{3-}$) が強酸であるため，低 pH 領域でも水素イオンが解離するので，イオン交換能が保持される。それに対して，弱酸性の陽イオン交換樹脂は，$-COO^-$ 基が解離する比較的高い pH 領域で初めてイオン交換性が発揮される。強塩基性（交換基は第四級アンモニウム基）と弱塩基性（第三級以下のアミン基）の陰イオン交換樹脂も同様の関係となる。弱酸性や弱塩基性のイオン交換樹脂は，アミノ酸など生化学物質や有機酸などの有機化合物の分離に用いられることが多く，強酸性や強塩基性のイオン交換樹脂は無機イオン種の分離に用いられることが多い。

★　強酸性の陽イオン交換樹脂（イオン交換基, $-SO_3^-$）は，低 pH 領域でもイオン交換能が保持される。弱酸性の陽イオン交換樹脂（$-COO^-$）は比較的高い pH 領域でのみイオン交換性をもつ。強塩基性（第四級アンモニウム基（$-N^+R_1R_2R_3$））と弱塩基性（第三級以下のアミン基（$-NR_1R_2$ や $-NHR$ など））の陰イオン交換樹脂も同様の関係となる。

★　弱酸性や弱塩基性のイオン交換樹脂は，アミノ酸など生化学物質や有機酸などの有機化合物の分離に，強酸性や強塩基性のイオン交換樹脂は無機イオン種の分離に用いられることが多い。

b）イオン交換平衡と選択性

式 (10.9) で示される陽イオン交換反応について，交換平衡定数 K は次式で表される。

$$K = \frac{(a_{RH^+})^n (a_{M^{n+}})}{(a_{R_nM^{n+}})(a_{H^+})^n} \tag{10.11}$$

ここで a は活量を表すが，実際の系で活量を求めるのは困難であるため，式(10.8)を濃度で表した選択係数，または次式で定義される分配係数 K_D がイオンの交換されやすさの尺度として用いられる。

★ 分配係数 K_D がイオンの交換されやすさの尺度として用いられ，その値はイオン種によって大きく異なる。

$$K_D = \frac{\text{樹脂 1 g 中に交換されるイオン量 / meq g}^{-1}}{\text{樹脂と平衡にある溶液 1 cm}^3\text{ 中のイオン量 /meq cm}^{-3}}$$

$$= \frac{[R_nM^{n+}]_r}{[M^{n+}]_s} \text{ cm}^3 \text{ g}^{-1} \tag{10.12}$$

ここで，r と s は，それぞれ樹脂，溶液を指す。また，meq はミリ当量（1 当量は電荷 1 mol）を表す。K_D の値が大きいほど交換されやすいことを意味する。

K_D の値はイオン種によって大きく異なる。交換基がスルホン基の強酸性陽イオン交換樹脂に対する金属イオンの K_D は，ほぼ以下のような順序となることが経験的にわかっている。

(1) イオンの価数が大きいほど大きい

$$Th^{4+} > Al^{3+} > Ca^{2+} > Na^+$$

$$PO_4^{3-} > SO_4^{2-} > NO_3^-$$

(2) 同じイオン価数であれば，イオン半径が小さく水和度（電荷密度）の大きいイオンほど小さい（交換されにくい）

$$Cs^+ > Rb^+ > K^+ > Na^+ > Li^+$$

$$ClO_4^- > I^- > NO_3^- > Br^- > Cl^- > OH^- > F^-$$

(1) は，静電的な力が大きいほど，イオン交換基との結合力が大きくなることから説明される。また (2) は，水和度が大きいイオンの方が，樹脂の膨潤をより強く引き起こすため，膨潤の少ないイオン交換に比べて，交換するのに余分なエネルギーが必要になり不利になるためと考えられている。

c) イオン交換法の応用

イオン交換樹脂は様々な分野に用いられているが，イオンの分離に関しては，イオン交換樹脂をカラムに詰めて，クロマトグラフィー（19 章参照）として利用されることが多い。特に，陰イオン交換樹脂のカラムを用いた重金属イオンの相互分離法は有名である。この方法では，高濃度の塩酸中で生成する重金属イオンのクロロ錯イオン（陰イオンとなる）を相互分離する*5。

また，イオン交換樹脂の重要な応用として，純水（イオン交換水）の製造*6 がある。水道水などの原料水を H^+ 型の強酸性陽イオン交換樹脂と OH^- 型の強塩基性陰イオン交換樹脂のカラムに通すと，陽イオンはすべて H^+ に，また陰イオンは OH^- に交換され，結果として水が生成する。すなわち，原料水中のイオンを除くことができる。イオン交換樹脂の交換基がすべてイオンに交換されるとこうした交換が起こらなくなるので，そのときは強酸や強塩基の溶液を流し，H^+ 型と OH^- 型に戻す処理を行うと，樹脂を繰り返し使用できる。

*5 クロロ錯イオンの安定度は重金属イオンにより異なるため，溶離液として用いる塩酸の濃度を下げていくと，安定度が低い重金属イオンのクロロ錯イオンから順にカラムから溶出する。

*6 近年では逆浸透膜と併用する装置が増えている。

本章のまとめと問題

10.1　抽出に関する次の用語の定義を述べなさい。

1）分配係数（K_D）

2）分配比（D）

3）抽出率（$\%E$）

4）抽出平衡定数（K_{ex}）

10.2　次の液液抽出法を説明しなさい。

1）キレート抽出法

2）イオン対抽出法

10.3　例題 10.1 において，ヘキサン相と水相の容積の比を 1：5 とすると，結果はどうなるか。また 5：1 の場合はどうか。

10.4　二つの 3 価の金属イオン M_1^{3+} と M_2^{3+} を，8-キノリノールを用いた液液抽出により完全分離する（定量的に M_1^{3+} を有機相に抽出し M_2^{3+} を水相に残す）ためには，半抽出 $pH_{1/2}$ はどのような条件が必要か。なお，ここで完全分離とは，同時に $\log D_{M1} > 2$，$\log D_{M2} < -2$ が成立する場合をいう。

10.5　濃度のわからない硫酸銅水溶液 10.0 cm^3 を H^+ 型の強陽イオン交換樹脂のカラムに通したところ，Cu^{2+} は，H^+ とイオン交換し，すべて樹脂に吸着された。このときの溶出液をすべて集めて，50.0 cm^3 として 0.100 mol dm^{-3} 水酸化ナトリウム標準液で滴定したところ，中和に 7.36 cm^3 を要した。このときの硫酸銅溶液のモル濃度を求めなさい。

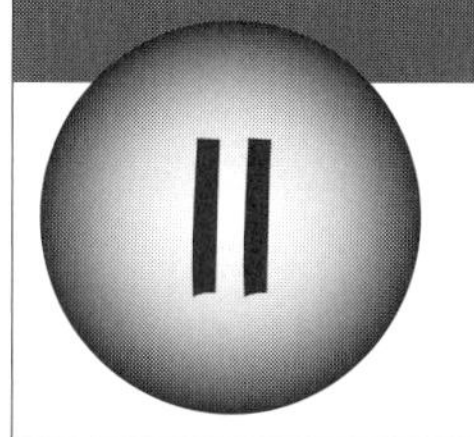

11 機器分析概論

まず，機器分析法に共通する基本原理と，その構成要素を学ぶ。次に機器分析法を分類する。定量法の基本概念として「検量線法」，「標準添加法」を学ぶ。さらに，機器分析法の性能を評価するための基本概念である「感度」，「検出限界」，「選択性」，「頑健性」の意味を学ぶ。特に，「検出限界」を決定する要素として，雑音（ノイズ）と信号（シグナル）の関係に着目し，「積算」や「積分時間（時定数）」の概念を学ぶ。

11.1 機器分析法の必要性

ここまで学んできた分析法は，いわゆる古典分析法といわれる方法であり，例えば滴定などでは，ビュレットやビーカーなどのガラス器具や試薬だけで物質の定量が可能な方法であった。これらの方法は，現在でも大変重要な方法であるが，近年の科学技術の発展を支え，社会の多様なニーズにこたえるためにはそれだけでは不充分であり，分析機器を使った**機器分析法**が急速に発展と進歩を遂げている。

機器分析法 instrumental analysis

私たちは様々な物質情報を必要としている。例えば，定量分析を考えても，環境分析や材料評価の分野では，滴定法ではとても測定できない，ng g^{-1} (ppb) や pg g^{-1} (ppt) レベル（2 章参照）の極微量の重金属イオン濃度を測定することが必要である。また，合成化学の分野では，様々な複雑な化合物の構造を決定したり，その物性を調べたりすることも必要である。それらの情報は，多くの場合，機器分析によって初めて得られる。

機器分析は，場合によっては，非常に大掛かりで高価な装置によって行われる。したがって，機器分析は，非常に複雑で高度な原理に基づいている，すなわち，理解しがたいもの，とのイメージをもつ人も多いことだろう。確かに機器分析法はそうした側面ももつが，ほとんどの機器分析法は，比較的単純な共通の基本原理に基づいている。これを理解することは，さして困難なことではない。本章では，まずこの基本原理を扱う。そのうえで，次章以後，個別の方法を解説していく。

11.2 機器分析の基本原理

試料から情報を得ようとするときは，その試料に何らかのエネルギーを与え，その相互作用を観測しなければならない。機器分析から離れて，人間が物体を視覚的に見るという行動を考えてみよう。まず，その物体には光が当てられていなければならない。物体は光を反射するが，その光の一部はその物体によって吸収あるいは散乱される。そうした効果は物体により異なっており，我々はその物体からの反射光を目で観測することにより，その物体の形状，色や質感を認識し，その物体の性質を推定する。すなわち，この場合，付与されたエネルギーは光（電磁波）であり，我々は，そのエネルギーと物体との相互作用を観測して，試料の性質を理解している。機器分析の第一原理は，このような我々の行動と同じである。すなわち，機器分析装置内で行われていることは，試料への**プローブエネルギー**（試料の性質を調べるために試料に与えるエネルギー）の付与と，その結果として生じる試料とプローブエネルギーの相互作用を，様々な方法で観測することである。しかし，これだけでは機器分析にはならない。次に必要なことは，相互作用の結果を電気信号として取り出すことである。この過程を**図11.1**に示す。

プローブエネルギー probe energy

★　機器分析は，プローブエネルギーと試料の相互作用を様々な方法で観測することに基づいている。

プローブエネルギーには，電磁波・電気・磁気・熱・圧力など，様々なエネルギーが用いられる。一方，観測される信号もエネルギーであり，やはり様々な種類のエネルギーがありうる。さらに，機器分析装置の場合，そうした物質情報を含んだ信号（エネルギー）は，電気信号に変換されなければならない。このエネルギーの変換器のことを**トランスデューサー**と呼ぶ。光を電気信号に変える光電子増倍管，熱についてはサーミスタ，圧力変化はマイクロフォンなどが代表的なトランスデューサーである。そうしたトランスデューサーによって生じる電気信号は，通常大変微弱である。したがって，その信号を増幅する必要がある。また，多くの雑多な信号の中から必要な信号を選び出したり，またその信号を加工して必要な情報として取り出したりする仕組み（信号処理システム）が，ほとんどの機器分析装置の中に組み込まれているが，それは多様で，単純なものから非常に複雑なものまで様々である。そこで，それらについては，それぞれの方法論のところで学ぶことにして，とりあえず基本原理からは外しておく。

トランスデューサー transducer

★　機器分析では，相互作用の結果（様々なエネルギーの形態をとる）を，トランスデューサーを用いて電気信号に変換する。

ここで，これまで議論してきた機器分析の要素をまとめると，以下のようになる。

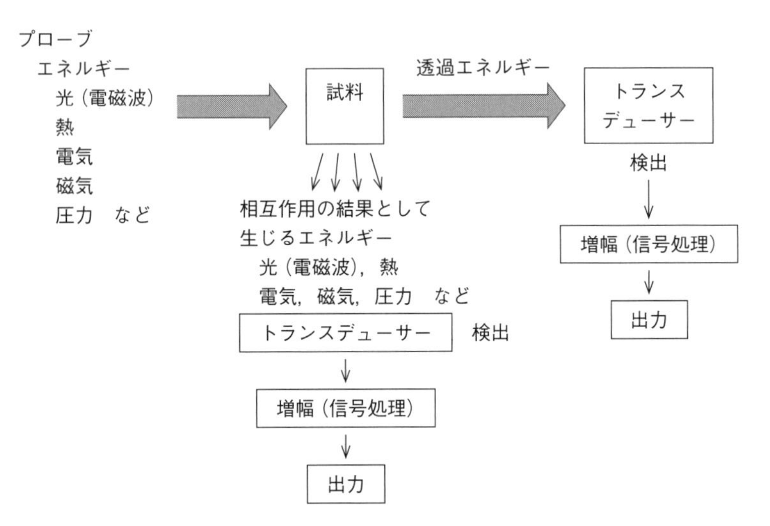

図11.1　機器分析の概念図

1）様々なプローブエネルギーと試料を相互作用させる。

2）相互作用の結果生じる必要な情報を含んでいる信号（エネルギー）をトランスデューサーにより電気信号へ変換し，それを，さらに電子回路によって増幅し出力する。

ハードウエアの基本は以上である。しかし，さらに，もう一つ，機器分析装置を特徴づける要素がある。すなわち，

3）標準を用いて装置を校正する（検量線の作成）。

例えば，今，ある物質の濃度を測定するために機器分析装置を利用するとすれば，その物質の濃度のわかっているいくつかの標準試料を用いて検量線を作成し，その検量線を用いることにより，初めて定量が可能となる。この装置の校正は，どんな機器分析装置においても必ずといってよいほど必要となる要素である。機器分析を理解するためには，まずこれら三要素を考える必要がある*1。

★　機器分析では，標準を用いて装置を校正することが必須である。

*1　少数だが，試料そのもののもつエネルギーを直接観測する方法もある。例えば，pH メーターなどは，試料がもつ化学的なエネルギーを起電力として取り出す方法である。また，γ 線を測定する装置は，試料自体がもつ放射能を計測する装置である。

11.3　機器分析法の分類

現在，様々な機器分析法が知られている。これらの分析法の分類を考えてみよう。多くの場合，機器分析法は，その用途，およびプローブエネルギーの種類とその相互作用の結果として何を観測するか，の二つの要素で分類されることが多い。**表 11.1** に代表的な分析法をまとめる。簡単のため，多くの重要な方法を省略していることを理解してほしい。一方，本書で扱っていない方法も含まれている。

★　機器分析法は，その用途，およびプローブエネルギーの種類とその相互作用の結果として何を観測するか，の二つの要素で分類される。

まず，**分光分析法**として分類される一群の方法がある（12 章 ～ 16 章）。これは電磁波（光）と物質の相互作用を測定する方法であり，現在，最も重要な機器分析法の一群である。これらの方法については次章以降で詳しく扱う。電磁波は空間を伝播するので，光源や検出器を試料に直接接触させなくても測定が可能である。したがって，機器分析には大変適したエネルギーである。また，それぞれのエネルギー領域の電磁波は，物質とそのエネルギー領域特有の相互作用をする。そこで各エネルギー領域の電磁波を利用する多くの分光分析法が開発され，多様な物質情報を得るために利用されている。

★　分光分析法は電磁波と物質の相互作用に基づく。

★　電磁波は空間を伝播するので，試料に装置の一部を直接接触させなくても試料とのエネルギーの授受が可能である。

さらに，電子のエネルギーを測定する**電子分光法**や電子線を利用する**電子線分析法**が知られている（15 章）。これらの方法は，しばしば，電磁波（特に X 線）を励起や検出に利用することが多く，分光法と親類関係にある。そして，表面やミクロ領域の分析法として重要な分析法の一群を形成している。

★　電子分光法や電子線分析法は表面やミクロ領域の分析法として重要である。

電気化学分析法（18 章）は，電極を試料と接触させ，電極間に電圧を印加，すなわち電気的なエネルギーを付与して起こる電極反応を観測したり，電極間に生じる起電力を測定したりする方法であり，分光分析法と並んで一般の化学研究室で用いられる重要な分析法である。

★　電気化学分析法では電極反応や電極間に生じる電位差を測定する。

質量分析法（17 章）は，有機化合物を中心とする様々な物質の微量分析に用いられる。試料をイオン化し，そのイオンを真空の電磁場に導き，質量と

★　質量分析法ではイオンを質量と電荷の比に基づいて分離する。

表 11.1　代表的な機器分析法

機器分析名	英語名	本書で扱っている章
分光分析法（spectroscopic method）		
吸光光度法	spectrophotometry	12, 14
蛍光分析法	fluorometry	12, 14
りん光分析法	phosphorimetry	12
化学発光法	chemiluminescence method	14
光熱変換分光法	photo-thermal spectroscopy	12
比濁分析法	turbidimetry	
旋光分散法	optical rotational dispersion method	
円偏光二色性測定法	circular dichroism method	
光散乱法	light scattering method	12
炎光分析法	flame spectrometry	12, 13
原子吸光分析法	atomic absorption spectrometry	12, 13
ICP 発光分析法	ICP optical emission spectrometry	12, 13
原子蛍光分析法	atomic fluorescence spectrometry	12, 13
マイクロ波分光法	microwave spectrometry	12
赤外吸収分光法	infrared absorption spectroscopy	12, 14
ラマン分光法	Raman spectroscopy	12, 14
核磁気共鳴分光法	nuclear magnetic resonance spectroscopy	16
電子スピン共鳴分光法	electron spin resonance spectroscopy	16
X 線回折法	X-ray diffraction method	15
蛍光 X 線分析法	X-ray fluorescence analysis	15
X 線吸収分光法	X-ray absorption spectroscopy	15
電子分光法（electron spectroscopy）		
X 線光電子分光法	X-ray photoelectron spectroscopy	15
オージェ電子分光法	Auger electron spectroscopy	15
電子線分析法（electron beam analysis）		
電子顕微鏡	electron microscopy	
電子線マイクロアナリシス	electron probe micro-analysis	15
電気化学分析法（electrochemical method）		
電位差測定法	potentiometry	18
ボルタンメトリー	voltammetry	18
電量分析法	coulometry	18
電流測定法	amperometry	18
分離分析法		
ガスクロマトグラフィー	gas chromatography	19
高速液体クロマトグラフィー	high performance liquid chromatography	19
電気泳動法	electrophoresis	19
その他の分析法		
質量分析法	mass spectrometry	17
熱分析法	thermal analysis	
走査プローブ顕微鏡	scanning probe microscopy	

電荷の比に基づいて分離し，特殊なトランスデューサーで検出する方法である。本法は様々な分野に応用され，現在，最も重要な分析法の一つである。本法では，光，熱，粒子の衝突など，様々な種類のエネルギーが試料のイオン化に用いられている。ノーベル化学賞受賞者の田中耕一氏発明の**マトリックス支援レーザー脱離イオン化法**（MALDI 法）は，レーザー光がタンパク

マトリックス支援レーザー脱離イオン化法 matrix assisted laser desorption/ionization

質のイオン化のためのエネルギーに使われている。

熱分析法は，試料に熱を加えていって，それにより引き起こされる相転移などに必要な熱量を正確に測定し，試料の熱力学的な物性を調べる方法である。

★ 熱分析法は物質の相転移などの物性測定に用いられる。

一方，こうした物質の検出や物性の測定を目的とした分析法以外に，**分離分析法**と呼ばれる一群の分析法が知られている。中でも高性能の**クロマトグラフィー**や**電気泳動法**は，一般に機器分析法に分類されている（19 章）。分離にもエネルギーが必要なことは前章で議論したとおりである。クロマトグラフィーは，試料の固定相と移動相間の試料の分配を利用しているが，移動相，つまり，流れによる試料への運動エネルギーの付加が分離に必須である。また，電気泳動は，溶液間に高電圧をかけ，イオンが電極方向に移動する速さの違いを利用する分離法であり，電気的なエネルギーが分離を引き起こすもとになっている。一方，これらの分離分析法の検出器として，分光分析装置や質量分析装置など，多様な機器分析装置が用いられている*2。

★ 高性能のクロマトグラフィーや電気泳動法は機器分析法に分類される。

*2 質量分析法など，ほかの分析法と分離分析法が結合した分析法は，**複合分析法**（hyphenated method）と呼ばれる。

11.4 機器分析における信号

機器分析では，信号を時系列に従って取得していく。ここで，通常，二つの場合がある。一つは，分析機器側の測定条件を変えないで，試料の方を変えていく場合である。例えば，分析機器をある特定の波長の光を観測するように設定し，試料溶液と分析成分が入っていない試料溶液（ブランク溶液）を交互に導入して，その差を測定したりする場合である。例を**図 11.2** に示す。この場合，横軸は時間，縦軸は信号強度となる。この方法は，化学反応の過程を観測したり，原子吸光分析法などの定量分析に用いられる。また，分離分析におけるクロマトグラム（後述，図 11.8）もその例である。すなわち，試料中の物質が分離カラムにより分離され，順次溶出してくるのを検出器で検出する。この場合，時間軸から定性を，またそれぞれのピークの高さから定量を行う。

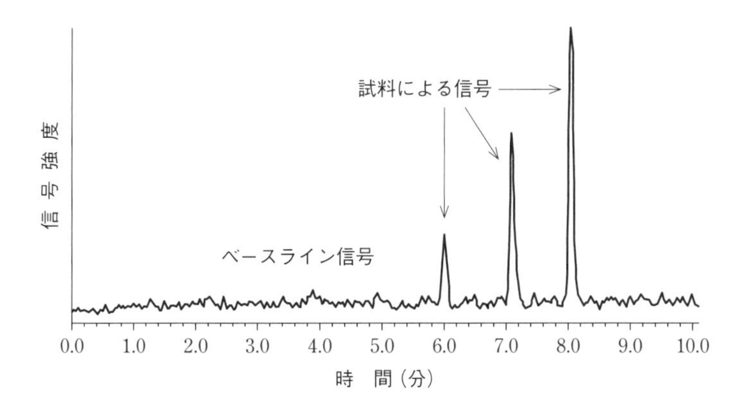

図 11.2 機器分析におけるデータ出力の例
フローインジェクションモード（14 章）でエレクトロスプレー質量分析法（17 章）による測定を行って得られた出力例。

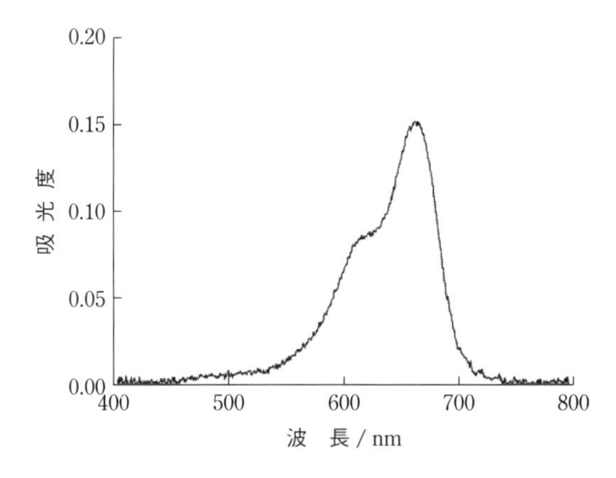

図 11.3　スペクトルの実例
青色色素のメチレンブルー水溶液の可視吸収スペクトル。

一方，試料は変化せず（させず）一定で，分析機器における観測するエネルギーなどを変化させていく場合がある。この結果は，**図 11.3** に示すように，横軸は光の波長（光のエネルギー，次章参照）など，分析機器側で変化させたパラメーターとなり，縦軸は信号強度となる。このような図を「**スペクトル**」と呼ぶ。スペクトルは，一般に試料の性質に関する多くの情報を含んでおり，物質の定量の他，定性や構造解析に用いられる。

スペクトル spectrum

なお，近年，コンピュータや検出器の技術の進歩により，これら二種類の測定を同時に行う，すなわち，スペクトルを瞬時に測定し，その時間変化を観測し，それを三次元に表示する技術が開発されている*3。その例を**図 11.4** に示す。こうした技術により多くの情報を一時に得ることが可能となった。

*3　紫外・可視領域の測定では，CCD イメージセンサーと呼ばれる素子を用いる多波長検出器が汎用化して，瞬時のスペクトル測定が可能になっている（12 章 12.6.3 項参照）。

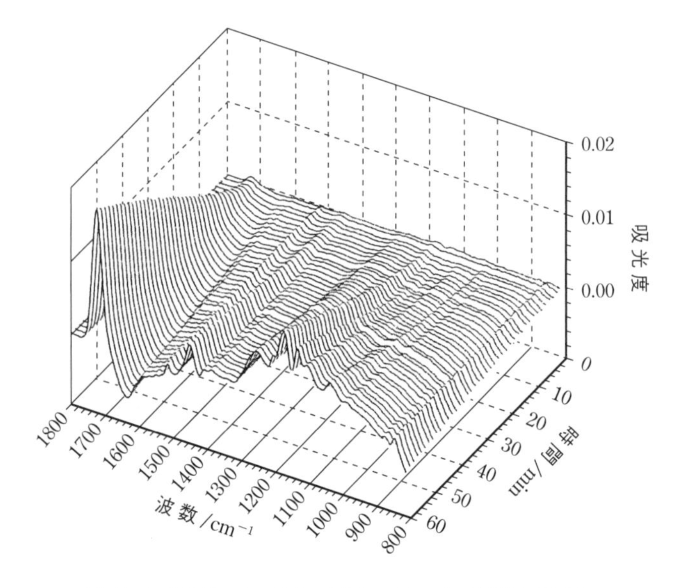

図 11.4　FT-IR による赤外吸収スペクトルの時間分解測定
抗血栓性高分子 PMEA へのビスフェノール A の吸着挙動を FT-IR を用いた ATR 法で観察している（14.2 節参照）。森田成昭（2018）分析化学，**67**，179-186 より転載。

11.5 機器分析法による定量

前述のように，機器分析で物質情報を得ようとするとき，装置の校正（キャリブレーション）が必須である。定量を行う場合，標準物質を用いた校正が行われるが，特に検量線法が基本となる。さらに，その装置でどの量（濃度）の分析成分まで測定可能か，すなわち，装置の感度や検出限界といった概念も重要である。ここでは定量を行うために必要な基本概念を学ぶ。

キャリブレーション calibration

11.5.1 検量線法と標準添加法

検量線法と**標準添加法**は，機器分析における代表的な定量法であり，原理をよく理解する必要がある。その他，内標準法などもよく知られた方法であるが，13 章（13.4.4 項）を参照してほしい。

検量線法 calibration curve method

標準添加法
standard addition method

検量線法：ほとんどすべての機器分析法において，検量線法は最も基本となる定量法である。**図 11.5** に検量線の例を示す。まず濃度の異なる分析成分の標準溶液をいくつか準備する。それらの標準溶液を分析機器で測定する。横軸に標準溶液の濃度，縦軸にそれぞれの標準溶液で得られる信号強度をプロットし，それらを近似した曲線（たいていは直線）が検量線である。分析試料について同じように測定すると，図のように，検量線を用いて，分析試料中の分析成分の濃度を計算することができる。通常，検量線が直線となる部分を**ダイナミックレンジ**と呼び，定量はその濃度範囲で行う。

★ 検量線法は最も基本的な機器分析法における定量法。

ダイナミックレンジ
dynamic range

この方法は，分析試料中の分析成分も標準試料中の分析成分も同じ信号を与えるという大原則に基づいている。もちろん，これは基本的には合理的な考え方であるが，実際は，分析試料中には分析成分以外の多くの物質が含まれており（これを試料マトリックスと呼ぶ），これらが信号に様々な影響を与えることがある。そのため，常にこの原則が成立するとは限らない。そこで，こうした影響を防ぐための様々な方法が考案されている。例えば，標準溶液と分析試料のマトリックス組成をできる限り一致させる方法である。また，マトリックスとして塩が含まれていて，その塩濃度の違いにより測定値が影響を受けるような場合には，標準溶液と分析試料に，逆に多量の塩を緩衝剤として加えて，その影響をキャンセルしてしまうといった方法がとられることもある*4。

*4 これらはマトリックスマッチング法と呼ばれる。

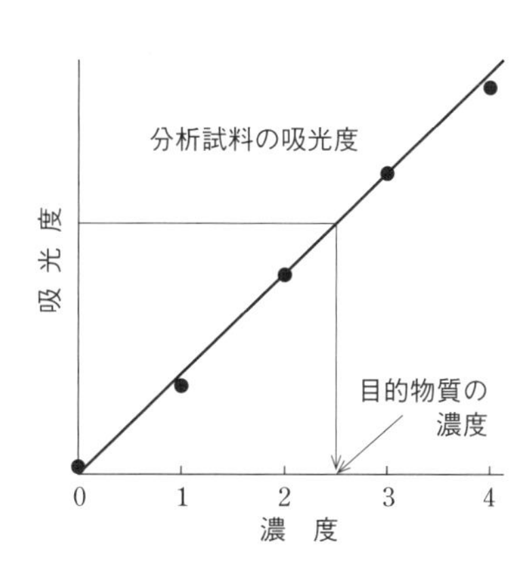

図 11.5　検量線法

回収率 recovery

★　回収率は，試料と試料に既知量の分析成分を加えた試料を同じように検量線法で定量し，この二つの分析値の差が添加した分析成分の量の何％に相当するかを表した数値。

一方，検量線法の信頼性を確認するために，**回収率**を求めることもある。これは，試料に既知の量の分析成分を加え，同じように検量線法で定量する。そして，添加した試料と添加しない試料の分析値の差が，添加した分析成分の量の何％に相当するかを確認する。試料の測定がマトリックスの影響を受けずに行われているなら，回収率は 100 ％近くの値になるはずである。回収率が小さい，あるいは大きいなどの場合にはマトリックスの影響を考えなければならない。なお，回収率を複数の試料を使って求め，それにより分析値を補正するのが次の標準添加法と考えることもできる。

★　標準添加法は，試料マトリックスの影響を除去するための有効な手段である。

標準添加法：分析試料のマトリックスによる干渉が大きく，その対策を立てにくい場合に有効な方法である。マトリックスの影響により信号の強度が変化しても，その影響が一定であれば（例えば，分析試料と同じ濃度の標準溶液の信号に対して，分析試料による信号強度が常に 70 ％となるような場合），それをキャンセルすることができる。

例題 11.2 にその例を示す。まず，分析試料にブランク溶液および様々な濃度の標準溶液をそれぞれ加えた試料をつくり，それらを用いて例題 11.2 の図のような検量線を描く。このときの検量線を $y = ax + b$ とすると，$x = 0$（x 軸）のときの信号 b は，分析試料にもともと入っていた分析成分による信号であり，この信号に相当する試料濃度は b/a，すなわち，図のように直線の x 切片（その絶対値）に相当する濃度となる。

標準添加法は，試料マトリックスの影響を除去するための有効な手段であるが，注意しなければならない点もある。すなわち，検量線が直線であること，さらに，ゼロ点が変動しないこと，の二つが，本法が成立するための前提である。この前提が崩れると，大きな誤差を生むことがある。さらに，一つの分析値を得るために，多くの測定回数が必要となるなどの問題もあり，必ずしも万能な方法とはいえない。しかし，本法はマトリックスの影響を除くための代表的な方法であり，その原理をしっかり理解してほしい。

＊＊＊

［**例題 11.1**］フレーム原子吸光法（13.3 節）を用いて，水試料 A 中の Mg を定量した。そのときの検量線用標準溶液の測定結果は以下のとおりであった。また水試料 A の信号強度は 63 であった。さらに，水試料 A に 0.50 mg dm^{-3} 相当の Mg を添加した試料（添加による試料量の変化は考えなくてもよい）を測定したところ，その試料の信号強度は 106 であった。検量線を描き，その検量線を用いて，水試料 A 中の Mg の濃度を計算しなさい。さらに，そのときの回収率を計算しなさい。

検量線溶液中の Mg 濃度 (mg dm^{-3})	信号強度（任意単位）
0	0
0.50	43
1.0	88
1.5	136

［答］

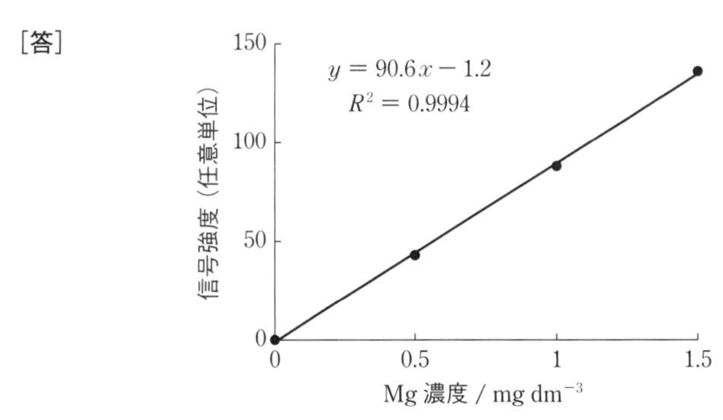

検量線は上記の通りとなる。水試料Aの信号強度は63であるので，$63 = 90.6x - 1.2$。この式よりxを求めると，Mg濃度は0.71 mg dm^{-3}。また，Mgを添加した試料のMg濃度は$106 = 90.6x - 1.2$より，1.18 mg dm^{-3}。回収率は$[(1.18 - 0.71)/0.50] \times 100 = 94$ %。おおむね100 %に近い回収率が得られたため，この分析は正常に行われたと判断される。

［例題 11.2］ 同様に水試料B中のMg濃度を標準添加法により求めた。このとき，水試料Bに同体積の標準溶液（濃度は表中に示す）を添加して測定した。その結果を表に示す。例題11.1と同様に検量線を描き，水試料B中のMg濃度を計算しなさい。

検量線溶液中の Mg 濃度 (mg dm^{-3})	信号強度（任意単位）
0	35
0.5	56
1.0	78
1.5	103

［答］

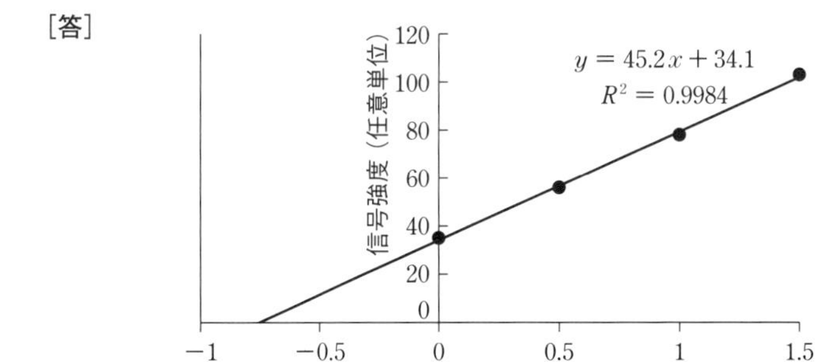

検量線は上記の通りとなる。$0 = 45.2x + 34.1$より，$y = 0$の場合のxを求めると$x = -0.75$。すなわち，Mg濃度は0.75 mg dm^{-3}。

＊＊＊＊＊＊＊＊＊＊＊＊＊＊＊＊＊＊＊＊＊＊＊＊＊＊＊＊＊＊＊＊＊＊＊＊＊＊

11.5.2　感度と検出限界

機器分析では「感度が高い」とか「感度が低い」といった表現がよく使われる。**感度**は，通常，その方法でどこまで微量の分析成分を検出できるかを意味する用語である。例えば，分析成分を1 ngまで検出できる方法は，1 μgまでしか検出できない方法よりも感度が高い方法である。感度は本来は，**図11.6**に示すように，分析目的成分の濃度（または絶対量（c））（横軸）と，そ

感度 sensitivity

★　感度は検量線の傾きを表す。

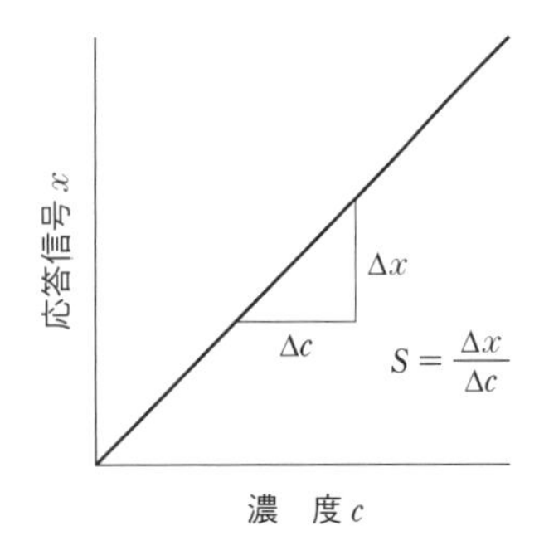

図 11.6　検量線と感度

の応答信号の大きさ（x）（縦軸）の関係を表す検量線の傾き（S），すなわち，

$$S = \frac{\Delta x}{\Delta c} \tag{11.1}$$

として定義される。ここで傾きが大きいほど感度が高く，傾きが小さいほど感度が低いことになる。しかし，信号の大きさには様々な単位が用いられ，感度（検量線の傾き）は一般的な尺度になりにくいことが多い。

そこで，その方法でどこまで微量な分析成分が検出できるかを示す指標として，**検出限界**（LOD）が用いられる。この検出限界を理解するために，図11.2を例にとり，機器分析の信号をもう少し詳しく見ていこう。図11.2に示すように，機器分析では分析成分が入っていないブランク溶液を測定している場合にも出力が現れる。このようなブランク溶液に対する信号を**ベースライン**（**バックグラウンドともいう**）と呼ぶ。また，ベースラインや試料中の分析成分による**信号**（**シグナル**（S））にも常に現れる不規則な変動を**雑音**（**ノイズ**（N））と呼ぶ。雑音の原因は様々であるが，自然界のすべての現象に必ず付随する「ゆらぎ」が，究極的な雑音の原因となる。したがって，通常雑音は減らすことはできるがゼロにはできない。

検出限界　limit of detection

信号（シグナル）　signal

雑音（ノイズ）　noise

★　ベースラインや試料中の分析成分による信号にも常に現れる不規則な変動を雑音（ノイズ（N））と呼ぶ。

★　自然界のすべての現象に必ず付随する「ゆらぎ」が，究極的な雑音の原因となる。したがって，通常雑音は減らすことはできるがゼロにはできない。

★　検出限界は検出できる分析成分の最小量。

分析機器での測定において，検出できる分析成分の最小量を検出限界と呼ぶ。分析成分の量（濃度）が小さくなっていくと，それから得られる信号と雑音を区別するのはむずかしくなる。そこで統計論に従って，「本当は分析成分が存在していないにもかかわらず，検出値が検出限界以上となったため，分析成分は存在していると誤って判断されてしまう確率が0.14％となる信号」といった定義の仕方をする。

検出限界を求める実際の方法は種々知られているが，ここでは，図11.2のように測定信号が定常的な信号として得られる場合についてみていこう。まず，ブランク溶液を複数回（10回以上）測定し，平均値 X とその標準偏差 σ を得る。そして $X + 3\sigma$ の信号を与える分析成分の濃度を検量線から求める。そして，この値を検出限界とすることが一般的である*5。しかし，この検出限界は，分析成分が検出されているかどうかの判定基準であって，この濃度（量）の分析成分の定量が可能であることを意味するわけではない。そのため，定量できる最小の濃度（量）を表す用語として**定量下限**（LOQ）が用いられる。LOQには，一般には $X + 10\sigma$ の信号を与える分析成分の濃度が用いられることが多いが，JISなどでは $X + 10\sqrt{2}\sigma$ が採用されている。

*5　ブランク値は正規分布し，$X \pm 3\sigma$ の領域には99.72％の信号が含まれるが，今，ブランク値の平均値よりも大きい側の信号のみを考えているので，$X \pm 3\sigma$ 以上の信号が得られたときに，本当は分析成分が存在していないにもかかわらず，分析成分は存在していると誤って判断されてしまう確率は(100－99.72)/2＝0.14％以下になる。

★　検出限界は，ベースラインの平均値を X，その標準偏差を σ とすると，通常，$X + 3\sigma$ の測定値を与える分析成分の濃度（量）と定義される。

定量下限　limit of quantitation

★　定量下限は定量できる分析成分の最小量。JISなどでは $X + 10\sqrt{2}\sigma$ の測定値を与える分析成分の濃度（量）と定義される。

＊＊＊＊＊＊＊＊＊＊＊＊＊＊＊＊＊＊＊＊＊＊＊＊＊＊＊＊＊＊＊＊＊＊＊＊

[例題 11.3]　ICP発光分析法でZnを測定した。ブランク水溶液を10回測定したところ，その信号強度（任意単位）は252 ± 14であった。一方，0.10 mg dm^{-3} の標準溶液の信号強度は5110であった。このときのZnの検出限界と定量下限を計算しなさい。

[答]　Zn 0.10 mg dm^{-3} の与える正味の信号強度は 5110 － 252 ＝ 4858。一方，3σ の信号強度は 14 × 3 ＝ 52。したがって，検出限界＝0.10 × 52/4858＝0.0011 mg dm^{-3}。すなわち，1.1 μg dm^{-3} となる。また，定量下限＝0.10 × 14 × 10 × $\sqrt{2}$/4858＝

0.0041 mg dm^{-3}。4.1 μg dm^{-3} となる。

＊＊＊

ここで，雑音を減らし検出限界を下げる方策を考えてみよう。まず，前節で説明したスペクトル測定に関して考えてみる。雑音は基本的にランダムな現象であるが，分析成分による信号（シグナル（S））はそうではない。そこで何度も何度もスペクトルを測定し，それらを足し合わせていくと（これを**積算**と呼ぶ），雑音は次第に平均化されて減少していくが，信号は加算されていく。そのため，雑音（ノイズ）に対する信号（シグナル）の比率（S/N）を積算によって改善することができる。S/N が改善されれば，検出限界も改善される。一般に，S/N は積算回数の平方根に比例して増加する。すなわち，

積算 integration

★　積算すると雑音は平均化されて減少するが，信号は加算されていく。したがって S/N が改善される。

$$\frac{S}{N} \propto \sqrt{n} \qquad (11.2)$$

の関係式が成り立つ（ここで n は積算の回数）。つまり，S/N を倍にするた

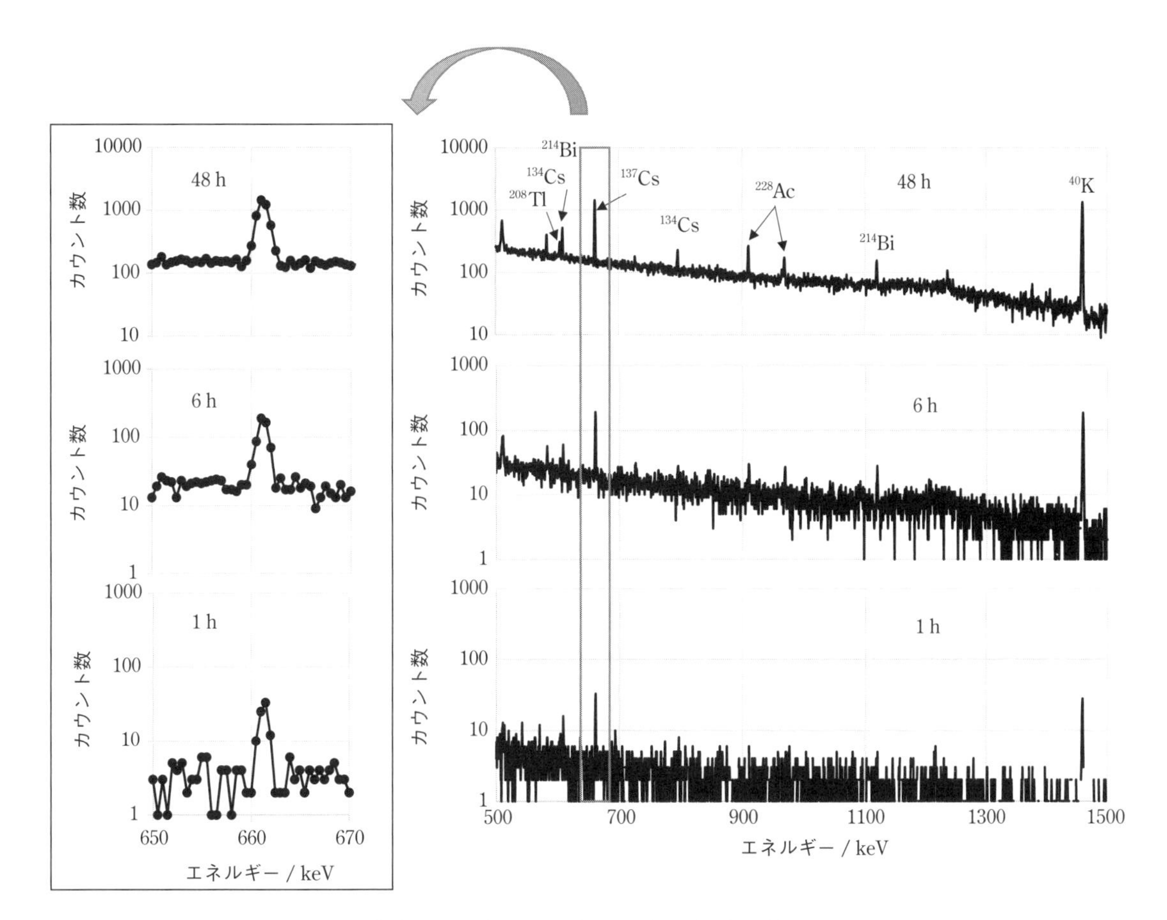

図 11.7　γ 線スペクトルにおける測定時間の効果

福島第一原子力発電所事故により汚染された土壌の標準試料（JSAC-0471）を，γ 線スペクトロメーターで，測定時間 1 h，6 h，48 h で測定。事故由来の ^{134}Cs と ^{137}Cs 以外に，天然放射性物質である ^{40}K，^{214}Bi，^{228}Ac などのピークが見られる（右図）。左図の ^{137}Cs（662 keV）のピークを見ると，1 h の測定では S/N は不充分だが，測定時間を増やすに従って S/N が改善していることがわかる。東京都市大学 岡田往子博士・武藤大紀氏 提供。

めには積算回数を4倍にすればよい。**図11.7**にγ線スペクトルにおける積算の効果を示す。積算回数（ここでは測定時間がそれに相当する）を増やすことにより雑音は減少していくことがわかる。このことは，測定に時間をかければ，感度すなわち検出限界をどこまでも改善できることを意味しているが，積算回数に応じて測定時間も長くなるので，無限に感度を改善できるわけではなく，実用上の限界が存在する。したがって，目的に応じて積算回数を設定するのが一般的である。

＊＊＊＊＊＊＊＊＊＊＊＊＊＊＊＊＊＊＊＊＊＊＊＊＊＊＊＊＊＊＊＊＊＊＊＊＊＊＊

［例題11.4］ ある分析装置で，分析成分Aの信号を得るために積算を行った。5分間積算を行ったところ，$S/N = 10$の信号が5分間で得られた。この信号のS/Nを改善し，$S/N = 100$の信号を得るためには，どのくらい積算すればよいか，計算しなさい。

［答］ S/Nを10倍改善することが目標である。S/Nの改善は積算回数n（積算時間）の$\sqrt{n}$に比例するので，$\sqrt{n} = 10$。すなわち，$n = 100$倍積算する必要がある。

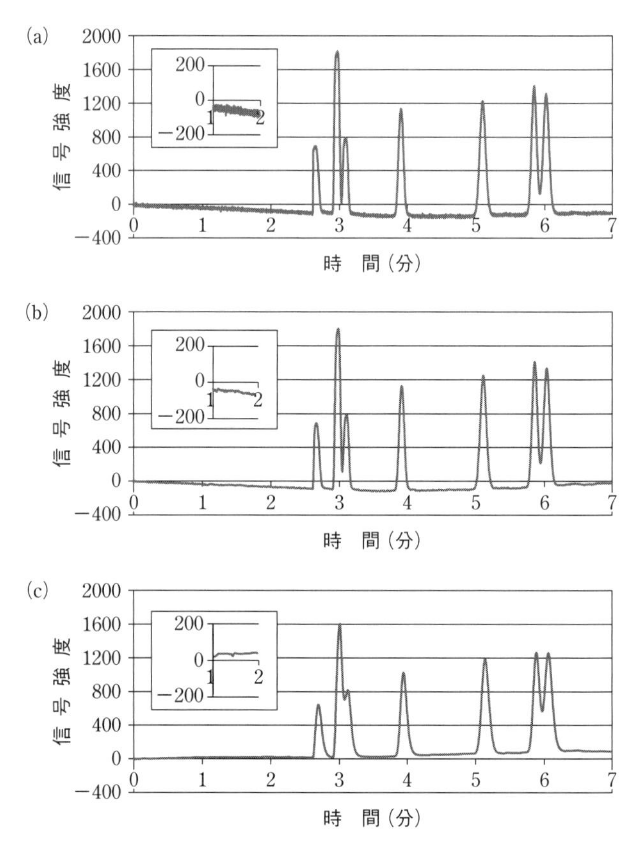

図11.8　積分時間（応答時間）の効果

ガスクロマトグラフィー（フレームイオン化検出器）で揮発性有機化合物を測定した例（19章参照）。

(a) 積分時間0.02 s，(b) 積分時間0.2 s（推奨条件），(c) 積分時間2 s。

角田欣一・渡辺 正 著（2014）『分析化学』化学はじめの一歩シリーズ5（化学同人）より転載。

したがって，$5 \times 100 = 500$ 分，8時間20分の積算が必要になる。
＊＊

一方，測定の横軸が時間軸（試料が変化している）の場合には，一般に長時間の積算という手段は適用できない。しかし，装置の応答時間（時定数）を調節することによって，ノイズを減らすことができる。現在は，多くの場合，信号がデジタル化されているので，デジタル信号で考えると，何秒間電流を蓄えて（積分して），それを一つのデジタル信号として出力するかが応答時間に相当する。先ほどと同じ理由で，積分時間が長いほど，ノイズは平均化され減少する。しかし，積分時間を長くとりすぎると，信号が変形してしまい，かえって感度が落ちてしまうこともある。**図 11.8** は，積分時間（応答時間）を変化させてガスクロマトグラムを測定した例である。積分時間が短すぎるとノイズが大きくて *S/N* はよくないが（**図 11.8a**），適度な積分時間をとると *S/N* を改善できる（**図 11.8b**）。しかし，さらに積分時間を長くすると，ピークの高さが減少し，幅も広がってしまい，それぞれの成分を分離できなくなってしまう（**図 11.8c**）。したがって，この場合も適度な積分時間を用いる必要がある。

11.5.3　選択性と頑健性

分析の目的は，精確な分析値を得ることであることはいうまでもない。精確な分析値を得るための重要な要素として「**選択性**」という概念が知られている（1章参照）。「選択性」とは，分析成分の信号に対する共存成分の影響がどれほどかを評価するための概念である。分析成分の信号に対して共存成分の影響が小さいほど「高い選択性」をもつ方法ということになり，逆に，共存成分の影響が大きければ選択性は低いことになる。これは機器分析のみならず，分析法一般に対して大変重要な概念である。

選択性 selectivity

★　選択性は，共存成分の影響を受けずにどこまで分析成分のみを測定できるかを表す（1章参照）。

ここで例をあげて考えてみよう。今，銅中の微量の亜鉛を定量したいとする。このとき，もしも採用した方法が銅にも応答して亜鉛と同じような信号を与えてしまったら，亜鉛の正確な定量は困難となる。しかし，亜鉛だけに応答する方法ならば，亜鉛の正しい定量は容易である。この場合，前者は選択性の低い方法であり，後者は高い方法ということになる。採用した機器分析法が完璧に亜鉛の信号に対する銅の影響を排除できる方法ならば，直接，試料をその機器分析装置で分析することができる。しかし，実際はそうでない場合が多い。すなわち，共存成分である銅の影響をいくらかは受けてしまうのである。このような場合には，通常，機器分析装置で分析する前に，試料に対して銅から亜鉛を分離するなどの化学的な操作が必要になる。このような操作を「試料前処理」と呼び，通常，分析において大変重要なステップとなる。

一方，例えば，分析条件の多少の変化によって測定値が大きく変化してしまうような分析装置では，再現性のある正確な測定はむずかしい。できれば，温度や pH などの外的要因および分析成分以外の試料マトリックスの多少の変化などは，測定値に影響を与えないことが望ましい。このように，分析条件を小さな範囲で故意に変動させたときに，測定値がどれだけ影響を受けるかを評価するための概念として，近年，分析法の「**頑健性**」がしばしば用いられるようになってきた*6。これらも安定で正確な測定を行うためには重要な要素である。

頑健性 robustness

★　頑健性は，分析法の条件を小さい範囲で故意に変動させたときに，測定値がどれだけ影響を受けるかを表す概念。

*6　頑健性とよく似た概念として**堅牢性**（ruggedness）が知られている。堅牢性は，同じ分析室において，異なる分析者，機器，環境条件，供給元の異なる試薬といった条件下において得られる結果の再現性の度合いとされている。すなわち，どの要因が分析値の再現性に影響を与えるかを解析するための概念である点で，頑健性と共通している。

◎本章のまとめと問題◎

11.1　機器分析に用いられるプローブエネルギーには，どのようなものがあるか。例をあげて考察しなさい。

11.2　検量線法と標準添加法をそれぞれ説明しなさい。

11.3　感度と検出限界をそれぞれ説明しなさい。

11.4　S/N を改善するための方策を述べなさい。

11.5　機器分析における「選択性」の重要性を論じなさい。

11.6　頑健性と堅牢性の違いを述べなさい。

光と物質の相互作用

本章では，まず光（電磁波）の性質を学ぶ。次に，光と物質の相互作用，すなわち，物質による光の吸収と放出および散乱について概説する。さらに，原子の電子エネルギー準位および分子のエネルギー準位（回転・振動・電子準位）と光の相互作用をやや詳しく学ぶ。選択律は，光によるエネルギー準位間の遷移を考えるうえで重要である。最後に紫外・可視領域の分光法の基礎となる光源・分光器・検出器について学ぶ。

前章で述べたように，現在，様々な光を使った分析法（**分光法**）が広く用いられている。物質は光と相互作用する。すなわち，光を吸収・放出したり散乱したりする。このときの様子を観測すれば，私たちは物質に関する様々な情報を手に入れることができる。これが分光法の基本原理である。

分光法 spectroscopy

12.1 光の性質

電磁波である光は，電場と磁場の波として**図 12.1** のように表される。一方，量子力学によれば，粒子としての性質ももつと理解されている。光の波としての性質を考えれば，図 12.1 のように波長（λ）を定義することができる。電磁波（光）の波長は，**表 12.1** に示すように，1 nm（10^{-9} m）以下から 1 m 以上まで極めて広い範囲に及ぶ。そして，波長領域により，それぞれ X 線，赤外線など名前がついている。私たちの目に見えるいわゆる光は可視光と呼ばれ，380 nm ～ 780 nm までの大変狭い範囲の波長の光である。また，日焼けなどを起こす紫外線は可視光よりも波長の短い領域の光である。

★ 光は電場と磁場の波である。

一方で，光は粒子としての性質をもつ。光を粒子と考えたとき，その一粒

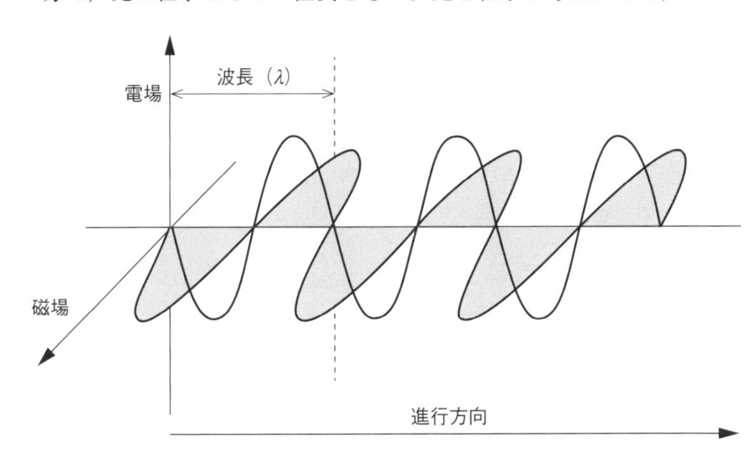

図 12.1 波動としての光の概念図

表 12.1　波長による電磁波の分類と，物質との相互作用

電磁波		波長 λ		エネルギー E eV	物理現象
X 線		10^{-8} cm	0.1 nm	1.2×10^{4}	電子散乱，原子内殻電子放射
X 線		10^{-7}	1 nm	1.2×10^{3}	
		10^{-6}	10 nm	124	
紫外線	真空紫外	10^{-5}	100 nm	12.4	電子運動
		2×10^{-5}	200 nm	6.2	
	近紫外	4×10^{-4}	400 nm	3.1	
可視光線	紫		420 nm	3.0	
	青		490 nm	2.8	
	緑		530 nm	2.5	
	黄		590 nm	2.3	
	橙		630 nm	1.9	
	赤		750 nm	1.6	
赤外線	近赤外	10^{-4}	1 μm	1.2	
	中赤外	10^{-3}	10 μm	0.12	振動
	遠赤外	10^{-2}	100 μm	0.012	分子回転
		10^{-1}	1 mm	1.2×10^{-3}	
マイクロ波		1	10 mm	1.2×10^{-4}	電子スピン運動
		10^{1}	100 mm	1.2×10^{-5}	
電波	超短波	10^{2}	1 m	1.2×10^{-6}	
		10^{3}	10 m	1.2×10^{-7}	核磁気運動
	中　波	10^{4}	100 m	1.2×10^{-8}	

光子 photon

一粒を**光子**と呼ぶ。波長の同じ光子は，すべて同じエネルギーをもつ。この波長と光子一粒のエネルギーの関係は以下の式により表される。

$$E = h\nu = \frac{hc}{\lambda} \tag{12.1}$$

（h：プランク定数，ν：振動数，c：真空中での光速，λ：光の波長）

★　光子のエネルギーは波長に反比例する。

この式からわかるように，光子のエネルギーは波長に反比例する。すなわち，波長の短い光，例えばX線や紫外線は，可視光や赤外線よりも高いエネルギーをもっていることになる。また，光をその波長（エネルギー）によって分けていくことを**分光**するといい，これを利用する測定法を**分光法**と呼ぶ。

電磁波は，エネルギーの領域により，慣用的に様々な単位で表される。例えば，紫外・可視領域の光は波長（nm）で表されることが多い。一方，X線領域はeV，赤外領域は波数（cm^{-1}，1 cm当りの光の波の数），さらに長い波長領域では周波数（Hz）などで表される。

＊＊＊＊＊＊＊＊＊＊＊＊＊＊＊＊＊＊＊＊＊＊＊＊＊＊＊＊＊＊＊＊＊＊＊＊＊＊

［例題 12.1］ 400 nmの光の振動数（Hz）および波数（cm^{-1}）を計算しなさい。また，光子エネルギーをJおよびeV単位で計算しなさい。

［答］400 nm の光の振動数 $= \dfrac{c}{\lambda} = \dfrac{3.00 \times 10^{8}}{400 \times 10^{-9}} = 7.50 \times 10^{14}$ Hz

$$波数 = \frac{1}{\lambda} = \frac{1}{400 \times 10^{-9}}\,(\mathrm{m^{-1}}) = \frac{1}{400 \times 10^{-7}}\,(\mathrm{cm^{-1}}) = 2.50 \times 10^{4}\ \mathrm{cm^{-1}}$$

$$光子エネルギー(\mathrm{J}) = h\nu = 6.63 \times 10^{-34} \times 7.50 \times 10^{14} = 4.97 \times 10^{-19}\ \mathrm{J}$$

$$1\ \mathrm{eV} = 1.60 \times 10^{-19}\ \mathrm{J}$$

$$光子エネルギー(\mathrm{eV}) = \frac{4.97 \times 10^{-19}}{1.60 \times 10^{-19}} = 3.11\ \mathrm{eV}$$

＊＊

12.2　光と物質の相互作用

12.2.1　吸収と放出（発光）

物質は光を吸収する。しかし，ある一つの物質がすべての光を吸収するわけではない。量子力学によれば，物質は，**図 12.2** に示すように，ある決まったとびとびのエネルギー状態（**エネルギー準位**）しかとることができない。このことを“量子化している”と呼ぶ。そして，この差に相当するエネルギーをもつ光子を吸収し，よりエネルギーの高い状態（励起状態）に移る（遷移する）。通常，原子・分子は一度に 1 個の光子しか吸収・放出しない。言い換えれば，2 個以上の光子のエネルギーの和と準位間のエネルギーが一致したとしても，通常吸収は起こらない。したがって，吸収された光子のエネルギー（波長）は，常に物質のエネルギー状態に対応していることになる*1。この関係を式で表すと以下のようになる。

$$\frac{hc}{\lambda} = E_{\mathrm{i}} - E_{0} \qquad (12.2)$$

より高いエネルギー状態にある物質は，ほとんどの場合，そのエネルギーを熱として放出して，エネルギーの低い状態（一番低い状態を**基底状態**という）に移るが，中には図 12.2 のように，準位間のエネルギー差に相当するエネルギーをもった光を放出して，基底状態に戻ることもある。このように，物質が光を発することを**発光**と呼ぶ*2。発光は，さらにその過程の違いにより**蛍光**や**りん光**などに分類される。

光の吸収・放出が，物質のすべてのエネルギー準位間で起こるわけではない。それが起こるためには，その振動数で振動する双極子が物質に誘起されなければならない。これを**遷移双極子モーメント**と呼ぶ。遷移双極子モーメントが 0 でない遷移は**許容遷移**と呼ばれる。一方，0（あるいは 0 に近い）となる遷移は起こらず（起こりにくく）**禁制遷移**と呼ばれる。どの遷移が許容で，また禁制であるかを示す規則は**選択律**と呼ばれ，物質と光の相互作用を考えるうえで大変重要である。

また，11 章でも述べたとおり，**図 12.3** のように横軸に波長（エネルギー）をとり，各々の波長での吸収された光の割合や発光の強さなどを縦軸にとって，プロットしたものを**スペクトル**と呼ぶ。スペクトルは，分光法で定性や定量を行ううえで基礎となる。

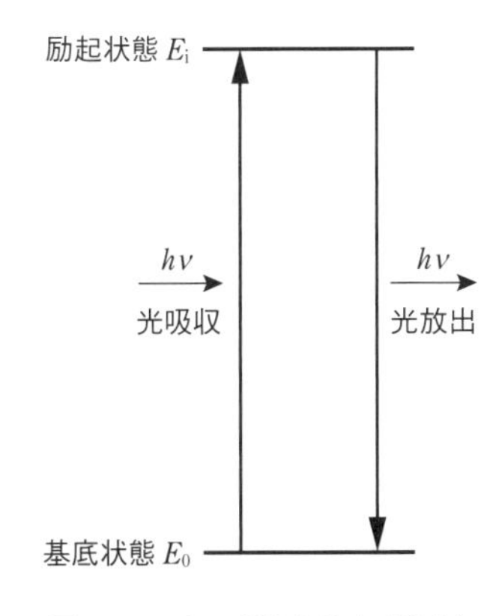

図 12.2　光の吸収と放出（発光）

エネルギー準位 energy level

★ 物質のエネルギー状態は量子化している（とびとびのエネルギー準位しかとれない）。

★ 物質は準位間の差に相当するエネルギーをもつ光子を吸収し放出する。

*1 物質にレーザーなどの強い光を照射すると，物質が 2 個以上の光子を同時に吸収することがある。こうした過程は**多光子過程**（multi-photon process）と呼ばれ，近年，分光法にも利用されるようになっている。多光子過程は，一般的な**一光子過程**（monophoton process）に比べて，起こる確率が極めて低い。

基底状態 ground state

発光 luminescence

*2 通常，熱的励起（13 章参照）による発光を emission，その他の機構による発光を luminescence と呼ぶことが多い。

蛍光 fluorescence
りん光 phosphorescence

遷移双極子モーメント transition dipole moment

許容遷移 allowed transition

禁制遷移 forbidden transition

選択律 selection rule

★ どの準位間の遷移が許容か禁制かを示す規則は選択律と呼ばれる。

スペクトル spectrum

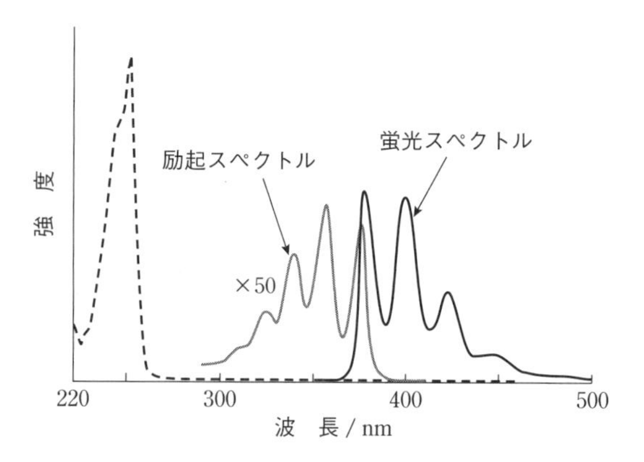

図 12.3　スペクトルの例
アントラセン溶液の励起スペクトルと蛍光スペクトル*3。

*3　図12.3はアントラセン溶液の蛍光・励起スペクトルの例である。蛍光スペクトルは，励起波長を一定にして，測定波長を掃引して(連続的に変化させて)蛍光を測定し，その蛍光強度を測定波長に対してプロットしたものである。一方，励起スペクトルは，蛍光波長を一定にして励起波長を掃引し，その蛍光強度を励起波長に対してプロットしたもので，基本的に吸収スペクトルと一致する(12.4.3項および13章参照)。

12.2.2　光の散乱

物質と光の相互作用には，光の吸収・放出以外に，光の反射・屈折・散乱がある。中でも**散乱**は，分光法のもう一つの基礎となる重要な現象である。

散乱 scattering

散乱は，分子を含む微小物体が光を吸収すると同時に，四方八方に光を放出する現象を指す。これは空や海が青い原因(波長の短い光の方が散乱されやすい)であり，日常的にもよく知られているが，物理的には複雑で，前述の光の吸収・放出とはまったく異なる現象である。散乱は，量子論では二光子過程の遷移とされており，その概念は**図12.4**で示される。すなわち，照射した光のエネルギーが分子のエネルギー準位に一致しなくとも，分子により光が吸収され，「同時」に入射した光と同じ波長の光(**レイリー散乱**)や，あるいは波長がやや違う光(**ラマン散乱**)が放出される現象である。前述の吸収と放出(発光)においては，それらが同時に起こっているように見えても，光のエネルギーはいったん物質の励起に使われ消失したのちに，再び余分なエネルギーが一つの光子として放出されている。すなわち，吸収も放出もそれぞれ別の一光子過程である。しかし，散乱では吸収と放出が厳密に「同時」に起こる。つまり，二光子過程であり，そのため，散乱光が発生す

★　光散乱は二光子過程であり，散乱光が発生する確率は大変低く，その強度は発光に比べると一般に極めて弱い。

レイリー Rayleigh, B.

ラマン Raman, C.

★　光散乱には，入射光と同じ波長の光が散乱されるレイリー散乱と，波長がやや違う光が散乱されるラマン散乱の二種類がある。

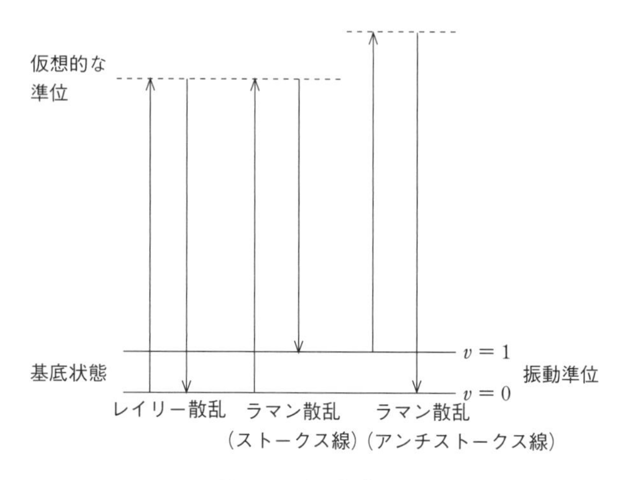

図 12.4　光の散乱過程

る確率は大変低く，その強度は発光に比べると一般に極めて弱い。また，図12.4のように，ラマン散乱の場合，入射光と散乱光のエネルギー差は回転準位差や振動準位差（次節参照）に相当するので，ラマンスペクトルを測定することにより，回転準位や振動準位に関する情報を得ることができる（ラマン分光法，14章参照）。光散乱を利用した分光法にはラマン分光法以外に，微粒子の粒径分布を計測するためにレイリー散乱光を利用した動的光散乱法などが知られている。

★ ラマン散乱光は物質の回転準位や振動準位の情報を含む（ラマン分光法）。

12.3 原子のエネルギー状態と光との相互作用

前述のように，物質のエネルギー準位は量子化されている。そこで，まず，そのエネルギー準位を知ることが，光と物質の相互作用を考えるうえでの第一歩となる。まず，原子について考えてみよう。原子を用いる分光法としては，13章で扱う原子スペクトル分光法が，金属元素の微量定量分析法として極めて重要である。

原子には分子のような化学結合がないので，ほかの原子との相互作用（回転・振動）がない。そのため，主に紫外・可視領域に，最外殻電子の遷移による極めて幅の狭い線状のスペクトルを与える。これを**線スペクトル**と呼ぶ。**図12.5**に例を示す。また，代表例として，Na原子のエネルギー準位図を**図12.6**に示す。Na原子の基底状態（エネルギーが最も低い状態）の電子配置は $(1s)^2(2s)^2(2p)^6(3s)^1$ であり，ここでは最外殻電子の $(3s)^1$ のみを考えればよい。この電子が3p軌道や4s軌道に遷移した状態が励起準位である。

線スペクトル line spectrum

★ 原子は主に紫外・可視領域に最外殻電子の遷移による極めて幅の狭い線状のスペクトルを与える。これを線スペクトルと呼ぶ。

原子の電子配置とエネルギー準位の詳しい説明は，無機化学や物理化学の教科書に譲るとして，ここでは，Na原子を例にとって，原子スペクトルを理解するのに必要な，エネルギー準位を表す**スペクトル項**と**選択則**について簡単に解説する*4。

スペクトル項 spectral term

選択則 selectivity rule

Naの基底状態のスペクトル項は $^2S_{1/2}$ と表される。まず，真ん中のSは，各電子の軌道角運動量量子数 l から計算される全軌道角運動量量子数 L を表す*5。$L = 0, 1, 2, 3, \cdots$ は，それぞれS, P, D, F, … と表される。この場合は最外殻電子1個でs軌道に入っているため，軌道角運動量量子数 $l = 0$ であり，

*4 原子の電子状態は四つの量子数で記述される。すなわち，主量子数 n（正の整数すべて），軌道角運動量量子数（方位量子数）l（$0 \sim n-1$ の整数），磁気量子数 m_l（$-l \sim +l$ の整数），スピン磁気量子数 m_s（1/2と−1/2）である。さらにスピン量子数 s があり，常に1/2をとる。

*5 最外殻電子が1個の場合は $L = l_1$ となる。2個の場合は，$L = l_1 + l_2, l_1 + l_2 - 1, \cdots, |l_1 - l_2|$ で計算される。l_1, l_2 は各電子の軌道角運動量量子数を表す。

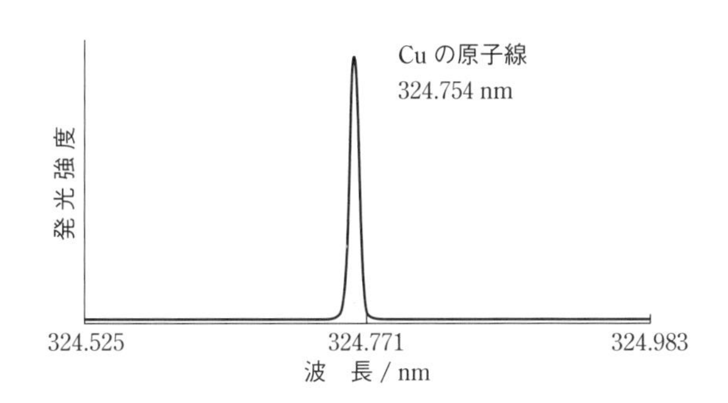

図12.5 原子スペクトルの例（ICP発光分析法による）

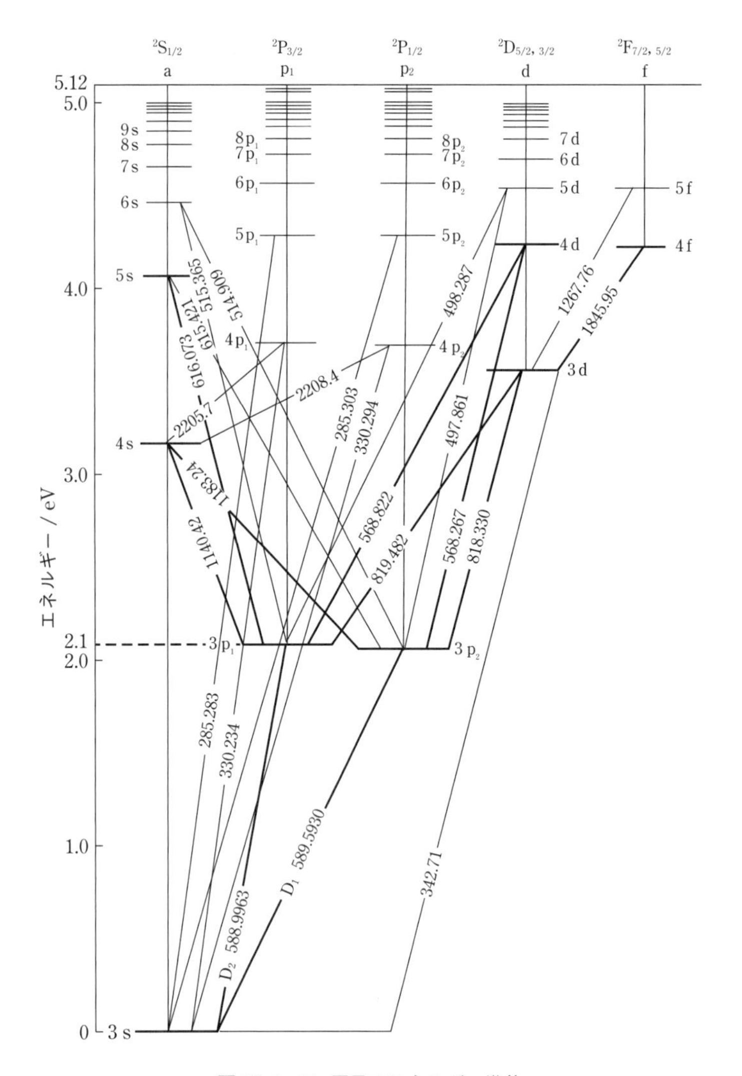

図 12.6　Na原子のエネルギー準位
日本分析化学会 編（分担執筆 島津備愛）(1979)『原子スペクトル分析（上）』(丸善) より転載。

したがって，Lも0なのでSとなる。一方，上付きの2はスピン多重度と呼ばれるもので，それぞれの電子のスピン量子数sから計算される全スピン量子数Sの$2S+1$を表す*6。この場合，$s = 1/2$なので，$S = 1/2$であり，スピン多重度 $= 2 \times (1/2) + 1 = 2$（二重項）となる。さらに右側の下付きの数字は，Jと表記される軌道とスピンの合成角運動量に対応する全角運動量量子数で，$J = L + S,\ L + S - 1, \cdots, |L - S|$の値をとる。この場合は$J = 0 + 1/2 = 1/2$となる。次に，電子が3p軌道に遷移した状態を考えてみよう。まず，$l = 1$となり，Lも1，すなわち，記号はPとなる。スピン多重度は変更がなく2のままである。Jに関しては$J = 1 + 1/2 = 3/2$と$J = 1 - 1/2 = 1/2$の二つの値がとれる。すなわち，$^2P_{3/2}$と$^2P_{1/2}$の二つの準位ができる。

*6　最外殻電子が1個の場合は$S = s_1$となり，$S = 1/2$である。2個の場合は，$S = s_1 + s_2,\ s_1 + s_2 - 1, \cdots, |s_1 - s_2|$で計算される。$s_1 = s_2 = 1/2$であるので，$S = 0, 1$となり，スピン多重度$2S+1$は，$S = 0$の場合は1で一重項，$S = 1$の場合は3で三重項となる。$S = 0$は，二つの電子のスピンがお互いに逆向きの場合，$S = 1$は同じ向きの場合に相当する。

このスペクトル項を用いると，選択律を簡単に表すことができる。以下の三つの条件をすべて満たす場合に，原子はその準位間を光の吸収・放出を伴って遷移する。

(1) $\Delta L = 0$ または ± 1（ただし，$L = 0$ のときは $\Delta L \neq 0$）

(2) $\Delta J = 0$ または ± 1（ただし，$J = 0$ のときは $\Delta J \neq 0$）

(3) $\Delta S = 0$

これらを満たす遷移が**許容遷移**，満たさない遷移が**禁制遷移**である。許容遷移に関しては強い吸収や発光が起こる。禁制遷移に関しても，まったく遷移が起こらないわけではなく，弱い吸収や発光が観測されることがある。

さて，図 12.6 の Na 原子のエネルギー準位図を考えてみよう。基底状態 $^2S_{1/2}$ と，$^2P_{3/2}$ および $^2P_{1/2}$ との間の遷移は許容遷移である。この遷移が，それぞれ，588.9963 nm と 589.5930 nm のナトリウムの D 線と呼ばれる吸収線であり，また発光線（ナトリウムランプや食塩の炎色反応のオレンジ色）である。また，例えば，基底状態（3 s）から 4 s への遷移（スペクトル項は，基底状態と同じく $^2S_{1/2}$）は，選択則 (1) に反するので禁制となる。

★ 588.9963 nm と 589.5930 nm のナトリウムの D 線と呼ばれる吸収線や発光線（ナトリウムランプや食塩の炎色反応のオレンジ色）は，それぞれ，基底状態 $^2S_{1/2}$ と $^2P_{3/2}$ と $^2P_{1/2}$ 間の許容遷移に基づく。

＊＊＊＊＊＊＊＊＊＊＊＊＊＊＊＊＊＊＊＊＊＊＊＊＊＊＊＊＊＊＊＊＊＊＊＊＊＊

［例題 12.2］ Mg 原子の基底状態の電子配置は $(1s)^2(2s)^2(2p)^6(3s)^2$ である。また，第一励起状態の電子配置は $(1s)^2(2s)^2(2p)^6(3s)^1(3p)^1$ である。それぞれのスペクトル項を記述し，その中の許容遷移を特定しなさい。

［答］ 基底準位の全軌道角運動量量子数 $L = 0 + 0 = 0$ であり，S となる。全スピン量子数は $S = 1/2 + 1/2 = 1$，または $1/2 - 1/2 = 0$ となるが，最外殻電子は $(3s)^2$ で電子対をつくっているので $S = 0$ の一重項となる。また，全角運動量量子数 $J = 0 + 0 = 0$ となるので，スペクトル項は $^1S_0$ となる。

励起状態では $L = 0 + 1 = 1$ であり，P となる。全スピン量子数は $S = 0$ または 1 となり，一重項と三重項ができる。$S = 0$ の場合は，$J = 1 + 0 = 1$，また $S = 1$ の場合は $J = 1 + 1 = 2$，$1 + 1 - 1 = 1$ および $1 - 1 = 0$ となる。以上をまとめると，$^1P_1$, $^3P_0$，$^3P_1$，$^3P_2$ の四つの準位ができる。そのうち，許容遷移となるのは，$^1S_0$ -$^1P_1$ 間の遷移である（この遷移は 285.123 nm の原子線に相当する）。

＊＊＊＊＊＊＊＊＊＊＊＊＊＊＊＊＊＊＊＊＊＊＊＊＊＊＊＊＊＊＊＊＊＊＊＊＊＊

12.4　分子のエネルギー状態

次に，原子が複数結合してできている分子について考えてみよう。分子は，固体・液体・気体などの状態として存在して，通常，周囲と複雑な相互作用をしているが，ここでは気体の単一の分子を考える。分子は回転したり，振動したりしている。このなかには，ゆっくり回転や振動をしている分子もあれば，速く回転・振動している分子もある。もちろん，速く動いている状態は高いエネルギー状態であり，ゆっくりした状態は低いエネルギー状態である。こうした回転や振動のエネルギー状態も量子化している。また分子の中の原子同士は，分子軌道をつくり電子を共有することにより結合しているが，その電子状態にも様々な準位が存在している。このような分子のもつエネルギー E をまとめると，**ボルン-オッペンハイマー近似**と呼ばれる理論により，以下のような式で表される。

ボルン Born, M.

オッペンハイマー Oppenheimer, R.

ボルン-オッペンハイマー近似
Born–Oppenheimer approximation

$$E = E_e + E_v + E_r \tag{12.3}$$

★ ボルン-オッペンハイマー近似式は，分子の内部エネルギーを表し，電子のエネルギー (E_e)，振動のエネルギー (E_v)，回転のエネルギー (E_r) を，それぞれ分離して扱えることを示している。

★ 電子のエネルギー (E_e) は紫外・可視光，振動のエネルギー (E_v) は赤外線，回転のエネルギー (E_r) はマイクロ波のエネルギー領域にそれぞれ相当する。

ここで，E_e は電子のエネルギー，E_v は振動のエネルギー，E_r は回転のエネルギーを表す。その大きさは $E_e \gg E_v \gg E_r$ である。そして，この式は，それぞれを分離して扱うことができることを示している。電子のエネルギー (E_e) の大きさは，表12.1中の紫外・可視光のエネルギーに相当する。一方，振動のエネルギー (E_v) は赤外線のエネルギー領域に相当する。さらに回転のエネルギー (E_r) はマイクロ波の領域に相当する。

以上のことをまとめてみると，紫外・可視光が分子に吸収されたり，また分子から放出されたりするのは，分子中の電子遷移による。一方，赤外線やマイクロ波が吸収・放出されるのは，それぞれ，分子の振動準位間や回転準位間の遷移による。なお，電子が遷移するときには，よりエネルギーが低い振動・回転の準位間の遷移も一緒に起こる。そのため，分子の電子スペクトルには，振動・回転スペクトルが重なり，通常，かなり複雑になる。

12.4.1　マイクロ波と分子の相互作用 －回転準位－

★ 回転スペクトルは，分子の結合長の測定や，電波望遠鏡による星間物質の観測に用いられている。

回転エネルギー準位はマイクロ波の領域に相当するため，分子の回転スペクトルはマイクロ波で測定される。分子が自由に回転できる気体分子がその測定対象となり，分子の結合の長さを正確に測定する場合に威力を発揮する。また，星間物質の回転スペクトル（放出）を電波望遠鏡で観測し，それらを同定する手法は，天文学で広く用いられている。

ここでは，簡単のため，二原子分子を例にとり，そのエネルギー準位などを簡単に紹介する。二原子分子の回転エネルギーは回転の量子数 J を用いて，以下のように表される。

$$E_j = hcBJ(J+1) \tag{12.4}$$

ここで，h はプランク定数，c は光速度，B は回転定数と呼ばれる定数で，

$$B = \frac{h}{8\pi cI} \tag{12.5}$$

である。I は慣性モーメントと呼ばれる値であり，次式で表せる。

$$I = \mu R^2 \tag{12.6}$$

μ は換算質量 $\left(ここでは\ \mu = \dfrac{m_A m_B}{m_A + m_B}\right)$，$R$ は結合の長さを表す。

純回転スペクトルを与えるためには，二つの選択律を考える必要がある。一つは，その分子が極性をもつ，すなわち，永久双極子モーメントをもつことである。これは，永久双極子モーメントをもつ分子が回転すると電磁場に影響を与えるが，もたない分子は影響を与えないことによる。つまり，O_2 や N_2 などの純回転スペクトルは観測されず，NO や HCl などは観測される。もう一つの重要な選択律は $\Delta J = \pm 1$ である。$+1$ は吸収を表し，-1 は放出を表す。準位 J から $J+1$ に励起するエネルギーは

$$\Delta E = E_{j+1} - E_j = 2hcBJ \tag{12.7}$$

と表され，J の値が大きくなっていくに従って，間隔が広がっていくスペクトルが得られることがわかる。このスペクトルから，回転定数を求めると，結合の長さが計算できる。

12.4.2 赤外光と分子の相互作用 ー振動準位ー

振動エネルギー準位は赤外領域に相当するため，分子振動スペクトルは主に赤外領域に得られる。代表的な振動分光法には，赤外吸収法とラマン分光法があり，これらは，物質の同定や構造の推定，また場合によっては定量にも用いられる大変重要な分光法である（14 章参照）。気体分子の振動スペクトルには回転スペクトルが重畳して複雑なスペクトルとなるが，液体や固体の試料では分子の回転が抑制されるので，振動のみのスペクトルとなる。ここでは回転スペクトルの場合と同様，まず，簡単のため，二原子分子の振動を考える。**図 12.7** に代表的なポテンシャルエネルギー曲線を示す。R_e（曲線の極小値）付近ではポテンシャルエネルギーは放物線で近似できて，

★ 代表的な振動分光法には，赤外吸収法とラマン分光法があり，物質の同定や構造の推定，また定量にも用いられる（14 章参照）。

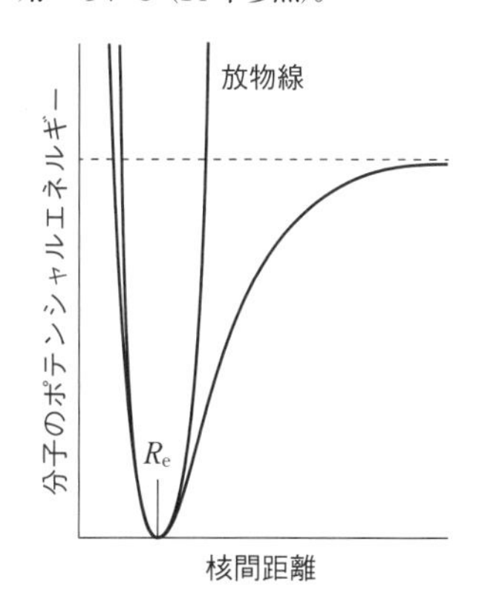

図 12.7 ポテンシャル図

$$V = \frac{1}{2}kx^2 \qquad x = R - R_e \tag{12.8}$$

と書ける。k は力の定数である。すなわち，古典的なバネ運動を表す式であるが，このエネルギーを量子化し，波数で表すと

$$G(v) = \left(v + \frac{1}{2}\right)\bar{\nu} \quad v = 0, 1, 2, \cdots \tag{12.9}$$

$$\bar{\nu} = \frac{1}{2\pi c}\left(\frac{k}{\mu}\right)^{\frac{1}{2}} \tag{12.10}$$

となる。ここで，c は光速度，μ は換算質量である。

この振動スペクトルの場合も選択律を考える必要があり，ここでも二つの選択律が重要となる。一つは，分子が振動するときに双極子モーメントが変化しなければならないことである。このためには，分子自体が永久双極子モーメントをもつ必要はない。**図 12.8** に，CO_2 の例を示す。CO_2 は四つの基準振動（後述）をもつ。CO_2 は永久双極子モーメントをもたないが，対称伸縮振動以外は，双極子モーメントの変化が起こるために，赤外活性であり，赤外光を吸収（放出）する*7。また，$\Delta v = \pm 1$ も重要な選択律であり，$\Delta v = +1$ は吸収にあたり，$\Delta v = -1$ は放出にあたる。

N 個の原子からなる分子は，非直線分子なら $3N-6$ 種類，直線分子なら $3N-5$ 種類の振動をもつ。前述の CO_2 は原子数 3 個の直線分子なので，4 種類の振動をもっている。こうした振動モードを基準振動といい，振動分光法における分子の同定や定量の基本となる*8。

*7 CO_2 は，C と O で電気陰性度に差があり，$+\delta$ は C に，$-\delta$ は O に分布しているが，対称中心が C であり，静止状態では電荷の重心の位置が一致するため，双極子モーメントをもたない。対称伸縮振動でもそうなるため，この振動モードは赤外不活性となる。一方，ほかの振動モードでは，電荷の重心間にずれが生じ，その結果，双極子モーメントが生じるため赤外活性となる。この選択律は，ラマン分光法については当てはまらず，それについては 14 章 14.3 節で述べる。

*8 基準振動がすべて赤外活性とは限らない。

12.4.3 紫外・可視光と分子の相互作用 ー最外殻電子の準位ー

最外殻電子のエネルギー準位は，紫外・可視領域に相当するため，分子の

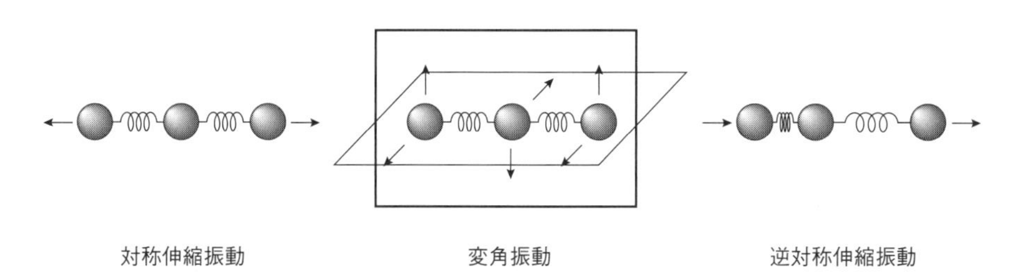

図 12.8 CO_2 分子の振動モードとエネルギー準位

★ 電子スペクトルは紫外・可視領域で得られ，吸光光度法，蛍光光度法，りん光分析法など数多くの有力な分析法が知られている（14章参照）。

電子スペクトルは紫外・可視領域で得られる。電子遷移に基づく方法としては，吸光光度法，蛍光光度法，りん光分析法など数多くの有力な分析法が知られており，分光分析法の中心の一つを形づくっている。電子スペクトルを考える場合には，二つの要素を考える必要がある。一つは「分子軌道」であり，もう一つは「原子核の相対運動」である。後者は回転・振動遷移の原因であり，それらについてはすでに学んだが，電子スペクトルにもこれらの遷移が重畳するとともに，フランク-コンドン原理により，その形状に影響を与える（後述）。ここでは，まず，分子軌道について論じる。

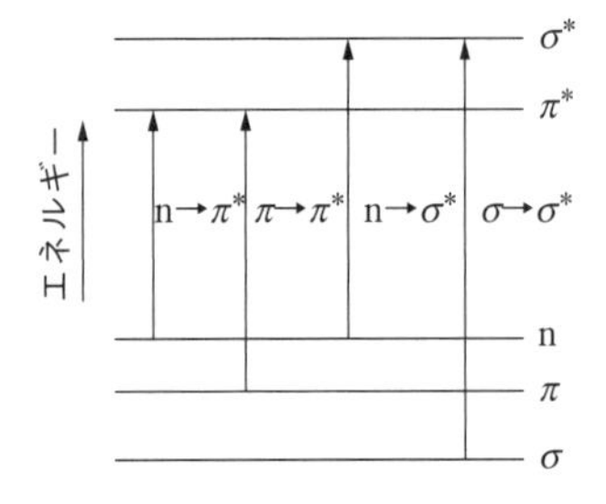

図12.9　分子軌道のエネルギーと遷移（光吸収）

分子といっても，水素原子のような等核二原子分子から，タンパク質のような巨大高分子，また金属錯体など多種類の元素を含むものまで様々である。ここでは，まず，簡単な例として，有機化合物の発色団（14章参照）の一つであるであるカルボニル基C=Oの分子軌道を考える。これらは**図12.9**に示すように，σとπ軌道の結合性軌道（σ，π）と反結合性軌道（σ^*，π^*）と，n軌道の非結合性軌道からなっている。n軌道はO原子の結合に関与していない非共有電子対に対応している。基底状態では，図に示すように，結合性のσ，π軌道と，n軌道に電子が電子対をつくって二つずつ充填されている。ここで，選択則を考えてみると，σ結合間（$\sigma \to \sigma^*$），π結合間（$\pi \to \pi^*$）の遷移は許容遷移であるが，σとπ間の遷移は禁制遷移である。n軌道からのσ^*，π^*軌道への遷移も禁制遷移であるが，その禁制は弱いので吸収が現れる。このうち，紫外・可視領域に吸収が現れるのは，主にπ結合間（$\pi \to \pi^*$）および$n \to \pi^*$間の遷移による。$\sigma \to \sigma^*$，$n \to \sigma^*$の遷移は，通常エネルギー差が大きすぎて真空紫外領域となり，紫外・可視領域には吸収をもたない。

★ 紫外・可視領域に吸収が現れるのは，主にπ結合間（$\pi \to \pi^*$）および$n \to \pi^*$間の遷移による。

以上は，軌道に由来する選択則だが，電子スピンに関する選択則も非常に重要である。**図12.10**は，ヤブロンスキー図といわれる分子のエネルギー準位を表した図である。基底状態はHOMO[*9]（例えば，結合性のπ軌道）に電子が入った状態（a）であるが，励起状態は，その上位の分子軌道に電子

*9　HOMOは電子によって占有されている分子軌道のうち最もエネルギーの高い軌道を意味する。なお，LUMOは占有されていない分子軌道のうち最もエネルギーの低い軌道を意味する。

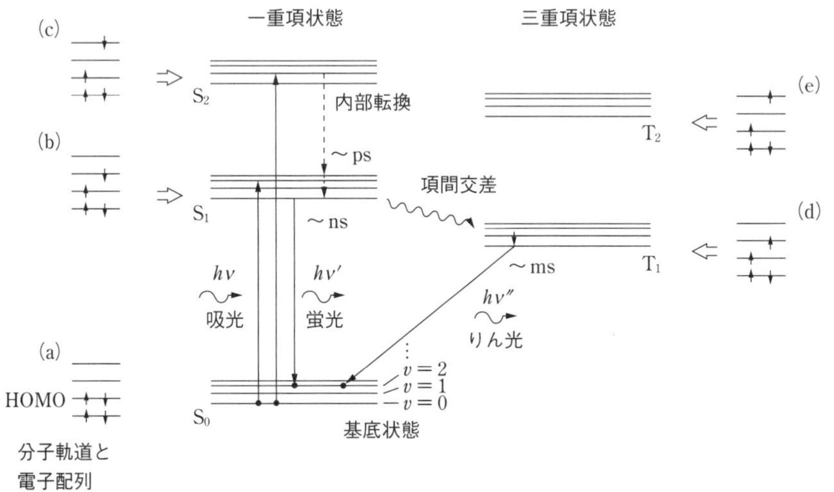

図12.10　ヤブロンスキー図

が遷移した状態であり，(b)～(e) で示されている。ラジカルなどの特殊な分子を除いて，通常の基底状態の分子の電子は，すべて電子対をつくり，軌道に入っている。12.3 節の原子のところで学んだ全スピン量子数 S は 0 となる。すなわち，多重度 $2S+1=1$ で一重項となる（この状態を S_0 と表す）。第一励起状態や第二励起状態は，π^* などに電子が遷移した状態を意味しているが，通常，分子軌道は複雑で特定がむずかしいので，このように書かれるのが一般的である。励起状態を考えると，遷移した電子のスピンの向きが基底状態と同じ場合（図中 (b)，(c)）と，反転した場合（図中 (d)，(e)）の二つがあり得る。前者は一重項 ($S_1, S_2, \cdots$) であり，後者の S は 1 になるので三重項 ($T_1, T_2, \cdots$) となる。電子スピンに関する選択則は，原子の場合と同様，$\Delta S=0$ である。したがって，一重項間，あるいは三重項間の遷移は許容であるが，一重項－三重項間の遷移は禁制となる。

★　一重項間，三重項間の遷移は許容遷移だが，一重項－三重項間の遷移は禁制遷移。

以上の選択則と各電子準位には回転・振動準位が重畳している（ここでは回転準位は省略する）ことも考慮して，基底状態 (S_0) の分子と光の相互作用を考える。まず，S_0 の分子は光を吸収して S_1, S_2 の様々な振動準位に励起される（電子準位間では $\Delta v=\pm1$ の選択則は働かない）。一方，T_1, T_2 への遷移は禁制のため起こらない。励起された分子は緩和して基底状態に戻るが，その過程は様々である。まず，**内部転換**と呼ばれる無放射緩和過程（熱としてエネルギーを放出）で，S_1 の最低振動準位に落下する。この過程は極めて速く，ps (10^{-12} 秒) オーダーで起こる。ここから様々な過程をとる。まず，ほとんどの場合，再び内部転換で S_0 に戻る。また，光を放出して S_0 に戻ることもある。これを**蛍光**と呼ぶ。さらに，**項間交差**と呼ばれる無放射緩和過程により S_1 から T_1 に移ることがある。通常，T_1 から S_0 へは，再び項間交差により緩和されるが，低温などのために項間交差が起こりにくい場合には，T_1 から S_0 への遷移に基づく発光が観測される。この遷移は禁制なので，T_1 の分子はなかなか S_0 に遷移することができず，長く T_1 にとどまる。そこで長寿命の発光が観察される。これを**りん光**と呼ぶ。蛍光の寿命（継続時間）は ns オーダーであるのに対して，りん光は ms から s，場合によっては数時間に及ぶ場合もある。

内部転換 internal conversion

蛍光 fluorescence

★　蛍光は S_1 の最低振動準位から S_0 への許容遷移に基づく。

項間交差 intersystem crossing

★　項間交差は一重項－三重項間で起こる無放射遷移。

りん光 phosphorescence

★　りん光は禁制遷移の T_1 から S_0 への遷移に基づく長寿命の発光。

前述のように，同じ電子励起準位内の振動基底準位への内部転換は極めて速いので，光励起された分子は，まず，S_1 の最低振動準位 ($v'=0$) に存在する。したがって，蛍光は S_1 の $v'=0$ からの遷移（りん光も同様に T_1 の $v'=0$ からの遷移）と考えてよい。一方，吸収過程の場合，室温ではほとんどの分子は S_0 の $v=0$ に存在しており，そこからの遷移となる。

以上までに電子遷移のあらましを述べたが，さらに電子スペクトルの形状を決める振動スペクトルの効果について論じる。この基礎となるのが，**フランク-コンドン原理**である（**図 12.11**）。この原理は，原子核は，電子よりもはるかに重く電子に比べてゆっくり動くため，電子の遷移に応答できずに，その遷移において原子間距離は変化しない（図 12.11 のポテンシャル図の中では垂直に遷移する）というものである。

フランク-コンドン原理 Frank-Condon principle

★　フランク-コンドン原理は，「原子核は，電子よりもはるかに重く電子に比べてゆっくり動くため，電子の遷移に応答できずに，その遷移において原子間距離は変化しない」ことをいう。

図 12.11 に従って，もう少し詳しく見ていこう。図のように，基底状態と

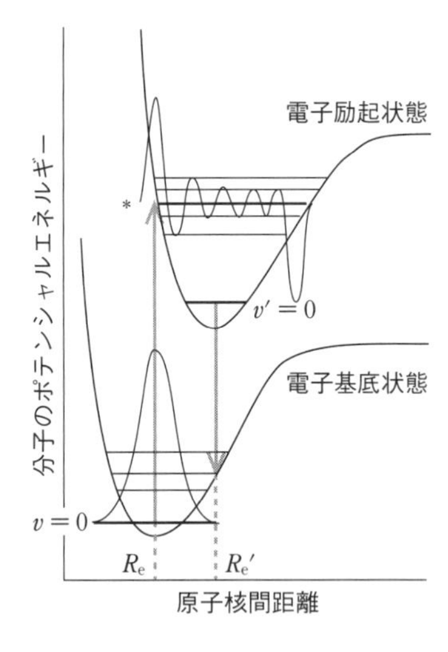

図 12.11　フランク-コンドン原理

★　この原理により電子スペクトルの形状が決まる。すなわち，吸収スペクトルと蛍光スペクトルは，一般に（0−0）の遷移による波長を対称軸として鏡像関係となる。

励起状態のポテンシャルの形状や位置には差があり，R_e と R_e' にも差がある。また，それぞれの振動準位の波動関数は $v=0$ や $v'=0$ では，それぞれ中央の R_e と R_e' の位置で最大となり，電子の存在する確率が最大となるが，振動励起準位では，図に示すように，ポテンシャルカーブ付近が最大となる。遷移は波動関数の重なりが大きいほど起こりやすく，またフランク-コンドン原理により垂直に遷移するので，吸収の場合は，R_e の位置から，図に示すように，v' が0ではなく，より高次の振動準位への遷移が起こりやすいことがわかる。一方，蛍光の場合も，R_e' の位置から，やはり，基底状態のより高次の振動準位への遷移が起こりやすくなる。りん光の場合も同様である。このことから，吸収スペクトルと蛍光スペクトルは，（0−0）の遷移による波長を対称軸として鏡像関係となることが知られている。図 12.3 のアントラセン溶液の励起（吸収），蛍光スペクトルに，最も典型的な例が示されている。

図 12.10 のとおり，光は物質に吸収され，また高いエネルギー状態の物質からは光が放出される。これらの現象は物質の分析に応用することができ，様々な方法が提案されている。紫外・可視光の場合を**図 12.12** に示す。すなわち，前章で述べたように，プローブエネルギーである光と試料の相互作用を観測する方法として，それぞれ特徴をもった種々の方法が知られている。まず，試料に光（光源）を当てて，試料を透過してくる光の強さを測定し，光が試料によってどれだけ吸収されたかを観測するのが**吸光光度法**である。これは最も基礎的な方法である。一方，吸収された光のエネルギーの一部が再び光として放出されるのを利用するのが，**蛍光分析法**や**りん光分析法**である。また，物質に吸収された光のエネルギーは，ほとんどの場合，熱となって放出されるが，その熱を観測する方法は**光熱変換分光法**と呼ばれ，近年，大きな進歩を遂げている。これらのうち，14章で吸光光度法と蛍光分析法をさらに詳しく学ぶ*10。

＊10　りん光分析法や光熱変換分光法は，専門的で応用範囲が限られているので本書では扱わない。

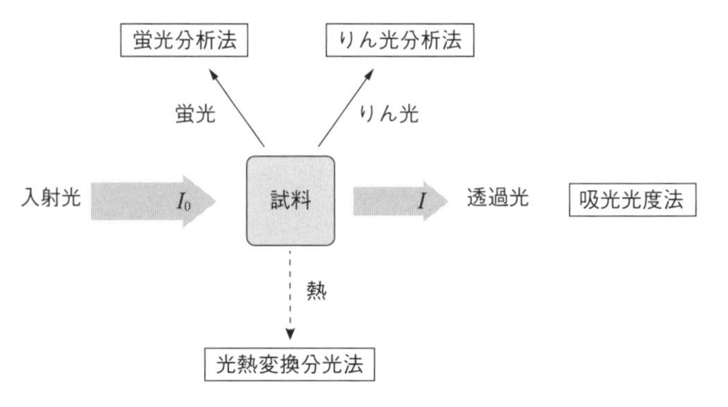

図 12.12　光と物質の相互作用と分光法の関係

12.5　定量法の基礎 −ランベルト-ベールの法則−

ランベルト-ベールの法則
Lambert-Beer's Law

これまで学んできたように，分光法では物質に光が吸収される過程が第一段階となる。そのため，分光法を物質の定量に用いるためには，光の吸収と物質の濃度（量）との間に一定の関係が成り立たなくてはならない。この関係は有名な**ランベルト-ベールの法則**として知られている。すなわち，以下の式で表される＊11。

$$A = \log_{10}\left(\frac{I_0}{I}\right) = \varepsilon cl \qquad (12.11)$$

I_0：入射光強度，I：透過光強度，ε：目的分子のモル吸光係数（$\mathrm{mol^{-1}\,dm^3\,cm^{-1}}$），$c$：目的分子の濃度（$\mathrm{mol\,dm^{-3}}$），$l$：セル長（cm）（**図 12.13** 参照）

＊11　以下の議論は，簡単のため紫外・可視領域の吸収・蛍光法を念頭において進めるが，実際はすべての分光法に適用される。

ここで A は**吸光度**と呼ばれる。また，式中には現れないが，I/I_0 を**透過率** T，$(I/I_0)\times 100$（%）をパーセント透過率（T%）と呼ぶ。すなわち，吸光度 $A = -\log_{10} T$ である。

吸光度 absorbance

透過率 transmittance

図 12.13 を参考に，この式を導いてみよう。光がわずかな距離 Δl の間に減衰する光の量を ΔI とすると，ΔI は，光の量 I と濃度 c と Δl に比例する。これを式で表すと，

$$-\Delta I = kIc\Delta l \ (\text{ここで } k \text{ は比例係数}) \qquad (12.12)$$

となる。これを微分方程式として書き表せば，

$$-\frac{\mathrm{d}I}{\mathrm{d}l} = kcI \qquad (12.13)$$

となり，この式は以下のように変形できる。

$$-\frac{\mathrm{d}I}{I} = kc\mathrm{d}l \qquad (12.14)$$

この式を積分すると（I は，I_0 から I まで，l に関しては 0 から l まで）

$$\ln\frac{I_0}{I} = kcl \qquad (12.15)$$

となり，これを常用対数に直し，$\varepsilon = 0.4343\,k$ とおくと式（12.11）が得られる。また，

$$I = I_0 e^{-kcl} = I_0 e^{-2.303\varepsilon cl} \qquad (12.16)$$

と表すこともできる。

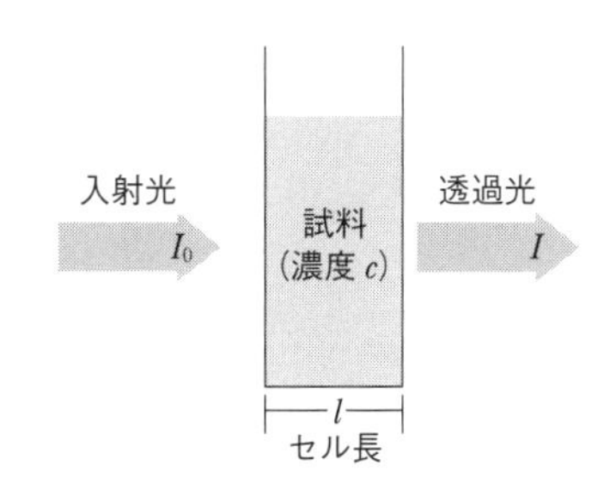

図 12.13　試料セルへの入射光と透過光の関係

式（12.12）の意味するところを考えてみよう。まず，入射光 I_0 と透過光 I を単位面積当りの光量とする。そうすると $c\times\Delta l$ は，体積が $1\times 1\times\Delta l$ に存在する分析成分のモル数（Δn）になる。すなわち，式（12.12）の意味するところは，吸収による光の減衰量（$-\Delta I$）は，光の強度 I と分子のモル数（分子の数）に比例することである。このことは，光の吸収が，基本的に光子と分子の出会う確率で決まることを意味している。光子の数が増えれば（光量が高くなれば），それに比例して分子に出会う光子の数も増える。一方，分子の数が増えれば，それに比例して分子に出会う光子の数も増えるのである。この関係を積分形で表したのが式（12.11）である。

★　式（12.12）は，吸収による光の減衰量（$-\Delta I$）は，光の強度 I と分子のモル数（分子の数）に比例することを意味している。

式（12.11）の意味するところも重要である。吸光度 A は濃度と光路長 l に比例するが，前述のように，これは単位面積当りの分析成分のモル数（分子数）に比例することを言い換えているだけである。すなわち，吸光法において，光の断面積が一定であれば絶対感度（分析成分の絶対量に対する感度）は一定であり，それを改善するにはモル吸光係数 ε をより大きくするほかない。光路長を長くして改善できるのは分析成分の濃度に対する感度である

★　吸光法では，光の断面積が一定であれば絶対感度（分析成分の絶対量に対する感度）は一定であり，それを改善するにはモル吸光係数 ε をより大きくするほかない。光路長を長くして改善できるのは濃度に対する感度である。

ことは重要である。また，吸光度Aは光量I_0とは直接関係しないため，吸光法の光源としては，ある程度の強度があれば充分で，さらに強い光源を用いても感度の改善にはならないこともわかる。

＊＊＊＊＊＊＊＊＊＊＊＊＊＊＊＊＊＊＊＊＊＊＊＊＊＊＊＊＊＊＊＊＊＊＊＊＊

［例題 12.3］ 吸光度0.0001まで測定できる吸光光度計で定量を行う。目的物質のモル吸光係数εが10^4 dm^3 mol^{-1} cm^{-1}，セル長が1 cmのとき，測定濃度の下限を計算しなさい。また，セル長が10 cmならどうなるか。

［答］ $A = \varepsilon cl$なので，セル長が1 cmのときは

$$c = \frac{A}{\varepsilon l} = \frac{0.0001}{10^4 \times 1} = 10^{-8}\ \text{mol dm}^{-3}$$

また，セル長が10 cmのときは10^{-9} mol dm^{-3}。

＊＊＊＊＊＊＊＊＊＊＊＊＊＊＊＊＊＊＊＊＊＊＊＊＊＊＊＊＊＊＊＊＊＊＊＊＊

次に，蛍光強度と分析成分の濃度の関係式を考えてみよう。蛍光が観測されるときには，まず，光が吸収されなければならない。吸収される光の量は$I_0 - I$で表される。このとき観測される蛍光強度Fは，前述の式(12.16)も考慮すると以下のように表される。

$$F = K\Phi(I_0 - I) = K\Phi I_0(1 - e^{-kcl}) = K\Phi I_0(1 - e^{-2.303\varepsilon cl}) \qquad (12.17)$$

ここでΦは**量子収率**で，吸収された光子が蛍光として放出される割合を表す。また，Kは比例係数で，**装置関数**と呼ばれ，試料から放出された蛍光が測定装置によって検出される割合を表し，測定装置に依存する値である。ともに0～1の値をとる。$2.303\varepsilon cl$の値が充分小さいときは，式(12.17)をテーラー展開*12 ($e^{-x} = 1 - x + \cdots$)することにより

$$F = 2.303\,K\Phi I_0 \varepsilon cl \qquad (12.18)$$

が得られ，蛍光強度Fは，分析成分の濃度が充分に低い場合には，濃度に比例することがわかる。一方，濃度が高くなると検量線は式(12.17)に従うため曲がる。また，FはI_0にも比例することから，吸光法のときとは異なり，蛍光測定にはレーザーのような強力な光源を用いると，その感度が改善されることがわかる。なお，図12.12において，式(12.17)，(12.18)の基本的な考え方は，りん光強度にも適用できる。また，光散乱にも適用できるため，ラマン分光法においても同様の式が成立する。さらに，光量を熱量に変えれば，光熱変換分光法においても成立する。

量子収率 quantum yield

装置関数 instrumental function

★　量子収率(Φ)は，吸収された光子が蛍光として放出される割合を表し，0～1の値をとる。

*12　$X = a$の近傍の関数$f(x)$をべき級数で近似する方法（この場合$a = 0$で第二項までを用いて近似している）。

★　蛍光測定にはレーザーのような強力な光源を用いると，その感度が改善される。

12.6　紫外・可視光の光源・分光器・検出

ここで，紫外・可視領域の分光装置の基礎となる一般的な光源・分光器・検出器に関して簡単に解説しておく。なお，紫外・可視光でも特殊な光源やそのほかの光領域の装置に関しては，13章以降，分析法の各論で扱う。

12.6.1　光　源

光源は，一般に，1) インコヒーレント光源（一般光源），2) コヒーレン

ト光源（レーザー光源）に分類される。紫外・可視領域においても，両者がともに重要な光源として用いられている。1）のインコヒーレント光源は，さらに a）連続スペクトル光源と b）線スペクトル光源に分類される。a）連続スペクトル光源は，観測する波長領域全体にわたって，すべての波長の光を（連続的に）発する光源である。吸光光度計や蛍光光度計の光源として一般に用いられる光源であり，ここではそれらについて概説する。一方，b）線スペクトル光源は，原子発光を利用するランプであり，水銀ランプのようにその強力な光出力を利用して殺菌や光化学反応に用いられるものもあるが，原子吸光分析装置の光源に用いられる中空陰極ランプがその代表例である。それについては 13 章で解説する。

紫外・可視領域で主に用いられる連続スペクトル光源には三種類ある。タングステンランプ（ハロゲンランプ）（放射波長 350 nm ～ 3500 nm）は，いわゆる白熱灯であり，吸光光度計の可視領域の光源として広く用いられている。一方，重水素ランプは紫外領域の光源（放射波長 185 nm ～ 400 nm）として大変重要である。通常の紫外・可視分光光度計ではこれら二つの光源をともに装備していて，波長によって自動的に切り替えられるようになっている。キセノンランプ（放射波長 185 nm ～ 2000 nm）は，紫外・可視領域全般にわたって，非常に強い光を発する光源で，通常蛍光光度計の光源として用いられる。

★　紫外・可視領域で主に用いられる連続スペクトル光源には，タングステンランプ（ハロゲンランプ）（350 nm ～ 3500 nm），紫外領域光源の重水素ランプ（185 nm ～ 400 nm），紫外・可視領域全般で非常に強い光を発するキセノンランプ（185 nm～ 2000 nm）の三種類がある。

12.6.2　分 光 器

分光器は，特定の波長の光（単色光）を選び出す装置である。**図 12.14** にその構成を，また，**図 12.15** にその心臓部で分散素子である**回折格子**の概

★　分光器は特定の波長の光（単色光）を選び出す装置。

回折格子 grating

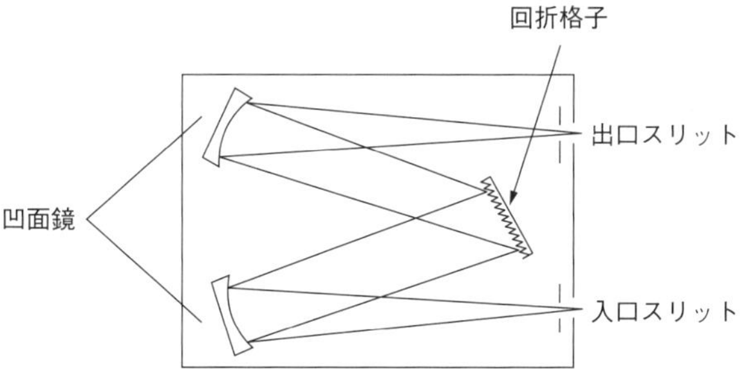

図 12.14　分光器の概念図*13

*13　ツェルニ-ターナー型と呼ばれる，現在最も一般的な分光器の配置を示す。

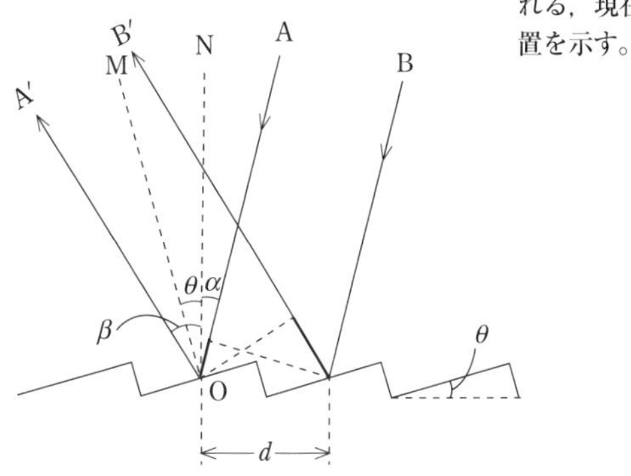

図 12.15　回折格子の概念図
A→A′，B→B′ は太線の部分だけ光路差が生じるので，以下の式を満たす波長の光のみが強められる。
$m\lambda = d(\sin\alpha + \sin\beta)$ （$m = 0, \pm 1, \pm 2, \cdots$）
ここで ON，OM はそれぞれ格子平面およびみぞ平面に対する法面，θ はブレーズ角，また α，β は，β を正の値とし，α は β と同じ側のときは正，反対側のときは負の値とする。

念図を示す。光を波長に従って分ける素子としては，一般にはプリズムがよく知られているが，現在の分光器には回折格子が使われている。

図12.14と図12.15にそって，分光器の働きを考えてみよう。まず，試料（または光源）からの光は，凸レンズで入口スリット（細い隙間）上に集光される。スリットを通して分光器内に導入された光は，凹面鏡により平行光に変換され，回折格子に到達する。

★　回折格子は鏡の表面に1 mm当り数千にも及ぶ溝を彫った素子で，干渉作用により，光を波長により分散させる。

回折格子は，鏡の表面に1 mm当り数千にも及ぶ溝を彫った素子である。この回折格子に光（平行光）を当てると，図12.15に示すように，光の干渉作用により，ある角度方向へは，図中の式を満たす特定の波長の光は位相が揃ってお互いに強め合って反射されるが，残りの波長の光はお互いに打ち消し合って消えてしまう。したがって，光は波長により分散されることになる。こうして回折格子により反射された光は，その反射角ごとに波長が異なっているが，光束自体としてはいろいろな波長の光が混ざっている。この光束をもう一度凹面鏡で反射させ，出口スリット上に焦点を結ばせると，波長ごとに焦点の位置が変化し，いわゆる虹ができる。そこで，回折格子の角度を適当に選ぶことにより，任意の波長の光を出口スリット上に集光させ，その波長の光のみを出口スリットから取り出すことができる。また，その角度を連続的に変化させれば，取り出す波長を連続的に変化させることができるので，その波長領域のスペクトルを測定することができる。近年では，出口スリットの位置に，スリットの代りにCCD検出器（後述）を置くことにより，一度にスペクトルを測定できる装置も市販されている。

さて，分光器の性能をもう少し詳しくみてみよう。まず，回折格子についてであるが，図12.15中の$m=1$の分散光を1次光，$m=2$の場合は2次光，…と呼ぶ。m次光の波長は，同じ反射角度の1次光の波長の$1/m$となることはこの式からすぐにわかる。1次光が最も強いため，実用には1次光が最もよく用いられる。また，図中のθはブレーズ角と呼ばれ，$\alpha=\beta=\theta$の関係を満たす回折光の強度が最も大きくなるので，このときの1次光の波長$\lambda_B=2d\sin\theta$をブレーズ波長と呼ぶ。また，分光器が効率よく使える波長領域は$(\lambda_B/m)\pm(\lambda_B/2m)$で表される。すなわち，ブレーズ波長が600 nmの分光器はおおむね300 nm～900 nm（2次光は150 nm～450 nm）の範囲で使用可能である。

★　分光器が効率よく使える波長領域は$(\lambda_B/m)\pm(\lambda/2m)$である。（$\lambda_B$：ブレーズ波長，$m$：次数）

★　逆線分散度は分光器の波長分解能の指標として用いられる。

次に分光器の性能として重要なのは波長分解能[*14]である。これを表す指標として，**逆線分散度**（nm mm^{-1}）がよく用いられる。これは出口スリット1 mm当りの波長幅を表す値であり，この値が小さいほど分解能は高くなる。例えば，逆線分散度が1 nm mm^{-1}の分光器でスリット幅を50 μmとして用いると，おおむね0.05 nmの**スペクトルバンド幅**[*15]での測定が可能となる。

ブレーズ角における逆線分散度は下式で表せる。

$$\frac{d\lambda}{dx}=\frac{d\cos\theta}{fm} \tag{12.19}$$

ここでfは凹面鏡の焦点距離である。したがって，焦点距離が長いほど，また，回折格子の1 mm当りの溝の数（dの逆数）が多いほど高分解能となる。

＊14　回折格子の波長分解能は，以下の式で定義されるが，分光器の性能としては逆線分散度の方がわかりやすい概念なので広く用いられている。

$$\frac{\lambda}{\Delta\lambda}=mN\times W$$

ここで，mは回折格子の次数，Nは単位幅当りの溝の数，Wは幅であるため，$N\times W$は回折格子の溝の総本数である。

逆線分散度
reciprocal linear dispersion

＊15　光源に白色光を用いたときに，分光器から取り出される光の波長の幅で，逆線分散度とスリット幅の積で与えられる。

一方，分光器の明るさ*16（分光器に取り込める光量の指標）も重要な指標であり，一般に明るいほどよい。これらをまとめると，小さな分光器（焦点距離 20 cm 以下）は，安価で明るいが，分解能は低いため，振動などの微細構造をもたない溶液のスペクトル測定に適している（14 章参照）。一方，大きな分光器（焦点距離 50 cm ～ 数m）は，高価で暗いが，高分解能で，原子スペクトルや気相分子の回転振動構造が重畳した電子スペクトルの測定などに用いられる。また，ラマン分光法にも用いられる。

*16　通常 F 値（$=f/D$）で表され，F 値が小さいほど光量は増え，分光器は明るくなる（カメラの絞り（F 値）と同様の概念である）。ここで f は凹面鏡の焦点距離，D は凹面鏡の有効直径（回折格子の大きさも関係する）である。一般に，f が大きくなるほど（大きな分光器になるほど），F 値が大きくなり暗くなる。

12.6.3　検 出 器

分光器の出口スリットの直後に光電子増倍管を置き，光信号を検出する。光電子増倍管は真空管の一種で，最も高感度な可視・紫外領域の光検出器であり，分光分析装置などに広く用いられている。**図 12.16** に光電子増倍管の概念図を示す。通常アルカリ金属を含む化合物半導体でできた光電面に光子がぶつかると，光電効果により光電子が放出される。この光電子に電圧をかけて加速し，ダイノードに衝突させると，ダイノードからは，1 個の光電子につき数個の二次電子が放出される。この二次電子をさらに加速し，次段のダイノードに衝突させる。この過程を何段（通常 9 段）にもわたって繰り返すと，二次電子の数はネズミ算的に増加し，最終の陽極においては 1 個の光電子当り 10^6 ～ 10^7 個程度の電子となる。すなわち，電流として 10^6 ～ 10^7 倍の増幅が得られることになる。

★　光電子増倍管は真空管の一種で，最も高感度な光検出器である。

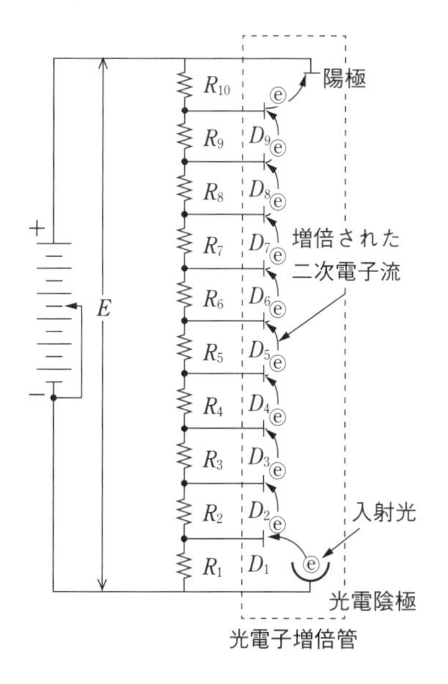

図 12.16　光電子増倍管の原理

近年，シリコンフォトダイオード（いわゆる太陽電池）も廉価な装置に利用されている。感度は光電子増倍管に及ばないが，安価でまた簡単に使用できるため，その利用は広がっている。さらに，それをベースにして高感度化し，さらに小さな受光素子を一次元または二次元に配列した半導体面検出器も，多くの装置において利用されている。その代表的なものは CCD*17 型イメージセンサーと呼ばれるものである。前述のように，分光器の出口に用いられるものは，例えば，使用可能な波長範囲が 200 nm ～ 950 nm で，大きさが 12 μm × 972 μm の素子を 2048 個，一次元に配列したものなどが使用されている。こうした装置を用いると，分光器で波長を掃引しなくとも，瞬時にスペクトルの測定が可能となる。さらに，顕微鏡を用いた分析装置などにおいては，画像データを取得するために二次元のイメージセンサーが用いられている。こうした高性能の面検出器は，画像処理技術の進歩とともに，分光分析分野に革命といってもよいレベルの進歩をもたらしている。

*17　charge coupled device：電荷結合素子

★　CCD 型イメージセンサーは，多波長同時計測や画像の計測に広く用いられている（13.4.2 項参照）。

本章のまとめと問題

12.1　物質による光の吸収・放出・散乱の過程を説明しなさい。

12.2　原子が線スペクトルを与える理由を説明しなさい。

12.3　分子の回転・振動・電子スペクトルについて，それぞれ，その原理と特徴を説明しなさい。

12.4　ランベルト-ベールの法則を，12.5 節に従って導きなさい。

12.5　回折格子を用いる分光器の原理を説明しなさい。

12.6　光電子増倍管の原理を説明しなさい。

原子スペクトル分析法

原子スペクトル分析法は，Ca，Mg，Al，Zn や Pb など，微量の金属元素を測定する方法である。現在，様々な原子スペクトル分析法が知られているが，最も一般的に用いられているのは，炎光分析法，原子吸光分析法，ICP 発光分析法である。本章では，まず，12 章で学んだ光と原子の相互作用を基に，定性的に本法の原理を紹介した後に，これら三つの方法を学ぶ。ICP 質量分析法は，光を用いる分析法ではないが，金属元素の微量分析法として最先端の方法であり，ICP 発光分析法とも共通点が多いので，本章で解説する。

13.1　原子スペクトルの性質

我々が生活している温度（例えば，−20 °C ～ 40 °C）では，希ガスや水銀などのごく一部の元素を除けば，元素は，大気中に分子として存在したり，液体あるいは固体の凝縮相を形成していて，原子状態で存在することはない。元素が原子状態で存在するのは，高温状態，すなわち，炎の中，炉の中，あるいは火花や稲妻，放電管の中などの，いわゆる**プラズマ**中のみである[*1]。

こうした高温中では分子は解離して，それぞれ原子，またその一部はさらに電子を失ってイオン（原子イオンと呼ぶ）となる。**原子スペクトル分析法**は，この原子や原子イオンのスペクトルを利用する方法である。**図 13.1** に，光と原子の相互作用を簡単にまとめる。原子のエネルギー準位と原子スペクトルの基礎はすでに 12 章で学んだ。原子は光を吸収し，また蛍光を発する場合もある。また，原子が高温中に存在することから，電子が熱により励起される過程も重要となり，その励起された電子が基底状態に戻るときに放出する光を**発光**（図 13.1 a）と呼び，蛍光（図 13.1 b）と区別する。この熱的励

プラズマ　plasma

*1　プラズマとは，「高温において電離した陽イオンと，それとほぼ同数の電子，および任意数の中性分子または原子からなっており，全体としてほぼ中性を保った電離気体」と定義される。このプラズマには炎などの化学炎，アーク，スパーク，グロー放電，あるいは ICP などの分析に用いられる放電（物理プラズマと総称される）などがある。また，自然界にも，稲妻，オーロラ，電離層など，多くのプラズマが存在する。

原子スペクトル分析法
atomic spectroscopy

発光　emission

★　原子や原子イオンが存在するのは一般に高温状態下だけである。

★　原子スペクトル分析法は金属元素の微量定量法として重要である。

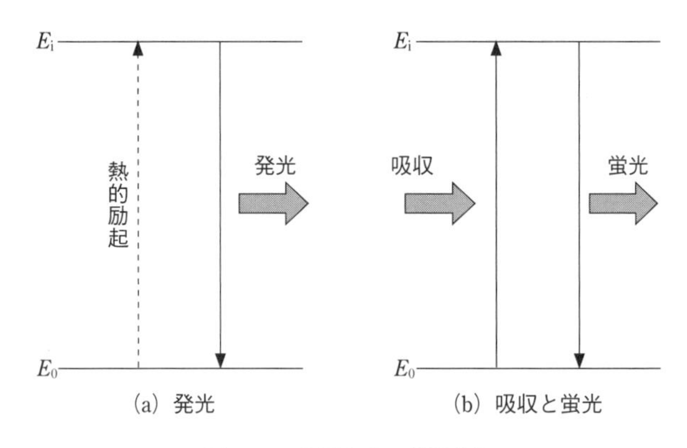

図 13.1　原子と光の相互作用

起による発光は，分子スペクトル分析法にはない原子スペクトル分析法の大きな特徴である。

12章で学んだように，原子スペクトルは，回転・振動構造をもたないため，極めて幅の狭い線スペクトルとなる（図12.5 (p.135) 参照）。この線スペクトルを元素，特に金属元素，の定性・定量に利用するのが原子スペクトル分析法である。

★　原子スペクトル分析では，熱により励起されることによる発光が利用される。

★　原子スペクトルは線スペクトルとなる。

13.2　炎光分析法

歴史的に最も早く実用化した原子スペクトル分析法が本法である。本法は，高校で習う**炎色反応**をより定量的に行う方法である。炎色反応では，塩水をつけた白金線を炎の中に入れると炎が橙色になるが，この光はまさに熱的に励起されたナトリウム原子の発光であり，炎光分析法はこの発光を利用している。本法は，1章で紹介したように，ブンゼンとキルヒホッフが1859年に報告した論文に端を発している。彼らは，ブンゼンバーナーでできる透明な炎を駆使して，Rb, Ce, In, Gaなどの元素を発見している。現代的な装置は，1930年ごろ，スウェーデンの農学者のルンデゴードによって提案されたものが元となり，1950年代には一応の完成を見ている。

炎光分析法 flame spectrometry

炎色反応 flame color reaction

ルンデゴード Lundegårdh, H.

炎光分析法は，そのための専用の装置も販売されているが，後述の原子吸光分析装置を利用して行われることも多い。まず，溶液試料を**ネブライザー**（噴霧器）で噴霧してフレーム（炎）の中に導く（図13.2 b (p.151) 参照）。フレームには空気－アセチレンフレームなどが用いられる。フレームの温度は2500 K程度であり，導入された試料の中で，ナトリウムなどの金属元素はフレームの熱で原子になる。さらにその一部は熱的に励起されるが，その励起された原子が基底状態に戻るときに発光する（12.3節参照）。この発光強度は，発光する金属の量，すなわち，試料溶液中の目的金属元素の濃度に比例するので，分光器でその発光のみを取り出してその強度を測定すれば，検量線法により目的金属元素の濃度を測定することができる。

ネブライザー nebulizer

この方法は，生物試料などのアルカリ金属，アルカリ土類金属の微量定量法として，現在も重要である。しかし，励起されにくい亜鉛などの重金属元素が測定できないという問題点がある。ここでは，この問題をもう少し詳しく見ていこう。

★　炎光分析法は，アルカリ金属，アルカリ土類金属の微量定量法として現在も重要な方法である。

発光分析においては，原子は熱的に励起されなければならない。そのとき，各準位への分布は，平衡状態では次式で表されるボルツマン分布*2により決まる。

$$N_{\mathrm{i}} = N_0 \left(\frac{g_{\mathrm{i}}}{g_0}\right) \exp\left(-\frac{\Delta E}{kT}\right) \qquad (13.1)$$

N_0：基底状態の原子数，N_{i}：励起状態iの原子数，g_0, g_{i}：それぞれの準位の統計的重率，ΔE：励起エネルギー（$\Delta E = E_{\mathrm{i}} - E_0$），$k$：気体定数，$T$：温度（K）。ここで統計的重率とは，同じエネルギーをもつ（縮退した*3）準位（波動関数）の数を意味し，具体的には$2J+1$で表される数である。

*2　熱平衡状態にある系の中で，一つのエネルギー準位にある粒子の数（占有数）の分布を与える理論式。

★　高温中の励起原子の数はボルツマン分布によって決まる。

*3　二つ以上の異なったエネルギー固有状態が同じエネルギー準位をとること。

表 13.1　励起温度と原子分布

元素	共鳴線 /nm	原子分布 (N_i / N_0)*			
		$T = 2000$ K	$T = 3000$ K	$T = 4000$ K	$T = 5000$ K
Cs	852.1	4.44×10^{-4}	7.24×10^{-3}	2.98×10^{-2}	6.82×10^{-2}
Na	589.0	9.86×10^{-6}	5.88×10^{-4}	4.44×10^{-3}	1.51×10^{-2}
Ca	422.7	1.21×10^{-7}	3.69×10^{-5}	6.03×10^{-4}	3.33×10^{-3}
Zn	213.9	7.29×10^{-15}	5.58×10^{-10}	1.48×10^{-7}	4.32×10^{-6}

*　N_i / N_0 ＝（励起状態の原子数）/（基底状態の原子数）

i 準位から，基底状態 i_0 を含む，それより下の準位への遷移による発光強度は N_i に比例する。また，この式により，N_i は，ΔE と T に依存することがわかる。**表 13.1** に，いくつかの金属元素に関して，式 (13.1) から計算される各温度での原子共鳴線*4 に対する原子分布をまとめる。この表において，N_i/N_0 の値が 10^{-5} 程度以上となると，この遷移に基づく原子発光線を微量分析に使用できることが経験的に知られている。表からわかるように，原子共鳴線の波長が長い（ΔE が小さい）Cs や Na は，2000 K の比較的低温のフレームでも充分な発光強度が得られることがわかる。一方，Zn は 5000 K でようやく測定可能となる。また，Ca はその中間で，やや高温のフレームを用いる必要がある。このように，フレームを用いた発光分析では，一般に，共鳴線が波長の短い紫外領域にある遷移金属元素は炎光分析法では原理的にうまくはかれない。これは 1950 年代の大きな分析化学的課題であった。ちなみに，非金属元素を原子スペクトル分析法で測定できないのは，非金属元素の ΔE が大きすぎて，共鳴線が真空紫外領域（< 200 nm）*5 にあるためである。

*4　光を吸収する原子線のうち，波長が最も長いものを指す。原子の基底状態と励起状態間の電子遷移に由来し，通常，最も強い吸収と発光を示すので，原子吸光分析法や発光分析法に用いられる。

*5　波長が 200 nm 以下の紫外線領域を指し，この領域の光は，酸素による吸収のため，大気中では透過しない。この領域で分光測定を行うためには，装置内の光路を真空にしたり，窒素かアルゴンで置換する必要がある。

13.3　原子吸光分析法（AAS）

この問題を解決したのは，それまで顧みられることのなかった原子吸収を利用する方法，すなわち，1955 年にオーストラリアのウォルシュにより開発された**原子吸光分析法**である。原子吸光分析法は，基底状態の原子の光吸収を利用する方法である。すなわち，原子さえ効率よく生成できれば，原子を熱で励起できなくとも，その元素を高感度に測定できる。フレームの温度は，多くの重金属元素に対して，この目的には充分である。**図 13.2** に原子吸光分析装置を示す。装置は，光源・原子化部・分光器・検出器（光電子増倍管）およびデータ処理部からなっている。

ウォルシュ Walsh, A.

原子吸光分析法
atomic absorption spectrometry

光源には，陰極がそれぞれ目的金属でできた**中空陰極ランプ**（HCL）を用いる（**図 13.3 左**）。このランプは，その目的金属の原子線の光を発する。この光を光源として，炎により原子化された試料中の目的金属による吸収を測定する。吸収を起こす波長幅は極めて狭いが，光源にもその波長の幅の狭い原子発光線を用いるので，その吸収を高感度に測定することができる*6。また，このように，もともと単色に近い光源を用いるため，小型の分光器を用いても，目的元素の原子吸収のみを効率よく測定できる。このため，原子吸

中空陰極ランプ
hollow cathode lamp

★　光源の中空陰極ランプはその目的金属の原子線の光を発する。

*6　図 13.3 右に示すように，HCL の発光線の線幅に比べて，試料の吸収線の線幅の方が，一般にやや広くなる。これは，フレームの温度が HCL に比べて高いためで，原子の並進運動に対するドップラー効果により生じる。

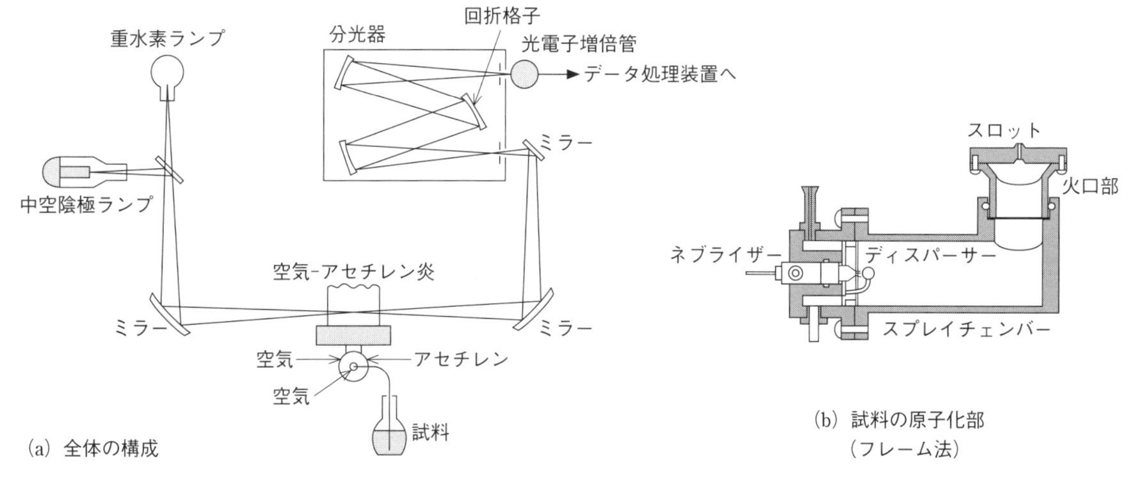

図 13.2　フレーム原子吸光分析装置の構成

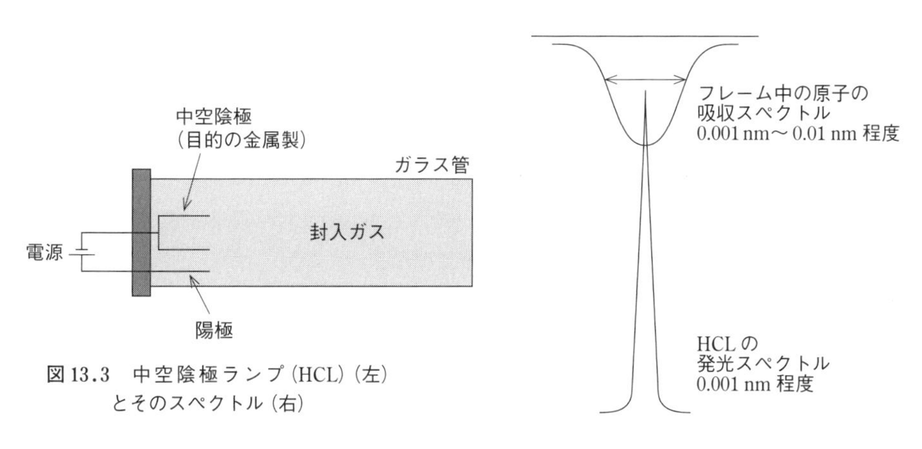

図 13.3　中空陰極ランプ（HCL）（左）とそのスペクトル（右）

光分析装置は比較的安価である。

なお，図 13.2 a の重水素ランプは，目的元素以外の吸収，例えば試料中の塩による分子吸収などを補正するために用いられる。重水素ランプを光源に用いると，分光器の分解能で決まる比較的波長幅の広い光で吸収を測定することになり，極めて幅の狭い領域でしか起こらない原子吸収はほとんど観測されない。一方，分子吸収などは広い波長範囲なので，重水素ランプでもそれらの吸収が観測される。すなわち，中空陰極ランプにより原子吸収 + 分子吸収，重水素ランプにより分子吸収が測定される。したがって，自動的に交互に両者で測定し，それらの吸光度差を求めれば，分子吸収の影響を除くことができる。これを**バックグラウンド補正装置**と呼び，現在の装置にはほぼ搭載されている。なお，このバックグラウンド補正を，ゼーマン効果と呼ばれる原子の磁場効果を利用して行う方法も実用化している*7。

フレームには，空気－アセチレンフレーム（約 2500 K）や亜酸化窒素－アセチレンフレーム（約 3000 K）が用いられる（図 13.2 b）。試料は，炎光分析法の場合と同様，溶液試料をネブライザーで霧状にしてフレーム中に導入する。バーナーは，試料溶液を霧状にするネブライザー，さらに霧状の試料を空気やアセチレンと混合するチャンバー（噴霧室），さらにバーナーヘッド

バックグラウンド補正装置
background correction equipment

★　バックグラウンド補正機構は，原子吸収以外の分子吸収の除去に必要である。

*7　日立製作所の小泉英明らにより実用化された日本発の技術で，現在も欧米のメーカーも含めて広く用いられている。

表 13.2　原子吸光法，ICP 発光法，ICP 質量分析法の検出限界 (ng cm^{-3})

元素	原子吸光法			ICP 発光法		ICP 質量分析法
	測定波長 (nm)	検出限界		測定波長*** (nm)	検出限界	検出限界
		フレーム法*	黒鉛炉法**			
B	249.7	2500†	2	I 249.773	2	0.001
Mg	285.2	0.1	0.004	II 279.553	0.1	0.0001
Al	309.3	3†	0.1	I 396.152	5	0.0003
K	766.5	3	0.02	I 769.896	50	0.001
Ca	422.7	1	0.05	II 393.366	0.1	0.001
Ti	364.3	30†	4	II 334.941	0.6	0.003
Mn	279.5	0.8	0.01	II 257.610	0.3	0.0005
Fe	248.3	4	0.02	II 259.940	0.8	0.001
Cu	324.7	1	0.02	I 324.754	0.5	0.001
Zn	213.8	1	0.002	I 213.856	1	0.003
As	193.7	30	0.2	I 193.696	10	0.003
Cd	228.8	0.6	0.003	I 228.802	1	0.0003
La	550.1	2000†	−	II 408.672	1	0.0001
U	358.5	30000†	−	II 385.958	50	0.00004

*　フレーム法で，†のついた値は亜酸化窒素－アセチレンフレームを使用。その他は空気－アセチレンフレーム。
**　通常は絶対量として表示されるが，試料量 10 mm^3 としたときの濃度感度に換算した。
***　I，II は，それぞれ原子線と原子イオン線を示す。通常，分析に用いられる波長はそれぞれの元素について複数存在するが，ここでは最も代表的なものを一つ選んだ。

からなる。バーナーヘッドには，長さ約 10 cm の細い隙間（スリット）があいており，その上にフレームが形成される。このようなバーナーをスリットバーナーと呼ぶ。**表 13.2** には，現在の代表的な原子スペクトル分析法や ICP 質量分析法（後述）などの各元素の検出限界をまとめる。原子吸光法が，亜鉛やカドミウムなどの金属元素に特にすぐれた感度を示すことがわかる。また，原子吸光分析法の欄で†がついた元素は，より高温の亜酸化窒素－アセチレンフレーム（3000 K 程度）を用いた方がよい元素である。これらの元素は酸化物などが安定で，より高温でないと効率よく原子とならない。しかし，ホウ素やランタンのように，この高温フレームを用いても満足な感度が得られない元素もある。この場合，後述の ICP 発光分析法など，さらに高温の媒体を用いる必要がある。

★　酸化物などが安定で，より高温でないと効率よく原子とならない元素には，より高温の亜酸化窒素-アセチレンフレーム (3000 K 程度) を用いる。

★　亜酸化窒素-アセチレンフレームでも測定できない元素 (B，La など) もある。

特に高感度な測定を行いたい場合は，原子化源として電熱炉（一般には黒鉛炉）を用いる場合もある。本法は，少量の溶液試料（10 mm^3 ～ 50 mm^3 程度）を黒鉛でできたチューブ型の炉の中に注入し，電熱加熱して試料を原子化する方法である。**図 13.4** に，代表的な黒鉛炉原子化装置を図示する。原子化される効率が高いため，大変高感度であり，元素によっては現在でも，

★　電熱炉 (一般には黒鉛炉) を原子化に用いる方法は，試料量が少なくてすみ，現在でも最も高感度な方法の一つである。

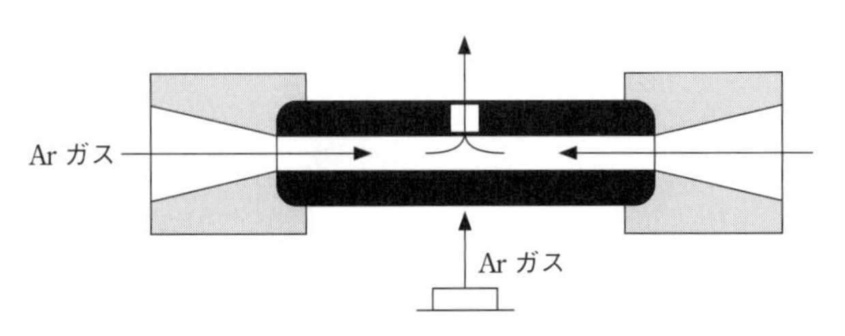

図 13.4　黒鉛炉原子化装置

ICP 質量分析法と並び最も高感度な方法の一つである。本法は，生体試料など，特に分析に使用できる試料量が少ない場合などに効果を発揮する。

原子吸光分析法は，現在でも，比較的安価で使いやすい金属元素の定量法として広く用いられているが，開発された当時 (1950 年代後半から 60 年代) は，まさに画期的方法であった。そのため，金属分析を必要とする研究分野の発展を大いに促した。その代表的な分野が，生物無機化学であり，また環境科学であった。それまでは，生物における金属元素の役割は充分に理解されていなかったが，原子吸光分析法の普及とともに，その研究は大いに進み，亜鉛や銅などの重金属元素も，金属酵素の構成元素として生体内で重要な役割を担っていることが次々と明らかになった。特に日本では，水俣病やイタイイタイ病などの原因究明に大いに貢献したことも特筆すべきことである。

★ 原子吸光分析法は，環境問題の解決や生物無機化学の発展に大きな貢献をした。

13.4 ICP 発光分析法 (ICP-OES)

原子吸光分析法は大変優れた方法ではあるが，万能ではない。表 13.2 からもわかるように，比較的温度の低い炎や黒鉛炉を原子化のための高温媒体として用いるために，ホウ素やランタンのように酸化物の非常に安定な金属は充分に原子化されず，感度が極端に低い。また，原子吸光分析法においては 1 元素ごとに違うランプが必要なために，多元素を同時に測定することがむずかしい。こうした問題に根本的な解決を与えたのが，1965 年ごろファッセルとグリーンフィールドにより独立に開発された**誘導結合プラズマ (ICP) 発光分析法**である。

ファッセル Fassel, V.A.
グリーンフィールド Greenfield, S.

誘導結合プラズマ発光分析法
inductively coupled plasma (ICP) optical emission spectrometry

この方法は，**図 13.5** に示すような，高周波の誘導コイルの中に形成されるアルゴンプラズマを原子化ならびに励起源として用いる方法である。ICP の温度は 6000 K ～ 7000 K に及ぶ。このような高温中では，どんなにその酸化物が安定でも，すべて原子に，あるいはさらに原子イオンとなってしま

★ ICP は温度が 6000 K ～ 7000 K に及ぶ高温プラズマである。

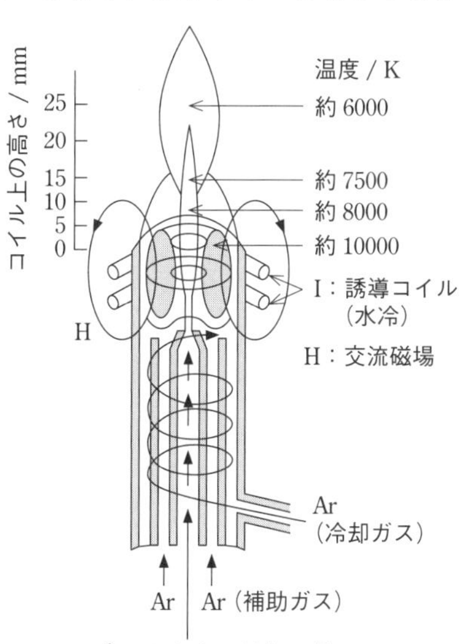

図 13.5 誘導結合プラズマ (ICP)

う。こうした原子や原子イオンの発光を測定することにより，ほとんどすべての金属元素の微量定量が可能となった（表13.2参照）。また，複数の検出器を配置した特殊な分光器を用いれば，一度に多元素の定量が可能である。現在，ICP発光法は，感度こそICP質量分析法には及ばないものの，最も汎用的で便利な微量金属元素定量法として広く用いられている。

13.4.1　ICPの構造

ICPは図13.5に示すように，高周波発生装置と接続された誘導コイル内に置かれたプラズマトーチと呼ばれる石英の三重管にArガスを流してプラズマを発生させる。最も一般に利用される高周波は27.12 MHzあるいは40.68 MHzであり，通常出力0.8 kW～2.5 kW程度である。Arガスは石英管の中を毎分約15 dm^3の流速で流れていく。ここに外側からコイルを通して高周波をかけてやる。テスラ放電*8を起こして一部のArを電離すると，生成した電子が高周波のエネルギーを受けて，周囲のAr原子と衝突を始める。その衝突により，Ar原子はイオン化してさらに電子を放出する。この過程を繰り返すと，大量のArイオンと電子がつくりだされる。このArイオンと電子の雲がプラズマである。Arイオンと電子は再結合するが，同時に余分となるエネルギーを光として放射する。その光は連続光なので白く輝いて見える。一方，Arガスが高周波コイルの囲う領域からはずれていくと，新たにイオンがつくりだされるより再結合してしまう割合が増え，プラズマは消滅していく。その結果，しずく形の白く輝くICPが形成される。

★　ICPは高周波のエネルギーで生成される。

*8　テスラコイルと呼ばれる特殊なコイルにより発生する瞬時の放電（スパーク放電）。

三重管のトーチを流れるアルゴンガスは，図13.5に示すように，その流路により，外側から，冷却ガス（プラズマガス），補助ガス（支持ガス），キャリアガスと呼ばれる*9。中心のキャリアガスは，ネブライザーなどからエアロゾル試料をプラズマ内に噴霧・導入するためのガスである。

*9　冷却ガスは最も大量に流され，プラズマを形成するArガスのほとんどを供給するが，トーチを冷却し，プラズマへの空気の混入を防ぐ効果もある。補助ガスは，プラズマをトーチ上部から少し浮かせる働きがある。またプラズマを点灯するときには，この補助ガス中にスパーク放電を発生させる。

このICPは「ドーナツ構造」と呼ばれる構造をもつ。すなわち，プラズマの中心部に温度の低い部分ができる。ほかのドーナツ構造をもたないプラズマでは，試料は高温のプラズマ表面ではじかれてしまい，安定に導入されないといわれているが，ICPでは，この構造のために，試料のエアロゾルが比較的低温のプラズマの中心軸に沿って安定に導入される。これはICPの最大の特徴の一つである。

★　ICPは「ドーナツ構造」と呼ばれる構造をもつ。この構造により試料のエアロゾルがICPに安定に導入される。

ICPの温度は最高で6000 K～7000 Kといわれている。この温度であれば，He，Ne，Fといった一部の元素を除き，ほとんどすべての元素が，程度の差はあれイオン化される。特に，金属元素のほとんどは90 %以上イオン化されているといわれており，次節のICP質量分析法において，優秀なイオン化源としても用いられている。

★　ICP中では金属元素のほとんどは90 %以上イオン化されている。

13.4.2　装　置

ICP発光分析装置は，大きく二つのタイプに分けられる。すなわち，

1）逐次分析用装置（シーケンシャルICP発光分析装置）（図13.6）
2）多元素同時ICP発光分析装置（図13.7）

★　ICP発光分析装置には，逐次分析用装置と多元素同時測定装置の二種類がある。

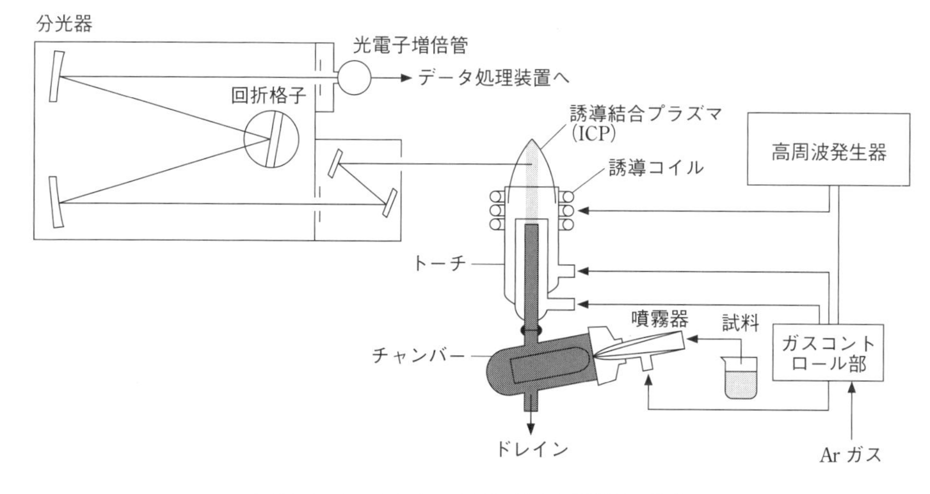

図 13.6 シーケンシャル ICP 発光分析装置の構成

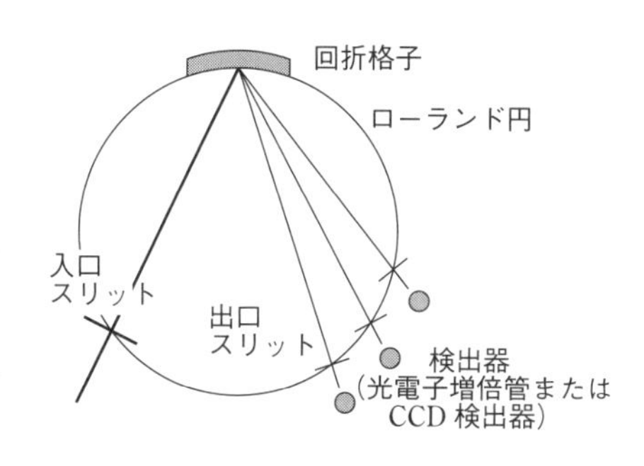

図 13.7 多元素同時 ICP 発光分析装置に用いられるポリクロメーター(パッション-ルンゲ型分光器)の概念図*12
出口スリットに複数の検出器 (光電子増倍管や CCD 検出器) を並べて多元素の発光を同時に測定する。

である。1) は分光器としてモノクロメーター*10 を用い，また検出器も一つである。この装置では，分光器を高速掃引して目的波長に到達させ 1 元素ずつ測定していくことで，1 分間に数元素程度の測定が可能である。この方式の装置は，比較的安価で分析波長も自由に選択できるという柔軟性をもつ反面，一定時間内に分析できる元素の数は限られてしまうという欠点がある。現在，日本で汎用型の装置として用いられている。一方，2) は，ポリクロメーター*11 と呼ばれる特殊な分光器に複数の検出器を，その元素の測定波長に固定して配置したマルチチャンネル型の分光測定装置を用いる方法である。最大で約 50 元素の同時定量が可能な装置が市販されており，世界的にはこの方式が主流である。

*10 分光器のうち単一の波長が光を選び出すもの。

*11 多波長の光を同時に取り出すための分光器。

*12 多元素同時 ICP 発光分析装置に用いられるポリクロメーターとして，エシェル型と呼ばれる回折格子を用いる装置も用いられている。

試料導入部

ICP の分析試料は，基本的には溶液試料とくに水溶液試料が中心となる。ICP には，通常，ネブライザーで細かなエアロゾル (原子吸光分析法の場合よりもさらに細かな霧) として導入されるが，前節で述べたようなプラズマのドーナツ構造のため，効率的にプラズマに導入される。エアロゾルを生成する方法として最も一般的なのは，霧吹き型のネブライザーとチャンバーとを組み合わせたものである。ネブライザーで生成した霧のうち，粒子径の大きな液滴は，チャンバーでドレインとして捨てられ，細かな液滴だけがプラズマトーチに送られる。噴霧される試料のうち，プラズマに到達する試料の

★ 試料は各種ネブライザーにより細かなエアロゾルとして導入される。

割合は２％～３％といわれている。一方，最近では超音波ネブライザーも実用化している。このネブライザーでは，超音波により霧を発生させるが，細かで粒径のそろった液滴が効率よく生成され，脱溶媒装置などと組み合わせることにより，高効率に試料をプラズマに導入できるため，霧吹き型のものより一桁程度検出限界が低下する。

分光システムと光学配置

ICPからの発光線の線幅は，0.001 nm～0.01 nm程度である。また，ICP中の原子や原子イオンは熱的に励起され，前述のボルツマン分布に従って，数多く存在する励起準位に分布する。そこで，励起準位間の許容遷移の発光も数多く観測される。例えば，Feなどは紫外・可視領域に4000本以上の発光線をもつ。すなわち，ICP発光分析装置では，多数の発光線のなかから目的とする分析線を正確に選び出し，さらに，ほかの発光線の影響を除去するために高分解能の分光器が必要となる。その結果，ICP発光分析装置は，比較的高価な装置となる。

★ ICP発光分析装置では，多数の発光線のなかから目的とする分析線のみを正確に選び出す必要があるため，高分解能の分光器が必要となる。その結果，装置は比較的高価となる。

逐次分析用の装置では，分光器として，ツェルニ・ターナー型モノクロメーターが用いられる。目的波長を選び出すために回折格子の角度をコンピューターコントロールのステッピングモーターで変化させ，目的波長領域までは波長を高速掃引し，目的波長で固定し測定を行う。分光器の焦点距離は１m程度のものが使用されることが多い。一方，多元素同時ICP発光分析装置では，パッションｰルンゲ型と呼ばれる分光器，エシェル型回折格子を用いる分光器など，特殊な分光器（ポリクロメーター）が用いられるが，ここでは詳しい説明は省略する。

シーケンシャル型の装置では，分光器の出口スリットの直後に光電子増倍管を置き光信号を検出する。一方，多元素同時測定装置では，高感度型CCD*13イメージセンサーが検出に用いられる（12.6.3項参照）。

*13　charge coupled device：電荷結合素子

13.4.3　分析法としての特徴と分析操作

ICP発光分析法の金属元素分析法としての特徴をまとめると，以下のようになる。

1）ほとんどすべての元素（H, N, O, F, Cl, Brを除く）の高感度分析ができる*14。
2）検量線の直線範囲が４～５桁と広い。
3）共存成分による化学干渉やイオン化干渉がほとんどない。
4）多元素同時または迅速な分析ができる。

*14　近年，真空分光器を用いて，真空紫外領域（< 200 nm）の発光線によるClやBrの測定も行われるようになっている。

このうち1）に関しては，表13.2をみても明らかなように，多くの元素について ng cm^{-3}(ppb) レベルの測定が可能である。また，2）や3）は，原子吸光分析法などに比べてもICP発光分析法の大きな特徴である。このように，ICP発光分析法は非常にすぐれた特徴を有しているが，信頼性の高い分析を行うためにはそれなりの注意が必要である。

測定条件と干渉

分析結果に影響を与えるパラメーターとして，高周波電力，ガスの流量，および観測位置などがある。これらのパラメーターに関して，各元素の最適値は異なるが，一般的には，その最大公約数的な条件が選ばれる。例えば，観測位置は，通常，ICP トーチの側面から集光レンズにより，高周波コイルの先端から 15 mm 程度上の部分の発光を観察する。

ICP 発光分析法においては，共存物質のプラズマ内での反応による影響により，対象元素の発光強度が変化することはほとんどないとされている*15。しかし，**分光干渉**には気をつける必要がある。分光干渉とは，共存元素と分析対象元素の発光線の波長が近すぎて，分光器でも分離しきれないために生ずる干渉効果のことである。前述のように，ICP は高温であるために各元素について多数の発光線が観測される。そのため，ICP 発光分析法においては，測定する分析線に対する共存元素の発光線の重なりがしばしば問題となる。例えば，Ca のスペクトル線（Ca II 393.4 nm, 396.8 nm）により，Al I 396.2 nm の測定が影響を受ける*16。迷光の少ない高性能な分光器を用いるとその影響は最小限となるが，完全に除くことはできない。また，試料中に有機物質が含まれる場合には CO などの分子発光も問題となる。

ICP の**バックグラウンド発光**の変動も問題となることが多い。すなわち，アルゴンの原子線，あるいは OH ラジカルのような分子バンド発光，さらにアルゴンイオンと電子の再結合輻射による連続発光などがみられる。これらは目的の原子やイオン以外からの発光であり，それらをまとめてバックグラウンド発光と呼ぶ。このバックグラウンド発光は，高周波出力，キャリアガス流量のわずかな変化，あるいは有機物質の導入などにより，その強度も変化することがあるので注意が必要である。

さらに，ICP 発光分析法においては，**物理干渉**と呼ばれる問題にも注意を払わなければならない。すなわち，本法で使用されるネブライザーは吸引力が弱く，試料溶液中の塩や酸の濃度が大きくなると，その粘性のために噴霧量が小さくなり発光強度が低下する。この補正を行うためには，しばしば内標準法（後述）が用いられる。

13.4.4 定 量 法

ICP 発光分析法による定量分析において，まず重要なことは，最適な分析線の選択である。一つの元素について通常，複数の使用可能な分析線が知られており，まず，その中から，適当な分析線を選択することになる。これらの分析線をまとめた成書も知られているが，現在，市販されている装置には，通常使用される可能性のある分析線はほとんど記憶されている。まず，感度のよい数本の分析線を選び，試料の主成分などから予想される発光線の重なりなどの分光干渉を考慮し選択する。また，一般に，ICP 発光分析法では，イオン線（原子イオンの発光）の方が原子線（原子の発光）よりも感度が高く，またイオン化干渉*17 を受けにくいので，イオン線を選んだ方がよい場合が多い。

*15 共存物質の測定に対する影響を「**干渉効果**（interference effect）」と呼ぶ。

★ ICP 発光分析法では共存物質の影響は比較的少ないが，分光干渉や物理干渉が起こる。

分光干渉 spectral interference

*16 波長の前のローマ数字は，I は原子線，II は 1 価の原子イオン線を意味する。

バックグラウンド発光 background emission

物理干渉 physical interference

*17 共存物質により ICP 中の目的元素のイオン化率が変化すること。ICP ではフレーム法に比べてこの干渉は起こりにくいとされているが，全く起こらないわけではなく，注意する必要がある。

★ 一般に，イオン線の方が原子線よりも感度が高く，またイオン化干渉を受けにくい。

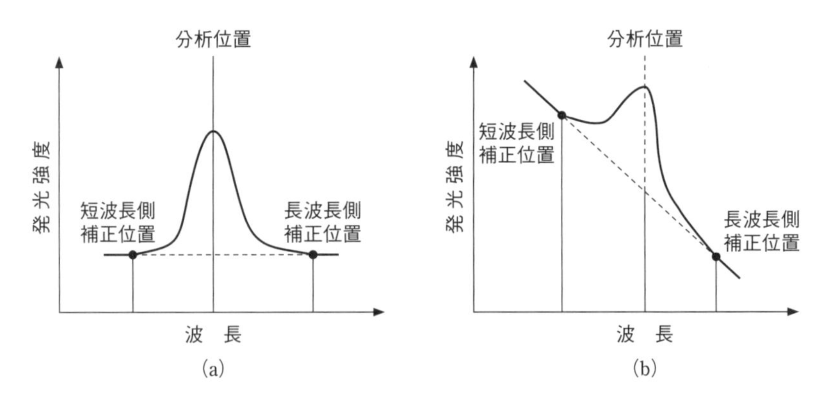

図 13.8　バックグランド発光の補正法

★　発光線の測定においては，バックグラウンド補正が必要となる。

次に，発光線の測定においては，バックグラウンド補正が必要となる。前項の分光干渉の説明の中で論じたように，様々な要因によるバックグラウンド発光があり，その強度はわずかな条件の変動により大きく変化する。そこで，**図 13.8** に示すように，発光線のすその位置の発光強度を測定することにより，バックグラウンドを補正する必要がある。図 13.8 a の場合は片側だけでも充分であるが，図 13.8 b の場合は，両端の強度を測定してその平均をとる必要がある。

また，原子スペクトル分析法において用いられる主な定量法は以下の三つである。検量線法，標準添加法に関しては，その概念はすでに 11 章で学んだ。ここでは，原子スペクトル分析法における使用上の注意を述べる。

検量線法：ほとんどすべての機器分析法において，検量線法は最も基本となる定量法であり，ICP 発光分析法においても例外ではない。標準溶液には，原子吸光分析用として市販されている標準溶液を酸などで希釈して用いることもあるが，標準溶液と分析試料のマトリックス組成をできる限り一致させたものを用いることも多い。こうした方法をマトリックスマッチング法と呼び，物理干渉や分光干渉を含めたマトリックスの影響を除く方法として有用である。

標準添加法：11 章で述べた通り，本法は分析試料のマトリックスによる干渉が大きく，その対策を立てにくい場合に有効な方法である。また，その注意点として，検量線が直線であること，さらに，ゼロ点が変動しないこと，の二つが本法の成立のための前提であるとしたが，特に，発光法においてはバックグラウンドの変動がしばしば問題となるため，後者に関しては充分注意をはらう必要がある。

★　内標準法は物理干渉や高周波出力の変動の影響などを除くのに有効である。

内標準法：標準溶液と分析試料の粘度の差による物理干渉，あるいは高周波出力の変動の影響などを除くために有効な方法である。標準溶液，分析試料に，同濃度になるように内標準元素を添加し，縦軸には分析元素の発光強度と内標準元素の発光強度の比をプロットし，検量線を作成する（**図 13.9**）。分析試料についてもその強度比を求め，その検量線から濃度を求める。内標準元素の選定にはいくつかの条件が要求される。まず，分析試料に含まれることがなく，充分な感度をもち，また，分光干渉の原因となってはならな

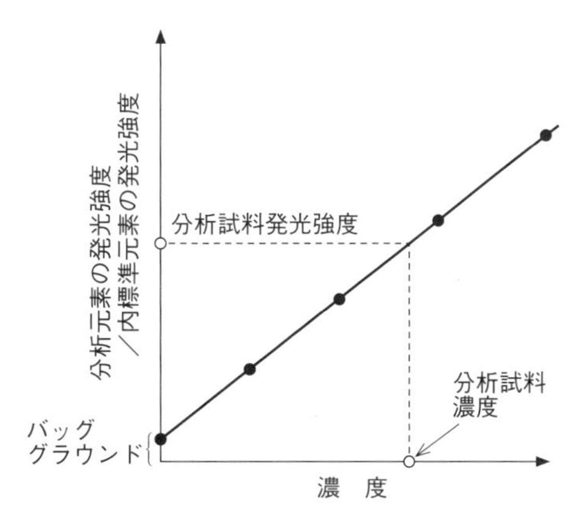

図 13.9 内標準法による検量線

い。さらに，分析元素と類似した分光特性をもつ元素が望ましい。実際に用いられる内標準元素としては，Y, Co, Sc, Be, Tl などがある。

＊＊＊＊＊＊＊＊＊＊＊＊＊＊＊＊＊＊＊＊＊＊＊＊＊＊＊＊＊＊＊＊＊＊＊＊＊＊

［例題 13.1］ ICP 発光分析法を用いて，多量の塩を含む水試料 C 中の Al（I 396.2 nm）を，In（I 325.6 nm）を内標準元素として内標準法を用いて定量した。そのときの測定結果を以下の表に示す。検量線を描き，その検量線を用いて，水試料 C 中の Al の濃度を計算しなさい。

試料*	Al 濃度 (mg dm^{-3})	Al 信号強度 (任意単位)	In 信号強度 (任意単位)
ブランク溶液	0	23	183
標準溶液 1	0.100	225	189
標準溶液 2	1.00	2015	186
水試料 C		435	159

＊ すべての試料中には In 0.500 mg dm^{-3} が含まれている。

［答］ 内標準法で得られる強度比は下表，検量線は下図のとおりである。

試料*	Al 濃度 (mg dm^{-3})	Al 信号強度 (任意単位)	In 信号強度 (任意単位)	Al 信号強度/ In 信号強度
ブランク溶液	0	23	183	0.13
標準溶液 1	0.100	225	189	1.19
標準溶液 2	1.00	2015	186	10.83
水試料 C		435	159	2.74

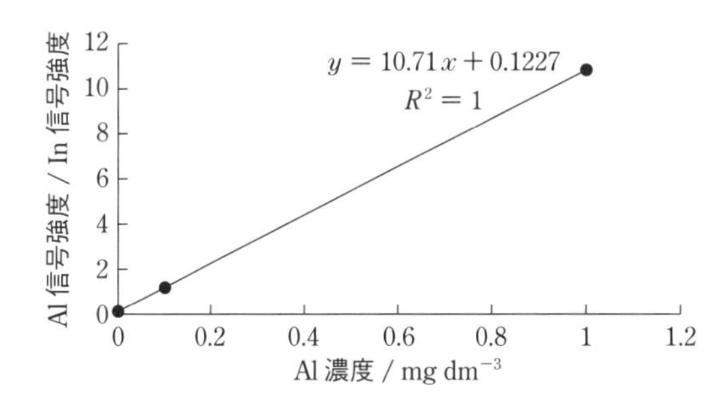

この検量線から水溶液 C 中の Al 濃度を求めると，$2.74 = 10.71x + 0.12$ より 0.244 mg dm^{-3} となる。

＊＊＊＊＊＊＊＊＊＊＊＊＊＊＊＊＊＊＊＊＊＊＊＊＊＊＊＊＊＊＊＊＊＊＊＊＊＊

13.5 ICP質量分析法（ICP-MS）

ハウク Houk, R.S.

ファッセル Fassel, V.A.

ICP質量分析法
ICP mass spectrometry

★ ICP質量分析法は現在，最も高感度な金属元素分析法として広く活躍している。

原子吸光分析法やICP発光分析法は，1970年代にはほぼ装置として完成し，汎用法として広く用いられるようになっていた。しかし，同時に，さらに高感度な分析法が求められていた。こうした要望に答える方法として，1980年にハウクとファッセルによりICPをイオン化源とする**ICP質量分析法**が提案された[1]。開発当初は，マトリックス成分の干渉など様々な問題点が指摘されたが，次第に装置にも改良が加えられ，現在では，最も高感度な金属元素分析法としての地位を不動のものとしている。表13.2に示すように，その測定感度の高さは驚くべきものがある。ICP質量分析法は，現在，半導体工業など超高純度を必要とする材料の分析や環境分析などを中心に広く活躍している。

質量分析法は，以前より，金属元素の超微量分析法としても，特に地球化学の分野で同位体比の精密測定，あるいは同位体希釈法を用いた高精度分析などに用いられていた。しかし，その分析には高度な技術と長時間を要し，一般的ではなかった。質量分析法は，イオンの数を数える方法で低バックグラウンドであり，極めて高感度な検出が可能な方法である。したがって，質量分析法が，金属元素の超微量分析においても，さらに一般的な目的に使用できれば，非常に大きな武器になりうると考える人たちもいた。こうした観点で，1970年代半ばから，ICPなどの様々な分光プラズマを質量分析法のイオン源に用いる研究が盛んに行われるようになった。

原子スペクトル分析で最も成功しているプラズマであるICPが，また最も優れたイオン源でもあることは，この分野の研究者には容易に想像がついたであろう。何箇所かの研究グループの競争と協力があったが，1980年のハウクとファッセルらによる論文が，ICP質量分析法（ICP-MS）の最初の論文となった。その後，1983年には最初の市販装置が開発された。この方法は，それまで光が主役だった原子スペクトル分析法に大きな転機をもたらした。前述のように，金属元素の多くは，ICP中でほとんどイオン化している。ICPは大変すぐれたイオン源であり，この方法によりpg cm^{-3}（ppt）レベル，さらにはfg cm^{-3}（ppq）レベルの金属元素の定量が現実のものとなった（表13.2）。

図13.10に代表的なICP質量分析装置の模式図を示す。大気圧のプラズマと高真空の質量分析計を結合するのが，この方法の技術的なポイントである。プラズマ中で発生したイオンは，サンプリングコーン，スキマーコーンと呼ばれる二つのピンホールで質量分析計に導入されるとともに，高真空にまで排気されたのち質量分析計に導入される。一般の装置では質量分析計には低分解能の四重極質量分析計が用いられるが，高級な装置では二重集束型の高分解能質量分析計が用いられている（17章参照）。

ICP質量分析法では，ICP発光分析法と同様の定量法（検量線法，内標準法，標準添加法）が用いられる。また，多元素を同時に測定できる。しかし，

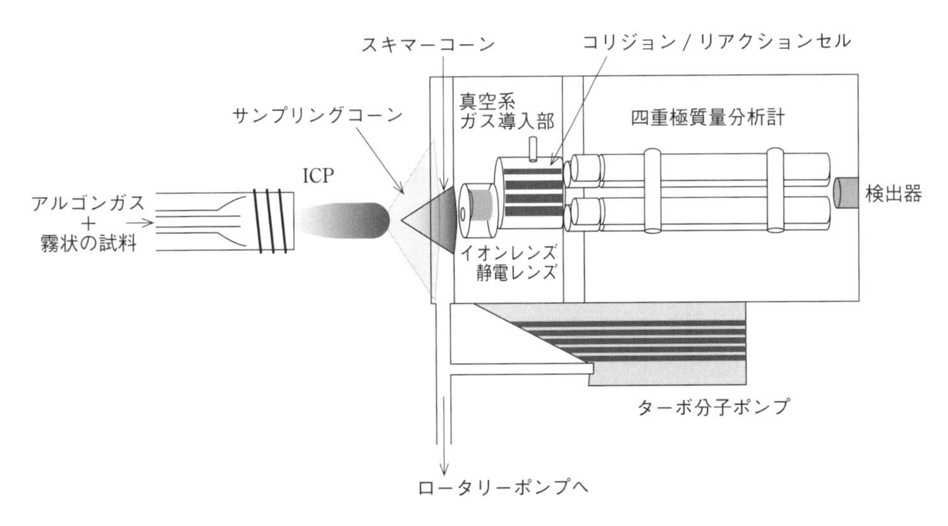

図 13.10　ICP 質量分析法の装置図

本法は ICP 発光分析法に比べて共存物質による干渉をより強く受ける。特に，スペクトル干渉は本法に特有である。すなわち，アルゴンや溶媒により生成する多原子イオンが，測定金属元素と同じ質量電荷比（m/z）（17 章参照）を与える場合，その定量を妨害する。代表的な例として，$^{56}Fe^+$ と $^{40}Ar^{16}O^+$，$^{75}As^+$ と $^{40}Ar^{35}Cl^+$ などがあげられる。しかし，近年では，質量分析計の前段にコリジョン / リアクションセルと呼ばれる特殊な装置を置き，そうした多原子イオンを分解してしまう手法なども開発され，その対策が進んでいる。また，高分解能質量分析計を用いると，そうした多原子イオンの信号から目的イオンの信号を分離することもできる。

★ ICP 質量分析法では，スペクトル干渉に特に注意する必要がある。

ICP 質量分析法は，多くの金属イオンを同時に超高感度測定できる。そのため，開発以来，金属元素分析におけるチャンピオンの座を守り続けている。開発当初は，様々な問題があり，決して使いやすい装置とはいえなかった。しかし，装置に様々な工夫が加えられ，現在では格段に使いやすい装置に進化し，さらに感度も向上した。今後も当分の間，本法を凌ぐような方法は生まれそうもない。以下に本法の応用分野の例を三つあげる。

まず，環境・地球化学分野である。例えば，海水の pH は約 8 であり，多くの重金属イオンは水酸化物として沈殿してしまうため，海水中のそれらの濃度は一般に極めて低く，pg cm^{-3}（ppt）レベルである。しかも，海水は高濃度の塩水でもある。こうした試料中の極低濃度の金属元素を定量するのは，ICP 質量分析法をもってしても簡単ではない。クリーンルームと呼ばれる汚染を防ぐ特殊な部屋の中で，化学的な前処理を行ったうえで分析されるのが普通である。しかし，ICP 質量分析法の実用化により，その世界は大いに広がり，重金属元素の環境・地球化学は飛躍的な進歩を遂げた。

次の例は生物・医学分野である。原子吸光分析法の項でも述べたように，金属元素と生物との関わりを研究する学問である生物無機化学は大変重要な研究分野である。その発展は，原子スペクトル分析の発展とともにあったといっても過言ではない。生物中の金属元素の濃度も一般に極めて低く，ICP

質量分析法は，その発展に大いに貢献してきた。

最後の例は，産業における貢献である。例えば，半導体産業においては，極めて高純度の結晶をつくる必要がある。こうした技術を可能としている基盤技術の一つに本法があげられる。半導体産業において分析すべき試料は半導体だけではなく，超純水，高純度試薬など多種多様である。こうした試料の品質が高レベルで管理されて初めて現代の半導体は生産できる。こうした状況は，例えば，鉄鋼産業，非鉄金属産業などにおいても同様であり，ICP質量分析法は，材料産業全般においてなくてはならない方法となっている。

同位体希釈法
isotope dilution method

★　同位体希釈法は，試料に既知量の安定同位体を添加し，精製後に同位体の存在比を検定することで，試料中の目的元素量を精確に測定する方法。

最後に，ICP質量分析法による**同位体希釈法**の応用例を例題13.2に示す。同位体希釈法は，ある元素の存在量を推定するために，既知量の安定同位体を添加し，精製後に同位体の存在比を検定することで，もともと存在した元素の量を測定する方法である。回収率が100％でなくてもよく，また，質量分析法により同位体比は精確に測定することが可能なため，最も信頼性の高い方法として，標準物質の値決めなどに使われる。ICP質量分析法の普及により，この同位体希釈法も比較的簡単に行えるようになり，分析値の信頼性の向上に貢献している*18, 19。

＊18　同位体希釈法は，元来，放射性同位体を用いる放射能分析法の一種として発展したが，現在は，質量分析計を用いて安定同位体を測定する方法が一般的になっている。

＊19　同位体希釈法は有機化合物の定量にも適用できる。有機化合物測定用の質量分析計を用い，^{2}Dや^{13}Cで標識した目的の有機化合物の標準物質を合成し，測定を行う。

＊＊＊＊＊＊＊＊＊＊＊＊＊＊＊＊＊＊＊＊＊＊＊＊＊＊＊＊＊＊＊＊＊＊＊＊＊＊

［例題13.2］　銀には質量数107と109の同位体があるが，試料0.100 gを溶解して100 cm^{3}とした試料溶液中の同位体比（^{107}Ag/^{109}Ag，R_1）を測定したところ，1.08だった。次にこの溶液50 cm^{3}に質量数109だけからなる銀を2.00 μg（W），スパイクして測定したところ，同位体比は0.400（R_2）であった。試料中の銀の濃度を計算しなさい。なお，銀の原子量を107.9，^{109}Agの原子量を108.9とする。

［答］　今，試料溶液50 cm^{3}中の銀の量をx μgとする。一般論として考えるため，銀の原子量をA，^{109}Agの原子量をA_2とする。

試料溶液50 cm^{3}中の^{107}Agのモル数n_1

$$n_1 = \frac{\dfrac{R_1}{R_1 + 1}}{A}x$$

スパイク後の試料溶液50 cm^{3}中の^{109}Agのモル数

$$n_2 = \frac{\dfrac{1}{R_1 + 1}}{A}x + \frac{W}{A_2}$$

ここで$n_1/n_2 = R_2$が成り立つ。この式からxを求めると，

$$x = \frac{A}{A_2}\frac{R_2(R_1 + 1)W}{R_1 - R_2}$$

となる。右辺はすべて既知なので，xが計算できる。これを計算すると，$x =$ 2.43 μgとなる。試料50.0 mg中の値であるので，銀の濃度は48.5 μg g^{-1}となる。

＊＊＊＊＊＊＊＊＊＊＊＊＊＊＊＊＊＊＊＊＊＊＊＊＊＊＊＊＊＊＊＊＊＊＊＊＊＊

◯本章のまとめと問題◯

13.1　炎光分析法は，アルカリ金属元素やアルカリ土類金属元素の定量には有効だが，遷移金属元素には適用できない。その理由を論じなさい。

13.2　炎光分析法に対し原子吸光分析法は，遷移金属元素の微量定量に有効である理由を述べなさい。また，原子吸光分析法の長所と短所をまとめなさい。

13.3　ICP発光分析法はほとんどすべての金属元素の定量に有効であるが，その理由を述べなさい。また，ICP発光分析法の長所と短所をまとめなさい。

13.4　ICP質量分析法の長所と短所をまとめなさい。また，スペクトル干渉について説明し，その対処法についても述べなさい。

13.5　同位体希釈法が非常に精確な分析法とされている理由を説明しなさい。

引用文献

1）Houk, R. S., Fassel, V. A., Flesch, G. D., Svec, H. J., Gray, A. L. and Taylor, C. E.（1980）*Anal. Chem.*, **52**, 2283-2289

Column　原子スペクトル分析法の難敵，フッ素

原子スペクトル分析法は，金属元素の素晴らしい分析方法であるのに対して，非金属元素の分析はあまり得意ではない。その主な理由は，前述のように，非金属元素のΔE（励起エネルギー）が大きすぎて，共鳴線が真空紫外領域（< 200 nm）にあるためである。しかし，ICPの利用により，不得意ではあるものの徐々に対応が進んでいる。例えば，ICP発光分析法においては，分光器を真空にすることにより，真空紫外領域の分析線を測定し，S, Cl, Brなどの測定が可能である。またICP質量分析法でも，非金属元素のイオン化エネルギー（IP）が金属元素に比べて大きいためイオン化効率が低く，感度は低いが，それでも，多くの非金属元素が測定可能である。

しかし，希ガスやH, N, Oを除くと，一つだけ，ICPでも歯が立たない元素がある。それがフッ素である。フッ素の共鳴線の波長は90 nmと極めて短く，通常の真空紫外分光装置も適用できない。また，フッ素のIPは17.4 eVで，ICP中のイオン化効率は約10^{-3} %と計算されており，ICP質量分析法でも測定できない。唯一，フッ素分析で，これまでに実用化している原子スペクトル分析法は，励起温度の高いHeプラズマ（マイクロ波プラズマ（MIP）と呼ばれる）を用いて，685.6 nmの非共鳴線の原子発光を測定する方法で，ガスクロマトグラフィーの検出器などに応用されている。しかし，Heプラズマには，水溶液試料の導入がむずかしいといった欠点があり，一般的なフッ素分析法とはなっていない。

現状では，フッ化物イオンがイオン選択性電極法やイオンクロマトグラフィーで測定されているが，様々な有機フッ素化合物による環境汚染が問題となっているため，全フッ素を測定できる方法の開発が望まれており，現在でも大きな分析化学的課題になっている。

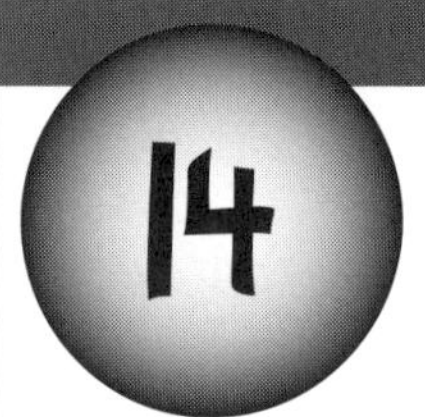

分子スペクトル分析法

本章では，12 章で学んだ光と物質の相互作用を基にした，分子を対象とする分析法を学ぶ。この分野は機器分析法の中心といっても過言ではなく，数多くの方法が知られているが，ここでは，特に汎用的に用いられている，振動分光法の赤外分光法とラマン分光法，紫外・可視分光法の吸光光度法，蛍光分析法，化学発光法の五つの方法を取り上げる。

14.1 本章で扱う分析法

分子スペクトル分析法 molecular spectroscopy

凝縮相 condensed phase

分子スペクトル分析法は，現在，最も広く使われており，非常に多くの分析法が知られている。そのすべてを紹介することは不可能であり，本書では，このうち代表的な五つの方法，すなわち，振動分光法の赤外分光法とラマン分光法，さらに紫外・可視分光法の吸光光度法，蛍光分析法および化学発光法を取り上げる。12 章でこれらの方法の物理化学的基礎を扱っているので，本章を学ぶ前に必ず 12 章を勉強してほしい。分子スペクトル分析法は，気相分子の測定にも用いられるが，その主な対象は**凝縮相**（液相と固相）である。気相と凝縮相の試料のスペクトルにおける最も重要な違いは，気相試料では，振動スペクトルには回転準位による，また電子スペクトルには回転準位や振動準位による微細構造が観測されるのに対し，凝縮相の試料ではそれらはぼやけてしまい，微細構造を示さず幅広いスペクトルを与えることである。本章では対象を主に凝縮相の試料とする。また，核磁気共鳴法（NMR）なども分子スペクトル分析法の一種であるが，これらは原理も異なるので 16 章で別に扱う。

14.2 赤外吸収分光法

14.2.1 はじめに

赤外吸収分光法 infrared absorption spectroscopy

基準振動 normal vibration

★ 基準振動は各分子に固有であるため，振動数を照合することで分子の同定や構造解析が可能である。

赤外吸収分光法は，主に有機化合物の定性や構造解析に用いられる方法で，分子による赤外領域の吸収スペクトルを測定する。この領域は，主として分子の振動準位間のエネルギーに対応しているため，赤外吸収は分子振動により起こる。分子振動については，12.4.2 項で詳しく議論しているので，まずそちらを参照してほしい。ある特定の分子では，その分子特有の振動数をもった振動のみが可能である。このような分子振動は**基準振動**と呼ばれる（12.4.2 項）。基準振動は各分子に固有であるため，振動数を照合することで分子の同定や構造解析が可能である。次節のラマン分光法も振動スペクトルを観測する方法である。ここで注意すべきは，赤外吸収スペクトルとラマンスペクトルにおいては，それぞれですべての基準振動が観測されるわけではなく，それらの測定原理に基づいて，一方のみ観測される，両方ともに観測される，いずれにも観測されない，の三つの場合があるということである。両者は相補的であり，目的に応じて使い分けることになる*1。

赤外吸収は，通常，波長約 2.5 μm ～ 25 μm の範囲で測定される。また，歴史的に波長を使わずに，以下の式で定義される波数 ν (cm^{-1}) が用いられる。

$$\nu = \frac{1}{\lambda} \tag{14.1}$$

波数は波長の逆数で，1 cm 当りの光の波の数を示す。波数で上記の範囲を表すと，4000 cm^{-1} ～ 400 cm^{-1} となる。波数は光子のエネルギーに比例する。

*1　赤外吸収の選択律の詳細については 12.4.2 項参照。

★　赤外吸収は，通常，波長約 2.5 μm ～ 25 μm（波数 4000 cm^{-1} ～ 400 cm^{-1}）の範囲で測定される。

＊＊＊＊＊＊＊＊＊＊＊＊＊＊＊＊＊＊＊＊＊＊＊＊＊＊＊＊＊＊＊＊＊＊＊＊＊＊＊

［例題 14.1］ 3000 cm^{-1} の赤外線の波長（μm）および振動数（Hz）を計算しなさい。また，その光子エネルギーを J および eV 単位で計算しなさい。

［答］ 3000 cm^{-1} の赤外線の波長 (μm) $= \dfrac{1}{3000} \times \dfrac{10^{-2}}{10^{-6}} = 3.33\ \mu\text{m}$

$$\text{振動数(Hz)} = 3000 \times 3.00 \times 10^{8} \times 10^{2} = 9.00 \times 10^{13}\ \text{Hz}$$

$$\text{光子エネルギー(J)} = h\nu = 6.63 \times 10^{-34} \times 9.00 \times 10^{13} = 5.97 \times 10^{-20}\ \text{J}$$

$$1\ \text{eV} = 1.60 \times 10^{-19}\ \text{J}$$

$$\text{光子エネルギー(eV)} = \frac{5.97 \times 10^{-20}}{1.60 \times 10^{-19}} = 0.373\ \text{eV}$$

＊＊＊＊＊＊＊＊＊＊＊＊＊＊＊＊＊＊＊＊＊＊＊＊＊＊＊＊＊＊＊＊＊＊＊＊＊＊＊

14.2.2　装　置

図 14.1 に一般的な**赤外分光光度計**の概略図を示す。以前は，可視・紫外吸光光度計と同じように，回折格子（12 章参照）を用いる分光計が一般的に用いられていたが，最近ではほとんど図に示すような**フーリエ変換赤外分光光度計**（FT-IR）が利用されている。FT-IR では，マイケルソン干渉計と呼ばれる装置で得られる信号をフーリエ変換して赤外吸収スペクトルを得る。

マイケルソン干渉計は図 14.1 左上のような模式図で表せる。光源光（タングステンランプやグローバー光源*2 が用いられる）は，まず半透鏡で二つ

赤外分光光度計
infrared spectrophotometer

フーリエ変換赤外分光光度計
Fourier transform
infrared spectrophotometer

★　最近はフーリエ変換赤外分光光度計（FT-IR）が広く利用されている。

*2　炭化ケイ素棒を電熱加熱して，赤外線を発生させる光源。

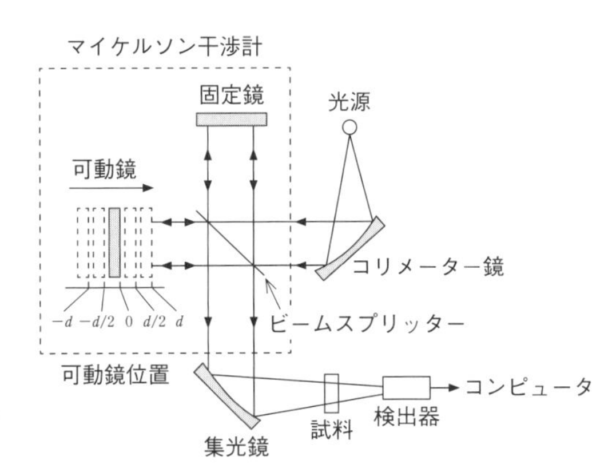

図 14.1　赤外分光光度計（FT-IR）の構成

に分けられる。それらの光は，それぞれ固定鏡と可動鏡で反射され，再び半透鏡で重ね合わされ，試料セルを通過したのち検出器でその透過光強度が測定される。この重ね合わされた光は，固定鏡側と可動鏡側の光の光路の差により干渉を起こす。すなわち，光路差dが波長λの整数倍の場合は，その波長の光強度が強められ，一方，それ以外の光は消えてしまう。すなわち，光路差がdのとき，波長が$d, d/2, d/3, \cdots$の光が強められることになる。可動鏡を動かし，dを変えながら検出器でこの干渉光の光強度を測定していくと，波長の変化に応じた周期的な変動が観測される。これを**インターフェログラム**と呼ぶ。このインターフェログラムをフーリエ変換（FT）*3すると，波長λ（波数）に対応した光強度，すなわち，スペクトルが得られる。FT型の装置では，光源光の透過効率が高いためノイズが小さく，また，高速で広い波長範囲のスペクトルが得られるという大きな利点がある。さらに，積算も可能である（11章参照）。

インターフェログラム　interferogram

*3　すべての信号は，振幅と周波数が異なる正弦波の和として近似できる。そこで，フーリエ変換によりインターフェログラムに含まれる各周波数成分（各波長）の振幅（光強度）を求める。フーリエ変換の詳細については，物理数学の教科書などを参照してほしい。可視・紫外光の分光においてもこの干渉計を利用したFT方式の分光が試みられているが，λが小さすぎて技術的にむずかしいため，一般化していない。

★　FT型の装置では，光源光の透過効率が高いためノイズが小さく，高速で広い波長範囲のスペクトルが得られる。さらに，積算も可能である。

FT-IR装置は，可視・紫外領域における分光光度計のような複光束（ダブルビーム）型（14.4.2項参照）の配置をとることはむずかしいので，図14.1のような単光束（シングルビーム）型の装置が普通である。そこで，ブランク試料と測定試料の測定をそれぞれ行い，波数（横軸）に対し，縦軸には，その強度比（透過率）あるいは吸光度をプロットして吸収スペクトルを得る（図14.2参照）。

14.2.3　試料調製

赤外吸収分光法では，様々な測定試料調製法が知られているが，ここでは，最も基本的な，主に液体試料に用いられる**液膜法**と，固体試料のための**KBr錠剤法**を紹介する。いずれの場合も，水は強い赤外吸収を示し測定を妨害するため，混入しないように気をつけなければならない。

★　代表的な試料調製法として，液膜法とKBr錠剤法が知られている。

液膜法　liquid membrane method

液膜法：液体試料をKBrやNaClなどのハロゲン化アルカリ結晶でできた窓板上に数滴滴下し，もう一つの窓板で挟み込んで測定を行う。この方法は，固体粉末の測定法であるヌジュールペースト法*4にも応用できる。この方法には，測定ごとにセル長が変化してしまい定量分析には不向きという欠点もあるが，最も広く用いられている方法である。定量分析には，前もってセルが組み立てられて，光路長が変化しない固定型のセルを用いることもある。

*4　粉末試料をヌジュール（パラフィン油）と混合してスラリー状（泥状）にして測定する方法。

KBr錠剤法　KBr tablet method

KBr錠剤法：この方法では，固体試料1 mg～2 mg程度をメノウ乳鉢で粉末にし，さらにKBrやNaClの粉末を0.1 g～0.2 g加え，よく擦り混ぜたのち，専用の装置で加圧し錠剤として測定に用いる。ここでもなるべく湿気を吸わないように，専用の結晶状のKBrやNaClを用い，さらに保存に気をつける，操作を素早く行う，などの注意が必要である。

14.2.4　特性吸収帯

特性吸収帯　characteristic band

赤外吸収スペクトルの一例（トルエン）を**図14.2**に示す。このような赤外吸収スペクトルには，有機化合物中の官能基や原子団の基準振動による固

表 14.1 特性吸収帯の例 (単位：cm^{-1})

Ⅰ. メチル基およびベンゼン置換体の特性吸収帯

(i) メチル基	675～1000 C-H 面外変角
1375 付近 対称変角	1000～1300 C-H 面内変角
1450 付近 逆対称変角	1400～1500 C-C 伸縮
2870 付近 対称伸縮	1580～1600 (しばしば二重線)
2960 付近 逆対称伸縮	1600～2000 倍音および結合音吸収†1
(ii) ベンゼン置換体 (ベンゼン環)	3000～3100 C-H 伸縮
675～700 面外環変角	

†1 一置換体では多重線

Ⅱ. 酸素を含む化合物の特性吸収帯

(i) アルコール，フェノール類	アルデヒド 1650～1700
(a) O-H 伸縮振動	カルボン酸 1710 (二量体)～1760 (単量体)†2
単量体 3590～3650	カルボン酸イオン 1550～1620 (1400 cm^{-1} にも注意)
会合体 3200～3600	エステル 1720～1800
(分子間水素結合によるもので，やや幅広い)	アミド 1650～1800
分子内水素結合 3450～3600	キノン 1665～1670
(b) C-O 伸縮振動	(iii) エーテル類の逆対称 C-O-C 伸縮振動
1000～1250 強い吸収	脂肪族および環式 1080～1150†3
(ii) カルボニル基の C=O 伸縮振動	芳香族およびビニルエーテル 1200～1275
ケトン 1600～1800 強い吸収	

†2 C=O の吸収では最も強い吸収を示す。
†3 酸素と結合した炭素の枝分かれは吸収線を分裂させることがある。

Ⅲ. 窒素を含む化合物の特性吸収帯

(i) アミン (アミドの場合も同じ)	脂肪族 925～945 (対称)
(a) N-H 伸縮振動	芳香族 650～700
第一アミン 単量体 3500 (逆対称)	(b) C=N 伸縮振動
3400 (対称)	オキシム，イミン 1470～1690
会合体 3350 (逆対称)	(c) -N=N- 伸縮振動
3180 (対称)	アゾ化合物 1575～1660
第二アミン 単量体 3310～3350	(d) $-N_3$ 伸縮振動
第三アミン 吸収なし	アジド 2120～2160
アミン塩 3030～3300	(e) $C-NO_2$ (ニトロ化合物)
1710～2000	脂肪族 1550～1570 (逆対称)
(b) N-H 変角振動	1370～1380 (対称)
第一アミン 1590～1650	芳香族 1500～1570 (逆対称)
第二アミン 1510～1650	1300～1370 (対称)
(液体アミン：665 cm^{-1}～910 cm^{-1} に幅広い吸収)	(f) $O-NO_2$ (硝酸エステル)
アミン塩 1500	NO_2 逆対称伸縮 1625～1650
1575～1600	NO_2 対称伸縮 1250～1300
(c) C-N 伸縮振動	N-O 伸縮 830～870
脂肪族 1020～1250	NO_2 変角 690～765
芳香族 1250～1360	(g) C-NO (ニトロソ化合物)
(ii) 不飽和窒素化合物	脂肪族 1535～1585
(a) C≡N 伸縮振動	芳香族 1495～1515
脂肪族ニトリル 2240～2260	(h) O-NO (亜硝酸エステル)
芳香族ニトリル 2222～2240	N=O 伸縮 1650～1680 (トランス体)
イソシアン酸エステル 2240～2275	1610～1625 (シス体)
チオシアン酸エステル 2000～2175	N-O 伸縮 750～850
イソチオシアン酸エステル 2040～2175 (逆対称)	

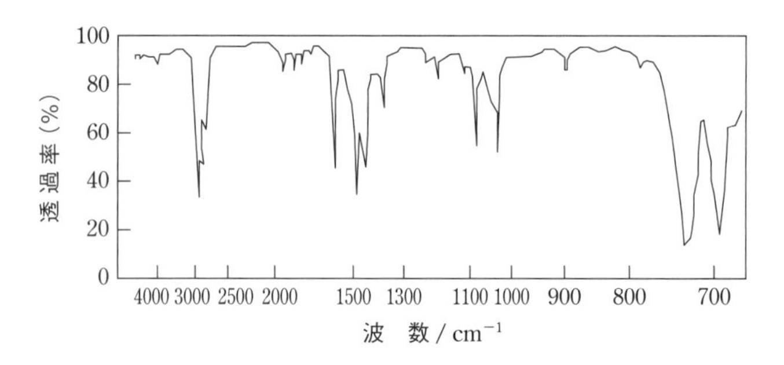

図 14.2　トルエンの赤外吸収スペクトル

有の吸収ピーク（**特性吸収帯**）が観測されるので，吸収ピークの波長の位置から，その化合物がもつ官能基や原子団を推定することができる。**表 14.1** に代表的な官能基の特性吸収帯を示す。特性吸収帯の詳しい表は，各種便覧などに載っているので参照してほしい（巻末参考文献参照）。例えば，表からカルボニル基の伸縮振動は 1700 cm^{-1} 付近に現れることがわかるが，その官能基に隣接する原子や官能基の種類，共鳴構造の有無などによって波数はシフトするので，スペクトルは分子固有のものとなる。そこで，スペクトルデータベースとの比較により，試料の同定ができる。様々なデータベースが知られているが，現在，よく用いられるデータベースは，産業技術総合研究所が Web 上に公開している SDBS（http://sdbs.db.aist.go.jp/sdbs/cgi-bin/cre_index.cgi）などである。

★　有機化合物中の官能基や原子団の固有の吸収ピーク（特性吸収帯）から，その化合物がもつ官能基や原子団を推定することができる。

14.2.5　全反射赤外吸収法（ATR 法）

図 14.3 に示すように，赤外領域に透明な高屈折率媒質（プリズム）*5 に試料を密着させ，プリズムから試料内部にわずかにもぐり込んで反射する全反射光を測定すると，試料表層部の吸収スペクトルを得ることができる。本法は，**全反射赤外吸収法**（ATR 法）と呼ばれ，薄膜や試料表面の赤外吸収スペクトルの測定に大変有用な方法として，現在広く利用されている*6。その他，粉末試料や溶媒の影響が大きく通常法で測定が困難な液体試料の測定などにも利用されている。特に，ダイヤモンドプリズムを用いる方法は，液膜法に代わり，液体試料の一般的な測定法になりつつある。

*5　セレン化亜鉛（ZnSe），ダイヤモンド，ゲルマニウム（Ge），ハロゲン化タリウムの混晶（KRS-5, KRS-6）などが用いられる。

全反射赤外吸収法
attenuated total reflection

*6　屈折率の高い媒質（屈折率 n_1）から低い媒質（屈折率 n_2）に光を入射する際，入射角（θ）が臨界角（θ_c, $\theta_c = \sin^{-1}(n_2/n_1)$）を超えると，光は全反射する。しかし，このとき光は以下の式で表される距離（d_p）だけ，屈折率の低い媒質ににじみ出て反射する。この光のことを**エバネッセント**（evanescent）**光**，あるいは**近接場光**と呼ぶ。ATR 法はこのエバネッセント光による吸収を利用する方法である。

$$d_p = \frac{\lambda/n_1}{2\pi\sqrt{\sin^2\theta - (n_2/n_1)^2}}$$

ここで，空気中での赤外光の波長（λ），入射角（θ），プリズムの屈折率（n_1）と試料の屈折率（n_2）である。また，ここで，もぐり込み深さ d_p は，光の強度が表面における強度の $1/e$（e はネイピア数）になる距離と定義され，通常波長の 1/10 程度である。

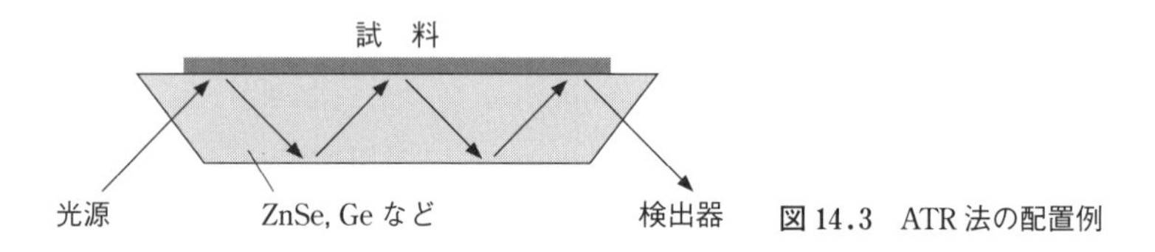

図 14.3　ATR 法の配置例

14.3　ラマン分光法

14.3.1　はじめに

赤外吸収分光法は，前述のように振動分光法の中心的な方法として広く用いられている。しかし，水溶液試料への適用がむずかしいなど，様々な限界をもつ。この赤外吸収分光法の相補的な方法として，近年，特に応用が広がっているのが**ラマン分光法**である。本法に関しては12章でほとんど触れていないので，まずその原理を解説した後，装置，応用例などを紹介する。

ラマン分光法 Raman spectroscopy

14.3.2　原　理

12.2.2項で光の散乱について概説した。ここで散乱について，もう少し詳しく考えてみよう。12.2.2項では，光散乱を量子論的に解釈したが，ここでは古典論的に考え直してみる。光の電場Eの中に置かれた分子の双極子モーメントは，その電場Eにより振動する。その振動により放出されるのが散乱光である。ところで，電場Eに置かれた分子には，永久双極子モーメントに加えて，$\mu = \alpha E$で表される誘起双極子モーメントが生じる。αは分子の分極率である。ここで，電場Eに置かれた分子の分極率αは回転や振動により変化することがある。その場合，分子の双極子モーメントも，回転や振動の周波数に合わせ少し変化する。その結果，散乱光も，入射光と同じ周波数の散乱光に加えて，その回転や振動の周波数分だけ変化した（変調を受けた）成分を含むことになる。これが**ラマン散乱**である。以上のことから，ラマン散乱が生じるためには，分子の回転や振動によってその分極率αが変化することが必須である*7。これがラマン分光法における重要な選択則の一つとなる。さらに，赤外吸収分光法の場合には，$\Delta v = \pm 1$という重要な選択則も存在することを思い出そう。この選択則はラマン分光法においても成立する。

★　分子の双極子モーメントは，基本的には電場Eの振動数と同じ振動数で振動し，それによって生じる散乱光も入射光と同じ振動数，すなわち同じ波長をもつ。これが**レイリー散乱光**（Rayleigh scattering ray）である。

ラマン散乱 Raman scattering

★　ラマン散乱光は，回転や振動による分子の分極率αの変化が，双極子モーメントの振動に変調を与えることによる。

***7**　分極率αとは，外部電場により生じる分子の分極，すなわち電子雲のかたよりやすさを意味している。分極率αの単位は，$C^2\,m^2\,J^{-1}$であるが，分極率αを$4\pi\varepsilon_0$（ε_0は真空の誘電率）で割った値α'は体積の次元をもち，分極率体積と呼ばれる。この分極率体積は現実の分子体積と同じぐらいの大きさである。回転や振動で分極率αが変化するかどうか（ラマン活性かどうか）を判断することは大変むずかしく，理論的には群論を用いた解析が必要であるが，直観的には「（分極率）体積が変化する回転・振動はラマン活性」と考えることができる。例えば，振動により分子の体積が大きくなればその電子雲も大きく広がり，その結果，分極しやすくなるが，逆に小さくなれば分極しにくくなると考えられる。

以上を整理し，もう一度，12章の図12.4を見てみよう。分子の分極率αが振動により変化する場合に，振動準位が基底状態にある分子により周波数ν_0の光が散乱されると，$\Delta v = +1$の準位間のエネルギー（周波数）ν_1分だけ変調を受けた周波数$\nu_0 - \nu_1$の光，すなわち，入射光よりも波長の長い光が散乱される。この散乱光が，図中の**ストークス線**である。一方，分子が$v = 1$の励起状態にあるときは，$\Delta v = -1$の変化に対応した散乱光，すなわち，周波数$\nu_0 + \nu_1$をもつ散乱光が生じる。これが，**反ストークス線**である。室温では，基底状態の分子の方が励起状態の分子よりも圧倒的に多いので，一般に，ストークス線の方がより強く現れる。

ストークス線 Stokes line

反ストークス線 anti-Stokes line

★　ラマン散乱においては，入射光の長波長側にストークス線が，また短波長側には反ストークス線が現れる。一般に，ストークス線の方がより強く現れる。

二酸化炭素の基準振動を例にとり，もう一つの選択則の分極率αの変化について考えてみる（図12.8参照）。ここで，二酸化炭素は対称中心をもつ分子（その点を中心に反転させると元と同じになる）であることに注目する。その場合，赤外不活性の対称伸縮振動は，振動により分子の大きさが変化するので分極率が変化し，ラマン活性となる。一方，赤外活性のほかの三つの基準振動は，振動によって分子の大きさが変化しないのでラマン不活性となる。これは**交互禁制律**と呼ばれ，H_2やCO_2などの対称中心をもつ分子にだけ適用される規則である。一方，H_2O分子など，ほかの多くの対称中心をもたない分子に関してはこの規則は成り立たず，赤外，ラマン，ともに活性，あるいは，ともに不活性となる場合もある。しかし，一般に，赤外吸収の強い振動モードはラマン活性が弱く，赤外吸収の弱い振動モードはラマン

交互禁制律
alternating exclusion rule

★　H_2やCO_2などの対称中心をもつ分子の基準振動のうち，赤外活性のものはラマン不活性となり，赤外不活性のものはラマン活性となる（交互禁制律）。

活性が強いという相補的な関係がみられる。

14.3.3　装　置

★　ラマン分光装置では，高分解能が必要で，さらに迷光を取り除いて微弱なラマン散乱光を観測する必要がある。以前は分光器を複数連結したダブルモノクロメーターやトリプルモノクロメーターシステムが用いられていたが，近年は，ノッチフィルターや高感度なCCD検出器を用いるシングルモノクロメーターシステムが用いられている。

図14.4にラマン分光装置の概念図を示す。光源には，通常Ar^+レーザーのような可視レーザーが用いられる。一般のラマン散乱光の強度は，光源光のレイリー散乱光に比べて8桁以上微弱である。また，そのラマンシフト（光源光とラマン散乱光の波数の差）は，400 cm^{-1} ～ 4000 cm^{-1}であり，高分解能の分光システムが必要である。そのため，レイリー散乱光などの測定の邪魔になる迷光を除いてラマン散乱光のみを取り出すために，以前は分光器を複数連結したダブルモノクロメーターやトリプルモノクロメーターシステムが用いられていた。しかし，近年は，図に示すように，光源光のみを除くノッチフィルターと呼ばれるフィルターが進歩し，さらに高感度なCCD検出器を用いることにより，シングルモノクロメーターでも充分な性能が得られるようになっている。そのため，価格も安く，また操作性の良い装置が市販されるようになり，本法の普及が進んでいる。

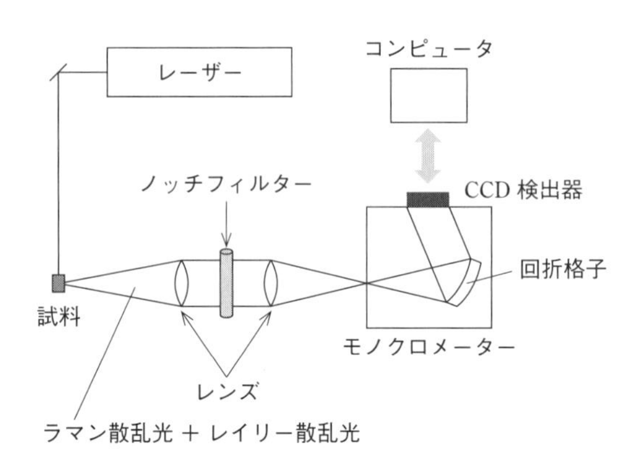

図14.4　ラマン分光装置の例

14.3.4　応　用

一般に，ラマン分光法よりも赤外吸収分光法の方が測定は簡単なので，後者で測定できる試料については，そちらが用いられる場合が多い。ラマン分光法がよく用いられる試料としては，水溶液系の試料，特に生体試料，あるいは固体の無機材料などがあげられる。**図14.5**に例として炭素の同素体のラマンスペクトルを示す。不定形炭素（AC）には広がったGバンドとDバンドと呼ばれるピークが，また，グラファイトとフラーレン（C_{60}）では，それぞれ，鋭いGバンドとPバンドのピークが観測されている。また，**顕微ラマン分光法**は，光源のレーザー光を光学顕微鏡の対物レンズで集光して試料に照射し，その後方散乱光を同じ対物レンズで集光してラマンスペクトルを得る方法であり，1 μm程度の分解能が得られる。この方法を用いると，試料表面の物質の分布状態を知ることができ，近年，様々な分野，特に医薬品の分析に用いられている。

顕微ラマン分光法
microscopic Raman spectroscopy

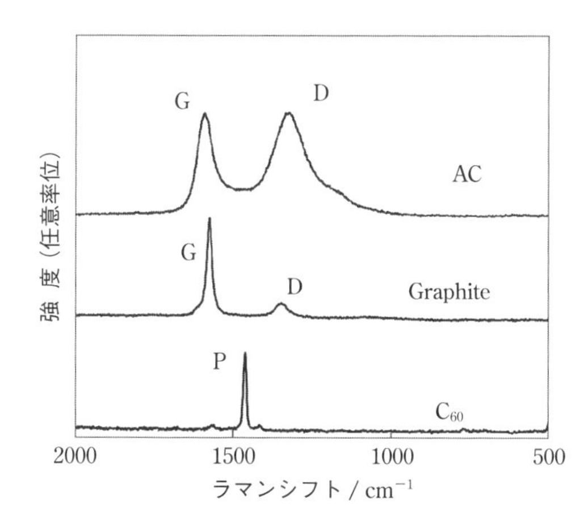

図 14.5 種々の炭素（同素体）のラマンスペクトル
AC：不定形炭素，Graphite：グラファイト，C_{60}：C_{60} フラーレン。
群馬大学 白石壮志博士提供。

14.3.5 特殊なラマン分光法

上記のように，ラマン分光法は，基本的に感度が低い。しかし，信号が非常に増強される特殊な測定法がいくつか知られている。ここでは，それらを簡単に紹介する。

共鳴ラマン分光法は，試料自身が励起光を吸収する場合，ラマン散乱が 10^5 ～ 10^6 倍増強される現象を利用した測定法である。この増強は，吸収帯を示す電子遷移に関係した振動モードに特に顕著に現れるため，励起状態の分子構造の解析などにも有用である。

共鳴ラマン分光法 resonance Raman spectroscopy

表面増強ラマン散乱（SERS）は，金，銀，銅などの粗い金属表面に吸着した分子が非常に強いラマン強度を示す現象で，溶液中に比べ 10^4 ～ 10^5 倍の増強が得られるため，微量の吸着種の検出が可能であり，電極表面の反応解析などに威力を発揮している。

表面増強ラマン散乱 surface enhanced Raman scattering

物質中に固定周波数 ν_1 と可変周波数 ν_2（$< \nu_1$）の二つのレーザー光を小さい角で交わるように入射させると，$\nu_1 - \nu_2$ が物質の固有振動数と共鳴したとき，第3の方向に，誘導ラマン散乱と呼ばれる周波数 $2\nu_1 - \nu_2$ で指向性の高い反ストークス線が放出される。これを測定するのが，**コヒーレント反ストークス・ラマン分光法**（CARS）と呼ばれる方法である。通常のラマン分光法よりはるかに感度が高いので，気体や液体中の低濃度成分の分光分析などに用いられる。また，空間分解能が高いので，燃焼過程における分子を時間的空間的に追跡して研究するような分光研究にも役立てられている。

コヒーレント反ストークス・ラマン分光法 coherent anti-Stokes Raman spectroscopy

★ 共鳴ラマン分光法，SERS，CARS などの高感度なラマン分光法が知られている。

14.4 吸光光度法

14.4.1 はじめに

紫外・可視光の目的物質による吸収を，その透過光強度を測定することにより直接測定する方法を**吸光光度法**と呼ぶ。この吸収は，分子の最外殻電子の遷移に基づくもので，その基本的な原理については 12 章で詳しく議論し

吸光光度法 spectrophotometry

ている。そこで，ここでは装置やその応用について学ぶ。代表的定量法の一つである可視領域の吸光光度法は，様々な発色反応（後述）を利用し試料溶液にきれいな色がつくので，19 世紀より定量に用いられてきた*8。当時開発された，チタンの過酸化水素法（黄色）や，硫化物イオンのメチレンブルー法（青色）などは，現在でも実用分析法として用いられている。一方，紫外領域については，有機化合物の官能基の推定や，クロマトグラフィーと組み合わせて，多環芳香族化合物，タンパク質など，可視領域に吸収をもたない化合物の検出・定量などに用いられる。

*8　当時は肉眼で試料溶液と標準液の色調を比較して半定量を行ったことから**比色法**（colorimetry）と呼ばれていた。

14.4.2　装　置

図 14.6 に，吸光光度計*9 の構成を示す。この図は，**複光束式**（ダブルビーム）と呼ばれるやや高級な方式の装置であるが，現在の装置はほとんどこの形式である。上部に光源がある。タングステンランプと重水素ランプの二つのランプを用いるが，タングステンランプは可視領域，重水素ランプは紫外領域の光を出す（12.6.1 項参照）。光源からの光は分光器に導入され，決まった波長の光のみ（単色光）が選び出される（12.6.2 項参照）。分光器を出た単色光は二つの光束に分けられ，一つの光束は測定試料を入れる試料セル，もう一方の光束はブランク溶液として通常溶媒のみを入れる対照セルを通る*10。そして検出器（通常，光電子増倍管（12.6.3 項参照））でそれぞれのセルの透過光強度が測定される。通常の装置では 190 nm ～ 900 nm の波長領域で測定が可能である。分光器のスペクトルバンド幅（12.6.2 項参照）は 0.1 nm ～ 10 nm で設定可能で，通常は 1 nm 程度で使用される。

*9　分光光度計とも呼ばれる。

複光束式（ダブルビーム）
double beam

*10　吸光光度法では水を含めて様々な溶媒が使用される。溶媒は使用される波長域で透明（光を吸収しない）である必要がある。主な溶媒の吸収端波長（この波長より長波長側では使用可能）は以下の通りである。

	（波長 /nm）
水	200
エタノール	205
アセトニトリル	210
ヘキサン	210
クロロホルム	245
トルエン	285
アセトン	330

本装置で試料の吸収スペクトルを測定する手順は，通常以下の通りである*11。

1）両方のセルに溶媒（ブランク溶液）を入れて，必要な波長範囲の測定を

*11　現在も，簡易な装置として単光束（シングルビーム）方式の装置も市販されている。この装置では，光束は一つ（セルは一つ）であるため，まず，セルに溶媒（ブランク溶液）を入れて測定し，ゼロ点を記憶させたのちに試料溶液を測定する。

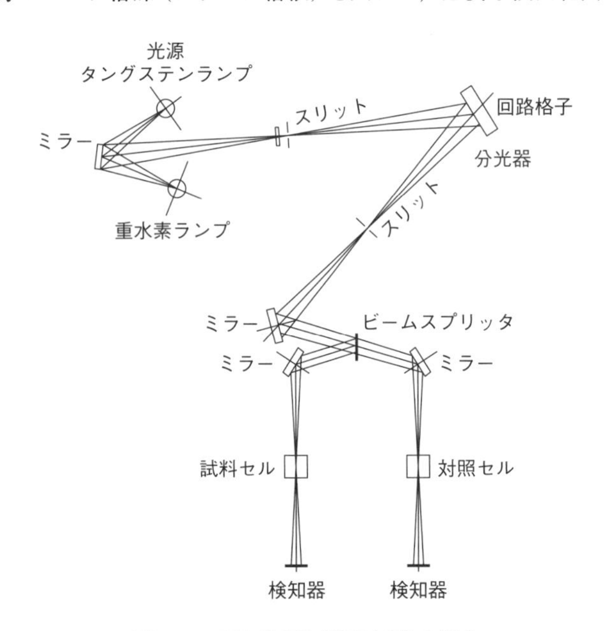

図 14.6　吸光光度計（複光束型）の構成

行う。すなわち，吸光度 0 の条件を装置のコンピューターに記憶させる（ゼロ合わせ）。

2) 測定試料を試料セルに入れて測定を行い（参照セルにはそのまま溶媒を入れておく），目的の吸収スペクトルを得る。

現在の装置はコンピューターで制御されているため，吸光度の測定モードにすれば，直接吸光度の値を得ることができる。また，本方式の大きな利点は，光源光強度の変動の影響を打ち消せるため，より正確な測定が可能であることである。しかし，吸光度が大きすぎる，すなわち透過光強度が小さくなりすぎると，迷光の影響などが顕著になるため測定誤差が大きくなってしまう。そこで，吸光度は 0 ～ 2 の範囲（理想的には 0.1 ～ 1.0）で測定する必要がある。

14.4.3 分子構造と吸収スペクトル

図 14.7 にベンゼンの紫外吸収スペクトルを示す。横軸に波長，縦軸には通常吸光度をプロットするが，この図のように**モル吸光係数**（ε）をとることもある。光吸収の極大をとる波長を**吸収極大波長**（λ_{max}）と呼ぶ。この場合は 255 nm である（200 nm 以上）。また，その波長におけるモル吸光係数（ε_{max}）の値は，その吸収がどのような電子遷移に基づくかを考えるうえで重要であり，分子構造を推定するための情報となる*12。

モル吸光係数
molar absorption coefficient

吸収極大波長
absorption maximum

*12 許容遷移（多くの $\pi \to \pi^*$，電子移動遷移など）の場合，ε_{max} は 10,000 を超えることが多い。一方，$n \to \pi^*$，$\pi \to \pi^*$ でもベンゼンの B バンド（後述），遷移金属イオンの d−d 遷移（後述）のような弱い禁制遷移は，0 ～ 1000 程度の ε_{max} を示す。

紫外・可視吸収スペクトルは，分子構造と密接な関係をもつ。12.4.3 項で議論したように，有機化合物の場合，二重結合や三重結合（不飽和結合）をもつ官能基は，π 結合間（$\pi \to \pi^*$）および $n \to \pi^*$ 間の遷移により紫外・可視光を吸収する。こうした光を吸収する官能基を**発色団**（あるいは発色基）と呼ぶ。**表 14.2** に発色団の例を示す。発色団としては，カルボニル基，ニトロ基，ジアゾ基，芳香環などが代表例である。また，それ自体は光を吸収しないが，発色団に結合して光吸収を長波長側に移動させたり，吸収強度を増大させる官能基を**助色団**（あるいは助色基）と呼ぶ。助色団としては，$-OH$，$-NH_2$，$-X$（ハロゲン）など，発色団中の π 電子と相互作用する非

発色団（発色基） chromophore

助色団（助色基） auxochrome

★ 光を吸収する官能基を発色団，それ自体は光を吸収しないが発色団に結合して光吸収を長波長側に移動させたり，吸収強度を増大させる官能基を助色団と呼ぶ。

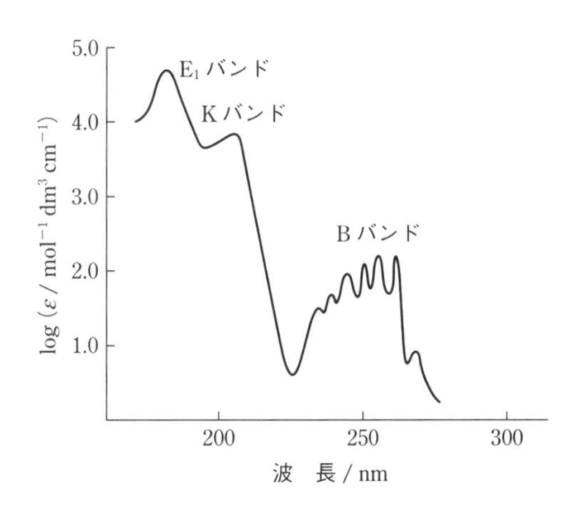

図 14.7 ベンゼンの紫外吸収スペクトル
泉 美治ら 監修（1996）『機器分析のてびき（第 2 版①）』（化学同人）を参考に作図。

表 14.2　発色団の種類と吸収波長およびモル吸光係数

発色団	化合物の例	λ_{max} / nm	モル吸光係数
RR′C＝O	アセトン	192 271	900 16
RHC＝O	アセトアルデヒド	293	12
－COOH	酢酸	204	60
RCH＝CHR′	エチレン	193	10000
RC≡CR′	アセチレン	173	6000
＞C＝N－	アセトオキシム	190	5000
－N＝N－	ジアゾメタン	～410	～1200
－N＝O	ニトロソブタン	300 665	100 20
$-NO_2$	ニトロメタン	271	19
$-ONO_2$	硝酸エチル	270	12
－ONO	亜硝酸オクチル	230 370	2200 55
＞C＝S	チオベンゾフェノン	620	70
＞S→O	シクロヘキシルメチルスルホキシド	210	1500

結合電子対（n 電子対）をもつものが知られている。

★　発色団による光吸収は，置換基の導入，溶媒の種類，pH，錯体生成などにより変化する。そうしたスペクトルに及ぼす効果は，(1) 深色効果，(2) 浅色効果，(3) 濃色効果，(4) 淡色効果，に分類される。

また，発色団による光吸収は，置換基の導入，溶媒の種類，pH，錯体生成などにより変化する。そうしたスペクトル変化は，以下のように分類される。(1) **深色効果**（吸収を長波長側に移動させる），(2) **浅色効果**（吸収を短波長側に移動させる），(3) **濃色効果**（吸収強度を増大させる），(4) **淡色効果**（吸収強度を減少させる）。すなわち，助色団は深色効果や濃色効果を示す官能基である。

★　共役系が長くなるほど，深色効果と濃色効果がより顕著となる。

発色団が共役すると深色効果と濃色効果を引き起こす。例として，**表 14.3** にポリエン化合物の吸収極大波長とモル吸光係数を示す。n が大きくなるほど，すなわち，共役系が長くなるほど，深色効果と濃色効果がより顕著となることがわかる。

表 14.3　ポリエン化合物（$H-(CH=CH)_n-H$）の極大吸収波長 λ_{max} とモル吸光係数 ε_{max}

n	1	2	3	4	5	6
λ_{max} (nm)	180	217	268	304	334	364
ε_{max} ($\times 10^3$ M^{-1} cm^{-1})	10	21	34	64	121	138

また，芳香族化合物の吸収スペクトルはやや複雑である。もう一度，図 14.7 のベンゼンの吸収スペクトルを見てみよう。ベンゼンは，$\pi \rightarrow \pi^*$ に由来する吸収を示すが，E_1 バンドと呼ばれる強い許容遷移は真空紫外領域となり，255 nm 付近の紫外領域には，B バンドと呼ばれる分子の対称性のために生じる弱い禁制遷移に基づく吸収が観測される。この吸収には振動による微細構造が観測される。一方，フェノールやアニリンなどの n 電子をもつ基による一置換体の B バンドは，強い濃色効果および深色効果を示すとともに微細構造が消えてしまう。こうした効果は $n-\pi$ 共役によるものとされている。また，**表 14.4** に，縮合多環芳香族化合物の吸収帯をまとめる。こ

表 14.4 縮合多環芳香族化合物の特性吸収

化合物	環数	λ_{max} / nm	$\log \varepsilon_{max}$
ベンゼン	1	200 255	3.65 2.35
ナフタレン	2	220 275 314	5.05 3.75 2.50
アントラセン	3	350 380	5.20 3.90
ナフタセン	4	280 480	5.10 4.05
ペンタセン	5	310 580	5.50 4.10

の場合も，環の数が増え，共役系が大きくなるにつれ，深色効果と濃色効果がより顕著となることがわかる。

その他の重要な電子スペクトルとして，金属錯体の d−d 遷移と電荷移動遷移に基づく吸収があげられる。遷移金属錯体中の金属イオンの d 軌道は分裂しており，その d−d 遷移による吸収は通常可視領域に起こる。ただし，d−d 遷移は弱い禁制遷移であるため，その強度は強くない。一方，配位子の電子が金属イオンの d 軌道に移動する遷移（**LMCT 吸収**と呼ばれる），また逆に金属イオンの d 軌道の電子が配位子の分子軌道に移動する遷移（**MLCT 吸収**と呼ばれる）は，電子の動く距離が長く，大きな遷移双極子モーメントを生むので，非常に強い吸収を与えることがある。過マンガン酸イオンの強い赤紫色は，この電子移動遷移（LMCT 吸収）による。

LMCT 吸収
ligand-to-metal charge transfer

MLCT 吸収
metal-to-ligand charge transfer

★ 金属錯体の電子スペクトルには，d−d 遷移と電荷移動遷移に基づく吸収がある。d−d 遷移に基づく吸収は弱いが，電荷移動遷移に基づく吸収には，LMCT 吸収と MLCT 吸収があり，非常に強い吸収を与えることがある。

このように，紫外・可視吸収スペクトルから，その化合物がどのような官能基をもっているかなど，構造に関する情報を得ることができる。しかし，一般に，その吸収はなだらかに広がっており，物質の同定までには至らないことが多い。こうした目的には赤外吸収分光法や NMR などが汎用されているが，吸光光度法の基礎的な方法としての重要性は失われていない。

14.4.4 吸光光度法の応用

a) 吸光光度法による微量成分の定量

図 14.8 は，鉄(II)イオンの定量法として名高い，1,10-フェナントロリン吸光光度法の実施例を示したものである。鉄(II)イオンと 1,10-フェナントロリン（phen）がトリス（1,10-フェナントロリン）鉄(II)錯イオン（$[Fe(phen)_3]^{2+}$）を生成する。この錯体はオレンジ色の溶液を与える。この錯イオンの吸収極大波長（λ_{max}）は 510 nm であり，ε_{max} は 1.1×10^4 mol^{-1} dm^3 cm^{-1} である*13。様々な濃度の鉄(II)イオンに対して，phen 濃度を大過剰で一定として反応させ，吸収を測定すると，図からわかるように，ランベルト-ベールの法則（12.5 節参照）に従い，鉄(II)イオンの濃度に対して λ_{max} における吸光度をプロットすると直線の検量線が得られる。この検量線を用いることにより，未知試料中の鉄(II)イオンの濃度を測定することができる。この方法は，JIS 法に指定されるなど，現在も実際に広く用いられている。

*13 $[Fe(phen)_3]^{2+}$ の光吸収は，鉄(II)イオンから phen への電子移動遷移に基づくもの，すなわち，MLCT 吸収である。

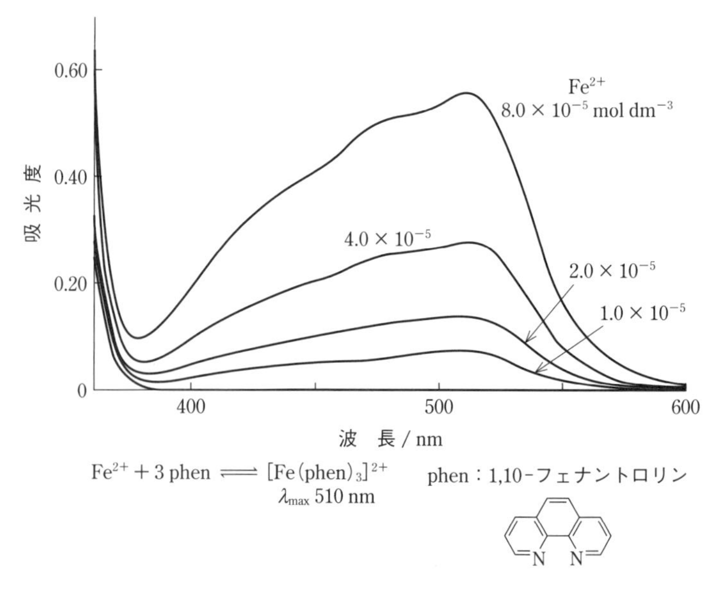

図 14.8　吸収スペクトルの例（鉄(II)-1,10-フェナントロリン水溶液）

発色反応 color reaction

発色試薬 coloring reagent

★　目的物質を発色化合物に変える反応を発色反応，そのための試薬を発色試薬という。

鉄(II)イオンのように，それ自体はほとんど吸収を示さない物質でも，適当な試薬と反応させることにより発色させることができる。このように，目的物質を発色化合物に変える反応を**発色反応**，そのための試薬を**発色試薬**といい，現在までに様々な試薬が開発されている。**表 14.5** にそうした代表的な方法をまとめる。この表では無機イオンの定量法を紹介しているが，それ以外にも，タンパク質，アミノ酸，さらに様々な有機化合物の定量にも広く用いられている。また，こうした可視領域の発色反応は，未知物質あるいはその物質のもつ官能基の定性・検出反応にも用いられる。ニンヒドリンを用いるアミノ酸の検出反応（青紫色に発色）は，指紋検出に用いられることで有名である。また，タンパク質の検出法であるキサントプロテイン反応なども広く知られている。

表 14.5　吸光光度法に用いられる主な発色反応

対象物質	方法名	測定波長 (nm)
フッ化物イオン	ランタン-アリザリンコンプレクソン法	620
アンモニア窒素	インドフェノール青法	635
亜硝酸窒素	ナフチルエチレンジアミン法	540
硫化物イオン	メチレンブルー法	670
リン酸イオン	モリブデン青法	700 付近
ケイ酸	モリブデン青法	810
鉄(II)イオン	1,10-フェナントロリン法	510

＊＊＊＊＊＊＊＊＊＊＊＊＊＊＊＊＊＊＊＊＊＊＊＊＊＊＊＊＊＊＊＊＊＊＊＊＊＊

［例題 14.2］　ナフチルエチレンジアミン吸光光度法は，JIS などの公定法にも採用されている，環境水中の亜硝酸イオン（NO_2^-）の代表的な分析法である。この方法で河川水中の NO_2^- を定量するために，NO_2^- 標準溶液に対して発色反応を行い，検量線を作成したところ，以下の表のようになった。一方，試料の河川水の吸光

度は 0.105 であった。このときの河川水中の NO_2^- 濃度を計算しなさい。

NO_2^- 濃度 / μmol dm^{-3}	吸光度
0	0.030
0.5	0.056
1.0	0.083
2.0	0.137
5.0	0.293

[答] 表から以下のような検量線が得られる。この検量線から，吸光度 0.105 を与える河川水の NO_2^- 濃度を求めると，1.43 μmol dm^{-3} が得られる。

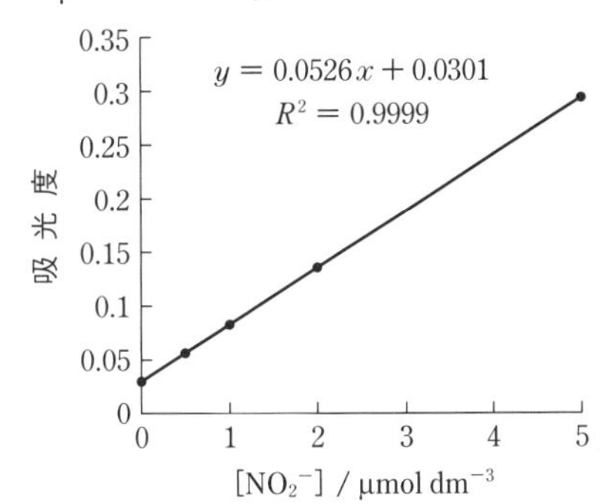

ナフチルエチレンジアミン吸光光度法の検量線

＊＊＊＊＊＊＊＊＊＊＊＊＊＊＊＊＊＊＊＊＊＊＊＊＊＊＊＊＊＊＊＊＊＊＊＊＊＊

こうした発色反応を利用する吸光光度法は，前述のように大変歴史のある方法であり，表 14.5 の方法などは現在も用いられる一方，熟練を要する化学操作が必要であるほか，蛍光分析法（14.5 節参照），金属元素の定量における原子スペクトル分析法（13 章参照）などと比べて，一般に感度や選択性が低いといった欠点もあり，全体としては利用頻度が減ってきている。一方，吸光光度法そのものは，高速液体クロマトグラフィー（HPLC）（19 章参照），フローインジェクション分析法（FIA 法，本項 e））など，流れを利用する分析法の最も汎用的な検出手段の一つとして，より広く用いられるようになっている。特に，ほとんどの有機化合物は紫外領域に吸収をもつため，吸光光度計を HPLC の検出器に用いると，カラムから溶離してくるほとんどの物質を検出することができる。この特徴は大変得難く，ベースラインのノイズレベルが吸光度単位（absorbance unit, AU）で 0.5×10^{-5} にも及ぶ，極めて安定な専用の紫外・可視吸光検出器が開発されている。

b）多成分同時定量法

互いにスペクトルの異なる二成分以上の多成分混合系について，成分の数だけの波長における吸光度を測定すれば，各成分濃度を分離せずに求めることができる。ただし，各波長における各成分のモル吸光係数の値が既知である必要がある。**図 14.9** に二成分系の例を示す。

図 14.9 中の成分 a，b について，それらの濃度を c_a，c_b，波長 λ_1，λ_2 における吸光度を A_1，A_2，また，波長 λ_1，λ_2 における成分 a，b のモル吸光

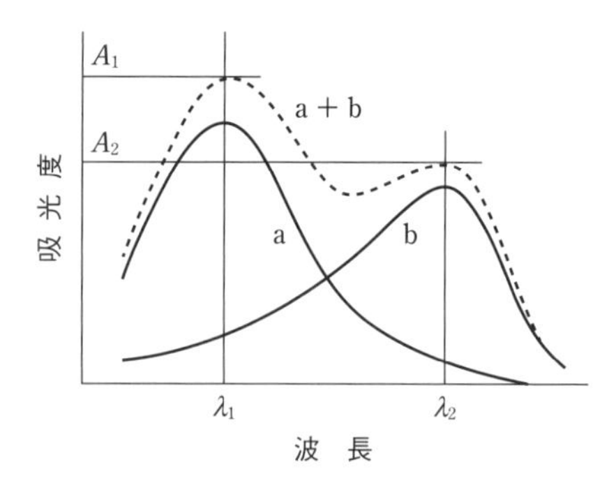

図 14.9　二成分同時定量の原理

係数を，それぞれ ε_{a1}，ε_{b1}，ε_{a2}，ε_{b2} とすると，以下の連立方程式が得られる。

$$A_1 = \varepsilon_{a1}c_a + \varepsilon_{b1}c_b \tag{14.2}$$

$$A_2 = \varepsilon_{a2}c_a + \varepsilon_{b2}c_b \tag{14.3}$$

これらの式から c_a，c_b を求めると

★　それぞれ，スペクトルの異なる n 個の成分が含まれる試料において，n 個の波長で，各成分のモル吸光係数がわかっていると，n 元一次連立方程式を解くことにより，各成分の濃度が求められる。

$$c_a = \frac{\varepsilon_{b2}A_1 - \varepsilon_{b1}A_2}{\varepsilon_{a1}\varepsilon_{b2} - \varepsilon_{b1}\varepsilon_{a2}} \tag{14.4}$$

$$c_b = \frac{\varepsilon_{a1}A_2 - \varepsilon_{a2}A_1}{\varepsilon_{a1}\varepsilon_{b2} - \varepsilon_{b1}\varepsilon_{a2}} \tag{14.5}$$

が得られる。n 成分では，上記の例に従って，n 元一次連立方程式を解くことにより，各成分の濃度が求められる。

c）錯体の組成比の測定

溶液中で金属イオン（M）と配位子（L）が錯体 ML_n を生成するとき，その組成比 $n = [L]/[M]$ を決定するために吸光光度法がしばしば用いられる。錯体の組成比の決定方法として，モル比法と連続変化法が知られている。それらの原理を図 14.10 に示す。

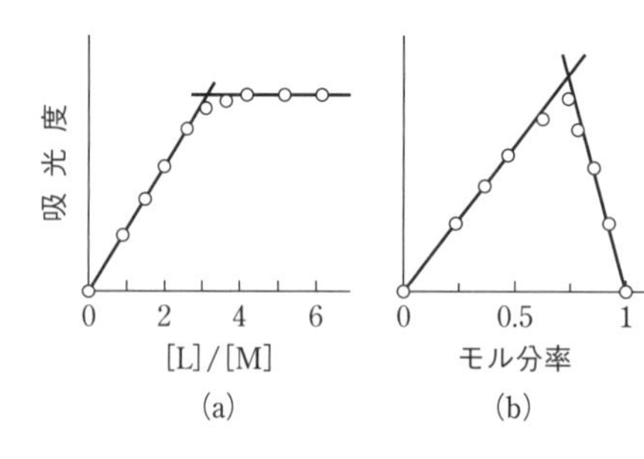

図 14.10　錯体の組成比の求め方
(a) モル比法，(b) 連続変化法

モル比法 mole-ratio method

連続変化法
continuous variation method

＊14　Job's method とも呼ばれる

＊15　連続変化法において，モル分率（[L]/([M]＋[L])）が 0.5 のとき最大値となるなら 1：1 錯体，0.67 のときは 1：2 錯体と決定できる。

モル比法では，金属イオンの濃度 [M] を一定に保って，配位子の濃度 [L] を変化させて各濃度比 [L]/[M] に対して，錯体の λ_{max}（最大吸収を与える波長）における吸光度をプロットすると，図 14.10 a のように屈曲点が得られ，その点から結合比を求める。

一方，**連続変化法**では，[M]＋[L] を一定に保って，それらの濃度比を変えながら生成した錯体の λ_{max} の吸光度を測定する＊14。それらのモル分率に対して λ_{max} をプロットすると，図 14.10 b のように，最大値をもつ曲線が得られる。そのときのモル分率から組成比を求めることができる＊15。

d）化学平衡の測定

吸光光度法は，例えば，酸塩基平衡や酸化還元平衡などの溶液内の化学平衡の解析のための有力な手段となっている。特に，二つの化学種間に化学平衡が成立し，それらが光を吸収し，さらにそれぞれの化学種の吸収スペクトルが交差する場合，すなわち，モル吸光係数が同じ値をもつ波長が存在する場合，pH 変化などにより平衡が移動しても，その二成分系のすべての吸収スペクトルはその点で交差する。この点のことを**等吸収点**と呼ぶ。**図 14.11** に，ブロモチモールブルーの各 pH における吸収スペクトルと等吸収点を示す[*16]。等吸収点は，その平衡に関与する化学種が二種類であることの判定基準として用いられる[*17]。また，等吸収点を用いると，pH などの測定条件に左右されず，その物質の定量を行うことができる。

等吸収点 isosbestic point

★　等吸収点は，その平衡に関与する化学種が二種類であることの判定基準として用いられる。

＊16　図のように，等吸収点は複数現れる場合もある（この場合は，279, 324, 501 nm の 3 か所）。

＊17　その化学平衡に三種類以上の化学種が関与すると，通常，等吸収点は現れない。

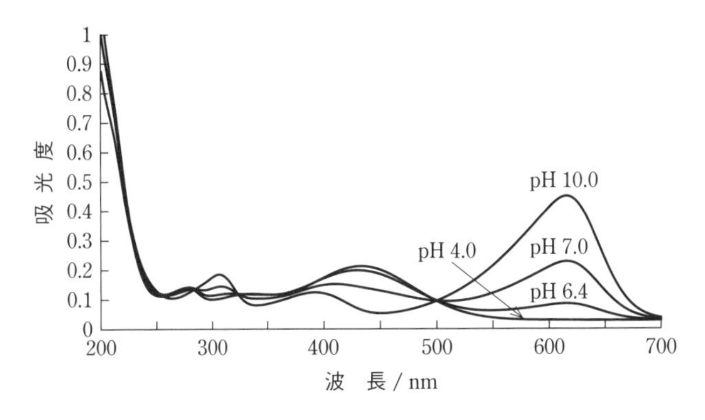

図 14.11　ブロモチモールブルー（BTB）の吸収スペクトルの pH による変化

＊＊＊＊＊＊＊＊＊＊＊＊＊＊＊＊＊＊＊＊＊＊＊＊＊＊＊＊＊＊＊＊＊＊＊＊＊＊

［例題 14.3］ pH 指示薬であるブロモフェノールブルー（BPB）の pK_a を求めるために，様々な pH をもつ濃度一定の BPB 溶液をつくり，590 nm の吸収を測定したところ，以下の表に示すような結果が得られた。この結果から BPB の pK_a を求めなさい。なお，pH 2 と 12 において，BPB は，それぞれすべて酸形（HIn）と解離形（In^-）になっていると考えてよい。

pH	吸光度
2	0.006
3.35	0.170
3.65	0.287
3.94	0.411
4.30	0.562
4.64	0.670
12	0.818

［答］ 5 章で学んだように，BPB の酸解離平衡

$$\mathrm{HIn} \rightleftharpoons \mathrm{H^+} + \mathrm{In^-} \tag{14.6}$$

を考えると

$$\log\frac{[\mathrm{In^-}]}{[\mathrm{HIn}]} = \mathrm{p}K_\mathrm{a} - \mathrm{pH} \tag{14.7}$$

が成り立つ。ここで，BPB がすべて酸形の場合の吸光度（pH 2）を A_{HIn}，すべて解

離形の場合の吸光度（pH 12）を A_{In^-} とすると，下式のように表せる。

$$A_{HIn} = \varepsilon_{HIn} c_0,\ \ A_{In^-} = \varepsilon_{In^-} c_0 \qquad (14.8)$$

ここで，ε_{HIn} と ε_{In^-} は，それぞれ HIn と In^- のモル吸光係数，c_0 は BPB の総濃度（$c_0 = [In^-] + [HIn]$）を表す。また，ある pH における吸光度を A とすると，

$$A = \varepsilon_{HIn}[HIn] + \varepsilon_{In^-}[In^-] \qquad (14.9)$$

となり，式（14.8），（14.9）の式から式（14.10）が導ける。

$$\frac{[In^-]}{[HIn]} = \frac{A_{HIn} - A}{A - A_{In^-}} \qquad (14.10)$$

したがって，図のように，表の値について

$$\text{pH } vs. \log\frac{[In^-]}{[HIn]} \left(= \log\frac{A_{HIn} - A}{A - A_{In^-}}\right)$$

をプロットしたときの x 切片の値が pK_a となる。図中の式から計算すると pK_a = 3.95 である。

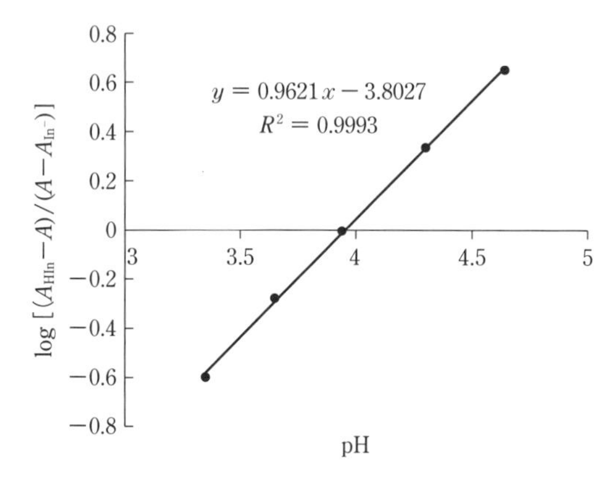

＊＊＊＊＊＊＊＊＊＊＊＊＊＊＊＊＊＊＊＊＊＊＊＊＊＊＊＊＊＊＊＊＊＊＊＊＊＊＊

e）フローインジェクション分析法（FIA）

フローインジェクション分析法（FIA）は，1975年にデンマーク工科大学のハンセンとルチカによって創案された，溶液の流れ中での反応を利用する分析法である。FIAでは，従来，ビーカーやフラスコを用いてバッチ法で行ってきた発色反応などを，テフロンやポリエチレンなどの内径 0.5 mm，長さ 10 m 程度のキャピラリー管の流れの中で行い，下流部でその生成物を，流れ分析用検出器を用いてオンラインで検出する。検出には，光検出以外にも電気化学検出など，様々な方法が用いられるが，吸光光度検出が最も基本的で汎用的な検出法であるため本節で紹介する。

図 14.12 a に，ジフェニルカルバジド吸光光度法*18 を検出手段とする FIA によるクロム（VI）の定量システムを示す。この装置は二流路型の代表的な FIA システムである。まず，ポンプで，内径 1 mm のチューブにキャリヤー溶液（蒸留水）と試薬溶液（この場合は 0.36 mol dm^{-3} 硫酸酸性の 0.5 g dm^{-3} ジフェニルカルバジド 5 %アセトン溶液）をそれぞれ 0.85 cm^3 min^{-3} の流速で送液する。このキャリヤー溶液中に測定したい試料溶液（200 mm^{-3}）を，六方バルブを用いて導入する。試料溶液と試薬溶液は合流し，40 ℃ に加熱された反応コイル（内径 0.5 mm，長さ 5 m）に導かれる。

フローインジェクション分析法
flow injection analysis

ハンセン Hansen, H.

ルチカ Ruzicka, J.

★　フローインジェクション分析法（FIA）は，溶液の流れ中での反応・検出を行う分析法である。

*18　クロム（VI）に選択的な定量法として大変有名であり，ジフェニルカルバジド（a）がクロム（VI）で酸化されてジフェニルカルバゾン（b）となり，生じたクロム（III）と錯体を形成し，発色するといわれている。

（a）

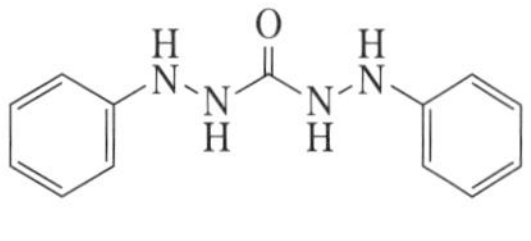

（b）

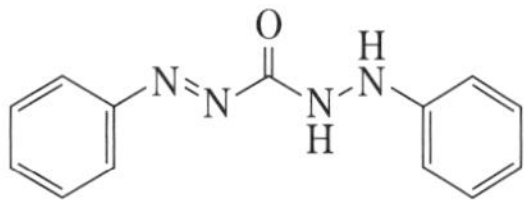

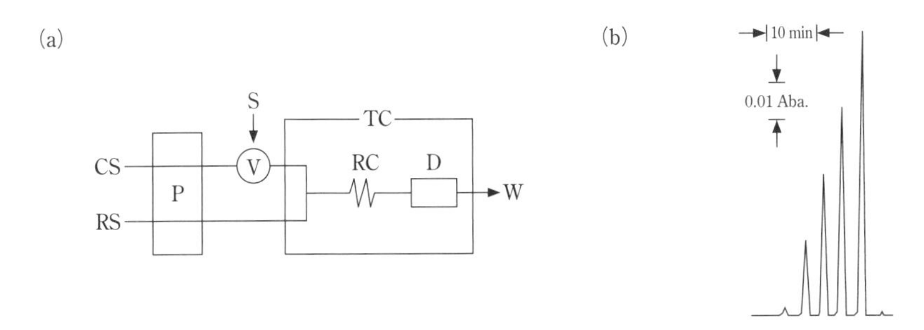

図 14.12 ジフェニルカルバジドの低濃度アセトン溶液を用いる簡易型 2 流路フローインジェクション法によるクロム (VI) の定量

(a) クロム (VI) 定量用 FIA 装置の概念図。CS：イオン交換水，RS：酸性 (0.36 mol dm^{-3} 硫酸) ジフェニルカルバジド (0.5 g dm^{-3}) の 5 %アセトン溶液，S：試料溶液 (200 mm^{-3})，V：インジェクションバルブ，RC：反応コイル (0.5 mm i.d. × 5 m)，TC：恒温槽 (40 °C)，D：吸光検出器，W：廃液。
(b) この装置で測定されたクロム (VI) の検量線用標準溶液の信号プロファイル。クロム (VI) 濃度 (mg dm^{-3}) は左から 0.005，0.05，0.10，0.15，0.20。
辰巳美紀・尾崎成子・中村栄子 (2013) 分析化学，**62**，31-35 より転載。

この中で試料溶液と試薬溶液はよく混じり合い発色反応が進行する。そして吸光検出器に導かれ，540 nm の吸収を測定することによりクロム (VI) が定量される。**図 14.12 b** にはこの装置で測定された検量線用標準溶液の信号プロファイルを示す。

FIA 法の利点としては，まず，迅速であること，さらに操作が簡単で再現性が高いことがあげられる。すなわち，反応がキャピラリー管の中で進行するため，分析者の熟練は必要ではなく，また，検出までの反応時間が一定となるため，再現性が高くなる。さらに反応が完結していなくとも，それを定量分析に用いることができる。このような特徴から，FIA 法は徐々にその応用が広がり，近年 JIS の公定法として採用されるに至っている*19。

*19 流れ分析による水質試験方法 (JIS K 0170) が制定され，現在，アンモニア態窒素など 11 項目が指定されている。これらの検出法にはすべて吸光光度法が採用されている。

14.5 蛍光分析法

14.5.1 はじめに

蛍光分析法は，光により励起された分子の一重項励起状態から基底状態への遷移に伴う発光を測定する方法であり，その基本的な原理については 12 章で詳しく議論している。そこで，ここでは装置やその応用について学ぶ。蛍光法は選択性が高くまた高感度である。特に，12 章で議論したように，蛍光強度は光源の強度に比例するので，レーザーを光源に用いると，場合によっては一分子検出も可能であり，究極の感度が得られる。こうした特徴から，本法の応用は，特に生化学分野を中心に急速に広がっており，その技術的革新も著しい。

蛍光分析法 fluorometry

★ 蛍光分析法は選択性が高く高感度であるので，特に生化学分野を中心に広く用いられている。

14.5.2 蛍光光度計

図 14.13 に**蛍光光度計**の概念図を示す。まず光源光を分光器で単色光として試料に照射し (励起光)，励起光の影響を除き蛍光のみを測定するため

蛍光光度計 fluorometer

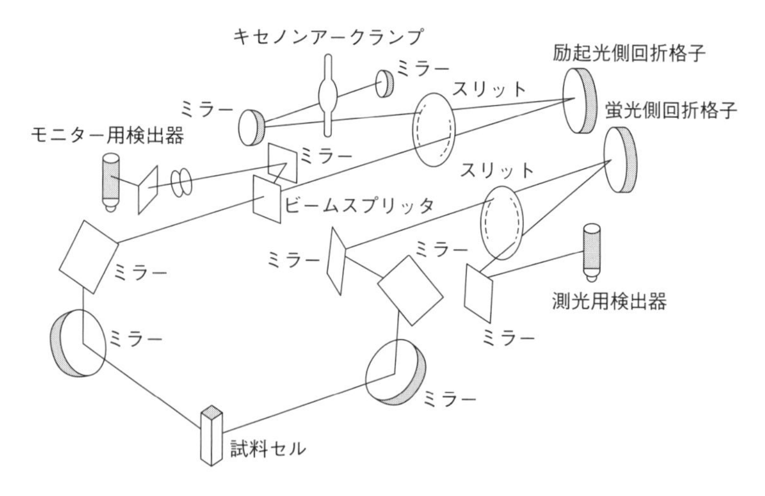

図 14.13　蛍光光度計の構成

に，励起光とは直角に配置されたもう一つの分光器で，試料からの蛍光を分光し検出する。試料セルには，蛍光を発しない石英ガラスを用いた四面とも透明な角型セルが用いられる。図 12.3 (p. 134) のアントラセンの励起スペクトルと蛍光スペクトルをもう一度見てみよう。励起スペクトルは励起波長を変化させたときのある一定波長における蛍光強度の変化を表したもので，原理的には吸収スペクトルと同じものである。蛍光スペクトルは，励起光の波長を一定にして，蛍光強度の波長変化をプロットしたものである。このような蛍光スペクトルは，吸収 (励起) スペクトルよりも長波長側に現れ，また，前述のように，フランク-コンドン原理により，吸収 (励起) スペクトルと蛍光スペクトルはお互いに鏡像対称のようになることが一般的である。

★　吸収 (励起) スペクトルと蛍光スペクトルはお互いに鏡像対称のようになることが一般的である。

図 14.14 に，ローダミン B 水溶液の蛍光スペクトルを示す。ローダミン B の蛍光以外にも様々な信号が現れることに注意する必要がある。まず，励起光の散乱光はどうしても除けず，強い信号を与える。また，励起光の二次回折光も現れる。さらに，溶媒分子がラマン活性の場合，溶媒のラマン散乱が観測される。溶媒が水の場合，ラマン散乱は励起光から 3400 cm^{-1} 低エネルギー側に現れる。そのため，励起光の波長を変更すると，ラマン散乱の波長も変化する。蛍光波長は，励起波長により変化しないので，励起波長を変

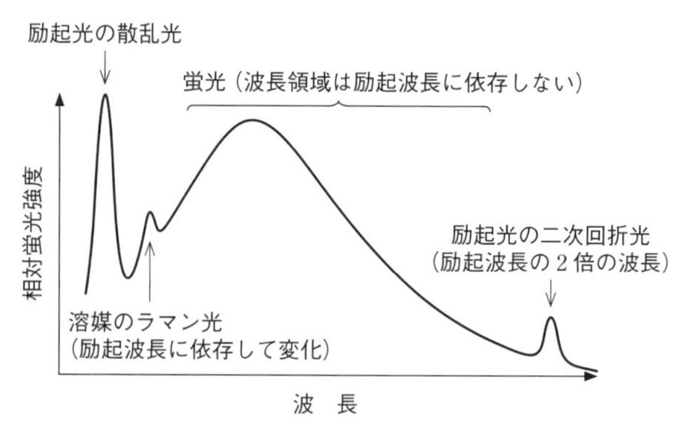

図 14.14　発光スペクトルにおける溶媒のラマン光と励起光の影響

化させるさせることにより，蛍光とラマン散乱を区別することができる*20。

*20 励起光の波長が 365 nm と 405 nm の場合，水分子によるラマン散乱光は，それぞれ 416 nm と 469 nm 付近に現れる。

14.5.3 蛍光量子収率（Φ）と消光

12 章の式（12.17）や式（12.18）（p. 144）で示した通り，蛍光強度に影響を与える要因として**蛍光量子収率**（しばしば Φ と表記される）は重要である。蛍光量子収率は，以下の式で定義される。

蛍光量子収率 quantum yield

$$\Phi = \frac{\text{蛍光の光子数}}{\text{吸収された光子数}} \qquad (14.11)$$

したがって，吸収された光子をすべて蛍光として放出する物質の蛍光量子収率は 1 であり，無蛍光物質では 0 となる。一般に，分析に用いられる蛍光物質の蛍光量子収率は 0.1 以上である。

蛍光物質の評価のために，しばしば蛍光量子収率の測定が必要となるが，正確な測定には，特殊な装置を用いる絶対測定法が必要となる。そこで，一般には安定な蛍光特性をもつ蛍光標準物質との比較から相対的に見積もられることが多い。

一方，共存物質・溶媒・温度などの影響により蛍光強度が弱められる現象を**消光**と呼ぶ。消光は，無放射遷移によりエネルギーを失う（失活）割合が増え，蛍光量子収率の値が小さくなる現象と解釈できる。消光の機構はいくつか知られているが，分子同士の衝突や分子間のエネルギー移動によって生じる。例えば，温度が高くなると，分子の衝突頻度が増えるため消光が起こる（温度消光）。また，消光が蛍光物質同士の衝突や会合体形成により起こる場合は，蛍光物質の濃度が高くなると消光が起こる（濃度消光）。溶媒も粘度が低いと蛍光物質と相互作用する機会が増えるため，蛍光強度は減少する*21。特定の共存物質により消光が起こる場合もある。その共存物質を**消光剤**と呼ぶ。例えば，溶存酸素は多くの蛍光物質に対して消光剤として作用する。この消光を利用して，蛍光測定が消光剤の定量に用いられることもある*22。

消光 quenching

★ 共存物質・溶媒・温度などの影響により蛍光強度が弱められる現象を消光と呼ぶ。

*21 一般に水溶液より有機溶媒の方が粘度は高いため，有機溶媒中の方が蛍光強度は高くなる。

消光剤 quencher

*22 この原理を利用した様々な溶存酸素蛍光センサーが開発され，実用化している。

以下の式はシュテルン-フォルマーの式と呼ばれており，この式に基づき，[Q] に対して I_0/I をプロットすると，切片 1 の検量線が得られ，消光剤の定量が可能となる。

$$\frac{I_0}{I} = 1 + k_q t_0 [\mathrm{Q}]$$

I_0 = 消光剤非存在下での蛍光強度
I = 消光剤存在下での蛍光強度
k_q = 消光速度定数（Q に依存）
t_0 = 消光剤非存在下での A の蛍光寿命
[Q] = 消光剤濃度

14.5.4 蛍光性化合物

様々な有機化合物の中でも蛍光をもつ化合物は限られている。多くの脂肪族炭化水素などは蛍光を示さない。これが蛍光法の選択性の高さを生む要因となっている。一般に $\pi \rightarrow \pi^*$ 遷移を示す芳香族化合物は蛍光性を示す。特に，置換基のない多環芳香族化合物では，環の数が増すと，蛍光量子収率も増加する。一方，ピリジンやフランのような最も簡単なヘテロ環状化合物は蛍光を示さないが，キノリンのように，それにベンゼン環が融合した多環化合物は強い蛍光を示す。また，電子供与性の置換基（$-NH_2$，$-OH$ など）があると蛍光は増強され，逆に電子求引性の置換基（$-COOH$，$-NO_2$，$-N{=}N-$，ハロゲンなど）により蛍光は減少する。さらに，剛直で平面的な分子構造も蛍光強度を高める重要な要因となっている。

図 14.15 に示すように，フルオレセインとフェノールフタレインは似た構造の化合物であるが，前者は蛍光量子収率 0.9 と極めて強い蛍光を与える

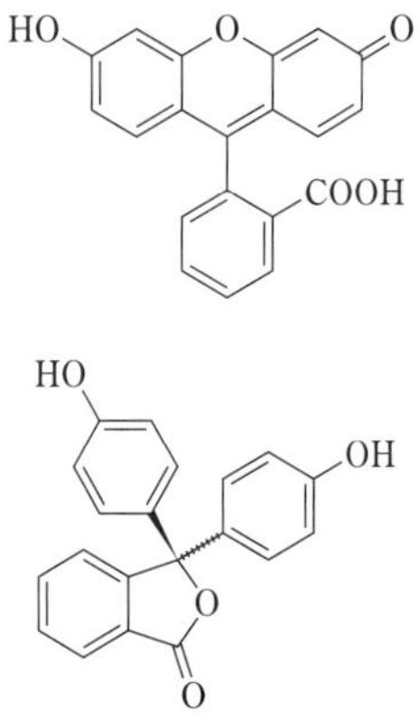

図 14.15　フルオレセイン（上）とフェノールフタレイン（下）

のに対し，後者は無蛍光物質である。フェノールフタレインのように分子内の自由度が大きいと，励起エネルギーは分子内振動などにより失われやすくなる。

14.5.5　蛍光分析法の応用

現在，蛍光分析法の応用は極めて多岐にわたっており，本書ではとても紹介しきれないので，さらに興味のある人は，是非参考図書で学んでほしい。ここでは，ごく基本的な物質の定量に用いられる応用を紹介する。分析成分それ自体が蛍光を示すことは少ない。したがって，そうした物質を蛍光性の物質に変換する必要がある。

a）無機イオン

一般に，金属イオン自体は，後述の希土類元素のイオンを除いて蛍光性を示さないが，蛍光性の錯体を生成させることにより，多くの金属イオンを蛍光光度法で定量することができる。特に，8-キノリノール，また，このキレート剤を水溶性にした 5-スルホ-8-キノリノールは，Al^{3+}, Zn^{2+}, Mg^{2+}, Cd^{2+} などと蛍光性の錯体を形成し，これらの金属イオンの定量に用いられる。ルモガリオンも Al^{3+} や Ga^{3+} の蛍光試薬として知られている。また，Fura 2 は，細胞内の Ca^{2+} イオンの挙動研究に使われる試薬（蛍光プローブ）として名

表 14.6　無機イオンの分析に用いられる代表的蛍光試薬

名称（慣用名）	化学構造式	対象イオン
8-キノリノール（5-スルホ-8-キノリノール）	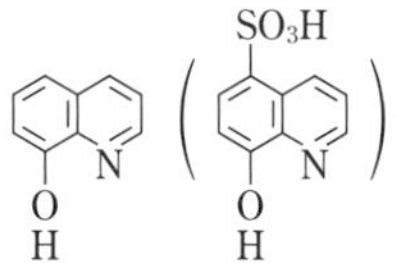	Al^{3+}, Zn^{2+}, Mg^{2+}, Cd^{2+} など
ルモガリオン	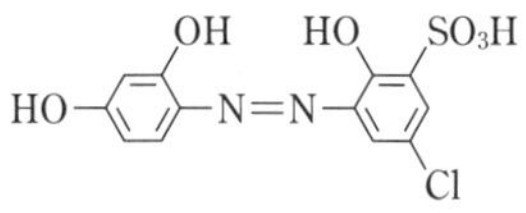	Al^{3+}, Ga^{3+} など
タイロン	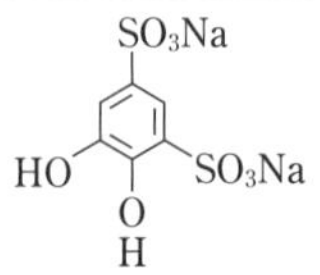	希土類金属イオン（Dy^{3+}, Tb^{3+} など）
Fura 2	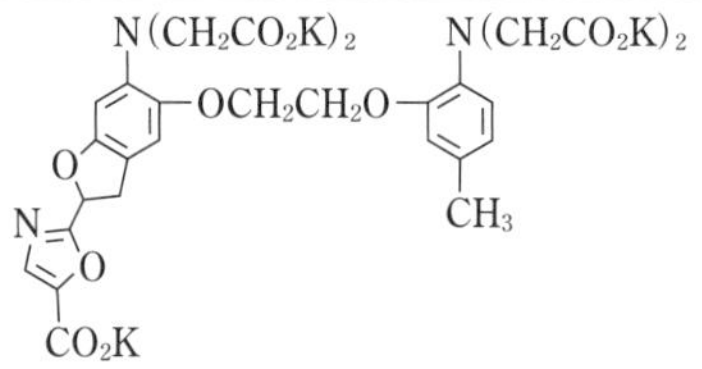	Ca^{2+}
DAN	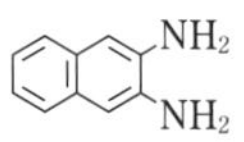	SeO_3^{2-}（4,5-ベンゾピアセレノールを生成） 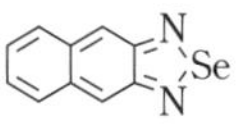

高い（**表 14.6** 参照）。これらの試薬の多くは，錯形成しないと蛍光を示さないが，金属イオンと錯形成することにより分子の剛直性が増し，蛍光を発するようになる。一方，陰イオンは，その消光作用を利用して定量されることが多い。

希土類元素のイオンの Sm^{3+}, Eu^{3+}, Tb^{3+}, Dy^{3+} の水溶液は，4f→4f に基づくごく弱い蛍光を与える。これは 4f 軌道が，主量子数が 5 や 6 の軌道の電子により環境から遮蔽されているため，周囲の影響を受けにくいことによる。しかし，これらのイオンが近紫外領域の光を吸収する適当な配位子と錯形成すると，配位子から金属イオンへのエネルギー移動が起こり，4f→4f に基づく蛍光が非常に増強される。この蛍光は，1) μs にも及ぶ長い蛍光寿命，2) 励起波長と蛍光波長の差が大きい（ストークスシフト*23 が大きい），3) 蛍光の波長幅が狭い，という極めてユニークな特徴を有している*24。そこで，これらの錯体を，そうした性質を利用した生化学物質の超高感度な蛍光誘導体化試薬（後述）として用いる試みがなされている。

★ 希土類元素のイオンのうち，Sm^{3+},Eu^{3+},Tb^{3+},Dy^{3+} は，近紫外領域の光を吸収する適当な配位子と錯形成すると，配位子から金属イオンへのエネルギー移動が起こり，4f→4f に基づく非常に強くユニークな性質をもつ蛍光を与える。

*23 ストークスシフト（Stokes shift）は，同一の電子遷移の吸光および発光スペクトルのバンド極大の波長差を意味する。

*24 表 14.6 中のタイロンによる蛍光はこの性質に基づいている。

b）有機化合物や生化学物質

ピレンやアントラセンのような多環芳香族化合物は，環境分析において重要な分析対象化合物である。これらはそれ自体蛍光を発するので，その蛍光を用いて，通常は HPLC などで分離したのちに検出定量される。一方，蛍光を発しない有機化合物の多くも，蛍光物質に変換して蛍光測定される。こうした方法のアプローチには二通りある。一つは，その分析成分自体を化学反応により蛍光物質に変換してしまう，という方法であり，ビタミン B_1 の蛍光定量法がその代表である。もう一つは，フルオレセインのような蛍光物質を分析成分に結合して蛍光物質に変えて測定する方法である。こうした方法を**誘導体化法**と呼ぶ。また，後者で用いられる試薬を**誘導体化試薬***25 と呼ぶ。特に後者は応用範囲も広く，現在，非常に多くの蛍光誘導体化試薬が開発され，また，様々な分析に応用されている。ここでは代表的な数例を紹介する。

★ 蛍光物質を目的物質に結合して蛍光物質に変えて測定する方法を誘導体化法と呼ぶ。また，このために用いられる試薬を誘導体化試薬（標識試薬）と呼ぶ。

誘導体化法 derivatization method

誘導体化試薬 derivatization reagent

*25 標識試薬（labeling reagent）ともいう。

まず，前者のビタミン B_1（チアミン）の例であるが，**図 14.16** のように，塩基性下でフェリシアン化カリウムにより酸化すると蛍光性のチオクロム（励起波長 $\lambda_{ex} = 375$ nm，蛍光波長 $\lambda_{em} = 440$ nm）が生成する。このチオクロムを蛍光測定することにより，ビタミン B_1 を定量することができる。

一方，多くの蛍光誘導体化試薬は，まずフルオレセインのような蛍光団と，目的とする生体分子に結合させるための反応基からできている。反応基は生理活性が失活しないように，比較的低温かつ中性付近の条件で目的とする部位に特異的に結合する性質をもつ必要がある。生体分子中の結合する基としては，アミノ酸やタンパク質中のチオール基とアミノ基が，最も重要な標的となる。**表 14.7** に代表的な蛍光団と反応基を示す。

★ 蛍光誘導体化試薬は蛍光団と反応基をもつ。

現在は，励起波長や蛍光波長の異なる様々な誘導体化試薬が市販されている。例えば，表に示す通り，フルオレセインにイソチオシアネート基（−N=C=S）が結合したフルオレセインイソチオシアネートは FITC として知ら

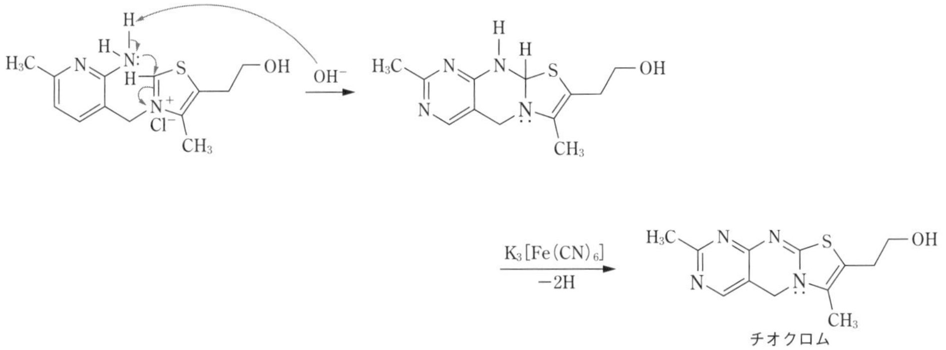

$K_3[Fe(CN)_6]$
$-2H$

チオクロム

図 14.16　蛍光性チオクロムの生成

れ，タンパク質の蛍光標識試薬として蛍光免疫測定法や組織染色などに広く用いられている。また，ダンシルクロライドは，反応基にスルホニルクロライド基（$-SO_2Cl$）をもつ代表的なアミノナフタレン類の化合物であるが，アミノ酸分析やタンパク質の標識によく用いられる。こうした誘導体化法は，HPLC と組み合わせることによる様々な生理活性物質の定量，また，免疫分

表 14.7　おもな蛍光誘導体化試薬の蛍光団と反応基

a）蛍光団

一般名称（慣用名）	代表的な試薬の化学式と略号	励起波長 (λ_{ex}) / nm	蛍光波長 (λ_{em}) / nm
アミノナフタレン	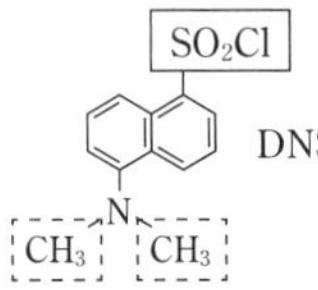 DNS-Cl	～340	480～520
クマリン	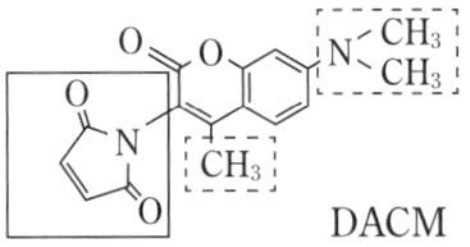 DACM	～380	470～480
フルオレセイン	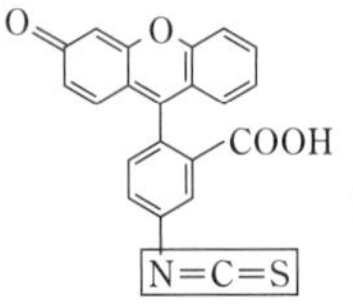 FITC	～490	510～520
ローダミン	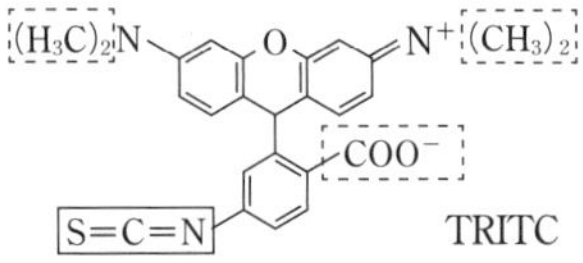 TRITC	～550	～570
NBD	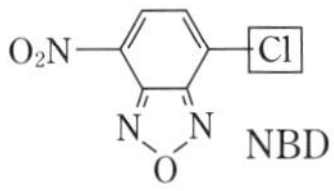 NBD-Cl	～475	～540

［実線枠］目的に応じて種々の反応基が導入される位置。
［破線枠］蛍光波長などの試薬の物性を変化させるために種々の官能基が導入される位置。
λ_{ex} と λ_{em} はおおよその値で，蛍光団の官能基や存在する環境によって変化する。

表 14.7（つづき）

b）反応基

修飾基	反応基と誘導体化反応
チオール基	ハロアセトアミド基  $R-NH-C(=O)-CH_2I + R'-SH \longrightarrow R-NH-C(=O)-CH_2-S-R'$
	マレイミド基 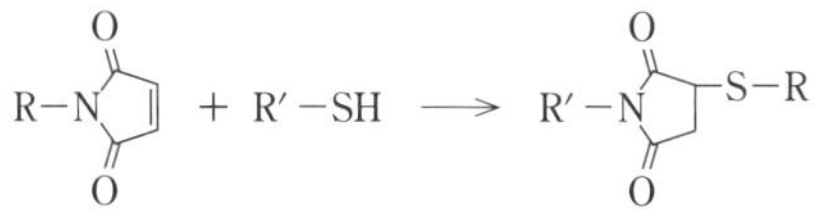 R−N(マレイミド) + R′−SH ⟶ R′−N(スクシンイミド)−S−R
アミノ基	イソチオシアネート基  $R-N=C=S + R'-NH_2 \longrightarrow R-NH-C(=S)-NH-R'$
	コハク酸イミドエステル 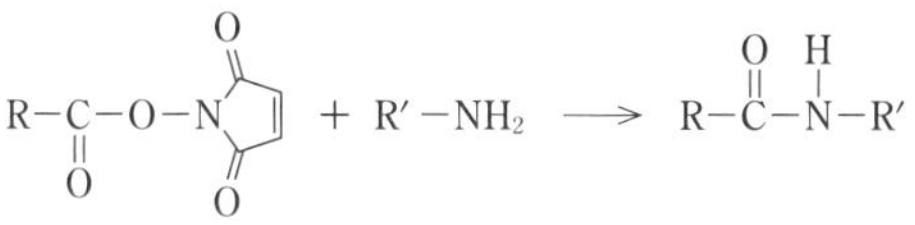 R−C(=O)−O−N(スクシンイミド) + $R'-NH_2 \longrightarrow R-C(=O)-NH-R'$
	スルホニルハライド 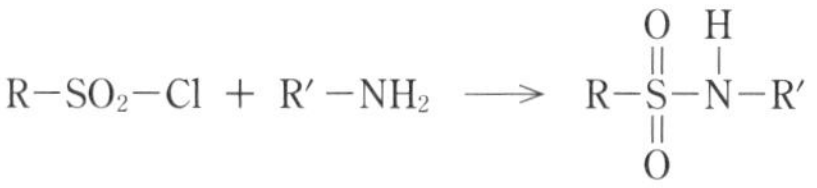 $R-SO_2-Cl + R'-NH_2 \longrightarrow R-S(=O)_2-NH-R'$
	アリールハライド（NBD-Cl の例） 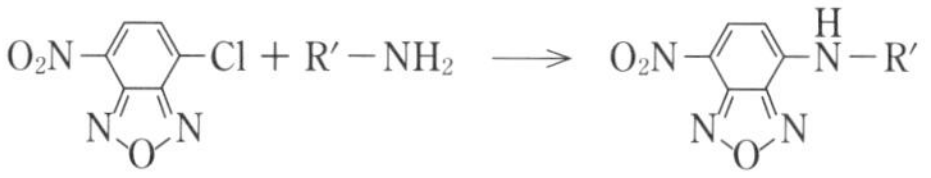 O_2N−(ベンゾオキサジアゾール)−Cl + $R'-NH_2 \longrightarrow O_2N$−(ベンゾオキサジアゾール)−NH−R′

R は蛍光団，R′ はタンパク質やアミノ酸などの分析対象を表す。

析法の検出手段，さらに蛍光顕微鏡観察のための細胞染色などに広く応用されている。

14.6 化学発光法

前節の蛍光法は，光により励起状態の分子をつくりだしたが，化学反応により励起状態の分子をつくりだし，その結果起こる発光を観察するのが**化学発光法**である。このように，励起過程は光による場合と異なるが，発光過程は蛍光やりん光と同じである。ホタルやホタルイカなど，光を放つ生物も知られているが，これらの発光も生体内で起こる化学発光である。しかし，一般には，生物において酵素が関与した反応を**生物発光**と呼び，化学発光と区別している。

化学発光法 chemiluminescence method

★ 化学反応により励起状態の分子をつくりだし，その結果起こる発光を観察するのが化学発光法である。

生物発光 bioluminescence

化学発光や生物発光は，近年多くの分析法に利用されている。この方法の特徴は，極めて高感度であることである。これは，蛍光光度法などでは，どうしても光源光の散乱光など目的とする蛍光以外の光が測定を妨害してしまうが，化学発光法では，検出器に入る光が化学発光のみであるため，ごく微弱な化学発光も観測できるからである。この特徴を生かして，近年では蛍光光度法とならび，HPLC や免疫測定法の検出手段として，特に生体物質の極微量定量に広く利用されている。

図 14.17 は，代表的な化学発光試薬であるルミノールの反応を示している。ルミノールは塩基性下で，過酸化水素や酸素と触媒存在下で反応し，図のように発光する。この反応は，古くから血液の触媒作用を利用して，血痕の鑑定に用いられてきたが，近年，様々な物質の検出手段として広く利用されている。特に，過酸化水素を検出することにより，多くの酵素の検出に用いられている。ルミノール以外にも，ルシゲニン，過シュウ酸エステル類，さらに生物発光であるホタルの発光*26 などが利用されている。また，オゾンを用いる気相の化学発光も，環境分析において，大気中の窒素酸化物の測定や，無機のヒ素化合物の測定*27 に用いられている。

*26　基質：ルシフェリン，酸化酵素：ルシフェラーゼ，Mg^{2+}，ATP，酸素からなる発光系。

*27　溶液中のヒ素化合物を水素化物として気体として反応させる。

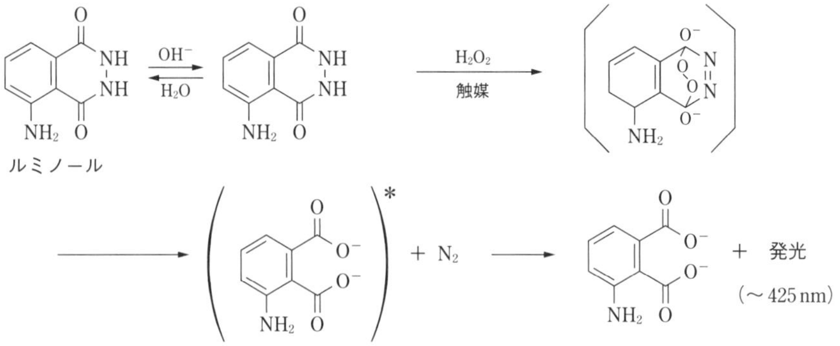

図 14.17　ルミノールの化学発光（図中の＊は励起化学種であることを示す）

◎本章のまとめと問題◎

14.1　次の気体分子のうち，赤外活性でラマン不活性な基準振動をもつ分子はどれか。赤外不活性でラマン活性な基準振動をもつ分子はどれか。また，赤外，ラマンとも活性な基準振動をもつ分子はどれか。

N_2,　O_2,　CO,　H_2O,　CO_2

14.2　赤外吸収分光法はなぜ水溶液試料が苦手なのか，その理由を述べなさい。

14.3　514.5 nm のレーザー光を光源光としてラマンスペクトルを測定した場合，1500 cm^{-1} のラマンシフトを受けたとき，ストークス線と反ストークス線の波長は，それぞれいくらになるか。また，レーザー光の波長が 632.8 nm の場合はどうか。

14.4　トリス(1,10-フェナントロリン)鉄(II)錯イオン（$[Fe(phen)_3]^{2+}$）水溶液の吸収極大波長（λ_{max}）510 nm におけるモル吸光係数 ε_{max} は 1.1×10^4 mol^{-1} dm^3 cm^{-1} である。1 cm セルを用いたとき，1.0×10^{-5} mol dm^{-3} $[Fe(phen)_3]^{2+}$ 水溶液の吸光度を求めなさい。また，吸光度 0.20 を与える $[Fe(phen)_3]^{2+}$ 水溶液の濃度を求めなさい。

14.5　フローインジェクション分析法（FIA）の原理と特徴を述べなさい。

14.6　励起スペクトルと蛍光スペクトルが，一般に鏡像関係にある理由を説明しなさい。

14.7　蛍光分析法は吸光光度法よりも一般に高感度である理由を説明しなさい。

Column　可視・紫外領域の全反射分光法

本文中では赤外光の全反射を利用する全反射赤外吸収法（ATR 法）を紹介したが，可視・紫外領域の光全反射も，近年，分光分析に広く利用されている。ここでは例として二つのアプローチを紹介する。一つは，全反射素子として，ATR 法で用いられるプリズムの代わりに，図のような光導波路と呼ばれる素子を用いる方法である。光導波路は，光ファイバーなど，光を内部全反射により最小限の減衰で伝播させる素子の総称であり，様々な形態の光導波路が光エレクトロニクス分野で活躍している。分析化学においても多くの光導波路が利用されている。

この光導波路は，光が主に分布する高屈折率のコアとその周りを覆う低屈折率のクラッドからなる。**図 A** のように，例えば，ガラス表面にコアとなる薄膜をつくり，その中に光を閉じ込めると，光は何度も全反射しながらコア中を伝播する。その回数は，場合によっては 1 cm 当り 10,000 回にも及ぶことがある。このとき，エバネッセント光を利用して，コア表面の物質を計測すると，この多重全反射により非常に高感度な測定が可能となる。この原理は，表面の高感度計測や化学センサーに応用されている。

もう一つは，プリズムなどでの光全反射の際のエバネッセント光を蛍光顕微鏡などにおける照明（光励起源）に用いる方法である（**図 B**）。この方法の利点は，表面の物質のみを励起できるため低バックグラウンドの測定が可能となることであり，蛍光による一分子計測などに近年活発に用いられている。このように，光全反射は可視・紫外領域においても重要な技術となっている。

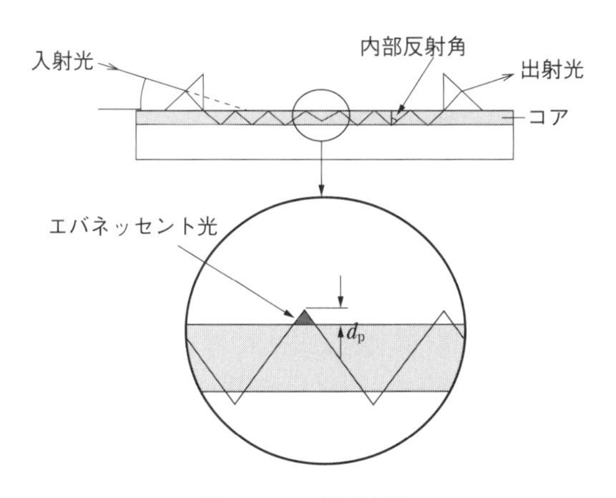

図 A　スラブ光導波路
本図はガラス板の表面を加工してつくる平面型の光導波路の模式図である。

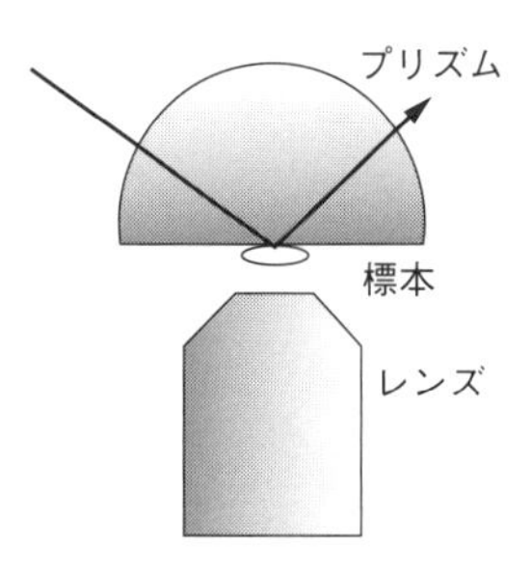

図 B　全反射蛍光顕微鏡の光学配置の一例

X線分析法と電子分光法

本章では，まずX線と電子線の性質を学ぶ。次に，物質によるX線の吸収・放出・散乱，さらに特性X線と連続X線について学ぶ。その後，方法各論として，X線回折法，X線吸収分光法，蛍光X線分析法，X線光電子分光法の原理と応用を学ぶ。また，その他の分析法についても簡単に紹介する。

15.1　X線と電子線の性質

15.1.1　X線と電子線

X線は，その波長が0.001 nm ～ 10 nmと極めて短い電磁波である*1。このX線を単位にeVを用いてエネルギーで表すと

$$E = \frac{1.24}{\lambda}\,\text{keV} \tag{15.1}$$

となる。ここでλはX線の波長（nm）である。例えば，0.01 nmのX線の光子のエネルギーは124 keVである。すなわち，X線はkeVオーダーのエネルギーをもつ電磁波である。X線を波として考えると，物質中の至近原子間の距離が0.1 nmのオーダーであり，X線の波長と同程度である。そのため，X線を物質に入射すると回折現象が起こる。これを利用すると，結晶系や原子間距離などの構造に関する情報を得ることができる。一方，X線のエネルギーは，原子の内殻電子のエネルギー準位の領域に対応する。そこで，X線と物質中の内殻電子との相互作用により引き起こされる様々な現象を観測することにより，物質の組成や状態に関する情報を高感度に取得することができる。前者が**X線回折法**（XRD）であり，後者は様々な**X線分光法**や**電子分光法**である*2。

一方，物質を加熱すると電子（熱電子）を放出するが，この熱電子を高真空中で高電圧により加速することにより，様々な大きさのエネルギーをもつ電子線をつくることができる。量子力学によれば，電子にも波としての性質がある。運動量pで運動する粒子のもつ波長は以下のようになる。

$$\lambda = \frac{h}{p} \tag{15.2}$$

また波長λの電子のエネルギーは

$$E = \frac{p^2}{2m} = \frac{h^2}{2m\lambda^2} \tag{15.3}$$

となる。例えば，0.1 nmの波長をもつ電子のエネルギーを計算すると151 eVとなる。このように，電子は波としての性質ももつため物質により

*1　このエネルギー領域の電磁波でも，原子核の壊変により放出される電磁波はγ線と呼ばれる。

★　X線は，その波長が0.001 nm ～ 10 nmと極めて短い電磁波である。

X線回折法
X-ray diffraction method

*2　X線や電子のエネルギーを測定する方法には，X線を照射したときに物質から放出されるX線や電子を分光し検出する，物質に電子を照射したときに放出されるX線や電子を分光し検出するなど，両者が関係する様々な方法が知られており，X線分光法と電子分光法は類縁の方法として分類されている。

回折される。すなわち，X線の場合と同様，物質の構造，特に気体分子の構造や物質表面の構造に関する情報を得ることができる[*3]。また，X線と同様のkeVオーダーのエネルギーをもつ電子線を用いれば，物質中の内殻電子との相互作用により物質表面の組成や状態に関する情報を得ることができる[*4]。

*3　20 eV ～ 200 eV の低速の電子線を用いる**低速電子線回折法**（low energy electron diffraction, LEED），数 keV ～ 100 keV の高速の電子線を用いる**反射高速電子線回折法**（reflection high energy electron diffraction, RHEED）などが，数 nm までの固体の表面を解析する方法として知られている。

*4　高エネルギーの電子線の波長は非常に短く，また集束しやすいので，電子線を用いると非常に分解能の高い顕微鏡をつくることができる。これがいわゆる電子顕微鏡であり，現在，様々な方式の電子顕微鏡が広く活躍している。

＊＊＊＊＊＊＊＊＊＊＊＊＊＊＊＊＊＊＊＊＊＊＊＊＊＊＊＊＊＊＊＊＊＊＊＊＊＊＊

［例題 15.1］ X線のエネルギーを表す式（15.1）を式（12.1）（p. 132）から導きなさい。ただし，$1\ \mathrm{eV} = 1.60 \times 10^{-19}\ \mathrm{J}$ である。また，式（15.1）のように電子線（eV）のエネルギーを波長 λ（nm）で表す式を導きなさい。

［答］ $E = h\dfrac{c}{\lambda} = \dfrac{6.63 \times 10^{-34} \times 3.0 \times 10^{8}}{\lambda \times 10^{-9}} = \dfrac{1.99 \times 10^{-16}}{\lambda}\ \mathrm{J}$

$1\ \mathrm{eV} = 1.60 \times 10^{-19}\ \mathrm{J}$ なので，

$$E = \frac{1.99 \times 10^{-16}}{\lambda \times 1.60 \times 10^{-19}} = \frac{1.24 \times 10^{3}}{\lambda}\ \mathrm{eV}$$

が成立する。

電子の質量は 9.11×10^{-31} kg であるので，式（15.3）は下式のようになる。

$$E = \frac{(6.63 \times 10^{-34})^2}{2 \times 9.11 \times 10^{-31} \times (\lambda \times 10^{-9})^2} = \frac{2.41 \times 10^{-19}}{\lambda^2}\ \mathrm{J}$$

$1\ \mathrm{eV} = 1.60 \times 10^{-19}\ \mathrm{J}$ なので

$$E = \frac{2.41 \times 10^{-19}}{\lambda^2 \times 1.60 \times 10^{-19}} = \frac{1.51}{\lambda^2}\ \mathrm{eV}$$

＊＊＊＊＊＊＊＊＊＊＊＊＊＊＊＊＊＊＊＊＊＊＊＊＊＊＊＊＊＊＊＊＊＊＊＊＊＊＊

15.1.2 X線と物質の相互作用

X線を物質に照射すると，可視光や紫外光と同様，物質による散乱や吸収が起こる。散乱は二種類に分類される。一つは**トムソン散乱**（弾性散乱[*5]の一種）であり，入射X線と散乱X線の波長が等しく，結晶性の物質ならば回折現象を起こす。この散乱X線がX線回折法に用いられる。もう一つは，X線が電子に衝突するときに，電子に運動エネルギーを与えることによりエネルギーの一部を失い，入射X線よりも長い波長で散乱される**コンプトン散乱**（非弾性散乱の一種）である。

トムソン散乱 Thomson scattering

*5　荷電粒子による弾性散乱がトムソン散乱であり，レイリー散乱は，より一般的に，光の波長に比して小さな微粒子による弾性散乱である。トムソン散乱はレイリー散乱の一種と考えることができる。

コンプトン散乱 Compton scattering

X線の吸収過程として重要なものに**光電効果**がある。光電効果の過程の模式図を**図 15.1** に示す。図中，K殻電子のエネルギー準位よりも大きいエネルギー $h\nu$ をもつX線が入射すると，K殻電子はそのエネルギーを受け取り，原子の外に飛び出す。この効果を光電効果という。飛び出した電子は**光電子**と呼ばれ，$h\nu - E_{\mathrm{K}}$ のエネルギーをもつ。このとき，K殻には空孔ができる。この空孔を埋めるために，L殻やM殻の電子がK殻に遷移する。その場合，図のように両者のエネルギー差 $E_{\mathrm{K}} - E_{\mathrm{L1}}$ に相当するX線（**特性X線**）を放出する場合と，そのエネルギーをほかの同じ殻（この場合L殻）の電子に与えて電子が外に飛び出す場合がある。前者が**蛍光X線**であり，後者は**オージェ効果**と呼ばれ，飛び出した電子は**オージェ電子**と呼ばれる。この場合のオージェ電子のエネルギーは $E_{\mathrm{K}} - E_{\mathrm{L1}} - E_{\mathrm{L2}}$ である。

光電効果 photoelectric effect

光電子 photoelectron

特性X線 characteristic X-rays

蛍光X線 fluorescent X-ray

オージェ効果 Auger effect

オージェ電子 Auger electron

★ X線の物質への吸収過程として光電効果が重要。この効果により，光電子のほかに，蛍光X線やオージェ電子が放出される。

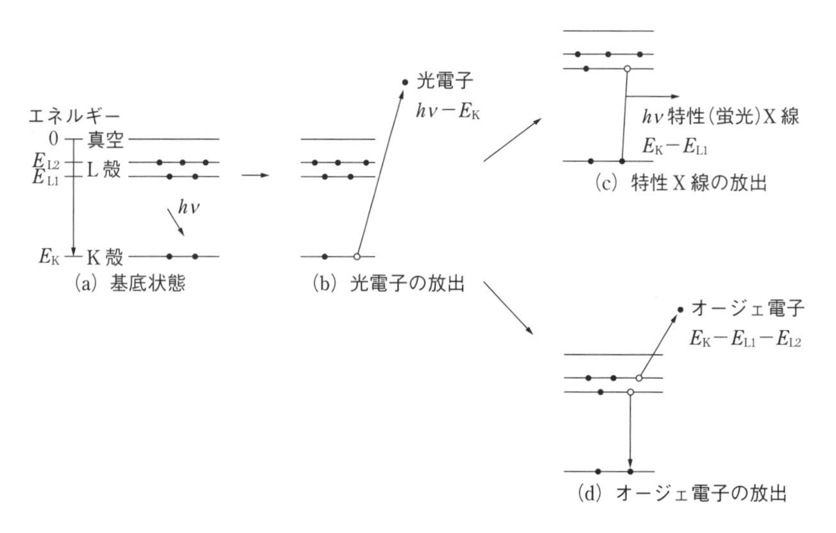

図 15.1　X線と物質の相互作用

光電効果に伴い生じる光電子や蛍光X線を測定する方法として，それぞれ**X線光電子分光法** (XPS) と**蛍光X線分析法** (XRF) が知られている。また，電子線を照射したときにも同様な過程でオージェ電子が放出されるが，これを測定するのが**オージェ電子分光法** (AES) である。

15.1.3　特性X線と連続X線

★　特性X線は，内殻電子の準位間の遷移に基づき，不連続な線スペクトルとして放出されるX線である。

前述のように，原子のL殻やM殻の電子がK殻に遷移する際に，それらの準位のエネルギー差に相当するエネルギーのX線が放出される。このX線のエネルギーは原子の種類により決まっており，不連続の線スペクトルを与える。こうしたX線を**特性X線**と呼ぶ。特性X線は，**図 15.2** に示すように，最初にできる空孔の軌道によりK線，L線などと呼ばれる。さらにK線の場合，L殻からの遷移によるX線をK_α線，M殻からの遷移によるものをK_β線と呼ぶ。さらに，同じK_α線でもL殻の2p軌道がスピン分裂を起こし，L_{II}とL_{III}に準位が分かれているため，2本の特性X線が観測される。ここで強度の強いL_{III}からの遷移を$K_{\alpha 1}$線，L_{II}からの遷移を$K_{\alpha 2}$線と呼ぶ[*6]。

*6　12章の原子スペクトル (12.3節) で学んだ選択則がこの場合も適用されるので，2s軌道からの遷移は起こらない。

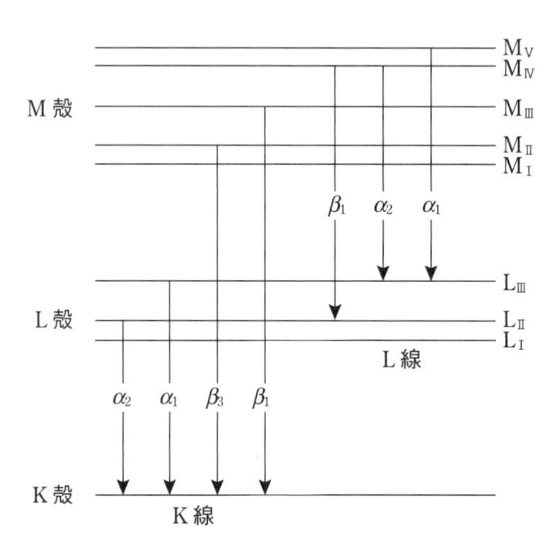

図 15.2　特性X線の種類とエネルギー準位

各系列の特性X線のエネルギーと原子番号の関係について，1913年にモズレーにより次の実験式が求められた。この式を**モズレーの式**という。

$$\nu = Q(Z - s)^2 \qquad (15.4)$$

ここで，νはX線の振動数（エネルギーに比例），Qは定数，Zは原子番号，sは遮蔽定数で，QとsはX線の各系列によって決まる。モズレーの式は，当時，まだ不完全だった周期表の完成に多大な貢献をした。

モズレー　Moseley, O.

X線源としては，通常，封入型X線管球が用いられる。このX線管球では，加熱したフィラメントから発生する熱電子を高電圧で加速し，様々な金属[*7]でできたターゲットと呼ばれる陽極（対陰極）に衝突させてX線を発生させる。しかし，発生する熱のためX線強度が上げられない。その欠点を改良した回転対陰極型の高強度管球も最近使われるようになっている。また，このときにターゲットの特性X線のほかに，連続的なエネルギー分布をもつX線も発生する。これを**連続X線**と呼ぶ。この連続X線は，高速の電子がターゲットに衝突して急速に減速されると，その減速により失われた運動エネルギーの一部がX線に変換されて放出される過程による。こうした過程は**制動放射**と呼ばれる。この制動放射のエネルギーは励起電子のエネルギーが上限となる。

*7　ターゲットの金属の種類は方法により異なる（以下の各節参照）。

連続X線　continuous X-ray

★　ターゲットからは，特性X線のほかに，連続的なエネルギー分布をもつ連続X線も発生する。

制動放射　bremsstrahlung (braking radiation)

近年，急速に応用が広がっているX線源に**放射光**がある[*8]。シンクロトロンと呼ばれる加速器で電子を光速に近い速度で周回運動させたときに，軌道が曲げられることによって電磁波が放出される。これが放射光で，赤外線からX線までの非常に広い波長領域の連続光からなる。特にX線領域の放射光が分析に利用されている。この放射光は，強度が強くまた高輝度である，指向性が高い，偏光している，パルス光であるなど，通常のX線源では得られない優れた特徴をもっている。

放射光　synchrotron radiation

*8　日本では，現在，SPring 8（理化学研究所，兵庫県佐用郡），Photon Factory（高エネルギー加速器研究機構，茨城県つくば市）など，主な放射光施設として8か所が稼働中である。

15.2　X線回折法

結晶性の物質に単色X線を照射すると，トムソン散乱光はお互いに干渉し合って回折線として観測される。このとき入射X線の波長λ，結晶の格子面間隔dと回折が起こる角度θとの間には，以下のようなブラッグの式が成り立つ（**図15.3**参照）。

$$n\lambda = 2d\sin\theta \qquad n = 1, 2, 3, \cdots \qquad (15.5)$$

nは回折次数（正の整数）で，θはブラッグ角と呼ばれている。

ブラッグ　Bragg

X線回折法（XRD）は，波長既知のX線を用いてブラッグ角（θ）を測定す

X線回折法　X-ray diffraction method

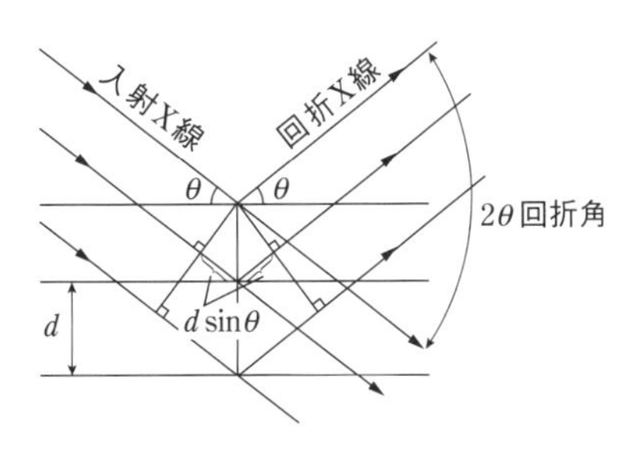

図15.3　結晶によるX線の回折

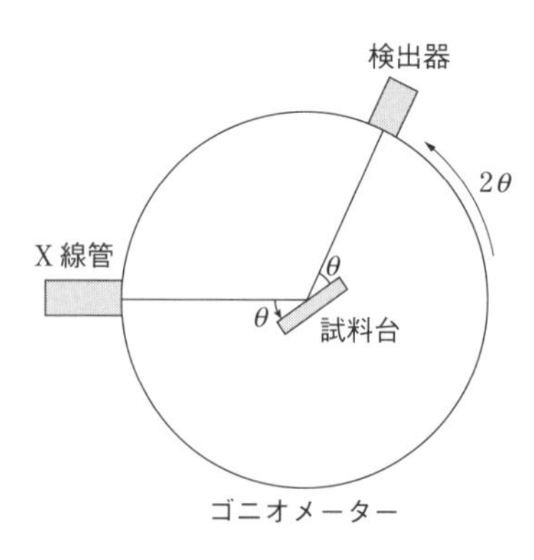

図15.4　X線回折装置の概念図

ることにより，結晶の面間距離 d を知る方法である。X線回折装置は，**図15.4**に示すように，**ゴニオメーター**（測角器）の上に，X線管，試料台，X線検出器を配置したものである。試料台と検出器は連動して動き，入射角（θ）と反射角が常に等しくなるように，また，検出器は試料台の角速度の2倍の角速度で回転する。このとき回折角（2θ）に対する回折光強度が記録される。この記録は回折図形と呼ばれ，これを解析することにより格子面間隔 d が求められる。なお，位置敏感検出器やイメージングプレートと呼ばれる二次元検出システムを用いることで，検出器の移動が不要で高速に回折図形を取得できる装置も実用化している。物質中の原子間距離は，通常0.1 nm ～0.3 nmなので，同程度の波長をもつ単色X線が光源に用いられる。Cu K_α 線（$\lambda = 0.15418$ nm）が用いられることが多いが，より強力なX線源が必要な場合にはMo K_α 線（$\lambda = 0.071073$ nm）も用いられる。X線管から出るそれ以外の特性X線や連続X線は，特殊なフィルターや炭素の単結晶*9などで除去する。

近年，放射光の普及，情報処理能力の拡大などによりこの領域の進歩は著しく，多くの新手法が実用化しているが，基本的な方法は，以下の三つである。

一つは，**単結晶X線回折法**であり，分子構造解析に用いられる。この方法では，4軸ゴニオメーターと呼ばれる回転軸を四つ設け*10，結晶をあらゆる方向に向けて測定できるゴニオメーターを備えた4軸X線回折計が用いられる。得られる非常に複雑な回折図形から，コンピュータを用いて解析し分子構造を得る。近年，放射光の利用も進み，より小さな単結晶を用いて，タンパク質のような巨大分子までより高速に解析ができるようになってきた。しかし，さらに進歩が望まれている方法である。

二つ目の方法は**粉末X線回折法**であり，汎用性の高い方法として，様々な分野で広く用いられている。この方法は，粉末の多結晶体を試料として扱う方法で，ゴニオメーターで得られた回折図形を既知物質の回折図形のデータベース*11と比べることにより，試料の定性，また，場合によっては定量も行える。また，「リートベルト法」のようにコンピュータを用いたデータ処理で，単結晶が得られない試料でも分子構造の情報が得られたり，精密な組成分析が可能となったりする場合がある。通常の固体は何らかの結晶性を

ゴニオメーター goniometer

★　X線回折法は，波長既知のX線を用いてブラッグ角（θ）を測定することにより，結晶の面間距離 d を知る方法である。

*9　モノクロメーターと呼ばれ，X線管からのX線を回折させて K_α 線だけを取り出す。

単結晶X線回折法 single-crystal X-ray diffraction method

★　X線回折法の代表的な分析法に，単結晶X線回折法，粉末X線回折法，X線小角散乱法がある。

*10　4軸ゴニオメーターでは，検出部とは独立に試料を3軸に対して回転できるようになっており，検出部と合わせて4軸と呼ばれる。

★　単結晶X線回折法は，タンパク質などの生体高分子も含む様々な分子の結晶構造解析に用いられる。

粉末X線回折法
powder X-ray diffraction method

★　粉末X線回折法は，粉末の多結晶体を試料として扱う方法で，得られた回折図形をデータベースと比べることにより，試料の定性，さらに，場合によっては定量も行う。環境・地球化学，材料，食品，製薬分野など，様々な分野で用いられている。

*11　代表的なデータベースとしては The International Centre for Diffraction Data（ICDD）などが知られている。

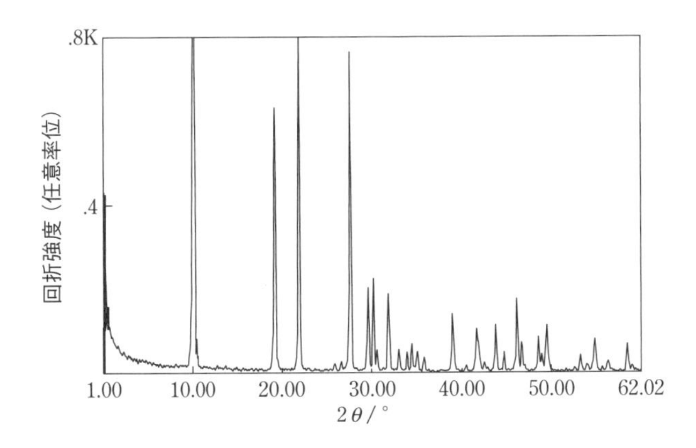

図 15.5　粉末 X 線回折パターンの例
四万温泉（群馬県）の温泉沈殿物（主に石膏からなる）。光源は CuK_α 線。
群馬大学 吉川和男博士提供。

もっており，さらに，試料のうち，常に微結晶のあるものは回折を生じさせるような配向をとっているので，簡単な測定で必要なデータを得ることができる。本法の応用範囲は極めて広く，粘土鉱物やアスベストの同定など，環境・地球化学分野，金属・半導体などの材料分野，食品，製薬分野など，様々な分野で用いられている。**図 15.5** に粉末 X 線回折パターンの例を示す。このパターンから，この試料の主成分は石膏（$CaSO_4 \cdot 2H_2O$）であることがわかる。

三つ目の方法は，**X 線小角散乱法** (SAXS) である。小角散乱ゴニオメーター*[12] により $2\theta < 10°$ 以内の小角領域の回折図形を記録することで，1 nm ～ 100 nm 程度の大きさの物質の構造情報を得る方法で，高分子，生体物質，コロイドなどの研究に，近年特に用いられるようになっている。本法でも放射光の利用が有効であり，近年の方法の発展の基礎となっている。

X 線小角散乱法
small angle X-ray scattering

*12　単結晶 X 線回折法や粉末 X 線回折法では，回折角 2θ が 0 度から百数十度までの回折線を記録できる広角ゴニオメーターが用いられる。

★　X 線小核散乱法は，1 nm ～ 100 nm 程度の大きさの物質の構造情報を得る方法である。

15.3　X 線吸収分光法 (XAS)

X 線吸収分光法は，X 線の吸収を測定することにより，対象原子の電子状態や局所構造を調べる方法で，測定対象は主に固体だが，液体や気体にも応用できる。試料に X 線を照射し，そのエネルギーを連続的に変化させて（約 0.1 keV ～ 100 keV），X 線の入射強度と透過強度を測定し，入射 X 線の強度を横軸に，縦軸には吸光度をプロットしたものが **X 線吸収スペクトル**である。透過強度を測定する代りに，そのときの光電子量，オージェ電子量，蛍光 X 線量を測定しても，X 線吸収スペクトルと同等の情報を含んだスペクトルを得ることができる。また，XAS の光源には，高輝度の連続 X 線が得られる放射光が大変適しており，放射光の普及により本法は大いに発展した。

X 線吸収分光法
X-ray absorption spectroscopy

X 線吸収スペクトル
X-ray absorption spectrum

入射エネルギーを連続的に増加していくと，測定元素の内殻電子のイオン化エネルギーに相当する領域で吸収強度が急激に増加したのち，エネルギーの増加とともに緩やかに波打ちながら減衰する。この急激に増加する領域を

吸収端 absorption edge

吸収端と呼ぶ。元素が K，L，M 殻に複数の内殻電子をもつ場合には，それぞれに対応する複数の吸収端が現れ，K 吸収端，L 吸収端などと呼ばれる。吸収端のエネルギーは元素に固有であり，元素の定性が可能である。一方，吸収端の高エネルギー側には様々な微細構造が現れる。

★　吸収端の位置から元素の定性，その高エネルギー側の微細構造から，対象原子の電子状態や局所構造に関する情報が得られる。

X 線吸収微細構造
X-ray absorption fine structure

X 線吸収端近傍構造 X-ray absorption near edge structure

広域 X 線吸収微細構造 extended X-ray absorption fine structure

★　XANES により，対象原子の電子状態（価数など）や局所的な三次元立体構造（対称性など）を解析することができる。

図 15.6 に吸収端における XAS スペクトルを示す。これらの微細構造から元素の存在状態を解析する手法は **X 線吸収微細構造（XAFS）**と呼ばれる。XAFS はさらに二つに分類される。すなわち，吸収端立ち上がりの微細構造を **X 線吸収端近傍構造（XANES）**，吸収端より数十 eV 以上離れた高エネルギー領域に現れる波打ち構造を**広域 X 線吸収微細構造（EXAFS）**と呼ぶ（図 15.6 参照）。前者は内殻電子が外側の空軌道に遷移する過程から生じる。この領域の微細構造から，対象原子の電子状態（価数など）や，局所的な三次元立体構造（対称性など）を解析することができる。一方，後者では，内殻電子が光電子として放出されたときに，その光電子が隣接する原子により散乱される効果により波打ち構造が現れる。その構造を解析すると，対象原子

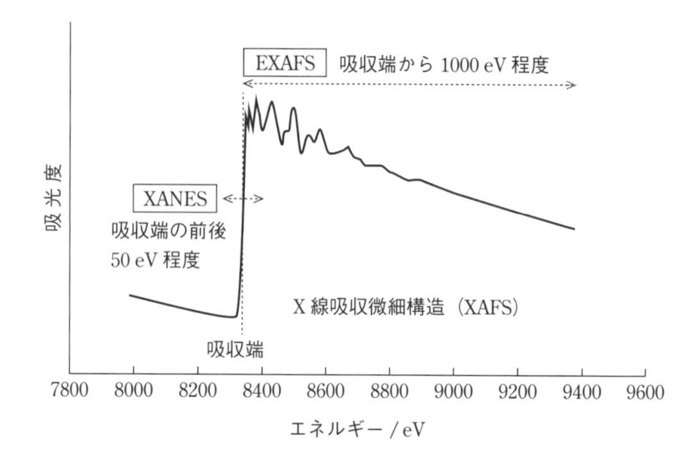

図 15.6　XAS スペクトルの吸収端の微細構造（試料：ニッケル箔）

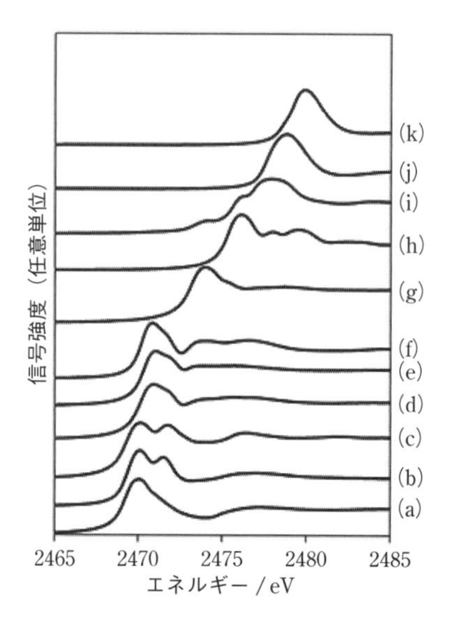

図 15.7　様々な硫黄化合物の XANES スペクトル
(a) 硫黄，(b) 酸化型グルタチオン（GSSG），(c) シスチン，(d) システイン，(e) メチオニン，(f) 還元型グルタチオン（GSH），(g) DL-メチオニン，(h) 亜硫酸水素ナトリウム，(i) エチルフェニルスルホン，(j) L-システイン酸，(k) 硫酸亜鉛七水和物。放射光（Photon Factory）のビームライン BL-9A を用いて測定。測定対象：硫黄（S），K 吸収端（2470.5 eV）；分光器：二結晶分光器，回折面 Si (111)。東京電機大学 保倉明子博士提供。

と近接する原子の種類や数，また原子間距離などに関する情報が得られる。

図15.7に様々な硫黄化合物のXANESスペクトルを示す。このように，化合物の種類により硫黄のスペクトルに明瞭な違いが現れる。通常の分析では，このような様々な標準物質のスペクトルと分析試料のスペクトルを比較することにより，試料中の対象元素の存在状態を推定する。また，これらのスペクトルも放射光を用いて測定されている。

★ EXAFSにより，対象原子と近接する原子の種類や数，また原子間距離などに関する情報が得られる。

15.4　蛍光X線分析法（XRF）

前述のように，原子の内殻電子を励起するのに充分なエネルギーをもつX線（一次X線）が物質に照射されると，特性X線（二次X線）やオージェ電子が放出される。この特性X線は，蛍光X線と呼ばれ，蛍光X線を測定することにより，試料を構成する元素の定性・定量を行う方法が，**蛍光X線分析法**である。本法を用いると，試料の形態によらず，大気下でも非破壊で迅速簡単に試料の多元素組成分析（通常1 ppm ～ 100 %まで）ができるため，近年広く普及している*13。その応用範囲は極めて広く，電子・磁性材料，金属材料，窯業，セメント，薬品，食品，環境，法医学など，ほとんどあらゆる分野で用いられている。

図15.8はXRFの概念図である。X線管*14を光源（一次X線）として，試料からの蛍光X線（二次X線）を測定するが，検出（分光）方式の違いにより，二種類の方法が知られている。

一つは，半導体検出器を用いる**エネルギー分散型X線分光法**（EDXまたはEDS）と呼ばれる方法である。従来はSi（Li）検出器と呼ばれる半導体検出器が主に用いられていたが，最近は，高純度シリコンでつくられた**シリコンドリフト検出器**（SDD）が普及している。SDDは，リング状の電極によって発生したドリフト電場によって，X線により発生した電荷が小さな収集電極に集められる。収集された電荷量は，入射したX線のエネルギーに比例しているため，X線のエネルギーを計測することができる。従来のSi（Li）検出器に比べ，同じエネルギー分解能で，高計数での処理が可能である。さらに，ペルティエ素子*15での冷却による動作が可能であるため，液体窒素による冷却が必要ないので，検出器全体が小型かつ軽量である。本装置は，測定が迅速で，装置が簡便・小型なことが大きな特徴で，近年では，持ち運びのできるハンディータイプの装置も開発されており，例えば，考古試料や美術品の鑑定などに利用されている。現在，この方式の装置は，様々な分野

蛍光X線分析法
X-ray fluorescence analysis

★ 蛍光X線分析法は，一次X線の照射により試料から発生する蛍光X線を測定することにより，元素の定性・定量を行う方法である。

★ 本法を用いると，試料の形態によらず，大気下でも非破壊で迅速簡単に試料の多元素組成分析（通常1 ppm ～ 100 %まで）ができる。

*13　Cuよりも軽い元素では大気によりX線が吸収され測定に影響が出るため，必要に応じて，試料室を真空にしたり，Heで置換したりして測定する。

*14　X線管のターゲットとして，軽元素測定用（< Zn）にはCr，軽元素から重元素用にはRh，重元素用（> Zn）にはWなどが用いられる。また，励起源を別の元素に照射して発生する特性X線を利用する二次ターゲット法もある。ターゲット材を交換して試料に合わせて励起効率の良いエネルギーが選択できるので，特に低エネルギーの蛍光X線の検出に有利である。

エネルギー分散型X線分光法
energy dispersive X-ray spectrometry

シリコンドリフト検出器
silicon drift detector

*15　装置などの冷却に用いられる半導体素子の一種。

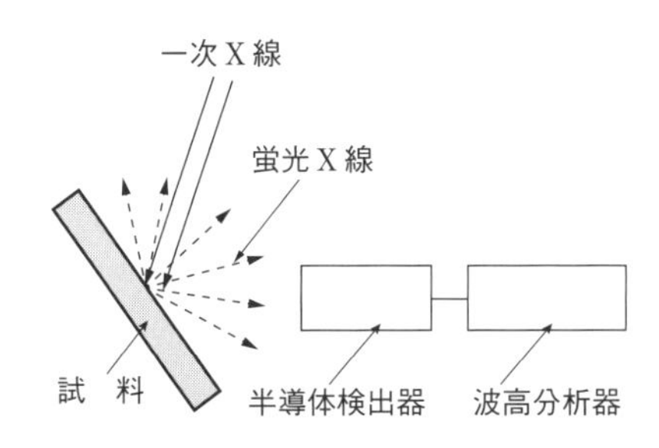

図15.8　エネルギー分散型蛍光X線分析装置の概念図

で広く用いられている。

二つ目は，**波長分散型X線分光法**（**WDXまたはWDS**）と呼ばれる方法である。本方式では，分光結晶（単結晶や人工の累積膜）によりX線を分光する*16。WDXの最大の特徴は分解能の高さで，EDXではせいぜい100数十eVだが，WDXでは10 eV程度にも及ぶ。このため，EDXに比べると，より軽元素まで測定できる，さらに極微量成分の検出能力や定量性が高い，などの特徴が生まれる*17。装置はより大型で高価となり，測定時間もかかるが，EDXでは対応しきれない信頼性の高い定量が必要な場合などに，現在でも広く用いられている。

図15.9にEDXによる蛍光X線スペクトルの例を示す。試料は国立環境研究所（NIES）の茶葉標準試料（CRM No.23 Tea Leaves II）で，茶葉の中に高濃度に含まれているK, Ca, Al, Mnなどのほか，多くの元素が検出されている。XRFでは，分析元素から発せられた蛍光X線が試料中の元素により吸収されたり散乱されたりする。一方，逆に共存物質の蛍光X線により分析元素がさらに励起されて，X線強度が大きくなったりする。こうした共存物質の影響を**マトリックス効果**と呼ぶ。また，一次X線も試料により吸収され，試料中ではすぐに減衰してしまうため，観測される蛍光X線は試料の比較的表面からのもの（一般に数百 nm ～ μmのオーダー）であることにも注意する必要がある。こうした問題は定性分析では特に問題とならないが，定量分析では大きな問題となり，充分な注意が必要である。そのため，例えば，検量線法で粉末試料の定量分析を行う際には，試料を均一化し，マトリックスを揃えるために，バインダーを加えて錠剤にする方法，溶融してガラスビード*18にする方法などが用いられる。

一方，近年，**ファンダメンタル・パラメーター法**（**FP法**）と呼ばれる理論計算で，検量線なしに定量を行う方法が広く用いられるようになってきた。この方法では，試料を構成している元素の種類とその組成がすべてわか

波長分散型X線分光法 wavelength dispersive X-ray spectrometry

*16　図15.4の場合と同様に，ゴニオメーター上の分光結晶にX線を入射角度 θ で入射し，検出器を常に反射角 θ（回折角 2θ）となるように保って θ を変化させると，ブラッグの条件（式(15.5)），すなわち，波長 $\lambda = (2d\sin\theta)/n$ の条件を満たすX線だけをとりだすことができる（θ を変えるとその波長は連続的に変化する）。

*17　EDXでは通常Na～U（窓材を工夫することでCまで検出可能な装置も市販されている），また，WDXではB～Uの測定が可能である。

マトリックス効果 matrix effect

★　蛍光X線はマトリックス効果を受ける。

*18　試料と融剤（例えば，四ホウ酸リチウム等）を混合し，高温で溶融し試料をガラス化したもの。

ファンダメンタル・パラメーター法 fundamental parameter method

★　ファンダメンタル・パラメーター法は検量線なしに理論計算で定量を行う方法。

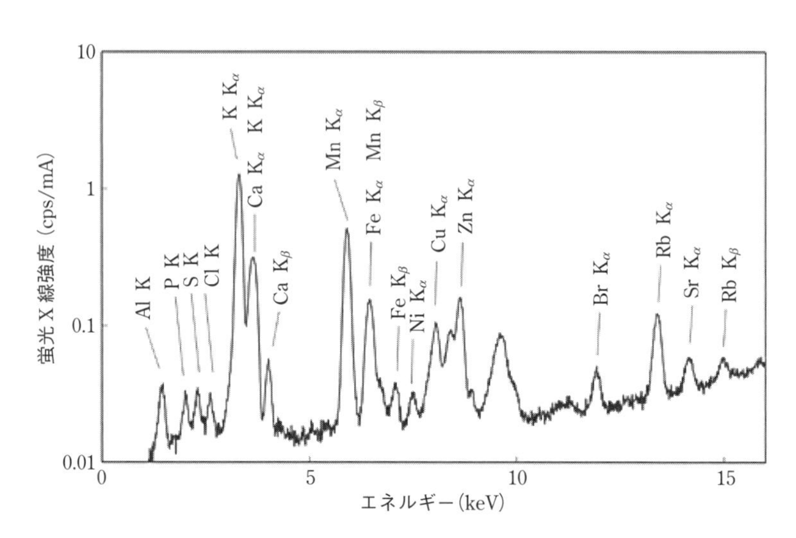

図15.9　エネルギー分散型蛍光X線装置（EDX）によるスペクトルの例
試料：NIES CRM No. 23 Tea Leaves II　東京電機大学 保倉明子博士提供。

れば，それぞれの蛍光X線の強度を理論的に計算することができるという立場に立って，未知試料からの各元素の蛍光X線強度に一致するような組成を計算により推定する。

近年，XRFは二次元元素マッピングにも応用されている。一次X線のビーム径を数十μmまで絞り，試料台を移動させて蛍光X線を測定すると，試料中の元素の二次元分布が測定できる*19。例えば，植物中の重金属イオンの移動を生きた状態で観察する，製品中の異物混入の有無を調べるなどの目的に広く利用されるようになっている。

*19　一方，放射光を用いると，ビーム径を数μmまで絞ることができ，より高感度で分解能の高い二次元元素マッピングが可能である。

15.5　X線光電子分光法（XPS）

X線光電子分光法は，X線の照射により，試料から放出される光電子のエネルギーを測定する分光法である。電子は大気中ではすぐに分子と衝突して散乱されてしまうため，装置を高真空にする必要がある。また，固体試料の奥深くで放出された光電子は，試料内で散乱されて表面から脱出できない（一度でも非弾性散乱を受けると式（15.6）を満たす光電子でなくなるため，XPSのピークとして検出されなくなる）。したがって，本法は試料表面（～数nm以内，表面から数原子層）からのみの光電子を測定するので，代表的な表面分析法として知られている。

X線光電子分光法
X-ray photoelectron spectroscopy

★　X線光電子分光法は試料から放出される光電子のエネルギーを測定する分光法で，代表的な表面分析法である。

観測される光電子の運動エネルギーEは，光源のX線のエネルギー$h\nu$から電子の結合エネルギーE_bを引いた$h\nu - E_b$から，さらに仕事関数と呼ばれる結晶内の電子を試料の外に移すためのエネルギーΦを引いた値，すなわち，

$$E = h\nu - E_b - \Phi \qquad (15.6)$$

と表される。励起X線には単色X線を用いる必要がある。通常は軟X線領域*20の特性X線（Al K_α 1.487 keV，Mg K_α 1.254 keV）などが用いられる。エネルギー分解能を高めるため，特性X線をさらに結晶モノクロメーターで分光する場合も多い。また，X線以外にも真空紫外光を用いる場合もある（**紫外光電子分光法**，UPS）。電子エネルギー測定には静電半球型アナライザー*21と呼ばれる装置が使われる。

*20　約0.1 keV～2 keVのエネルギーの小さなX線。

紫外光電子分光法 ultraviolet photoelectron spectroscopy

*21　電子を静電場中に導き，その速度により一定軌道を描くもののみを検出する電子分光装置。

XPSにより，電子の結合エネルギーE_bを知ることができる。E_bは，基本的に元素に固有の値であり，したがって元素の種類を知ることができる。また，内殻電子のエネルギーも化学結合など物質の状態の影響をわずかに受け，ピーク位置のわずかな変化として観測される。この変化を**化学シフト**と呼び，これを解析することにより元素の価数や電子状態に関する情報を得ることができる。

化学シフト chemical shift

★　結合エネルギーE_bから元素の種類，化学シフトから元素の価数や電子状態に関する情報が得られる。

15.6　その他のX線分析法と電子分光法

現在，X線分析法と電子分光法には，前述の方法以外にも数多くの方法が知られている。ここでは，その代表的な方法を簡単に紹介する。

オージェ電子分光法
Auger electron spectroscopy

まず，**オージェ電子分光法（AES）**は，励起源として数keVの電子線を用い，発生するオージェ電子を測定する方法である。主に，固体表面の元素の定量に用いられ，入射ビームを絞ることにより，局所分析（50 nm程度まで）が可能である。

電子プローブマイクロアナライザー
electron probe micro analyzer

走査電子顕微鏡
scanning electron microscopy

透過電子顕微鏡
transmission electron microscopy

電子ビームを用いる分析法として重要な方法として，**電子プローブマイクロアナライザー（EPMA）**が知られている。この場合は，発生する蛍光X線を測定し，電子ビームを走査することにより元素濃度のマッピングをすることができる。この方法によく似た方法として**走査電子顕微鏡（SEM）**がある。この方法では，電子ビームにより放出される試料からの二次電子を観測し，試料の形状を観測するのが主な目的であるが，この装置にEDXを取り付けるとEPMAと同じ測定が可能である。**透過電子顕微鏡（TEM）**は，0.1 μm以下の薄片化した試料に高速に加速した電子線を入射し，透過した電子線で試料の微細構造を最大数百万倍の倍率で観測する方法である。この場合もEDXなどを取り付けると元素の定性・定量が可能になる。

粒子線励起X線分析
particle induced X-ray emission

粒子線励起X線分析（PIXE）は，物質にイオンビームを照射して発生した特性X線を検出し元素分析をする手法である。通常，陽子ビームが用いられる。PIXEの方が，電子線を照射した場合よりも，バックグラウンドとなる連続X線が小さいため検出感度が高く，また，ビーム径も1 μm以下まで絞ることができるため，例えば，細胞中の微量元素の分布を調べるなど，様々な分野で応用が進んでいる。

本章のまとめと問題

15.1　次の用語を説明しなさい。
(a) 特性X線　(b) 連続X線　(c) オージェ電子　(d) 光電子　(e) コンプトン散乱

15.2　X線回折法で用いられるゴニオメーターについて説明しなさい。

15.3　X線回折法は，数種類の方法に分類されるが，それらについて説明しなさい。

15.4　X線吸収分光法の原理と得られる化学情報を説明しなさい。

15.5　蛍光X線分析法にはEDXとWDXがあるが，それぞれを説明し，その特徴を述べなさい。

15.6　X線光電子分光法が表面分析法である理由を述べなさい。

Column 日本発の分析法 －全反射蛍光 X 線分析法－

14 章では，本文中やコラムで，赤外線や可視・紫外線を用いる様々な全反射分光法を紹介した。X 線ではどうだろうか。X 線領域でも全反射は様々な応用がなされているが，特に重要なものに，**全反射蛍光 X 線分析法**（total reflection X-ray fluorescence spectrometry, TXRF）がある。この方法は，1971 年に九州大学の米田泰治と堀内俊寿により初めて提案された，世界に誇る日本発の方法の一つである。

図のように，一次 X 線を平滑な表面の試料に全反射臨界角以下の超低角度（通常 0.05° ～ 0.1° 程度）で入射し，全反射を起こさせると，エバネッセント光により表面から数 nm から数十 nm 程度の領域の金属元素の蛍光 X 線を測定することができる。通常の方法に比べて，バックグラウンドとなる散乱 X 線などを著しく減少させることができるので，極めて高感度な測定が可能となる。現在，半導体に用いられるシリコンウェーハ（高純度シリコンの厚さ 1 mm 程度の板）の表面金属汚染の検出などに用いられているほか，平面基板上に分析試料を塗布して分析するなどの方法により，様々な分野での応用がなされている。

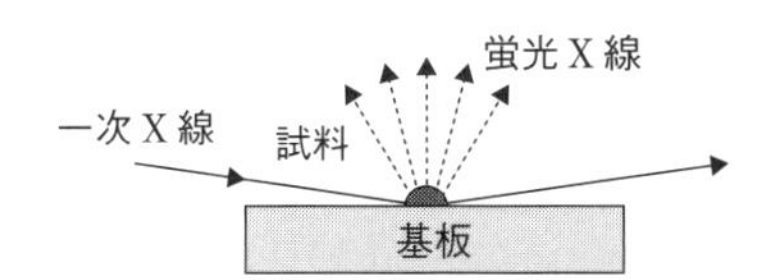

ところで，例えば図 14.4（p.170）とこの図を比べたときに，なにか気づくことはないだろうか。図 14.4 では，光源光は高屈折率のプリズム側から入射されているが，本図では一次 X 線は空気中から入射されている。実は X 線領域では，多くの固体試料の屈折率が，空気の屈折率（～ 1）よりもわずかに小さくなること（< 1）が知られており，空気中から超低角度で入射すると全反射が起こる。これは他の波長領域の光と大きく異なる点である。

磁気共鳴分光法

磁気共鳴分光法は，核磁気共鳴分光法（NMR）と電子スピン共鳴分光法（ESR）の二つの方法に大別される。特に，NMR は有機化合物の構造解析になくてはならない方法である一方，その一種である MRI（磁気共鳴イメージング）は，臨床診断の有力機器として用いられるなど，基礎科学から医療現場まで広く利用される極めて重要な機器分析法である。しかし，学部のカリキュラムでは，有機構造化学などで扱われることが多いので，本書では，その準備として，これら方法の基礎を簡単に紹介する。

16.1 核磁気共鳴分光法（NMR）

16.1.1 核スピン量子数 I と核磁気共鳴

原子核は電荷をもち自転しているので小さな磁石として働き，磁気モーメントをもつ。この性質は核スピン量子数 I で記述される。陽子と中性子の数が奇数と偶数の組合せである原子核の核スピン量子数 I は半整数，どちらも奇数の場合は整数，どちらも偶数の場合は 0 となる。磁場中では，核スピンが I の原子核は $2I+1$ の可能な配向をとり，エネルギー準位が分裂する。これを**ゼーマン分裂**と呼ぶ。その準位間の共鳴吸収（ラジオ波領域）を測定するのが**核磁気共鳴**（NMR）である。したがって，NMR の測定対象となる原子核（観測核）は $I=0$ 以外の原子核であるが，中でも重要な観測核は，$I=1/2$ の ^{1}H, ^{13}C, ^{19}F, ^{31}P などである。特に，^{1}H と ^{13}C が最も汎用性が高く，以下ではこれら二つを扱う*1。なお，NMR は一般に不対電子をもたない**反磁性物質**を扱う。不対電子の磁化の効果は核のそれに比べて極めて大きく，不対電子の存在下では，通常の条件での NMR の測定ができないからである*2。電子対をつくっている電子の磁化の効果は，対をなす電子同士で打ち消し合ってしまうためなくなる。

原子核の磁気モーメントは，外部磁場がないときはランダムな方向を向いている。しかし，外部磁場の中に置かれると，それは，外部磁場と平行（α スピン：磁気量子数 $m_s=1/2$）と逆平行（β スピン：磁気量子数 $m_s=-1/2$)）に配列する（$I=1/2$ の場合）。β スピン状態は α スピン状態よりもエネルギーが高く，そのエネルギー差 ΔE は以下の式で表される。

$$\Delta E = \frac{h\gamma B_0}{2\pi} = h\nu \tag{16.1}$$

h：プランク定数，γ：磁気回転比（$s^{-1}\,T^{-1}$），
B_0：外部磁場の磁束密度（T）*3，ν：ラジオ波の周波数

核磁気共鳴分光法 nuclear magnetic resonance spectroscopy
電子スピン共鳴分光法 electron spin resonance spectroscopy
MRI magnetic resonance imaging

ゼーマン分裂 Zeeman splitting

★ 核スピン量子数 $I=0$ 以外の原子核が NMR の測定対象となる。

*1 ^{1}H と ^{13}C 以外の核の NMR（多核 NMR）も，無機化合物を中心に行われるようになっている。代表的な核は，^{14}N（$I=1$），^{15}N（$I=1/2$），^{17}O（$I=5/2$），^{19}F（$I=1/2$），^{23}Na（$I=3/2$），^{27}Al（$I=5/2$），^{31}P（$I=1/2$），^{35}Cl（$I=3/2$），^{59}Co（$I=7/2$），^{109}Ag（$I=1/2$），^{195}Pt（$I=1/2$）などであるが，多核用の専用プローブ（p.204 参照）が必要であることもある。

反磁性 diamagnetism

*2 不対電子をもつ物質（常磁性（paramagnetism）物質）の電子の磁性を測定する方法が，ESR である（16.2 節参照）。

*3 T は磁束密度の単位（テスラ）。

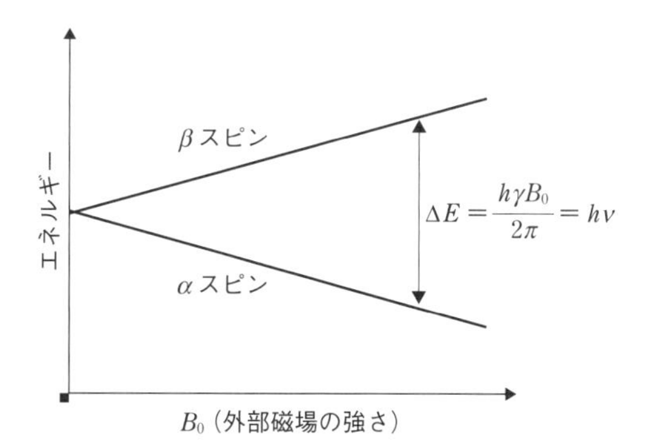

図 16.1　外部磁場によるエネルギー準位の分裂

磁気回転比(γ)は，原子核の種類によって決まる定数で，NMRの感度に相当する。^{1}Hと^{13}Cの磁気回転比は，それぞれ26.8×10^{7}，6.73×10^{7} s^{-1} T^{-1}である。式(16.1)，また**図 16.1**からわかるように，ΔEは外部磁場の大きさに比例する。このΔEに相当する電磁波(ラジオ波)が試料に照射されると，αスピン状態の原子核は，このラジオ波を吸収してβスピン状態に励起される。この現象が核磁気共鳴である。

★　磁気回転比(γ)は，原子核の種類によって決まる定数で，NMRの感度に相当する。

＊＊＊＊＊＊＊＊＊＊＊＊＊＊＊＊＊＊＊＊＊＊＊＊＊＊＊＊＊＊＊＊＊＊＊＊＊＊＊

［**例題 16.1**］現在の代表的なNMR装置では，しばしば，9.4 Tの磁束密度をもつ超伝導電磁石が用いられる。この装置における^{1}Hと^{13}Cの共鳴周波数を計算しなさい。

［**答**］式(16.1)より，^{1}Hの共鳴周波数は

$$\frac{\gamma B_0}{2\pi} = \frac{26.8 \times 10^{7} \times 9.4}{2 \times 3.14} = 4.01 \times 10^{8}\ \text{Hz}\ (401\ \text{MHz})$$

である。同様の計算により，^{13}Cの共鳴周波数 $= 1.01 \times 10^{8}$ (101 MHz)

となる。通常，装置の性能を表す表現として^{1}Hの共鳴周波数が使われる。この装置は400 MHzのNMRと呼ばれる。

＊＊＊＊＊＊＊＊＊＊＊＊＊＊＊＊＊＊＊＊＊＊＊＊＊＊＊＊＊＊＊＊＊＊＊＊＊＊＊

核磁気共鳴を測定する方法として，以前は一定の周波数の電磁波を試料に照射しながら，磁場を掃引して共鳴による電磁波の吸収を測定する**CW法**が用いられていたが，最近は，ほとんどの装置で**パルスFT法**が採用されている。この方式では，ある共鳴周波数近傍の周波数のラジオ波の矩形パルス＊4を試料に照射すると，試料中のすべての観測核が同時に励起される(βスピン状態の核の数が増える)。励起された核はΔEのエネルギー(共鳴周波数)のラジオ波を放出しながらαスピン状態に戻る。すなわち，励起されたすべての核の共鳴周波数の信号を含む過渡ラジオ波信号が得られる。この信号は指数関数的に減衰し，**自由誘導減衰曲線**(FID)と呼ばれる。このFIDをフーリエ変換するとNMRスペクトルが得られる。1回の測定が数秒以内ですみ，また積算が容易であるため，より高感度な測定が可能となった。

CW法　continuous wave method

パルスFT法
pulse-Fourier transformation method

★　NMRを測定する方式にはCW法とパルスFT法があり，現在は主に後者が用いられている。

＊4　矩形パルスにはパルスの主周波数の隣接領域における全周波数の寄与が含まれるので(フーリエ変換するとわかる)，すべての観測核を同時に励起することが可能になる。また，励起される周波数領域の幅はパルスの持続時間に反比例するので，これを調節することにより，励起する周波数領域を調節することができる。

自由誘導減衰曲線
free induction decay

16.1.2　NMR装置と測定

図 16.2にNMR装置の概略図を示す。強力な磁場を発生させるために，

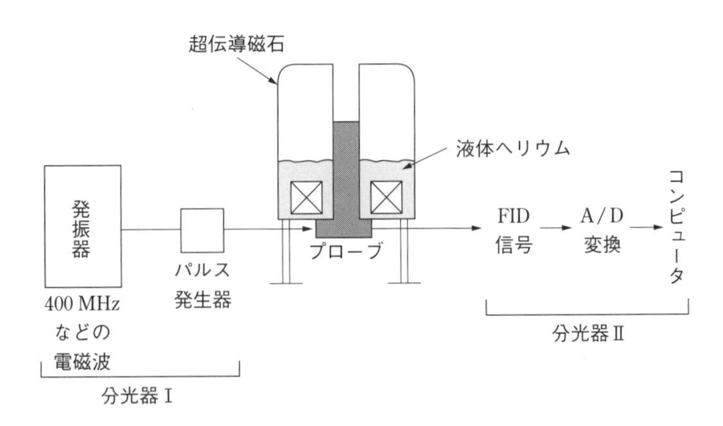

図16.2　FT-NMR装置の概念図

★　パルスFT装置には，超伝導磁石が用いられる。

プローブ probe

液体Heで冷却した超伝導磁石が用いられる。超伝導磁石の中には，試料を保持し，試料に電磁波を照射し信号の検出を行う**プローブ**と呼ばれる装置が挿入されている。さらに，電磁パルスの発生や照射のタイミングなどを制御する分光計本体，データ処理のためのコンピュータで構成される。プローブは，基本的には，観測核の種類，また，液体用，固体用などにより，それぞれ専用のものが使われるが，液体用では ^{1}H, ^{13}C, ^{19}F のほか，^{15}N や ^{31}P などにも一つで対応できるプローブも標準的に利用されている。通常の液体試料はNMR管と呼ばれる直径5 mmのガラス管に入れ，磁場の影響を均一化するために測定時には回転して測定される。

一般的に，NMR測定の感度はあまり高くないので，測定対象の化合物ができる限り高濃度になるように溶媒に溶かして用いる。また，溶媒には重水素化した溶媒（D_2O や $CDCl_3$ など）が用いられる。これは，大量に存在する溶媒の ^{1}H による信号を除去すると同時に，^{2}D は $I = 1$ の核でありNMR信号を示すが，この信号を基準にして磁場強度を安定化する操作（ロックと呼ばれている）に用いられる。また，NMR測定では，11章で論じた積算が行われる。通常，^{1}H-NMRでは数回から10数回（～数分），感度が低い ^{13}C-NMRでは，数百回～数万回（10数分～数時間）の積算が行われる。

★　通常，^{1}H-NMRでは数回から10数回（～数分），感度が低い ^{13}C-NMRでは，数百回～数万回（10数分～数時間）の積算が行われる。

16.1.3　NMRスペクトル

共鳴周波数は，その核が置かれている化学的な状態の違いによりわずかに変化する。これらにより生じるスペクトルは，分子構造の解析のために重要な情報を提供する。その主たるものは化学シフトとスピン-スピン相互作用である。また，飽和や緩和現象，さらに核オーバーハウザー効果もスペクトルに大きな影響を与えるので，ここで学ぶ。

a）化学シフト

化学シフト chemical shift

★　化学シフトは，主に，原子核近傍の電子による磁気遮蔽（反磁性遮蔽）により生じる。

化学シフトは，主に，原子核近傍の電子による磁気遮蔽（反磁性遮蔽）により生じる。すなわち，電子により外部磁場の強さが弱められる現象に基づいており，近傍の電子密度の高い核ほどより高磁場（低周波数）側にシグナルが現れる*5。化学シフトは，測定対象の核の共鳴周波数 ν と基準物質の共鳴周波数 ν_{ref} を用いて以下の式（16.2）で得られる δ（ppm）により表される。

$$\delta(\mathrm{ppm}) = \frac{\nu - \nu_{ref}}{\nu_{ref}} \times 10^6 \tag{16.2}$$

^{1}H と ^{13}C の基準物質には通常**テトラメチルシラン**（TMS）が用いられる。この物質の ^{1}H と ^{13}C の周辺の電子密度は非常に高いので，通常の物質の δ（ppm）は正の値をとる。NMR スペクトルは，この TMS の信号をスペクトルの右端にとり，左側に行くほど低磁場（高周波数）側になるように表示するのが習慣になっている（図 16.3（p.207）参照）。δ（ppm）は測定機種によらず，文献などとの比較が可能である。

化学シフトにより，H 核や C 核がどのような官能基の原子（C や N）に結合しているかという情報が得られる*6。芳香環に直接結合した H 原子や C 原子の信号は，予想以上に低磁場側に現れる。これは，芳香環内に生じる環電流によるものとされている（**環電流効果**と呼ばれている）。この影響は直接結合していない核にも働くため，芳香環と観測核との位置関係を評価するための情報が得られる。

*5　以前用いられていた磁場を掃引する CW 方式では，例えば，パルス FT 法で低周波数側に現れるピークは高磁場側に現れるので，現在も，高磁場側，低磁場側といった表現が用いられている。

★　化学シフトはテトラメチルシラン（TMS）を基準物質として，δ（ppm）（式 16.2）で表す。

テトラメチルシラン
tetramethylsilane

*6　NMR の解説書（巻末の参考図書など）には，必ず，^{1}H-NMR，^{13}C-NMR における官能基による化学シフトの表が載っているので参照してほしい。

環電流効果　ring current effect

b）スピン-スピン相互作用

有機分子中の等価の ^{1}H 同士は，同じ一本の信号として観測される。しかし，近傍に環境の異なる（化学シフトの異なる）^{1}H が存在すると，その影響を受けて分裂する。この効果は**スピン-スピン相互作用**と呼ばれている。

今，そうした近傍の ^{1}H が一つ存在する場合を考える。この核には，α スピン状態のものと β スピン状態のものがほぼ同数存在する（例題16.2参照）。このとき，一方は観測核が感じる外部磁場を弱め，もう一方は強める。すなわち，観測核は磁気的に環境がわずかに異なる二つの状態に置かれる。そのため，観測核の信号はほぼ同じ強度の 2 本のピークに分裂することになる。次に，そうした ^{1}H が二つ存在する場合を考える。スピン状態は $\alpha\alpha$，$\alpha\beta$，$\beta\alpha$，$\beta\beta$ の四つの状態となるが，$\alpha\beta$ と $\beta\alpha$ は同じ効果を与えるので，信号は三つに分裂し，それらの強度は 1：2：1 となる。以下同様に考えていくと，近傍の ^{1}H の数が n 個とすると，ピークは $n+1$ 個に分裂し，その強度比は $(a+b)^n$ の展開式の係数項（二項強度分布）となる。これは有機化合物の構造の骨格を決めるために非常に有用な情報となる。また，ここでの分裂の大きさは，**スピン結合定数（スピンカップリング定数）**と呼ばれ，J という記号で表される（単位は Hz）。J は 20 Hz 程度までの値をとり，外部磁場の強さに依存しない。^{1}H-NMR では，スペクトル中のピークの化学シフト（δ）とスピン結合定数（J）の値を矛盾なく説明できるように分子構造を推定していく。

スピン-スピン相互作用
spin-spin interaction

★　観測核の近傍の環境の異なる ^{1}H の数が n 個の場合，スピン-スピン相互作用により，観測核のピークは $n+1$ 個に分裂し，その強度比は $(a+b)^n$ の展開式の係数項（二項強度分布）となる。

スピン結合定数（スピンカップリング定数）　spin coupling constant

★　分裂の大きさは，スピン結合定数と呼ばれ，J という記号で表される（単位は Hz）。

★　^{1}H-NMR では，スペクトル中のピークの化学シフト（δ）とスピン結合定数（J）の値を矛盾なく説明できるように分子構造を推定していく。

c）飽和と緩和

ほかの分光法と比較した場合の NMR の特徴の一つに，観測している準位間のエネルギー差（α スピンと β スピンの差）が小さいことがあげられる。

★　NMRでは，観測しているαスピンとβスピンの準位間のエネルギー差が小さいため，ボルツマン分布で決まる平衡状態におけるそれぞれの準位の占有数 N_α と N_β の比，N_β / N_α は（< 1 だが）1 に近い。

＊7　誘導吸収と誘導放出の確率は，それぞれアインシュタインの B 係数で決まるが，両者の B 係数は等しいので，$N_\beta / N_\alpha = 1$（飽和状態）ならば両者の速度は等しくなり，見かけ上吸収は起こらなくなる。

飽和 saturation

＊8　緩和過程は $\propto \exp(-t/T)$ で記述されるが，緩和時間はこの式中の T のことである。

緩和 relaxation

★　飽和状態からに平衡値に戻っていく過程を緩和と呼ぶ。

★　緩和過程にはスピン-格子緩和（縦緩和，T_1）とスピン-スピン緩和（横緩和，T_2）がある。

平衡状態におけるそれぞれの準位の占有数 N_α と N_β はボルツマン分布（13章参照）で決まるが，N_β / N_α は 1 に近い（例題 16.2 参照）。$N_\beta / N_\alpha = 1$ となると誘導吸収と誘導放出の速度が同じになるので，正味の吸収はなくなってしまう＊7。この状態を**飽和**と呼ぶ。強い電磁波を照射すると飽和が起こり，NMR信号が得られなくなってしまうこともある。一方，飽和状態からは，時間に対して指数関数的に平衡値に戻っていく＊8。この過程を**緩和**と呼ぶ。この機構には大別すると二種類ある。一つはスピン-格子緩和（縦緩和と呼ばれ，緩和時間を T_1 と表す）と呼ばれる過程で，共鳴周波数に近い周波数で揺らぐ局所磁場により引き起こされ，測定対象の分子の運動性を反映する。もう一つはスピン-スピン緩和（横緩和と呼ばれ，緩和時間を T_2 と表す）であり，スピンの方向の分布に関する緩和で，NMRのピークの線幅を決める（T_2 が短いほど線幅は広がる）。T_1 や T_2 は特殊なパルスの配列によるNMR測定で実測することができる。これらの値から拡散係数など，ほかの方法では得難い分子の動的情報が得られ，NMRの大きな特徴の一つとなっている。

＊＊＊＊＊＊＊＊＊＊＊＊＊＊＊＊＊＊＊＊＊＊＊＊＊＊＊＊＊＊＊＊＊＊＊＊＊＊

［例題 16.2］ ^{1}H-NMRの信号強度は，磁束密度 B_0 と α スピンと β スピンの占有数 N_α と N_β を用いて表すと，

$$\text{強度} \propto (N_\alpha - N_\beta)\, B_0$$

と書ける。温度が 300 K で，^{1}H の共鳴周波数が 400 MHz の外部磁場で分裂した平衡状態における ^{1}H の α スピンと β スピンの占有数 N_α と N_β について，$(N_\alpha - N_\beta) / (N_\alpha + N_\beta)$ を，ボルツマン分布を用いて計算しなさい。

［答］ $\dfrac{h\nu}{kT} = \dfrac{6.62 \times 10^{-34} \times 4.00 \times 10^{8}}{1.38 \times 10^{-23} \times 300} = 6.40 \times 10^{-5}$

となるので，$(h\nu / kT) \ll 1$ が成立する。そのため，テーラー展開式から

$$\frac{N_\beta}{N_\alpha} = \exp\left(-\frac{h\nu}{kT}\right) = 1 - \frac{h\nu}{kT}$$

$$\frac{N_\alpha - N_\beta}{N_\alpha + N_\beta} = \frac{1 - N_\beta/N_\alpha}{1 + N_\beta/N_\alpha} = \frac{h\nu}{2kT}$$

となる。この値は 3.20×10^{-5} となり，非常に小さいことがわかる。また，上の式を，式（16.1）を用いて書き直すと，$h\gamma B_0 / 4\pi kT$ となり，問題文の式から信号強度は磁束密度 B_0 の二乗に比例することがわかる。

＊＊＊＊＊＊＊＊＊＊＊＊＊＊＊＊＊＊＊＊＊＊＊＊＊＊＊＊＊＊＊＊＊＊＊＊＊＊

d） 核オーバーハウザー効果

核オーバーハウザー効果 nuclear Overhauser effect

★　核オーバーハウザー効果（NOE）は，観測核のスピンと磁気的に相互作用している近傍の核にその核の共鳴周波数の電磁波を照射すると，観測核の強度が増強される現象である。

核オーバーハウザー効果（NOE）は，観測核のスピンと磁気的に相互作用している近傍の核にその核の共鳴周波数の電磁波を照射すると，観測核の強度が増強される現象である。その効果はそれぞれの核の距離に大きく依存するため，核間の三次元的情報を提供する。NOEにより見積もることができる核間距離は，最大で 0.5 nm 程度と考えられており，タンパク質の立体構造解析に応用され，極めて重要な手法となっている（次節参照）。また，^{13}C-NMRにおける感度向上にも応用されている（f）^{13}C-NMRの項参照）。

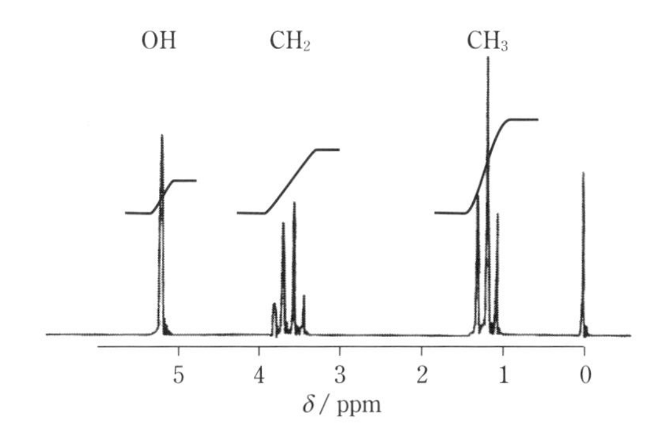

図 16.3 エタノールの ^{1}H-NMR スペクトル

e) ^{1}H-NMR スペクトル

図 16.3 にエタノールの ^{1}H-NMR スペクトルを示す。まず，それぞれの基の化学シフトにより，高磁場側からメチル基，メチレン基，ヒドロキシ基の水素のピークが現れている。CH_3 基の信号は CH_2 基の水素により 3 本に分裂している。一方，CH_2 基のピークは CH_3 基により 4 本に分裂している。OH 基におけるスピン-スピン相互作用は，通常，観測されない。そのため，1 本のピークが現れている。また，ピークの積分値（図中の階段状の曲線）も重要な情報を与える。それらの積分値の比は，そのピークの水素原子数の比となる。すなわち，ここでは高磁場側から 3：2：1 となり，エタノール分子中のメチル基，メチレン基，ヒドロキシ基の水素原子数の比と一致する。

★ ピークの積分値の比は，そのピークの水素原子数の比となる。

f) ^{13}C-NMR スペクトル

^{13}C-NMR では，^{13}C の天然存在度が 1.1 %であり，また，例題 16.1 でも見たように，^{1}H-NMR に比べて核自体に対する感度も低いので，積算の回数を増やし，できる限り測定感度をあげて測定を行う。^{1}H-NMR に対する ^{13}C-NMR の実質的な感度比は，約 5700 分の 1 である。化学シフトは，^{1}H-NMR に比べてより複雑な要因で起こるが，^{1}H の場合と同じように，δ (ppm) の値に機種依存性はなく，文献値との比較が可能である。また，^{13}C の化学シフトは，これまでの研究によりかなりの精度で予測できるようになっており，分子構造の推定に役立つ。

★ ^{1}H-NMR に対する ^{13}C-NMR の実質的な感度比は，約 5700 分の 1 である。

一方，^{13}C-NMR においては，^{13}C の天然存在度が 1.1 %であるため，^{13}C が隣り合う確率は大変低いことから，^{13}C 同士のスピン-スピン相互作用を考える必要はない。問題は ^{1}H とのスピン-スピン相互作用であり，非常に強い相互作用が起こる。そのため，そのまま測定すると，^{13}C の信号は，非常に複雑に分裂し，^{13}C のピーク強度も低くなってしまう。そこで一般には，**デカップリング**という手法を用いて，^{13}C と ^{1}H 間のスピン-スピン相互作用が起こらないようにしてしまう。そうすると，^{13}C のピークは 1 本のピークとして観測される。デカップリングは，^{1}H の共鳴吸収が起こる周波数の全領域にわたる非常に強い電磁波パルスを照射すると，^{1}H のスピンは前述の飽和状態となり，ラジオ波の吸収・放出により高速でその向きを変えるの

デカップリング decoupling

★ ^{13}C-NMR では，デカップリングにより，^{13}C と ^{1}H 間のスピン-スピン相互作用が起こらないようにしてしまう。そうすると，^{13}C のピークは 1 本のピークとして観測される。

で，その効果が平均化される現象に基づいている。また，核オーバーハウザー効果も生じ，^{13}C のピークは増強される。

16.1.4　そのほかの測定法

a）多次元 NMR

★　多次元 NMR は，直交する周波数軸を複数とり，それぞれの軸に投影される一次元スペクトルの各ピーク間の (1) 化学結合（スピン-スピン相互作用），(2) 距離，(3) 化学交換，に関する相関を明らかにする方法である。

^{1}H-^{1}H COSY
^{1}H-^{1}H correlation spectroscopy

NOESY nuclear Overhauser effect spectroscopy

FT-NMR では，パルス配列や信号検出・データ解析法について様々な工夫をすることにより，多くの多次元 NMR が開発されており，特に，二次元 NMR は日常的に利用されている。これらの方法では，直交する周波数軸を複数とり，それぞれの軸に投影される一次元スペクトルの各ピーク間の相関を知ることができる。その相関は，主に，(1) 化学結合（スピン-スピン相互作用），(2) 距離，(3) 化学交換，についてである。

^{1}H-^{1}H COSY は，複雑な ^{1}H-NMR のスピン-スピン相互作用のネットワークを単純な形で取り出すことができる。^{1}H-^{13}C COSY は，^{1}H-NMR と ^{13}C-NMR の情報を有機的につなぎ合わせることができる。NOESY は前述の NOE 情報（^{1}H-^{1}H 間の空間的な関係（距離））をわかりやすく表すことができるため，タンパク質の構造解析に威力を発揮している。**図 16.4** に，例として，アミノ酸の一種のヒスチジン（重水中）の COSY スペクトルと NOESY スペクトルを示す。COSY では，スペクトル中の円内の信号により，ヒスチジンの α-C と β-C に結合した H 間にスピン-スピン相互作用のあることがわかる。一方，NOESY では，スペクトル中の円内の信号により，β-C と 4 位の C に結合した H 同士が空間的に近接していることがわかる。なお，NOESY にも，COSY と同じように，α-C と β-C に結合した H 間の信号が現れているが，これは，これらの H が近接していることによる NOE による。

このように，多次元 NMR により構造に関する詳細な情報をわかりやすいかたちで得ることができる。この分野は，日進月歩で新しい手法が開発され，さらに進化を続けている。

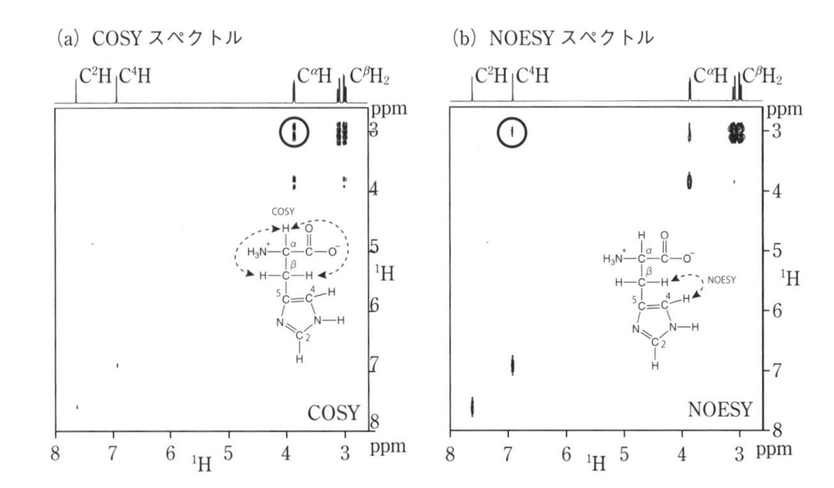

図 16.4　ヒスチジン（重水中）の COSY スペクトル (a) と NOESY スペクトル (b)
群馬大学 細田和男博士提供。

b）固体 NMR

固体試料の NMR スペクトルは，溶液 NMR のピークの線幅（〜 数 Hz）に比べると広く（〜 数十 kHz），そのため，観測核の化学的環境の違いを識別するのは困難であった。しかし，難溶性の化合物，高分子化合物，無機材料など，NMR 測定の需要は極めて高い。そのため，固体 NMR も，近年急激に進歩し，CP/MAS 法（後述）の開発などにより，溶液 NMR に近い線幅での測定が可能になっている。また，固体 NMR では，^{13}C が最も重要な観測核である。

★　固体 NMR では，^{13}C が最も重要な観測核である。

固体 NMR のピークの線幅の広がりに寄与する主な要因が二つ知られている。一つは核スピン間の直接の磁気双極子相互作用により観測核が感じる局所磁場の異方性であり，もう一つは化学シフトの異方性である。溶液 NMR では，これらの効果は分子の運動によって平均化されて消えてしまうが，固体 NMR では残ってしまう。しかし，これら二つの効果は，外部磁場と試料の回転軸方向とのなす角を θ とすると，$1 - 3\cos^2\theta$ に比例することが知られている。すなわち，$1 - 3\cos^2\theta = 0$ となる $\theta = 54.74°$（この角度はマジック角と呼ばれる）にすると，これらの効果をキャンセルできることになる。そこで，外部磁場に対してマジック角だけ傾けて試料管を高速回転させるプローブが実用化している。この手法は**マジック角回転**（MAS）と呼ばれている。

★　固体 NMR のピークの線幅の広がりに寄与する主な要因は，観測核が感じる核スピン間の磁気双極子相互作用と化学シフトの異方性である。これらの異方性は，外部磁場に対してマジック角（$\theta = 54.74°$）だけ傾けて試料管を高速回転させるプローブを用いるとキャンセルできる（マジック角回転，MAS）。

マジック角回転
magic angle spinning

また，^{13}C-NMR で述べたデカップリングも行われる。溶液に比べてカップリングの強度の範囲が非常に広いので，1 kW 程度の強力なラジオ波の出力が必要となる。さらに，固体 NMR では，緩和時間 T_1 が非常に長いため（一方，T_2 は短い），1 回の測定に時間がかかり，積算が充分にできないという問題が生じる。これを解決した画期的な方法が**交差分極**（CP）と呼ばれる手法である。詳細は省略するが，^{1}H と ^{13}C の磁場分裂を同程度にして，両スピン間でエネルギー交換を起こし，強制的に緩和させてしまう手法である。この手法により積算効率が上がるばかりでなく，信号強度も増加するという効果も得られる。こうした方法を組み合わせた方法は，CP/MAS ^{13}C-NMR などと略記され，固体 NMR の標準法となっている。

交差分極　cross polarization

★　交差分極（CP）は，緩和時間 T_1 を短縮する手法で，積算効率を飛躍的に向上させることができる。

★　CP と MAS を組み合わせた CP/MAS ^{13}C-NMR は，固体 NMR の標準法となっている。

c）定量 NMR

NMR は一般に定量性が低いとされ，定量分析には積極的には用いられてこなかった。しかし，近年，内標準法と組み合わせることで，NMR を定量分析に応用する方法が提案され，**定量 NMR**（qNMR）として重要な応用分野になりつつある。対象は，高分子化合物の組成分析や末端基定量，低分子化合物の濃度や純度分析である。この方法の最大の利点は，測定対象物質と同じ標準物質を準備しなくてもよいということで，これにより様々な物質の純度測定が非常に簡単になる。

定量 NMR　quantitative NMR

★　定量 NMR（qNMR）は，内標準法と組み合わせることで，NMR を定量分析に応用する手法である。

具体的には，NMR スペクトル上の内標準物質と測定対象物質由来の信号の積分値を比較する。二つの信号が異なる化合物（純度が既知の内標準物質と測定対象物質）に由来する場合，個々の信号強度（積分）と化合物の濃度は式(16.3)で表される。

$$\frac{I_S}{I_R} = \frac{H_S C_S}{H_R C_R} \tag{16.3}$$

I：信号強度(積分値)，H：プロトン数(官能基の水素の数)，C：モル濃度。下付きのSとRは，それぞれ測定対象物質と内標準物質を表す。

そこで，試料調製を厳密に行えば，式(16.4)より測定対象物質の純度を算出することができる。

$$P_S = \frac{I_S/H_S}{I_R/H_R} \times \frac{M_S/W_S}{M_R/W_R} \times P_R \tag{16.4}$$

M：分子量，W：質量，P：純度。その他は式(16.3)と同じである。

16.2　電子スピン共鳴分光法

電子スピン共鳴
electron spin resonance

16.2.1　電子スピンと電子スピン共鳴

電子もスピンをもち，小さな磁石として働き磁気モーメントをもつ。しかし，通常の物質では，電子は対をつくり，各電子軌道を占有しているので磁石としての性質は失われてしまうが，不対電子をもつ物質は常磁性を示す。この常磁性をもつ物質が電子スピン共鳴の測定対象となる。それらは，ラジカルやCu^{II}やCo^{II}のように，電子数が奇数個となる遷移金属イオンやその錯体などである。不対電子の磁気モーメントも，外部磁場がないときはランダムな方向を向いている。しかし，外部磁場中に置かれると，核磁気共鳴の場合と同じように，外部磁場と平行(αスピン：磁気量子数$m_s = 1/2$)と逆平行(βスピン：磁気量子数$m_s = -1/2$)に配列する。ただし，核磁気共鳴と異なるところは，βスピン状態の方がαスピン状態よりもエネルギーが低いことである。そのエネルギー差ΔEは以下の式で表される。

★　不対電子をもつ常磁性の物質が電子スピン共鳴の測定対象となる。

$$\Delta E = g\mu_B B_0 = h\nu \tag{16.5}$$

g：g値(g因子)，μ_B：ボーア磁子($= 9.724 \times 10^{-24}\,\mathrm{J\,T^{-1}}$)，$B_0$：外部磁場の磁束密度(T)，$\nu$：電磁波(ここではマイクロ波)の周波数

このスピン状態間で起こる共鳴吸収が**電子スピン共鳴**(ESR)であり，また**電子常磁性共鳴**(EPR)とも呼ばれる。ここでg値は，無次元の比例定数で，自由電子は$g_e = 2.0023\cdots$の値をとり非常に精確に求まっている。ラジカルもおおむね2付近の値をとるが，常磁性のd金属錯体のg値は，0～6まで変化する。g値は不対電子の存在する軌道や分子構造，さらに分子のおかれている環境により，わずかに影響を受ける。そのため，このg値を測定することがESR測定の目的の一つとなる。

電子常磁性共鳴
electron paramagnetic resonance

ESRを測定する方法として，NMRと同様，一定の周波数の電磁波を試料に照射しながら，磁場を掃引して共鳴による電磁波の吸収を測定するCW法とパルスFT法の二つがあるが，ESRではCW法が一般に用いられている。通常のESR装置では，X-bandと呼ばれ，レーダーに使われる9.2 GHzのマイクロ波が用いられ，外部磁場には0.1 T～0.35 Tの範囲で磁束密度を掃引できる通常の電磁石が用いられる。

★　ESRではCW法が一般に用いられている。

＊＊＊＊＊＊＊＊＊＊＊＊＊＊＊＊＊＊＊＊＊＊＊＊＊＊＊＊＊＊＊＊＊＊＊＊＊＊

［**例題 16.3**］ESR 装置で，照射されるマイクロ波の周波数が 9.2 GHz であるとき，g 値が 2.00 のラジカルが共鳴吸収を起こす外部磁場の磁束密度の値を求めなさい。

［**答**］式 (16.5) より

$$B_0 = \frac{h\nu}{g\mu_B} = \frac{6.62 \times 10^{-34} \times 9.2 \times 10^9}{2.00 \times 9.724 \times 10^{-24}} = 0.31\ \mathrm{T}$$

＊＊＊＊＊＊＊＊＊＊＊＊＊＊＊＊＊＊＊＊＊＊＊＊＊＊＊＊＊＊＊＊＊＊＊＊＊＊

16.2.2　ESR 装置と測定

図 16.5 に CW の ESR 装置の略図を示す。マイクロ波源，試料管を挿入する空洞共振器，検出器および電磁石からなる。一般に，ESR 装置では，感度向上のため，磁場を数 kHz の周期でわずかに変動させながら掃引する。そのため，信号は微分形となるが，吸収信号そのものよりも吸収曲線の勾配の変化に敏感であるため，通常そのまま出力して解析に用いる。

★ ESR 装置では，磁場を数 kHz の周期でわずかに変動させながら掃引するため，信号は微分形となる。

測定試料として，気体・液体・固体，すべて可能である。通常は，直径 5 mm の石英ガラス製試料管に試料を詰めて測定する。ESR では，NMR と違い，磁場の均一性があまり問題にならないため，試料管は回転せず，静止したままで測定する。また，水などの比誘電率の高い物質は，マイクロ波を吸収して熱をもってしまうため，一般に溶媒として使用できない。溶媒には比誘電率の低いベンゼンなどが使われる。水溶液試料を測定したい場合は液体窒素で冷却して (77 K) 固化させると，吸収がなくなり測定できるようになる。一般的に標準試料として，典型的な有機ラジカル化合物であるジフェニルピクリルヒドラジル (DPPH) を用いる。これを試料管とは別のキャピラリー管に入れて試料管につけて同時に測定する。DPPH の信号を基準として，試料の g 値を求める。

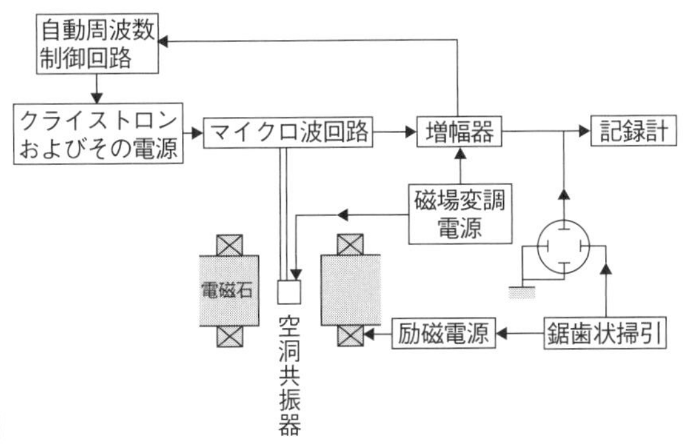

図 16.5　ESR 装置の概略図

16.2.3　ESR スペクトル －g 値と超微細構造－

前述のように，g 値は分子の構造やそのおかれた環境に関する情報を提供し，基本的に NMR の化学シフトに相当する。また，化学シフトのように異方的である。溶液試料で分子が迅速に回転しているときは，g 値は平均値だ

★ g 値は，分子の構造やそのおかれた環境に関する情報を提供する。

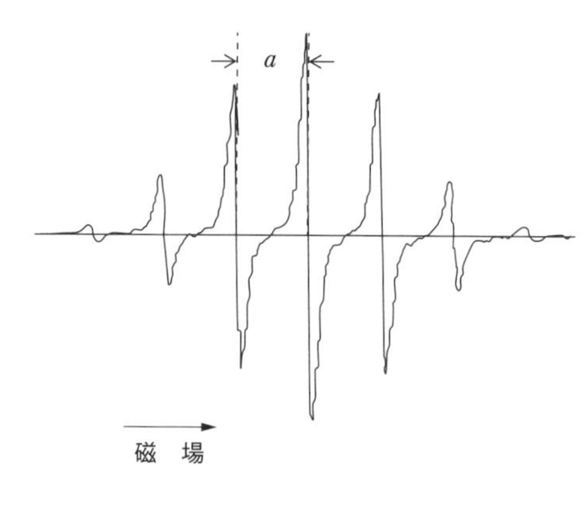

図 16.6　ベンゼンアニオンラジカル $C_6H_6^-$ の溶液中の EPR スペクトル
a はこのスペクトルの超微細構造。スペクトルの中心は，ラジカルの g 値によって決まる。

けが観測されるが，固体中のラジカルでは，異方性を示しスペクトルは複雑になる。こうした情報から，スピンのおかれている動的な状態に関する情報を得ることができる。一方，電子スピンは，核スピンとも相互作用を起こす。ラジカル電子のそばに核スピンをもつ原子核が存在すると，ESR スペクトルのピークの分裂を引き起こす。^{1}H ($I = 1/2$) が 1 個存在すると，ピークは 2 本に分裂する。^{14}N ($I = 1$) が 1 個存在すると，ピークは 3 本に分裂する。また，スピンが I の等価の核が n 個存在すると，$2nI + 1$ 個に分裂し，強度は二項強度分布（16.1.3 項 b）参照）に従う。こうした分裂を**超微細構造**，またその分裂幅を**超微細結合定数**と呼び，通常 a で表す。また，不対電子が複数存在するときには，電子スピン間にも相互作用が生じる。これによるピークの分裂を**微細構造**と呼ぶ。**図 16.6** にベンゼンアニオンラジカル $(C_6H_6)^-$ の ESR スペクトル（溶液）を示す。ピークは 6 個のベンゼン環の等価な水素原子により，$2 \times 6 \times (1/2) + 1 = 7$ 本に分裂する。また，分裂の幅から a 値，スペクトルの中央の値から g 値が求まる。

★　ESR スペクトルのピークは，スピンが I の等価の核が n 個存在すると，$2nI + 1$ 個に分離し，強度は二項強度分布に従う。

超微細構造　hyperfine structure

超微細結合定数　hyperfine coupling constant

微細構造　fine structure

16.2.4　ESR の応用

ESR 測定の対象は，前述のように遷移金属を含む分子や不対電子をもつラジカルに限られるため，NMR に比べるとその応用範囲は狭い。しかし，例えば，生体中の O_2^- や ·OH などの酸素ラジカルの挙動は，特に生化学分野，また材料の劣化に影響を与えるため高分子材料分野などで非常に重要な研究対象となっている。さらに，安定なラジカル化学種を標識にして様々な現象の解析を行う手法も開発されている。これらについて，ごく簡単に代表的な手法を紹介する。

まず，酸素ラジカルの研究であるが，これらの化学種は生体中で濃度も低く*9，またすぐに消滅してしまうので，それを直接測定することはむずかしい。そこで開発された手法は**スピントラップ法**という手法である。すなわち，スピントラップ剤と不安定なラジカル種を化学結合させて，安定なラジカル種に変換して ESR スペクトルを測定する方法である。捕捉したラジカル種によりスペクトルも変化するため，ラジカル種の同定も可能であり，特に生化学分野で大変重要な研究手法となっている。代表的なスピントラップ剤としては，ニトロン化合物と呼ばれる一群の化合物が知られており，特に

*9　ESR で検出可能な電子スピンの濃度は 10^{-8} M 程度とされている。

スピントラップ法　spin trapping

DMPO（右図）は有名である。

一方，ラジカル種を標識として使う手法として，**スピンラベル法**と**スピンプローブ法**が知られている。前者は，化学結合により安定なラジカルで様々な分子（ペプチド，リン脂質など）を標識して，その挙動をESRで観測する手法である。特に生体膜の動的な性質の研究などに威力を発揮している。一方，後者は，安定なラジカル化学種そのものの挙動を観測する方法であり，例えば，前者と同様，生体膜の研究に用いたり，あるいは，生体中に投与して，その減衰を測定することにより，その除去因子の特定に使われたりしている。

このようにESRも，特に生化学分野の研究になくてはならない手法となっている。

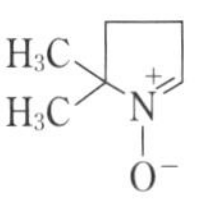

DMPOの構造

スピンラベル法 spin labeling

スピンプローブ法 spin probe method

本章のまとめと問題

16.1 次の元素の原子核を，NMRで観測可能なものと観測できないものに分類しなさい。

^{10}B, ^{12}C, ^{16}O, ^{14}N, ^{19}F, ^{23}Na, ^{24}Mg, ^{27}Al, ^{28}Si

16.2 以下の金属イオンの水和イオンのうち，Fe^{3+}やCu^{2+}がサンプルに共存するとNMR測定ができなくなる。その理由をイオンの電子構造から推察しなさい。

Na^+, K^+, Mg^{2+}, Fe^{3+}, Cu^{2+}, Zn^{2+}

16.3 (a) 1-プロパノール，(b) 2-プロパノールについて，^1H-NMRスペクトルの予想されるピークの数と，スピン-スピン相互作用による分裂の様子を推定しなさい。

16.4 NMRの測定核の感度は，同位体存在比に比例し，磁気回転比 (γ) の3乗に比例することが知られている。前述のように^1H-NMRは^{13}C-NMRに比べて約5700倍高感度であるが，これを上記の関係を用いて確かめなさい。

16.5 (a)$\cdot CH_3$, (b)$\cdot CD_3$ のESRスペクトルの超微細構造を推定しなさい。なお，H ($I = 1/2$)，D ($I = 1$) である。

III 機器分析法

質量分析法

質量分析法（MS）は，測定対象を何らかの方法でイオン化し，それを質量／電荷比（m/z）に応じて分離し，検出する手法である。これにより対象分子の分子量，さらに構造に関わる情報を得ることができる（定性分析）。検出強度は対象物質の濃度に比例するため，定量分析にも適用される。質量分析装置は，試料導入部，イオン化部，質量分離部，検出部の四つに分けることができる。それぞれにいくつかの種類があり，現在も開発が進み発展し続けているが，本章では特に注目すべき重要な部分であるイオン化部，質量分離部について説明を行う。検出器については成書を参照してほしい。

17.1 イオン化法

質量分析では，m/z*1 に応じて分離されるため，イオン化されない化合物（$z = 0$）は検出することができない。そのため様々なイオン化法が開発されている。測定対象は固体・液体・気体であり，そのそれぞれに対応したイオン化の方法があり，そのイオン化法に適した試料導入の方法がある。

質量分析法 mass spectrometry

*1 イオンの質量を統一原子質量単位で割って得られた無次元量を，さらにイオンの電荷数の絶対値で割って得られる無次元量。

17.1.1 電子イオン化法（EI）

試料を減圧した試料室内で加熱気化させ，そこにフィラメントから放出された**熱電子***2 を衝突させ，その衝撃によりイオン化させる方法を**電子イオン化法（EI）**と呼ぶ*3。様々なイオン化法の中で最も古くから用いられている方法である*4。**図 17.1** に概念図を示す。フィラメントから放出された熱電子に衝突した分子がそのイオン化エネルギーよりも大きなエネルギーを受け取ると，1 個の電子を失い 1 価のラジカル陽イオンになる反応が起こる。

$$\mathrm{M} + \mathrm{e}^- \longrightarrow \mathrm{M}^{+\bullet} + 2\mathrm{e}^-$$

$\mathrm{M}^{+\bullet}$ は分子イオンと呼ばれ，分子量に一致した m/z 値をもつため，分子量を決定するために最も重要な証拠となる。イオン化の際に，分子がもつイ

電子イオン化法 electron ionization

熱電子 electron beam

*2 数十 eV 程度のエネルギーをもつように加速されている。通常，70 eV が用いられる。

*3 電子衝撃イオン化法，electron impact ionization とも呼ばれる。

*4 質量分析の父と呼ばれるトムソン（Thomson, J.J.）により 1919 年に開発されたイオン化手法である。

★ EI は，減圧下で加熱気化した試料を熱電子の衝突によりイオン化させる方法である。

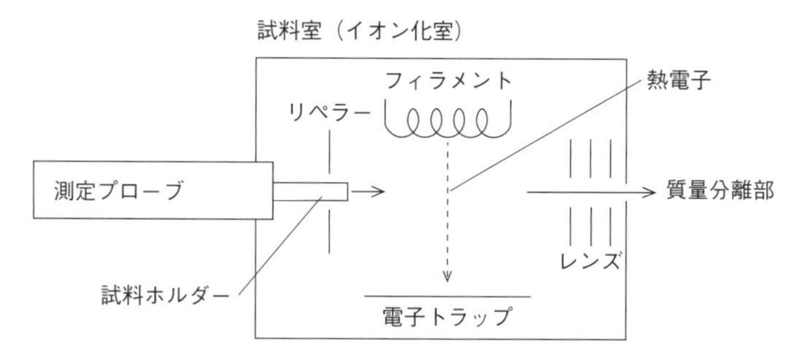

図 17.1 電子イオン化（EI）のイオン源の模式図

オン化エネルギーよりも過剰に大きなエネルギーを吸収した場合，分子内の結合が（特に弱い結合から）切れ，より小さなイオンが生成することがある。これを**フラグメント化**と呼ぶ[*5]。フラグメント化により生成したイオンは**フラグメントイオン**と呼ばれる[*6]。このようにして生成したイオンは，リペラー電圧と呼ばれる電位印加により質量分離部へと押し出される（この際，レンズによりイオンの広がりを収束させる）。分子量がおおよそ1000程度までの低分子量試料で，かつ揮発性が比較的高い有機化合物のイオン化に適した方法である。正電荷をもつイオンが発生するため，たいてい**正イオンモード**で測定される。その他のイオン化法と比較して，非常にエネルギーの高い，すなわちフラグメント化を起こしやすい方法である。ガスクロマトグラフィー-質量分析法（GC-MS）に適したイオン化法である。

17.1.2 化学イオン化法（CI）

EI法の開発以降，より弱いイオン化の方法（ソフトなイオン化と表現される）の開発が盛んに行われてきた。**化学イオン化法**（CI）はその一つとして発展してきた手法である。EI法と同じ装置（図17.1）において，イオン化室内にメタン CH_4 やイソブタン $(CH_3)_3CH$，アンモニア NH_3 などの試薬ガスを封入し（10^2 Pa程度の圧力下），試料を導入したのち，熱電子によりイオン化を行う[*7]。試料よりも多量に存在している試薬ガスが先にイオン化し（一次イオン），さらに一次イオンから試薬ガスとの反応により生じた二次イオンが生成する。ここで生じた二次イオンが中心となって試料分子のイオン化が起こる。このイオン化は，EI法と異なり二分子反応で進行しているのが特徴である。メタンを試薬ガスとして用いた際の主要なイオン生成機構を以下に示す。

$$CH_4 \xrightarrow{+e^-} CH_4^{+\bullet}, CH_3, CH_2^{+\bullet}$$

$$CH_4 + CH_4^{+\bullet} \longrightarrow CH_5^+ + CH_3^\bullet$$

$$CH_4 + CH_3^+ \longrightarrow C_2H_5^+ + H_2$$

$$M + CH_5^+ \longrightarrow [M+H]^+ + CH_4 \quad \text{（プロトン付加反応）}$$

$$M + C_2H_5^+ \longrightarrow [M+C_2H_5]^+ \quad \text{（付加反応）}$$

これらの反応が連続的に進行し，試料分子の付加イオンが生成する。EI法と比較し，フラグメント化は起こりにくく，分子イオンがより多く生成するため，分子量決定に有用である。EIと同様に，分子量1000程度までの揮発性の高い有機化合物の検出に有効である。FやClなどの電子親和力の大きな原子種を含む試料や，試薬ガスとしてハロゲン化合物ガスを用いた場合では，負イオンを効率よく生成することもある。EI法とは異なり，試料の特性に応じて，正または負イオンモードでの測定が行われる。

図17.2に，3,4-ジメトキシアセトフェノンのEIマススペクトルとCIマススペクトル（試薬ガスはメタンを使用）を比較して示す[*8]。

3,4-ジメトキシアセトフェノンは，分子式 $C_{10}H_{12}O_3$ で分子量は180.2である。EIマススペクトルでは，分子イオンピーク M^+（m/z 180）よりも，CH_3

★ 熱電子の過剰なエネルギーにより分子内の結合が切れ，より小さなイオンが生成することをフラグメント化と呼ぶ。

フラグメント化 fragmentation

*5 減圧された気相中でイオン化が進行する，すなわち希釈された状況で反応が進行するため，フラグメント化は単分子反応（一次反応）であると考えることができる。

フラグメントイオン fragment ion

*6 EIマススペクトルはフラグメント化を含め，一般的に再現性よく得ることができる。そのため，様々な分子のEIマススペクトルがデータベースとして登録・公開されている。分子イオンのみでは分子構造がわからなくても，フラグメントパターンから分子構造を推定することが可能である。説明は成書に譲るが，フラグメント化による開裂反応（分子内の結合が切れること）や，転位反応（分子内で原子または置換基の位置が変わる反応）の例が多く知られている。

正イオンモード positive ion mode

化学イオン化法 chemical ionization

*7 EI法よりも高濃度のガス内を通過し，化合物をイオン化する必要があるため，より高いエネルギーの熱電子を与える必要がある。通常200 eV程度に調整される。

★ CIでは，熱電子の衝突により生成したメタンなどの試薬ガスのイオン（一次イオン）と，試料分子との反応により，イオン化が起こる。

★ CIはEIよりもソフトなイオン化法である。

*8 マススペクトルにおいて，縦軸は最も大きく現れたピークの強度を100 %とした相対強度で表されることが多い。

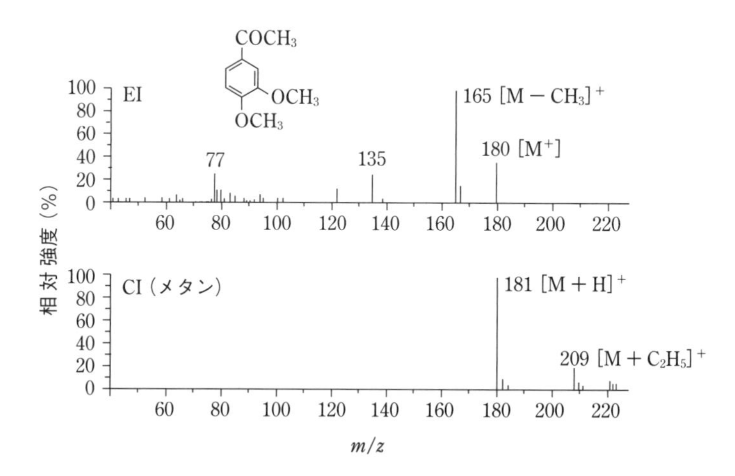

図17.2　3,4-ジメトキシアセトフェノンのEIマススペクトル（上）とCIマススペクトル（下）
高木　誠 編著（椛島　力 分担執筆）(2006)『ベーシック分析化学』（化学同人）より転載。

基が脱離した $[M - CH_3]^+$ (m/z 165) のフラグメントイオンピークが最も大きく検出されている。一方，CIマススペクトルでは，プロトン付加イオンピーク $[M + H]^+$，m/z 181が最も大きく検出され，フラグメントイオンは検出されていないことがわかる。化合物や測定条件によってはEI法では分子イオンピークが検出されないこともあることから，CI法は分子量決定に重要な役割を果たすことが理解できる。このように，特にソフトなイオン化法の発展は，質量分析の測定対象の拡大に大きく寄与していった。

＊＊＊＊＊＊＊＊＊＊＊＊＊＊＊＊＊＊＊＊＊＊＊＊＊＊＊＊＊＊＊＊＊＊＊

[例題 17.1]　次の図は，メチオニン（H_2N-CH(CH_2-CH_2-S-CH_3)-COOH）のEI(a)とCI(b)マススペクトルである。各ピークの帰属を考えてみよう。

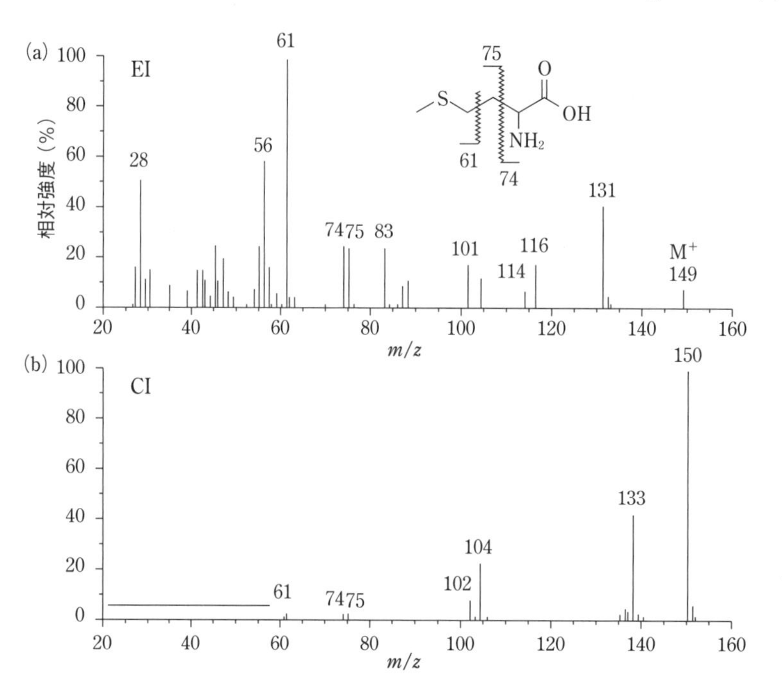

Gross, J. H. 著，日本質量分析学会出版委員会 訳 (2012)『マススペクトロメトリー』（丸善出版）より転載。

［答］ 両マススペクトルより分子イオンピークが149であると考えられる。CIにおける m/z 150のピークは［M＋H］$^+$である。CIにおける133は［M＋H－NH_3］$^+$，104は［M＋H－HCOOH］$^+$，102は［M＋H－CH_3SH］$^+$と考えられる。一方，EIでは，［M－H_2O］$^+$，［M－H_2O-CH_3］$^+$，［CH_3-S-CH_2CH_2］$^+$，［CH_3-S-CH_2］$^+$，［CH_2＝CH-CH-NH_2-COOH］$^+$，［CH-NH_2-COOH］$^+$と考えられるピークが m/z 131, 116, 75,61, 101, 74に現れている。

その他，メチオニンのマススペクトルは，斎藤光雄ら（1971）日本化学雑誌，**92**, 199にも報告されている。

＊＊＊＊＊＊＊＊＊＊＊＊＊＊＊＊＊＊＊＊＊＊＊＊＊＊＊＊＊＊＊＊＊＊＊＊＊＊

17.1.3　高速原子衝突法（FAB）

アルゴンArやキセノンXeなどの中性原子からなる高速原子ビームを，グリセリンなどのマトリックス中に溶解させた試料に照射することで，イオン化を行う手法である。フラグメント化を起こしにくいソフトなイオン化法であり，熱に不安定な試料や揮発性の低い試料に適用することができる。おおよそ3000程度の分子量をもつ化合物に適用できる。

高速原子衝突法
fast atom bombardment

★ FABは，ArやXeなどの中性原子の高速原子ビームを，グリセリンなどのマトリックス中に溶解させた試料に照射してイオン化する方法で，ソフトなイオン化法である。

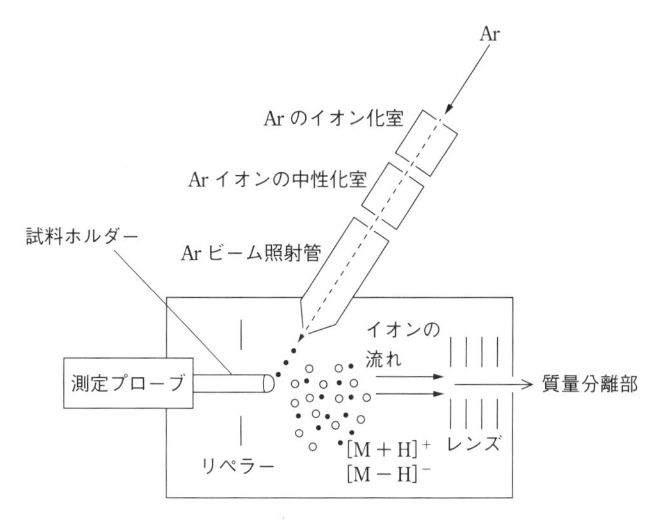

図17.3　FAB法の概略図
志田保夫・笠間健嗣・黒野 定・高山光男・高橋利枝 著（2001）『これならわかるマススペクトロメトリー』（化学同人）より改変。

Arを用いた場合の装置概略を**図17.3**に示す。フィラメントによりイオン化したArやXeのイオンビームを，同種ガス内に導入することで中性原子ビームに変換する。これを試料ホルダー上に固定した試料に照射する。このときマトリックスがエネルギーを吸収し，試料表面の分子が気相中にはじき出されるとともに，試料のイオン化が進行する。マトリックスが過剰なエネルギーを吸収することで，試料分子はフラグメントイオンの生成が抑制される。また，溶液状態や固体状態でもイオン化が可能であるため，より揮発性の低い試料でも検出が可能である。

17.1.4　エレクトロスプレーイオン化法（ESI）

この方法は溶液試料に対して適用されるもので，分子量が10万程度までの非常に広い適用分子量範囲をもつイオン化法である。タンパク質などの高分子化合物試料や，錯体などの比較的弱い化学結合を含む化合物の検出が可能な，CIやFAB以上にソフトなイオン化法である。溶液をフローさせるためHPLCの検出器として最適であることから，HPLC/MSのイオン化法として広く普及している。この手法の開発は，17.1.5項にて後述するMALDI法とともに，2002年のノーベル化学賞授賞対象（for the development of methods for identification and structure analyses of biological macromolecules，"生体高分子の同定・構造解析手法の開発"）となった*9。

ESI法のイオン源の概要を**図17.4**に示す。溶液をポンプで内径0.2 mm程度の金属キャピラリーに送液する。このとき，金属キャピラリーに3 kV～5 kV程度の高電圧を印加すると，その強い電場の影響で試料溶液は正または負にイオン化され，キャピラリー先端から霧状に広がる（エレクトロスプレー）。このときキャピラリー先端はテイラーコーンと呼ばれる円錐状になり，その先端から液滴が形成される。例えば，キャピラリーに正の高電圧を印加した場合，キャピラリー内壁／溶液界面で酸化反応が進行した結果，過剰に存在する正電荷が表面に集まりテイラーコーンを形成，表面に正電荷が過剰に集まった液滴ができ，対抗する電極へと向かっていく。その後，液滴は溶媒が揮発していき，液滴内の電荷密度が上昇することで，クーロン斥力により液滴が劇的に細分化される。その結果，揮発しにくい試料のみがイオンとして残り，真空装置内（分離部）へと吸引されていく。一般的に，液滴からの溶媒の蒸発を促進するために，キャピラリー部を二重管にし，外側からN_2ガスを噴射するなどの工夫がされている。このイオン化の過程は大気圧下で起こるため**大気圧イオン化法**と呼ばれる。金属キャピラリーに正の電位を印加すると正イオンが，反対に負の電位を印加すると負のイオンが生成する。

正イオンモードでは液滴からH^+を付加した$[M+nH]^{n+}$イオンやNa^+を付加した$[M+Na]^+$イオンなどが，負イオンモードではH^+が脱離した

エレクトロスプレーイオン化法
electrospray ionization

★　ESIは溶液試料に適用され，分子量が10万程度までの非常に広い適用分子量範囲をもつイオン化法である。

★　ESIはCIやFAB以上にソフトなイオン化法である。

★　ESIはHPLC/MSのイオン化法として広く普及している。

*9　2002年ノーベル化学賞では，"for their development of soft desorption ionization methods for mass spectrometric analyses of biological macromolecules"として，ESI-MSを開発したバージニア・コモンウェルス大学のフェン（Fenn, J.B.）博士と，MALDI法を開発した株式会社島津製作所の田中耕一氏が受賞した。また，同じく"for his development of nuclear magnetic resonance spectroscopy for determining the three-dimensional structure of biological macromolecules in solution"として，多次元NMR法を開発したスクリプス研究所ヴュートリッヒ（Wüthrich, K.）博士が受賞した。

テイラーコーン　taylor cone

大気圧イオン化法
atmospheric pressure ionization

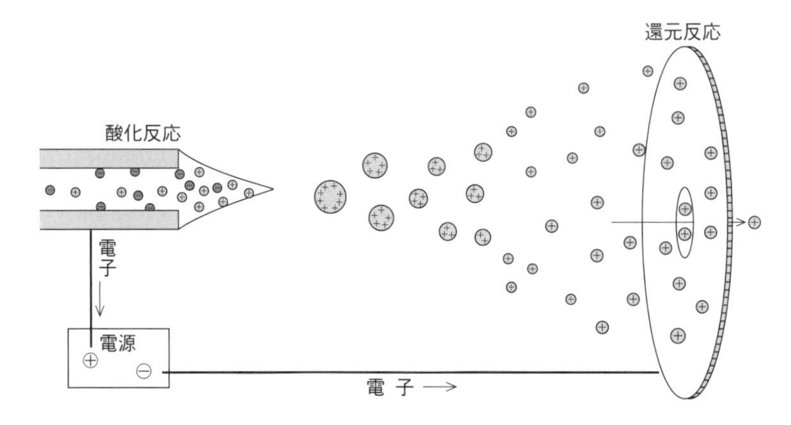

図17.4　ESI法の概略図（正イオンモードの場合）（Waters社HPを参考に作図）

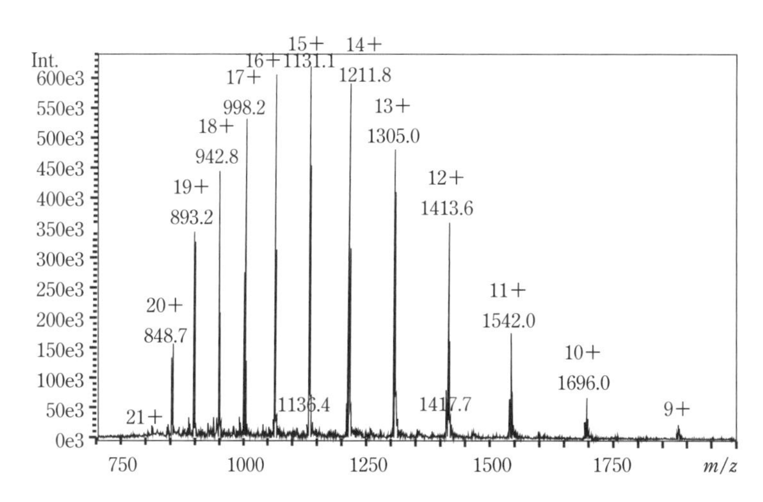

図 17.5　ウマ心筋ミオグロビンの ESI マススペクトル（正イオンモード）
島津アプリケーションニュース，No. C55（島津製作所）LC-MS によるタンパク質・ペプチドの分析より転載。

$[M-nH]^{n-}$などが生じやすい。**図 17.5** にミオグロビンの ESI マススペクトルの例をあげる。多価のイオンが多数検出されていることで，分子量が大きな高分子化合物でも m/z 2000 程度の測定範囲内で検出することができる。

溶液中に存在するイオンの形態で検出される場合もある。**図 17.6** に，負イオンモードで測定した Al-EDTA 錯体の ESI マススペクトルを示す。m/z 315 に [Al-EDTA]$^-$，m/z 291 にフリーの H_3EDTA^- のピークが検出されている。m/z 347 に検出されているのは内標準物質として添加した Co-EDTA$^-$ のピークである。わずかながら H_2EDTA^{2-} のピークが m/z 145 に検出されている。

このように，ソフトなイオン化により検出対象の幅が広くなった。しかし，共存塩類によるイオン化の妨害（**マトリックス効果**）が起こり検出強度が増減するなど，定量法としての応用には工夫を要する。適切な内標準物質の選択や，適当なカラム分離によるマトリックスの除去[1]，内径数 μm という微細キャピラリーを用いたナノスプレー法[2]など，様々な方法が開発されている。

マトリックス効果　matrix effect

ESI と同じ大気圧イオン化法として，**コロナ放電**を利用してイオン化を行う**大気圧化学イオン化法（APCI）**と呼ばれる方法もある。ESI 法とスプレー

コロナ放電　corona discharge

大気圧化学イオン化法　atmospheric pressure chemical ionization

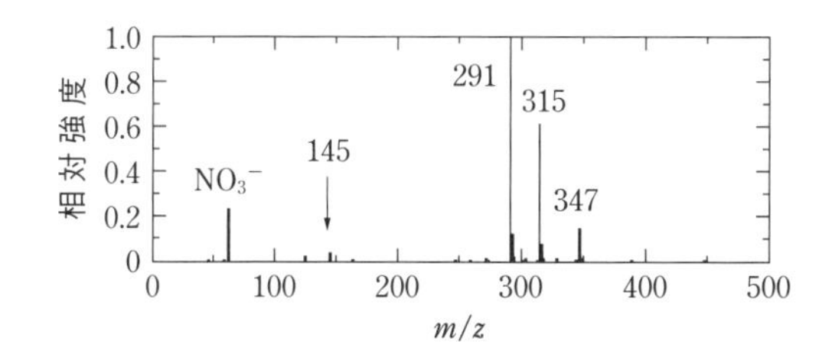

図 17.6　Al-EDTA 錯体の ESI マススペクトル（負イオンモード）
硝酸アルミニウムに対して，EDTA を過剰に添加し，Co-EDTA 錯体（m/z 347）を内標準物質として加えている。

部分の構造が少し異なるだけであるため，イオン源を付け換えるだけでESI/APCIの変更が可能になる装置が多い。送液管を加熱し，同軸方向にN_2ガスを流して，噴霧・気化を行う。このとき噴霧口付近に針電極を設置し，数kVの高電圧を印加しコロナ放電を起こさせ，この放電により試料のイオン化を行う。ESI法と異なり，低極性分子の検出に効果的である。多価イオンは生成しにくく，主として1価の正または負のイオンが生成する。

＊＊＊＊＊＊＊＊＊＊＊＊＊＊＊＊＊＊＊＊＊＊＊＊＊＊＊＊＊＊＊＊＊＊＊＊＊＊＊

[例題17.2] エレクトロスプレーイオン化質量分析法において，正イオンモードでは$[M+H]^+$，負イオンモードでは$[M-H]^-$イオンを親イオンとして検出するが，往々にして溶媒や共存塩類が試料に付加したその他の付加イオンが検出される。付加イオンにはどのようなものがあるか，正イオンモード，負イオンモードのそれぞれについて調べてみよう。

[答] 共存している塩類や溶媒に依存するが，正イオンモードではNa^+, NH_4^+, K^+など，負イオンモードではCl^-, CH_3COO^-, $HCOO^-$などの付加イオンが検出される。

＊＊＊＊＊＊＊＊＊＊＊＊＊＊＊＊＊＊＊＊＊＊＊＊＊＊＊＊＊＊＊＊＊＊＊＊＊＊＊

17.1.5　マトリックス支援レーザー脱離イオン化法（MALDI）

この方法では，分子量が100万程度の分子も測定が可能とされている。シナピン酸など紫外領域に吸収をもつマトリックス[*10]と混和させた試料溶液を，ステンレス製試料ホルダー上に乗せ溶媒を蒸発させて，試料-マトリックスの混晶を作製する。その混晶に紫外線レーザーを照射することで，マトリックスを励起し，熱エネルギーに変換させることで，マトリックスと試料を気化・イオン化させる（**図17.7**）。このとき試料はH^+の授受を行い，主として$[M+H]^+$や$[M+Na]^+$イオン（正イオンモード）や，$[M-H]^-$イオン（負イオンモード）が生じる。マトリックスを用いずにレーザー光を照射しイオン化を行う[*11]と，試料が直接励起されるためフラグメント化を起こしやすく，特に熱に不安定な試料の測定には不向きである。飛行時間型質量分析装置（TOF，17.2.3項）との相性がよい。**図17.8**にMALDI-TOFMSでのスペクトルを示す。数万の分子量をもつタンパク質のような高分子化合物を，そのままの1価のイオンとして検出することが可能である。トリプシノーゲンの2価イオンも検出されている。

マトリックス支援レーザー脱離イオン化法 matrix assisted laser desorption ionization

★　MALDIは，分子量が100万程度のタンパク質などの高分子も測定が可能な方法である。

＊10　マトリックスとして使用される分子として，シナピン酸，α-シアノ-4-ヒドロキシけい皮酸（CHCA），フェルラ酸，ゲンチシン酸などが知られている。これらのpK_aやモル吸光係数などがイオン化の効率と関わってくる。

＊11　レーザー脱離イオン化法（laser desorption ionization, LDI）として知られている。

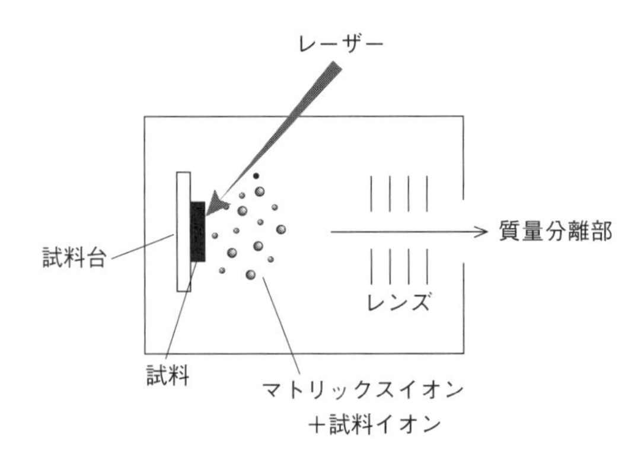

図17.7　MALDI装置概略図

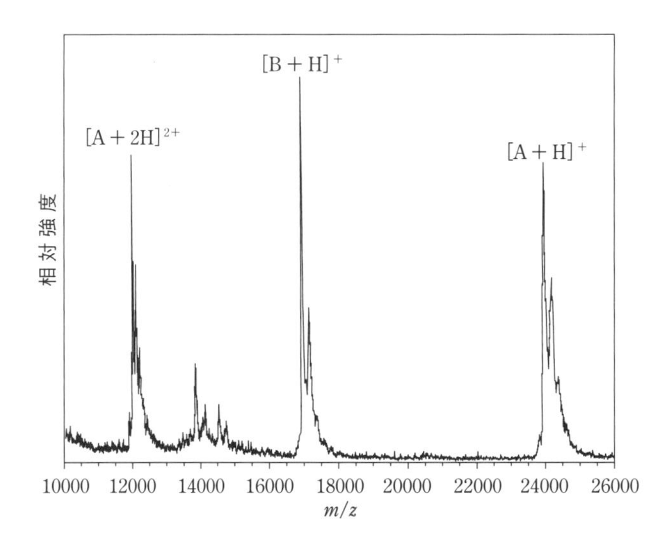

図 17.8　MALDI-TOFMS の測定例　A：トリプシノーゲン，B：ミオグロビン
Beavis, R. C. and Chait, B. T. (1990) *Anal. Chem.*, **62**, 1836 より転載。

17.2 質量分離

これまで述べてきた数々のイオン化法にて生成したイオンは，高真空下の質量分離部へと導入される。質量分離部は非常に高い真空度を保つ必要があり，ロータリーポンプと合わせて，ターボ分子ポンプまたは油拡散ポンプのような，到達真空度のより高い強力なポンプを必要とする*12。これは，イオン化された試料が分離装置を通過する際に，窒素や酸素などの分子と極力衝突しないようにするためである。分離法として，磁場型，四重極型，飛行時間型の三つについて説明する。どの手法でも，イオンを m/z の値に応じて分離する。

*12　10^{-5} Pa ～ 10^{-7} Pa 程度の真空度が必要である。

17.2.1 磁場型質量分析装置 (sector MS)

荷電粒子が扇形磁場の中に導入されると，ある特定の m/z 値をもつ粒子のみが，扇形に沿って円形軌道を描き磁場中を通り抜けていくという原理に基づいている。

図 17.9 に模式図を示す。イオン化部で生成した正イオンを数 kV の高電圧で加速（加速電圧を V とする）し，扇形磁場に導入する。このときイオン

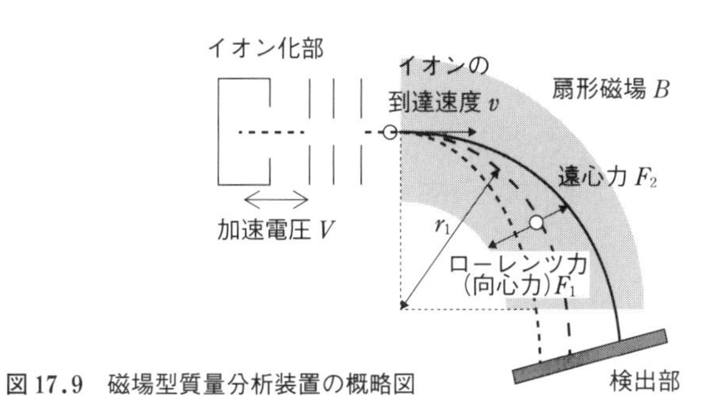

図 17.9　磁場型質量分析装置の概略図

の運動エネルギー k は，

$$k = \frac{1}{2}mv^2 = zeV \tag{17.1}$$

で表される。m はイオンの質量，v はイオンの移動速度，z はイオンの価数，e は電気素量である。この運動エネルギーをもつイオンが扇形磁場（磁場強度 B）の中に導入されたとき，磁界からローレンツ力 F_1*13 を受けることになる。このとき F_1 は，

$$F_1 = Bzev \tag{17.2}$$

と書ける。イオンはローレンツ力により運動する方向を曲げられるため，遠心力 F_2 が働く。F_2 はイオンの飛行軌道の曲率半径を r_1 とすると，

$$F_2 = \frac{mv^2}{r_1} \tag{17.3}$$

と表される。このイオンが扇形磁場を通過して検出器に到達するためには，扇形に沿って曲がる必要がある。つまり F_1 と F_2 が釣り合っているため，式(17.2)と(17.3)より，

$$Bze = \frac{mv}{r_1} \tag{17.4}$$

が成立する。これと式(17.1)より

$$\frac{m}{z} = \frac{eB^2{r_1}^2}{2V} \tag{17.5}$$

となる。すなわち，V と B を固定したとき，ある特定の m/z 値をもつイオンのみが曲率半径 r_1（これも装置によって決まる定数）の軌道を通過し，検出器まで到達することができる。これを満たさないイオンは壁面に衝突し，運動エネルギーを失うことになり，検出されない。

このとき磁場強度 B をスキャンさせることで，任意の m/z 値をもつイオンを順次検出していくことができる。

ただし，加速電圧 E を一定に保っても，それにより加速されるイオンがもつ運動エネルギー k はある幅をもってしまう。そのため，扇形磁場の前（または後ろ）に静電場を置き，運動エネルギーを収束させるのが**二重収束扇形磁場型分析計**である。**図 17.10** のように扇形電場 E の中を正イオンが通過する場合，イオンにはクーロン力

$$F_3 = zeE \tag{17.6}$$

が働き，運動の方向が曲げられる。トムソンによる陰極線の実験を連想させ

*13　磁界から受けるローレンツ力は，よく知られるフレミングの左手の法則によって考えられる。図17.9に従って考えてみる。磁場入り口部分において正電荷をもつイオンの進行方向が電流の方向であるため，左手中指の先が右向きになる。磁場が紙面奥側から手前に向いている（奥がN極，手前がS極）とき，人差し指は紙面奥から手前向きになる。このとき発生するローレンツ力は親指の先の方向であるので，図17.9下向きとなる。つまりイオンは進行方向に向かって右方向に曲げられることになる。

二重収束扇形磁場型分析計
double-focusing mass spectrometer

★　二重収束扇形磁場型分析計は非常に高い分解能で質量分離できる。

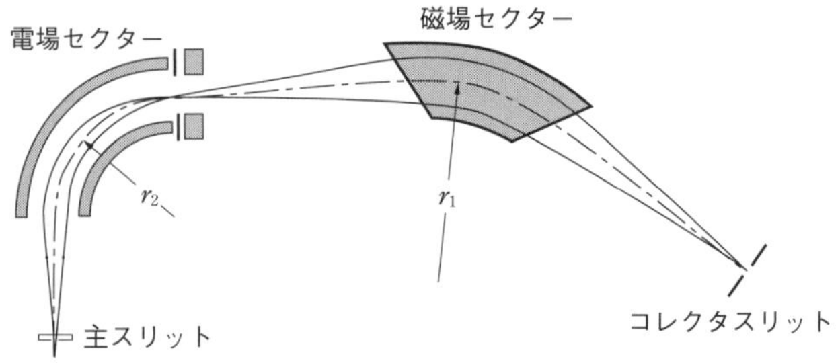

図 17.10　二重収束扇形磁場型分析装置の概略図（正配置型）

る。ここでも遠心力が働くため，$F_3 = F_2$ とし，式 (17.1) を考慮すると，

$$k = \frac{r_2 zeE}{2} \tag{17.7}$$

となり，装置により決まる曲率半径 r_2 は固定であるため，E を変化させると，特定の運動エネルギーをもつイオンのみが扇形電場を通過できることがわかる。このように，非常に高い分解能で質量分離することができる。

17.2.2　四重極型質量分析装置 (quadrupole MS, QMS)

図 17.11 に装置概念図を示す。平行かつ等間隔に並んだ四本のステンレス製の電極棒に対して，対向する電極に同一の電位を，隣り合う電極に逆符号の電位を印加する。電位は直流成分 U に交流成分，振幅 V で周波数 ω を重畳させたもの，すなわち，$\pm (U + V\cos\omega t)$ と表せる。

このとき，電極の間隙を軸方向に，紙面手前から奥方向にイオンを進入させる (すなわち z 軸方向にイオンを導入する) と，イオンと反対の極性をもつ電極から引力が，同極性をもつ電極から斥力 (クーロン力) が働く。電極に印加される電位が周期的に変化するため，クーロン力の符号も周期的に変化し，図中 x, y 軸方向に引力と斥力が交互に働き，イオンは振動を繰り返すことになる。詳細は成書に譲るが，電極にぶつかったり，系外に飛び出したりすることなく，z 軸方向に四重極を通過するのは

$$\frac{m}{z} = a\frac{V}{{r_0}^2\omega^2} \tag{17.8}$$

を満たす，特定の m/z 値をもつイオンに限られる。a は定数，r は z 軸から電極までの距離である。

QMS の分解能は，質量数が 1 異なる物質を区別できる程度であるため，精密質量を測定することはできない。しかし，高感度であることや，ほかの分離装置と比較して小型化が可能で安価に作製できることから，HPLC や，GC の検出器として広く普及している。さらに，三つの四重極を連結したトリプル四重極型質量分析装置は，MS/MS (タンデム MS) の中で最も普及している。一段階目の四重極 Q_1 で特定の m/z をもつイオンを選択的に通過させ，二段階目の四重極 Q_2 を衝突室として，三段階目の四重極 Q_3 を Q_2 で生成したフラグメントイオンの分離に用いるのが一般的である。フラグメントパターンの解析による構造情報の入手 (定性分析) や，その検出強度を用いた，より選択的な定量分析を行う用途に用いられる。

★ QMS は低分解能だが高感度であり，さらに小型で低価格であることから，GC や HPLC の検出器などの用途で広く普及している。

★ トリプル QMS は MS/MS (タンデム MS) の一種で，一段階目の四重極 Q_1 で特定のイオンを生成させ，Q_2 を衝突室として MS1 のフラグメントイオンを生成させ，Q_3 でそれらを測定する。構造情報の入手や定量分析に有用である。

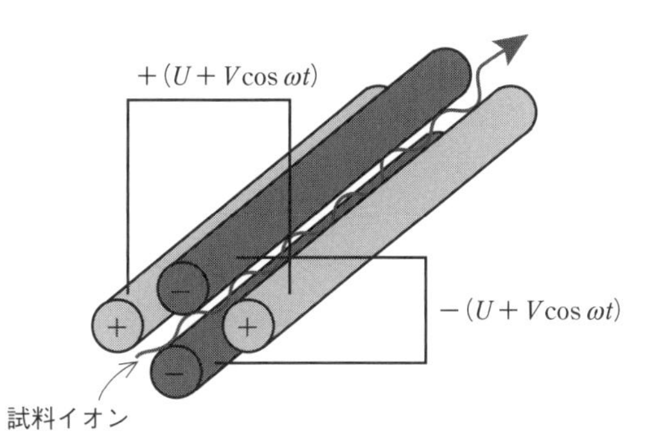

図 17.11　四重極型質量分析装置 (QMS) の概念図

17.2.3　飛行時間型質量分析装置（time of flight（TOF）MS）

★ TOFは，試料のイオンをパルス上に飛行させ，検出器に到達するまでの時間によって質量分離する方法で，100万を超える分子量をもつタンパク質も測定できる。

17.1.5項で解説したMALDI法と組み合わせることで，現在使用されている手法の中で最も高質量領域までの検出が可能な手法である。試料のイオンをパルス状に飛行させ，一定の距離離れた検出器に到達するまでの時間によって質量分離する方法である。概念図を**図17.12**に示す。電位差Vにより加速された価数zのイオンは，式(17.1)と同じ運動エネルギーをもつ。式(17.1)をイオンの速度vについて解くと，

$$v = \sqrt{\frac{2zeV}{m}} \tag{17.9}$$

となる。検出器までの距離（飛行距離）をL $(= vt)$とすると，

$$\frac{m}{z} = \frac{2eVt^2}{L^2} \tag{17.10}$$

となり，イオンがm/z値に応じて検出器に到達するまでの時間が異なり，試料を分離できることがわかる。

この方式では，100万を超える分子量をもつタンパク質でも質量分離することが可能である。

また，図17.12の検出部にリフレクターと呼ばれる複数枚の電極からなるイオン反射器を置いて，イオンを減速・反射させる仕組みを加えることで，飛行距離を約2倍に延長し*14，分解能を向上させたリフレクトロンTOF方式が現在の主流となっている。

*14　リフレクターは飛行距離を延長するだけではない。一定電場下でも，イオンの運動エネルギーには一定のばらつきがある。運動エネルギーの大きなイオンはリフレクターの奥の方まで進入して反射し，反対に運動エネルギーの小さなイオンはリフレクター内のより手前で反射してくることになる。このようにリフレクターは，運動エネルギーを収束させる働きももつ。

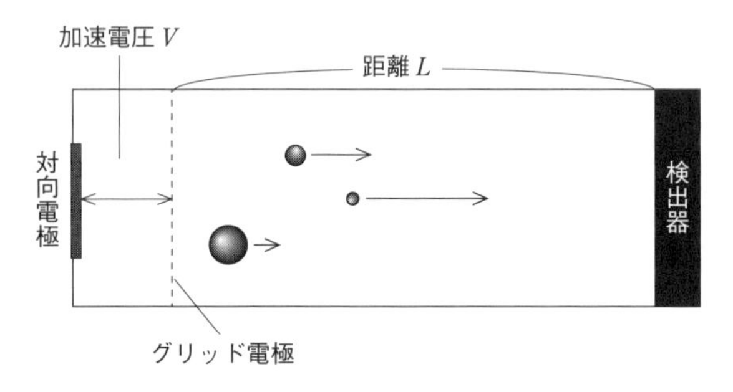

図17.12　飛行時間型質量分析装置（TOF）の概念図（リニア方式）

17.2.4　イオントラップ型質量分析装置（ion trap（IT）MS）

四重極と同様の原理を使った装置で，**図17.13**に示すようなドーナツ型のリング電極と，その左右を半円状のエンドキャップ電極で閉じた構造をしている。対向するエンドキャップ電極をアースとし，リング電極に高周波電圧を印加すると，安定に振動するイオンは装置内に閉じ込められることになる。片方のエンドキャップ電極から導入されたイオンが，高周波電圧を徐々に変化させると，振動が不安定になったイオンだけが選択的に，もう片方のエンドキャップ電極から放出され検出器へと運ばれる。イオントラップはトラップしたイオンをすべて検出器に運ぶことができるため非常に高感度な検出が実現されるが，装置内にトラップできる体積を超えるイオンはトラップされないため，ダイナミックレンジは比較的小さくなる。

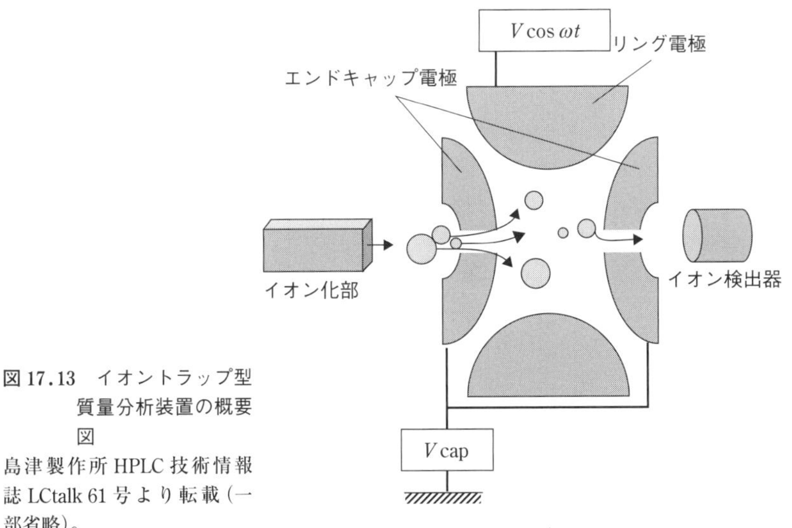

図 17.13　イオントラップ型質量分析装置の概要図
島津製作所 HPLC 技術情報誌 LCtalk 61 号より転載（一部省略）。

17.3　日々進化する質量分析法

質量分析法は，現在でも日進月歩，非常に速いスピードで進化している分析手法である。イオン化の手法・分離手法ともに，大学研究者，企業研究者が開発研究を日々重ねている。今後もいろいろな装置が開発され，これまでは観察できなかった物質が検出されたり，微量であるため定量できなかった成分が，充分に定量できるレベルで高感度検出されたり，また小型軽量化が進み現場でその場分析ができる装置が開発されるなど，大きな進展が見込まれている。

◎本章のまとめと問題◎

17.1　質量分析のイオン化法に関する以下の問の答えとして適当なものを以下の a～f より選択しなさい。

1) 紫外レーザーを用いて，マトリックス中の試料をイオン化させる方法である。ペプチドやタンパク質などの生体高分子を，ソフトにイオン化するのに適した方法。
2) 試薬ガスを熱電子によりイオン化し，生成したイオンと試料分子とのイオン分子反応によりイオン化する方法。
3) 高速のキセノンやアルゴン原子を，試料を含むマトリックスに衝突させるイオン化法で，適度なフラグメンテーションが起こるため分子解析に有効である。
4) コロナ放電によって溶媒分子などをイオン化し反応イオンを生じさせ，その反応イオンにより試料分子をイオン化する方法。
5) 電子ビームにより試料を直接イオン化する方法。
6) 先端に数千ボルトの電圧をかけたキャピラリーチューブ内に試料溶液を送液し，溶液中の試料をイオン化する方法。

a：ESI,　b：EI,　c：MALDI,　d：CI,　e：FAB,　f：APCI

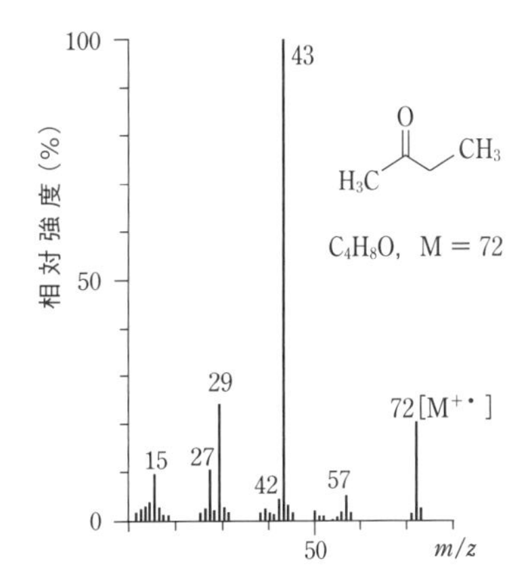

Hesse, M., Meier, H. and Zeeh, B. 著，野村正勝 監訳，馬場章夫・三浦雅博ら 訳（2000）『有機化学のためのスペクトル解析法』（化学同人）より転載。

17.2　右の図は 2-ブタノンのマススペクトルである。m/z 57, 43, 29, 15 の各ピークの帰属をしなさい。

17.3　下のマススペクトルは，$In(NO_3)$（200 μmol dm^{-3}），ニトリロ三酢酸（NTA，$N(CH_2COOH)_3$，分子量 191.1，200 μmol dm^{-3}），酢酸アンモニウム（1 mmol dm^{-3}）に各 5 μmol dm^{-3} の F^-, Cl^-, Br^-, I^- のカリウム塩を含む水溶液の ESI マススペクトル（負イオンモード）である。内標準物質として 20 μmol dm^{-3} の Co-EDTA 錯体（式量 348.1）を添加している。A～Lを付した各ピークの帰属を考えてみなさい。各ピークの m/z 値は下記の通り。A：322，B：338，C：340，D：382，E：384，F：430，G：347，H：59，I：62，J：320，K：362，L：365

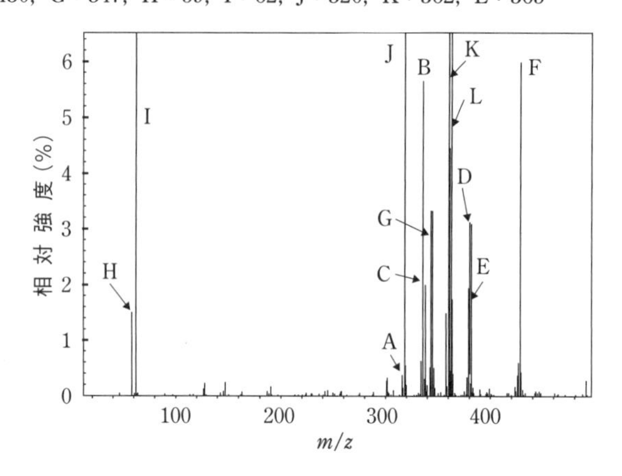

Hotta, H., Kurihara, S., Johno, K., Kitazume, M., Sato, K. and Tsunoda, K.（2011）*Anal. Sci.*, **27**, 953 より転載。

17.4　本章にあげたイオン化法のほかにも多くのイオン化法が開発されている。調べてみなさい。

引用文献

1）Hotta, H., Mori, T., Takahashi, A., Kogure, Y., Johno, K., Umemura, T. and Tsunoda, K.（2009）*Anal. Chem.*, **81**, 6357

2）Wilm, M. and Mann, M.（1996）*Anal. Chem.*, **68**, 1-8

18 電気化学分析法

電気化学分析法は比較的安価に高感度分析ができる測定法である。電流または電位を測定し，定量もしくは定性的な情報を得ることができる。一方，分子の構造に関する情報をほとんど与えないため，紫外・可視分光光度法などの分光法と組み合わせた測定法が多く開発されている。バッチ法，フロー法ともに対応できるため，HPLC の検出器や環境物質の連続モニターなどへの適用も行われている。

18.1 電気化学測定法の種類

電気化学測定法は，酸化還元反応，すなわち電子の移動を観察する手法として，古くから用いられてきた。電気化学測定法を大別すると，

(1) 電極の電位を外部から制御し，流れる電流を測定する方法　と，

(2) 電流量を制御したときに電極間にかかる電位差を測定する方法

がある。(1) は**アンペロメトリー**（電位を固定して流れる電流を測定する方法）や**ボルタンメトリー**（電位を変化させたときの電流の変化を測定する方法）に分類される*1。(2) は**クロノポテンショメトリー**などが知られている。

電気化学測定法 electrochemical measurement method

★ 電気化学測定法は，酸化還元反応，すなわち電子の移動を観察する方法である。

アンペロメトリー amperometry

ボルタンメトリー voltammetry

*1 水銀滴下電極を用いていた当初からポーラログラフィー（polarography）と呼ばれてきたが，最近ではボルタンメトリー（voltammetry）の方が主流の呼び方となっている。

電流量の時間積分に相当する電気量の測定はクーロメトリー（coulometry）と呼ばれる。

クロノポテンショメトリー chronopotentiometry

18.2 測定装置

18.2.1 測定セル

電気化学測定には図 18.1 のような三電極式セルがよく用いられる。三電極とは，

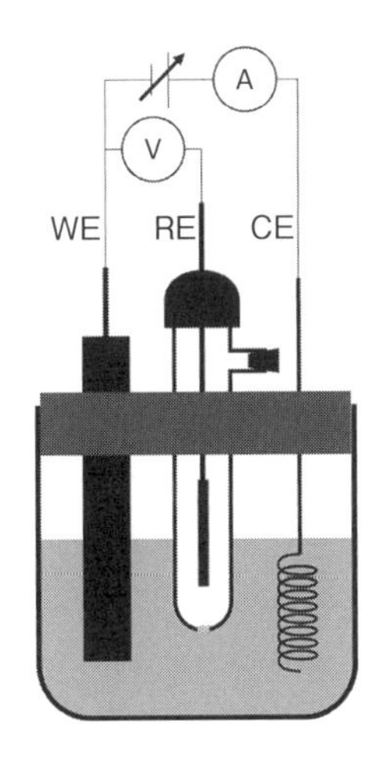

図 18.1　三電極式電気化学セル

(1) 観察対象物質の電子移動反応を行わせる**作用電極**(WE)*2

(2) 作用電極にかかる電位を正確に制御，または計測するための電位基準となる**参照電極**(RE)*3

(3) WEとの間で電流回路を形成させるための**対極**(CE)　　である。

電位規制法ではこれらの電極をポテンショスタット*4に，電流規制法の場合はガルバノスタットにつなぎ測定を行う。このときREにはごく微小な電流しか流れないように設計されており，REの電位は測定中にほぼ変化しないと考えられる。そのため電位の基準として安定に動作する。

また，二電極式のセルを用いる場合もある。二電極の場合，一方をWEとし，もう片方はCEとREの機能を兼用させたものと考えることができる。すなわち，CEに電位の基準としての役目(REの機能)を兼用させている。この場合，WEに対する電位基準となる電極に電流が流れるため，比較的大きな電流が流れる場合では，電気化学測定中に基準の電位が変化する可能性があり，WEの電位の制御が不充分になることがある。

その他，一本のREに対して二本のWEの電位を制御するバイポテンショスタットや，REを二本もつ四電極式ポテンショスタットも市販されている。

作用電極 working electrode

*2　WEは，動作電極や指示電極と呼ばれることもある。同様に，REは基準電極や照合電極，CEは補助電極(auxiliary electrode)，対電極とも呼ばれる。

参照電極 reference electrode

*3　電位規制法であればWEの電位制御，電流規制法であればWEの電位測定を行うための基準となる。

対極 counter electrode

*4　ポテンショスタットとは，WEにかかる電位をREを基準として正確に制御することができる回路をもつ装置である。一方，ガルバノスタットは，WEとCEの間を流れる電流を正確に制御し，そのときにWEにかかっている電位をREを基準として測定することができる装置である。これらをスイッチなどで切り替えて，両方の機能を使用することができる装置が多く市販されている。

18.2.2　作用電極(WE)

測定対象物質の酸化還元反応を安定に観察するためには，WEは測定対象以外の溶存種に対して不活性であることが望ましい。しかし，正や負に大きく電位をかければ，溶媒や電解質，溶存気体の電気分解が起こる。そのため，WEには測定が可能な電位範囲がある。これを**分極領域**(電位窓)と呼び，その領域内で酸化還元する物質が観察対象となる。WEの種類によって電位窓の大きさや範囲は異なり，一般的にはより広い電位窓をもつ電極が好まれる。WEには白金や金などの貴金属や炭素がよく用いられる*5。これらは広い電位窓をもつ安定な電極である。これらの材料をPEEK樹脂のような絶縁性樹脂でできた筒の先端に埋め込んだ構造の電極が市販され，広く用いられている。また，特に光を用いた測定法と融合させるために**透明電極**(OTE)*6を用いる場合もある。さらに銅板や亜鉛板などを用いて電極自身の化学反応(腐食などの表面反応)を観察する場合もある。

分極領域 potential window

*5　古くはWEとして水銀がよく用いられていたが，最近はその毒性を懸念してほとんど使われなくなっている。

PEEK polyether ether ketone

透明電極
optically transparent electrode

*6　特に酸化インジウムにスズをドープしたindium-tin oxide, ITO電極が代表的である。

18.2.3　参照電極の種類

REには，主として金属とその難溶性塩からなる電極が用いられる。その代表例が，**銀／塩化銀電極**(Ag/AgClと表記される)や**カロメル電極**(Hg/Hg_2Cl_2)である。もともとネルンストは8章で述べた**標準水素電極**(SHE)を電位の基準として用いることを提案したが，実際の測定にはより取り扱いやすいAg/AgClやカロメル電極がよく用いられる。**表18.1**によく用いられる参照電極とその電位を示す。表中の電位は，標準水素電極を基準として表している。

Ag/AgCl電極(**図18.2**)は，塩化銀を被覆した銀線を所定濃度の塩化カリウム水溶液中に挿入したものである。電極表面は，

銀／塩化銀電極
silver-silver chloride electrode

カロメル電極 calomel electrode

標準水素電極
standard hydrogen electrode

表18.1　よく用いられる参照電極の電位

	E/V *vs.* SHE
$Pt/H_2/H^+$ ($a_{H^+}=1$)	0 (定義)
Ag/AgCl/1.0 M KCl	0.236
Ag/AgCl/飽和 KCl	0.197
Hg/Hg_2Cl_2/1.0 M KCl	0.281
Hg/Hg_2Cl_2/飽和 KCl	0.241

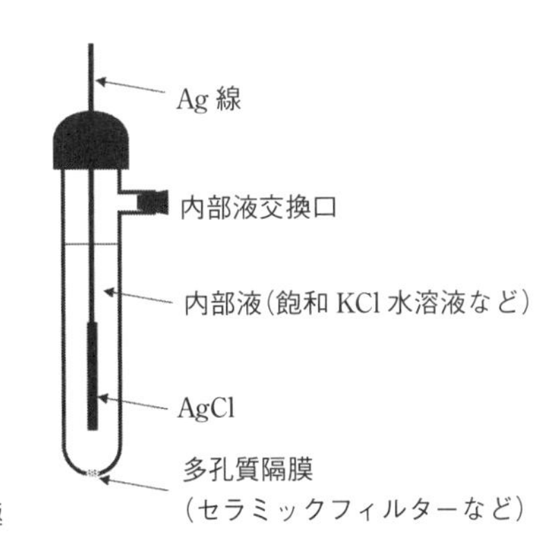

図 18.2 銀 / 塩化銀電極

$$\mathrm{Ag} + \mathrm{Cl^-} \rightleftharpoons \mathrm{AgCl} + \mathrm{e^-} \quad (18.1)$$

の酸化還元平衡になっており，この電極電位 $E_{\mathrm{Ag/AgCl}}$ は**ネルンスト式**(8 章参照)から

$$E_{\mathrm{Ag/AgCl}} = E^{\ominus} + 0.059 \log a_{\mathrm{Cl^-}} \quad (18.2)$$ *7

で表される。すなわち，溶液中の $\mathrm{Cl^-}$ 活量（濃度）により電位が変化することを示している。そのため，$\mathrm{Cl^-}$ を比較的高濃度に含む水溶液を図 18.2 のようにガラス管に入れ，AgCl 電極を浸して上部を閉じた構造になっている。試料溶液との間は，多孔質セラミックスなどの溶媒や電解質の透過が可能な液絡で仕切られている。この電極は自作することも容易であり*8，再現性も高いことから，最も一般的に利用されている。

また，水銀と塩化水銀(I)*9 を練り合わせたものを Hg にのせた電極を飽和 KCl 水溶液に浸した電極を**飽和カロメル電極**（SCE）と呼ぶ。水銀を使用するため自作には不向きであるが，非常に安定な電極である。

電気化学測定中に，これらの RE 内に測定試料溶液が浸入してくると，RE の電位が変動する可能性がある。そのため，RE の液面を試料溶液の液面よりわずかに上に出しておき，測定中に極めてわずかながら RE 内の溶液を測定溶液中に浸み出させるなど，より安定した測定には細かい注意が払われる。

ネルンスト式 Nernst equation

*7 式(18.1)をそのままネルンスト式に当てはめると，
$E_{\mathrm{Ag/AgCl}} = E^{\ominus} + 0.059 \log a_{\mathrm{Ag^+}} a_{\mathrm{Cl^-}} / a_{\mathrm{AgCl}}$
となるが，固体の活量は 1 であるため，式(18.2)のようになる。

*8 よく磨いた Ag 線を 1 %程度の KCl 水溶液中で Pt 線などを対極として電解し，表面に AgCl を析出させる。先端に多孔質ガラスなどを埋め込んだホルダも市販されているので，それに固定して作製する。

*9 塩化水銀(I)は甘汞(かんこう)，カロメルとも呼ばれる。

飽和カロメル電極 saturated calomel electrode

＊＊＊＊＊＊＊＊＊＊＊＊＊＊＊＊＊＊＊＊＊＊＊＊＊＊＊＊＊＊＊＊＊＊＊＊＊＊＊

［例題 18.1］ 0.1 M の NaCl 水溶液に，銀／塩化銀電極（飽和 KCl）と飽和カロメル電極を入れ，その電位差を測定したとき，銀／塩化銀電極（飽和 KCl）に対する飽和カロメル電極の電位はいくらになるか計算しなさい。

［答］ 表 18.1 から銀／塩化銀電極（飽和 KCl）の電位は，SHE に対して 0.197 V，飽和カロメル電極の電位は同じく 0.241 V である。つまり，銀／塩化銀電極（飽和 KCl）に対する飽和カロメル電極の電位は，0.241 − 0.197 = 0.044 V = 44 mV である（右図参照）。

＊＊＊＊＊＊＊＊＊＊＊＊＊＊＊＊＊＊＊＊＊＊＊＊＊＊＊＊＊＊＊＊＊＊＊＊＊＊＊

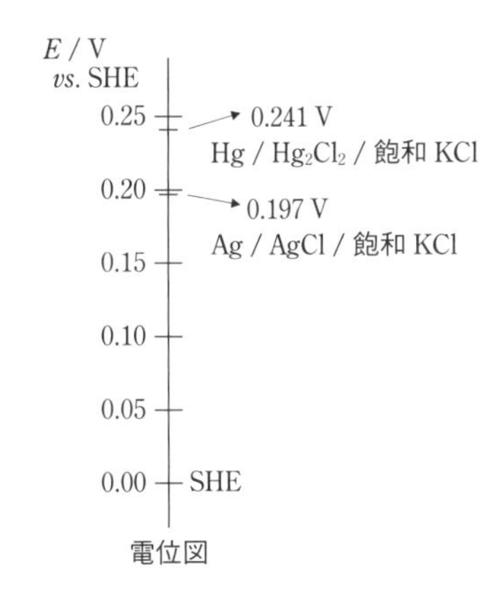

電位図

18.2.4 対 極

CE には，WE とは逆向きの電流が流れる。WE での反応に支障を及ぼさ

ない安定な電極が望ましい。Pt 線または炭素がよく用いられる。

18.3　測定溶液について

電気化学測定に際しては，試料溶液に導電性をもたせる必要があるため，観察対象の電子移動反応には無関係なイオンを電荷担体として入れておく必要がある。一般的な水溶液系での測定の場合，例えば KCl や緩衝液などを比較的高濃度（数十 mmol dm^{-3} ～ 数百 mmol dm^{-3}）で溶解させておく。これを**支持電解質**と呼び*10，一般的な測定には不可欠である。

支持電解質 supporting electrolyte

*10　支持塩，無関係電解質などとも呼ぶ。

また，溶媒として水ではなく有機溶媒を利用することも多い。この場合も，支持電解質を溶解させる必要があるため，塩を溶解させることができる比較的極性の高い溶媒が使用される。電気化学測定に用いられる有機溶媒には，アセトニトリル，エタノール，ジメチルスルホキシド（DMSO），ニトロベンゼンなどがある。これらを用いる場合，支持電解質として $NaClO_4$ や $N(CH_3)_4BF_4$*11，$N(CH_3)_4B(C_6H_5)_4$*12 などの塩が用いられる*13。

*11　$N(CH_3)_4^+$ は，tetrabutylammonium, TBA^+ と略されることが多い。

*12　$B(C_6H_5)_4^-$ は，tetraphenylborate, TPB^- と略されることが多い。

*13　非水溶媒中での電気化学測定については，伊豆津公佑 著（1995）『非水溶液の電気化学』（培風館，品切れ中）に大変詳しく書かれている。

支持電解質は，測定溶液の導電性を高くする働きとともに，WE-RE，CE 間に電位がかかった際に，その電位勾配を打ち消す方向に流れる物質移動（電気泳動）の中心担体となる働きを担っている。これは，観察対象の物質の移動が濃度変化に伴う拡散によってのみ起こると仮定して解析を行うために必要である。

18.4　様々な測定法

電極反応には，**図 18.3** に示すように，電極表面での電子移動を行う過程（電子移動過程）と，電子移動過程の結果生じる濃度勾配をなくす方向に物質が移動する過程（物質移動過程）の，二つの基本過程がある。WE で起こる電子の流れ（電流）と反対の方向の電子の流れが CE で起こる。さらに溶液中では，電極表面での電荷の不均衡を補償するための電荷の移動（電気泳動）が起こり，系全体に電流が流れる。さらには，電極反応によって生成する物質が溶液中で化学反応を起こす，電極表面に吸着を起こすなど，様々な

★　電極反応には，電子移動過程と物質移動過程の二つの基本過程がある。

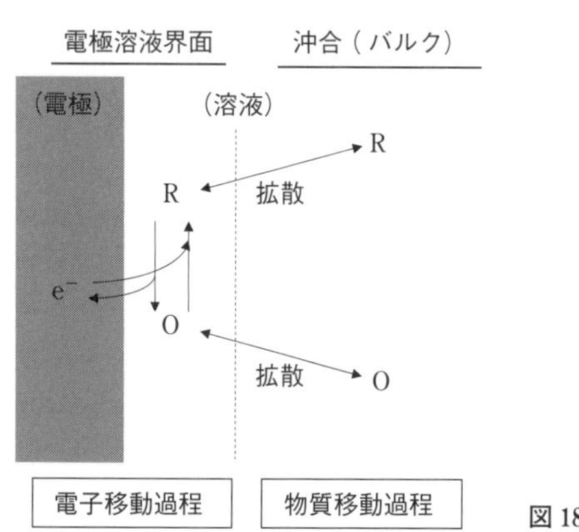

図 18.3　電極反応

化学反応・物理過程が関与することがある。このような種々の反応を観察するために，様々な電気化学測定法が開発されてきた。ここでは，その代表的なものを紹介する。

18.4.1　サイクリックボルタンメトリー（CV）

ボルタンメトリーの代表的な手法で，最も広く利用されている。この方法では，電極での酸化と還元，さらにこれらの電子移動に伴って起こる化学反応や電極への吸脱着など，電極反応全体の情報を得ることができる。

サイクリックボルタンメトリー
cyclic voltammetry

★　CV は，電極電位を直線的に掃引し，応答電流を測定する方法で，最も広く利用されている。

WE に電位を印加すると，WE 表面ではネルンスト式に従うように [R] / [O] 比が変化し，それに合わせて電流が検出される。電位規制法では，電位の変化のさせ方によりいくつかの方法が開発されている。

図 18.4 のように，WE の電位を時間に対して直線的に（正または負の方向に）変化させ，ある電位で折り返し再び直線的に元の電位に戻すサイクルをとる*[14]。図 18.4 の電位変化を，その形から三角波と呼ぶ。一般的に数 ms ～ 数十 ms ごとに数 mV のステップで電位を変化させていく。10 ms ごとに 1 mV 変化させた場合，電位を変化させる速度，すなわち掃引速度は 100 mV s^{-1} となる。このとき測定される電流を電位に対してプロットしたものを**サイクリックボルタモグラム**と呼ぶ。

*14　図 18.4 では，－100 mV からスタートし，5 秒間で 400 mV まで直線的に変化させ，再び 5 秒かけて－100 mV に戻っている。直線的といえども，厳密には，細かい階段状に電位を変化させている。

サイクリックボルタモグラム
cyclic voltammogram

典型的な事例として，還元体 R が溶解した溶液を試料（式 (18.3) のように 1 電子酸化される試料）としたときの可逆波を示すサイクリックボルタモグラムを**図 18.5** に示す*[15]。本書では電位軸右側（酸化方向）を正にとり，酸化電流を正（電流軸上方向）と定義する*[16]。

*15　図 18.5 は，$E^{\ominus} = 150$ mV，$v = 100$ mV s^{-1}，拡散係数 $D = 1.0 \times 10^{-5}$ cm^2 s^{-1} としてシミュレーション計算により描いた。シミュレーション計算ソフトは，自作することもできるが，市販もされている。

*16　最近では本書のように軸をとるのが一般的になっているが，古くは電位軸右側を還元方向，電流軸上側を還元電流にとることが普通であったため，現在でも混在している。

$$\mathrm{R} \rightleftharpoons \mathrm{O} + \mathrm{e}^- \qquad (18.3)$$

このとき“可逆”とは，WE の電位変化に対してネルンスト式を満たす [R] / [O] 比への変化が充分に速く（すなわち電子移動が迅速に進行し），電極の最近傍（電流 / 溶液界面）においてネルンスト式が成立していることを表す。この場合，電流は溶液沖合（バルク）からの物質の拡散によって律速されており，**拡散律速**と呼ばれる。

拡散律速　diffusion control

電流がほとんど流れない電位*[17]（図 18.5 では－100 mV *vs.* RE）*[18] から測定をスタートし（図 18.5 中 a 点），電位を正側に変化させていく。このとき，

*17　その溶液の平衡電位と呼ぶ。

*18　－100 mV *vs.* RE とは，RE の電位に対して－100 mV という意味。

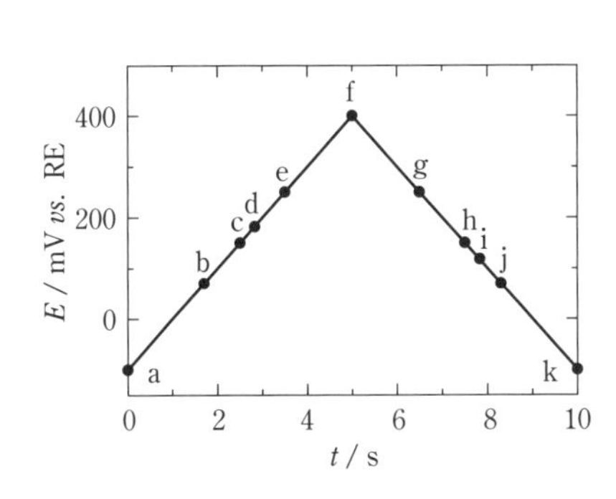

図 18.4　三角波　$v = 100$ mV s^{-1}

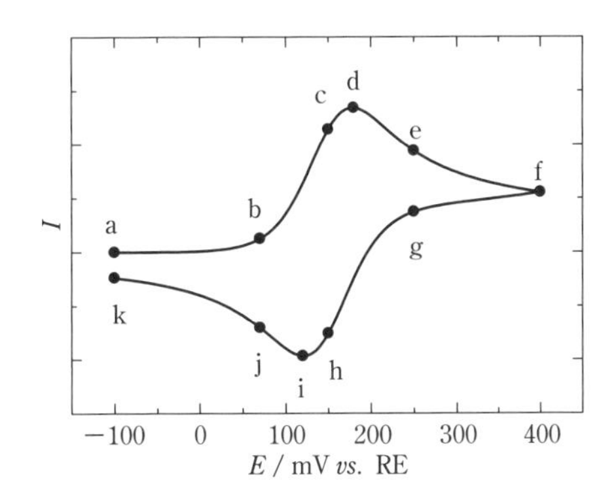

	t / s	E / mV
a	0	−100
b	1.7	70
c	2.5	150
d	2.8	180
e	3.5	250
f	5	400
g	6.5	250
h	7.5	150
i	7.8	120
j	8.3	70
k	10	−100

図 18.5　サイクリックボルタモグラム

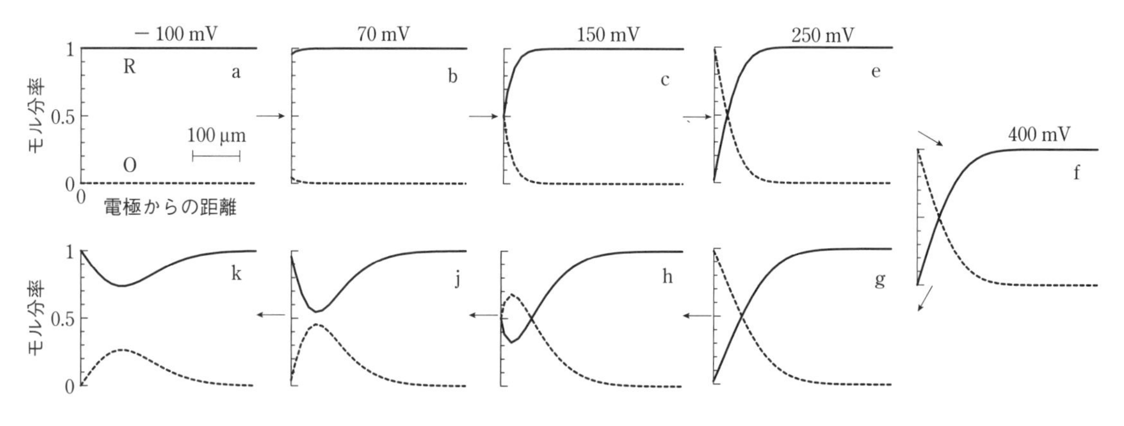

図 18.6　電極付近の濃度プロファイル

WE 上ではネルンスト式を満たすように R→O の反応が進行し，正の電流が検出され始める（b 点）。この正電流は少しずつ増加し，やがてピークを迎え（d 点），その後は電位をより正に掃引しても電流は減少していく。折返し電位（f 点）はこのピークよりもより正電位に設定しておく。折返し電位において電位が負方向に反転され，同じ速度で掃引される。正側への掃引時に WE 表面で生成した酸化体 O が再び還元され，その還元電流がピークとして観察され（i 点），初期電位に戻る（k 点）。この一連の電位変化に対する試料の電極付近での R と O の濃度変化を**図 18.6** に示す。各点 a～k における R と O のモル分率のプロファイルを，左端を電極面として描いている。時計回りに時間が変化している。

点 a～f にかけて電極表面で R→O の電子移動が進行し還元体の濃度が減少すると，それを補うため，より電極から離れた沖合から拡散が起こる。このとき生じる濃度勾配の傾きが電流に比例する。電位を高くすればするほど電極での反応速度が速くなると考えられるのに，電流がピーク形状をとるのは，溶液側から電極表面への反応物質の供給，すなわち拡散が追い付かないため（拡散律速）である。また，同じ電極電位であっても濃度プロファイルに違いがみられる（例えば点 c と点 h）。このように電極近傍に履歴が残ることがわかる。

酸化ピーク電位（E_{pa}）と還元ピーク電位（E_{pc}）の中点にあたる電位 $E_{mid} = (E_{pa} + E_{pc})/2$ は，近似的に標準酸化還元電位 $E^{\ominus}$ に相当する値である。この電位では，電極表面で [R] = [O] が成立することが，ネルンスト式から予想できる。図 18.6 c, h の濃度プロファイルから，電極最近傍で [R] = [O] となっていることがわかる。E_{pa} と E_{pc} の差 ΔE_p は $0.059/n$（n は反応電子数）で表され，一電子反応なら約 60 mV，二電子反応なら約 30 mV となる。この値から対象とする酸化還元反応の n を推定することも可能であるが，現実には後述する電子移動の可逆性の関係で $0.059/n$ とはならないことが多いため*19，ΔE_p の値から n を決定するのは容易ではない。

一方，酸化ピーク電流値（I_{pa}）については，数値計算の結果[1]，式（18.4）で表されることが知られている。

*19　電極反応が可逆でない場合，ΔE_p が $0.059/n$ を超えることになるが，電極への吸着が強く起こる場合には，ΔE_p が小さく観察されることもある。

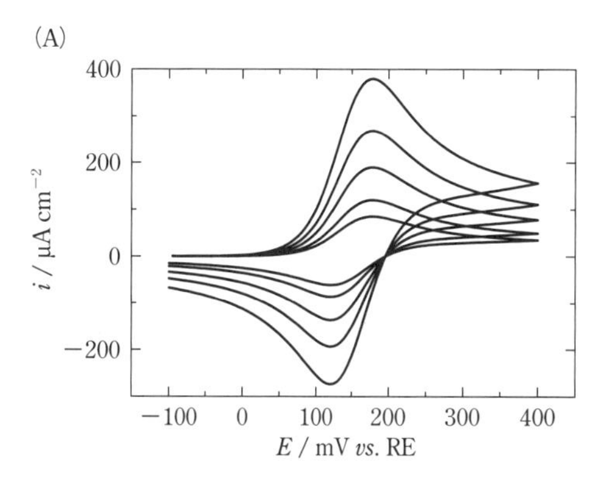

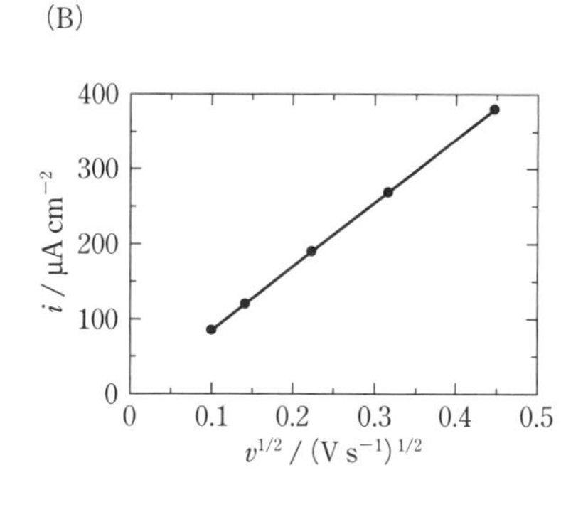

図 18.7　(A) 掃引速度を変えたときの可逆系 CV の変化，(B) I_{pa} の掃引速度依存性

$$I_{pa} = -2.69 \times 10^5 n^{1.5} A D_R^{0.5} v^{0.5} [\mathrm{R}]^* \qquad (18.4)$$

このとき，A は電極の表面積，D_R は R の拡散係数 ($cm^2\,s^{-1}$)，v は掃引速度 ($V\,s^{-1}$)，[R]* は R の沖合溶液中の濃度である。式 (18.4) より，電流値は試料の濃度に比例することがわかる。また I_{pa} が拡散係数の平方根に比例することもわかる。**図 18.7A** に掃引速度を 10, 20, 50, 100, 200 $mV\,s^{-1}$ と変えたときのサイクリックボルタモグラムの変化を示す。合わせて**図 18.7B** に酸化ピーク電流値を掃引速度の平方根に対してプロットした図を示す。式 (18.4) のとおり，電流値が掃引速度の平方根に比例していることがわかる。

＊＊＊＊＊＊＊＊＊＊＊＊＊＊＊＊＊＊＊＊＊＊＊＊＊＊＊＊＊＊＊＊＊＊＊＊＊＊＊

[例題 18.2]　0.50 $mmol\,dm^{-3}$ ルテニウム (III) ヘキサアンミン錯体 ($Ru(NH_3)_6^{3+}$) 水溶液の CV 測定を行ったところ，掃引速度 100 $mV\,s^{-1}$ において，還元ピーク電流値 I_{pc} が −3.5 μA の一電子の可逆波が得られた。この電子移動反応は，

$$Ru(NH_3)_6^{3+} + e^- \rightleftharpoons Ru(NH_3)_6^{2+}$$

で表されると考えられる。このとき，$Ru(NH_3)_6^{3+}$ の拡散係数を計算しなさい。なお，用いた作用電極の表面積は，0.070 cm^2 であったとする。

[答]　式 (18.4) の I_{pa} を I_{pc} に，[R] を [$Ru(NH_3)_6^{3+}$] に置き換え，$I_{pc} = -3.5 \times 10^{-6}$ A，$n = 1$，$A = 0.070\ cm^2$，$v = 0.10\ V\,s^{-1}$，$[Ru(NH_3)_6^{3+}] = 0.5 \times 10^{-6}\ mol\ cm^{-3}$ を代入すると，$Ru(NH_3)_6^{3+}$ の拡散係数 D を求めることができる。

$$D = 1.4 \times 10^{-6}\ cm^2\,s^{-1}$$

＊＊＊＊＊＊＊＊＊＊＊＊＊＊＊＊＊＊＊＊＊＊＊＊＊＊＊＊＊＊＊＊＊＊＊＊＊＊＊

a) 電極反応の可逆性

電子移動が電極電位の変化に追随できている状態，すなわち電子移動の速度が充分に速い系を**可逆系**と呼ぶ。この場合，電流は電子移動する物質の電極への拡散により決定されるため拡散律速と呼ばれる。電極上での電子移動が遅く，電位変化に対してネルンスト式を満たす濃度比への変化が間に合わない場合に，その電極反応は**非可逆**であると表現される*20。

ここで，式 (18.3) の酸化方向への電子移動の速度定数を k_{ox}，還元方向への速度定数を k_{red} とおくと，それぞれ

可逆系 reversible system

非可逆 irreversible

*20　熱力学では，逆反応が起こらない，もしくは起こっても非常に遅いため，現実的に観察されない反応を不可逆と呼ぶ。電極反応における非可逆とは，次ページの式 (18.8) に示す通り電極反応速度が遅いことを示していることから，意味が異なることに注意。

$$k_{ox} = k^{\ominus}\exp\left[-\frac{(1-\alpha)nF}{RT}(E - E^{\ominus})\right] \quad (18.5)$$

$$k_{red} = k^{\ominus}\exp\left[\frac{\alpha nF}{RT}(E - E^{\ominus})\right] \quad (18.6)$$

と表される[*21]。ここで，α は移動係数と呼ばれ 0〜1 の値をとる。F はファラデー定数，R は気体定数，T は絶対温度，$E^{\ominus}$ は電極電位である。$k^{\ominus}$ は標準電極反応速度定数と呼ばれ，$E = E^{\ominus}$ における正方向・逆方向の速度定数に等しい。$k^{\ominus}$ の違いによるサイクリックボルタモグラムの変化を**図 18.8** に示す。

*21　これをバトラー-ボルマー式 (Butler-Volmer equation) と呼ぶ。

$$k^{\ominus} > 0.3 \times (nv)^{0.5} \ (n \text{ は反応電子数，} v \text{ は掃引速度}) \quad (18.7)$$

では一般的に可逆なボルタモグラムを示し，反対に，

$$k^{\ominus} < 2 \times 10^{-5}(nv)^{0.5} \quad (18.8)$$

準可逆 quasi-reversible

では非可逆な形状として観察される。さらに，これらの中間的な状態が**準可逆**と呼ばれる。図 18.8 に示すボルタモグラムで $k^{\ominus} = 1\ \mathrm{cm\ s^{-1}}$ では可逆であるが，それ以外はすべて準可逆波であると判断される。$k^{\ominus}$ が小さくなると E_{pa} がより正側にシフトし，ピーク電流値も小さくなっている。また，準可逆波において，ピーク電位幅 ΔE_p から電子数 n を見積もることは大変困難である。電極での電子移動の速度は，酸化還元物質の性質のみならず電極材料との相性もあるため，電極の種類により $k^{\ominus}$ は異なる。なお，準可逆・非可逆系でのサイクリックボルタモグラムにおいても，ピーク電流値は可逆系と同様に試料濃度に比例し，$v^{0.5}$ に比例することが知られている。**図 18.9** に $k^{\ominus} = 0.03\ \mathrm{cm\ s^{-1}}$ における掃引速度変化に対するサイクリックボルタモグラムの変化を示す。

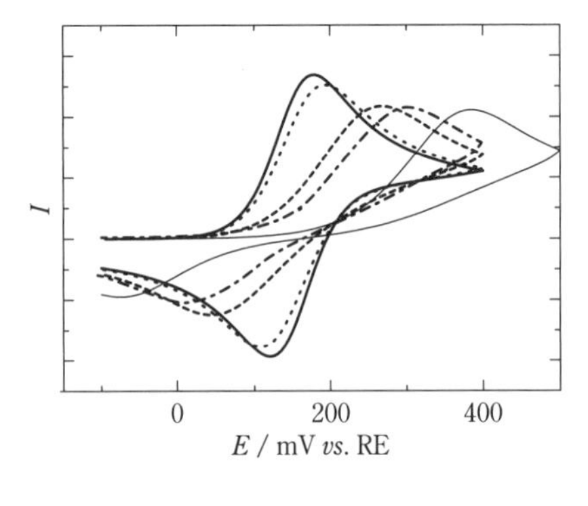

図 18.8　標準電極反応速度定数 $k^{\ominus}$ によるサイクリックボルタモグラムの変化
左から $k^{\ominus} = 1$ (太実線)，1×10^{-2} (点線)，5×10^{-3} (破線)，1×10^{-3} (一点鎖線)，$1 \times 10^{-4}\ \mathrm{cm\ s^{-1}}$ (細実線)。

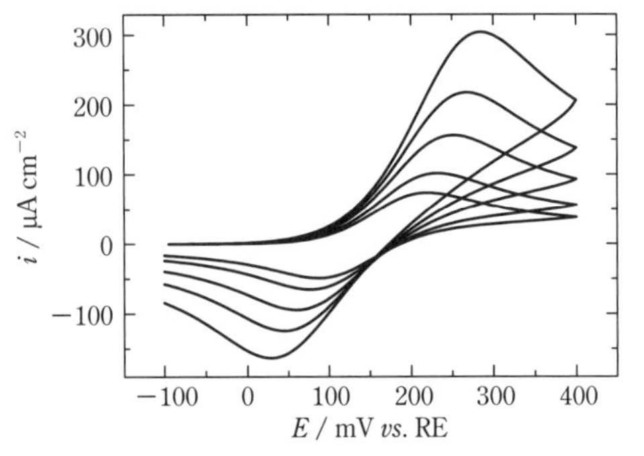

図 18.9　準可逆サイクリックボルタモグラムの掃引速度依存性
電流値の小さなものから順に掃引速度 10, 20, 50, 100, 200 mV s^{-1}。

掃引速度が遅いほど酸化ピーク電流値が負側に，還元ピーク電流値が正側に寄っていることがわかる。このとき，中点電位にはほぼ変化はなく，ピーク幅のみが変化している。このようになるのは，掃引速度を遅くした場合，電位の変化に対して電子移動が追随する時間的余裕ができるため，より可逆波に近い挙動を示すことになるからである。

b）溶液中での化学反応を伴うサイクリックボルタモグラム

実際に観察される電子移動反応には，副反応を伴う場合が多い。例えば，酸化生成物が不可逆な副反応（一次の後続化学反応）により分解していくような反応が考えられる。

$$\mathrm{R} \rightleftharpoons \mathrm{O} + \mathrm{e}^- \tag{18.9}$$

$$\mathrm{O} \xrightarrow{k_1} \mathrm{X} \tag{18.10}$$

このとき，副反応の速度定数 k_1 に依存し，また，掃引速度にも依存してボルタモグラムの形が大きく変化していく。**図 18.10** に，式 (18.10) の速度定数 k_1 の値によるサイクリックボルタモグラムの変化を示す。k_1 が 0 のとき（図 18.10 中の細い実線）は可逆波と同じであるが，k_1 が大きくなるほど還元波が小さくなっていくことがわかる。$k_1 = 10\ \mathrm{s^{-1}}$（図 18.10 中の破線）ではほぼ還元波は観察されない。また，k_1 が大きくなるに従って，E_{pa} が負にシフトし，I_{pa} もやや大きくなっていることがわかる。これは，式 (18.10) の反応が進行することにより式 (18.9) の平衡がより右にかたよっていることを示している。

さらに**図 18.11** に，$k_1 = 0.3\ \mathrm{s^{-1}}$ において掃引速度を変化させたときのボルタモグラムの変化を示す。後続化学反応の速度定数はすべて同じである

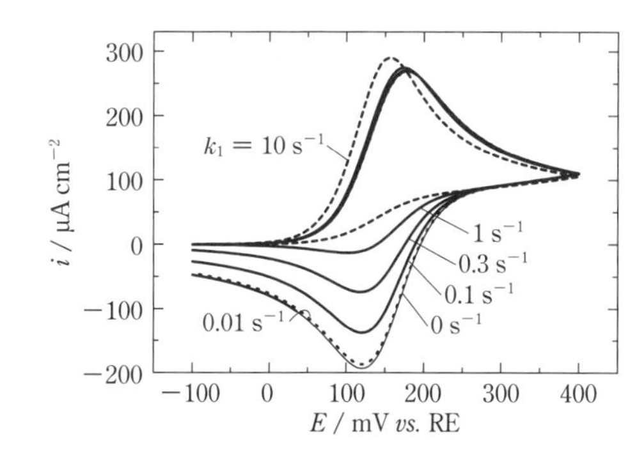

図 18.10　不可逆な後続化学反応を含むサイクリックボルタモグラム
下から $k_1 = 0, 0.01, 0.1, 0.3, 1, 10\ \mathrm{s^{-1}}$。

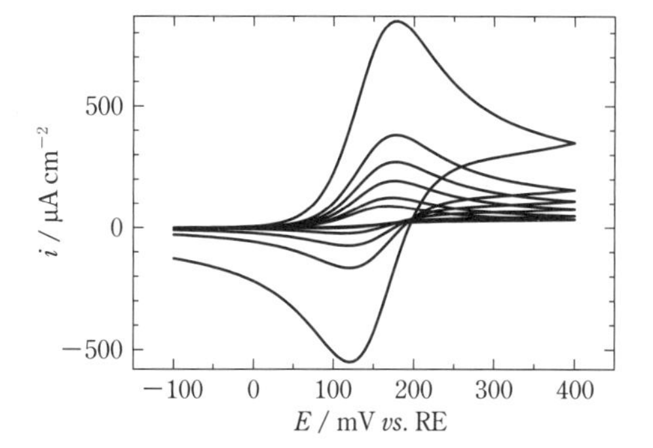

図 18.11　不可逆な後続化学反応を含む系での掃引速度依存性
上から $v = 1000, 200, 100, 50, 20, 10\ \mathrm{mV\ s^{-1}}$。

が，掃引速度を遅くするほど後続反応が進行し，還元波の減少が顕著になっていることを表している。$v = 1000\ \mathrm{mV\ s^{-1}}$ では見た目上，$k_1 = 0$ と同様に見えるが，$v = 10\ \mathrm{mV\ s^{-1}}$ では還元波がほぼ観察されない。

18.4.2　微分パルスボルタンメトリー（DPV）

微分パルスボルタンメトリー
differential pulse voltammetry

図 18.12 のようなパルス状の電位を印加する方法を**微分パルスボルタンメトリー**と呼ぶ。

このとき，**図 18.13** のようなピーク状のボルタモグラムが観察される。電流値は，パルスを元に戻す直前とパルスを印加する直前に検出し，その差分をとって解析を行う。そのためバックグラウンド電流の寄与が小さく，感度の高い手法である。

★ DPVは，バックグラウンド電流の寄与が小さく，感度の高い手法であるため，定量分析に用いられる。

ここで得られるピーク電流値は濃度に比例し，またピーク電位はパルス電位幅 ΔE が小さければ $E^{\ominus}$ に近似できる*22。CV法と比較し検出感度が高いため，定量用途によく用いられる。

*22　詳細は成書に譲るが，DPVで得られるピーク電位 E_{p} は，$E^{\mathrm{r}}_{1/2} - \Delta E/2$ で表される。この $E^{\mathrm{r}}_{1/2}$ は可逆半波電位と呼ばれ，シグモイド型の定常電流値が得られる測定（ノーマルパルスボルタンメトリーなど）における限界電流値の半分の電流が流れる電位である。

$$E^{\mathrm{r}}_{1/2} = E^{\ominus\prime} + \frac{RT}{2nF} \ln \frac{D_{\mathrm{R}}}{D_{\mathrm{O}}}$$

で表され，酸化体と還元体の拡散係数が同じ場合，この電位は，式量電位（8章参照）に等しいとおける。

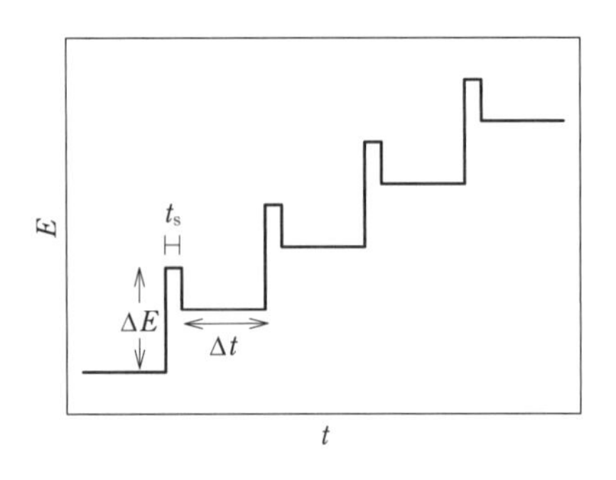

図 18.12　微分パルスボルタンメトリーにおける印加電位

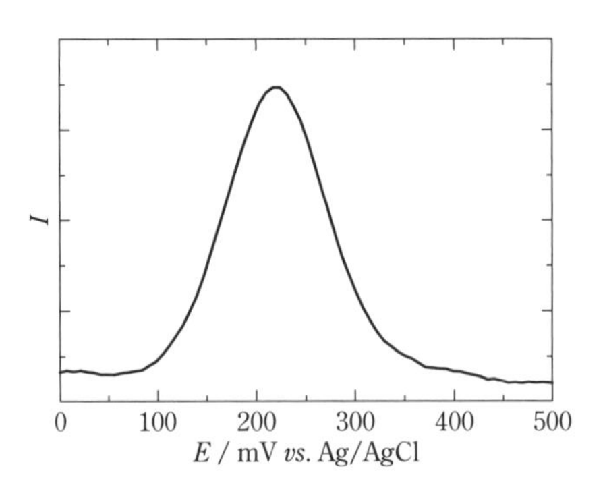

図 18.13　フェロシアン化カリウム水溶液の微分パルスボルタモグラム
WE：Ptディスク電極，濃度

18.4.3　アンペロメトリー

アンペロメトリー　amperometry

★ アンペロメトリーは，電極に一定の電位を印加した状態でWEに流れる電流を測定する方法で，酸素電極などに用いられる。

電極に一定の電位を印加した状態で，WEに流れる電流を測定する方法を**アンペロメトリー**と呼ぶ。その代表例として酸素電極があげられる。クラーク型酸素電極の模式図を**図 18.14** に示す。ガス透過膜（テフロン膜など）を介して試料と接触させた際に，試料溶液中の溶存酸素がガス透過膜を通過して内部のPt電極（負電位を印加することで陰極として作用する）において H_2O_2 に還元される。このとき得られる電流は溶存酸素濃度に比例することから，O_2 センサーとして動作することになる。

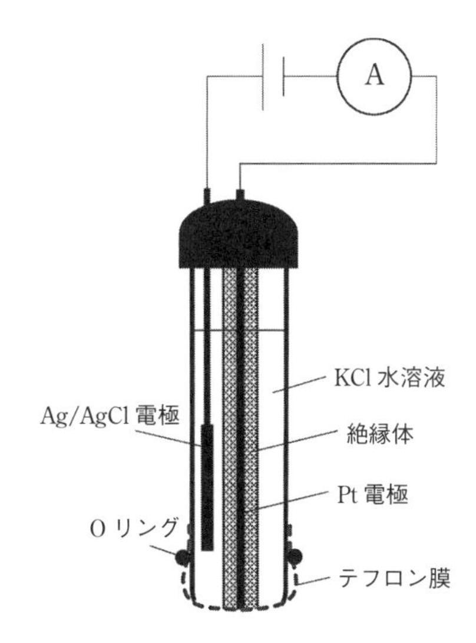

図 18.14　クラーク型酸素電極

18.4.4　クーロメトリー

対象試料を完全に電気分解し（全電解と呼ぶ），その際に流れた電気量（電流値の時間積分）を測定する手法を**クーロメトリー**という。電位規制法，電流規制法ともにあるが，ここでは電位規制法を紹介する。

クーロメトリー coulometry

★　クーロメトリーは，対象試料を全電解し，その際に流れる電気量を測定する方法で，検量線を用いない絶対定量を行うことができる。

試料溶液内のすべての試料を電解するため，試料体積に対して大面積の WE を必要とする。静止溶液内の試料を電解する場合は，試料容器内で試料を充分に攪拌し，WE への供給を促す必要がある。静止溶液では全電解に相当な時間を要するが，試料をフローさせることで，比較的短時間に安定した全電解を達成させることが可能である。

図 18.15 にフロー全電解セルの例を示す。カーボン繊維の束やカーボンフェルトのような多孔質導電性材料を WE とし，その中に試料溶液を通液させる。このとき WE が入った電解室は，多孔質ガラス膜などにより，RE と CE がある対極室*23 とは仕切られた構造になっている。WE に一定電位を印加しておき，電解液をバックグラウンド溶液として，インジェクターなどを用いて試料を一定量注入する。このとき，電流-時間曲線にはピーク状の電流が観察される。得られた電流ピーク面積（電流値 I(A) × 時間 t(s) = 電気量 Q(C)）は，試料の物質量，電子数に比例し，定量を行うことができる。

*23　対極室には電解質溶液（通常は試料溶液と同じ組成のブランク溶液）を入れておく。

$$Q(\mathrm{C}) = n \times F(\mathrm{C\,mol^{-1}}) \times C(\mathrm{mol\,dm^{-3}}) \times V(\mathrm{dm^3}) \quad (18.11)$$

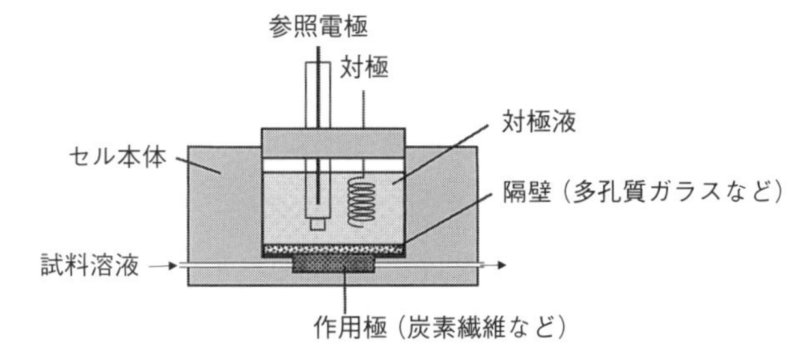

図 18.15　フロー全電解セルの模式図

nは関与する電子数，Fはファラデー定数，Cは注入した試料溶液の濃度，Vは注入した試料溶液の体積である。クーロメトリーでは，検量線を用いない絶対定量を行うことができる。

****

［例題 18.3］濃度未知のヘキサシアノ鉄(II)酸カリウム*24 水溶液 100 mm^3 をフロー全電解セルを用いてすべて酸化した。このとき得られた電流-時間曲線は以下のようになり，このピークの面積は 340 μA × s であった。

*24　フェロシアン化カリウムとも呼ばれる。また，ヘキサシアノ鉄(III)酸カリウムはフェリシアン化カリウムとも呼ばれる。

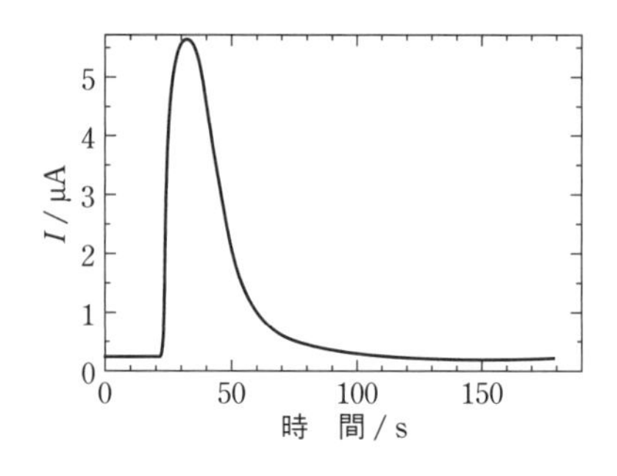

電極反応が，

$$Fe(CN)_6^{4-} \rightleftharpoons Fe(CN)_6^{3-} + e^-$$

で表されるとき，この試料の濃度を計算しなさい。

［答］求める濃度をx mol dm^{-3}とおくと，式(18.11)より，

$$340 \times 10^{-6}\,C = 1 \times 96500\,C\,mol^{-1} \times x\,mol\,dm^{-3} \times 1.0 \times 10^{-4}\,dm^3$$

$$x = 3.5 \times 10^{-5}\,mol\,dm^{-3}$$

****

18.4.5　ポテンショメトリー

★　ポテンショメトリーは，ある特定のイオン種に対して選択的に応答するイオン選択性電極の電位変化を測定し，そのイオン種を定量する方法である。

イオン選択性電極
ion selective electrode

ポテンショメトリー
potentiometry

ある特定のイオン種に対して選択的に応答する**イオン選択性電極**(ISE)の電位変化を測定する手法を**ポテンショメトリー**と呼ぶ。ISEは，イオンに応答する部分の構造により，ガラス電極，固体膜電極，液膜電極，隔膜電極に分類され，様々なイオンに対するイオンセンサーが市販され実用化されている。ガラス電極の代表例がpH電極である。**図 18.16** にpHガラス電極の模式図を示す。

ガラス電極の先端はリチウム系ガラスなどの特殊な材料でできており，試料溶液に浸したとき，H^+ がその表面に吸着し，ガラス膜を隔てて電位差が発生する。ガラス電極内に内部参照電極を挿入し，ガラス膜内外に発生する電位差を外部参照電極との電位差として測定する。このとき，測定される電位差は以下の式(18.12)に示すように，試料溶液の H^+ の活量に依存する。

$$E = k - \frac{2.303RT}{F}\log a_{H^+} \qquad (18.12)$$

ここでkは，ガラス膜と試料溶液間の電位のみならず，二つの参照電極の電位，内部溶液とガラス膜間の電位，ガラス膜内にかかる微小な電位が含まれる。そのため実際の測定には，事前にpH標準溶液を用いて校正を行い，kを求めておく必要がある。$-\log a_{H+} = pH$ であるため，

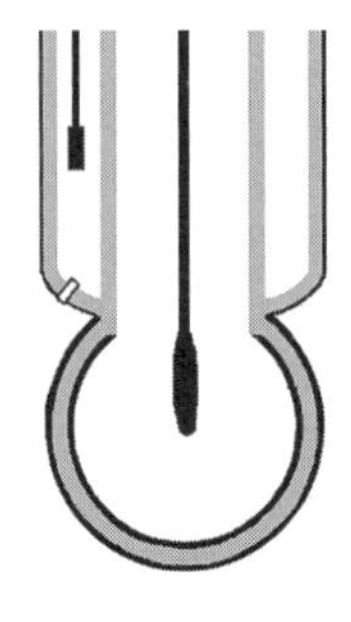

図 18.16　複合型 pH ガラス電極

$$E = k + \frac{2.303RT}{F}\mathrm{pH} \qquad (18.13)$$

と表される。

また，**図 18.17** にフッ化物イオンセンサーの模式図を示す。イオン感応膜としてフッ化ランタンの結晶を用いている。この固体膜は非常に選択的にフッ化物イオンに対して応答を示し，pH 5～9 程度の範囲で 10^{-6} mol dm^{-3} 程度の低濃度まで測定が可能な電極が市販されている。

そのほかにも，WE を軸を中心に回転させることで強制的に試料溶液の対流を起こさせる対流ボルタンメトリー測定や，混じり合わない水 / 油界面（油-水界面，液-液界面と呼ばれる）でのイオンの移動を観察するイオン移動ボルタンメトリー，直流電圧に交流電圧を重ね合わせて電極表面での高速な電荷の移動を観察する交流ボルタンメトリーなど，様々な測定法が開発されている。

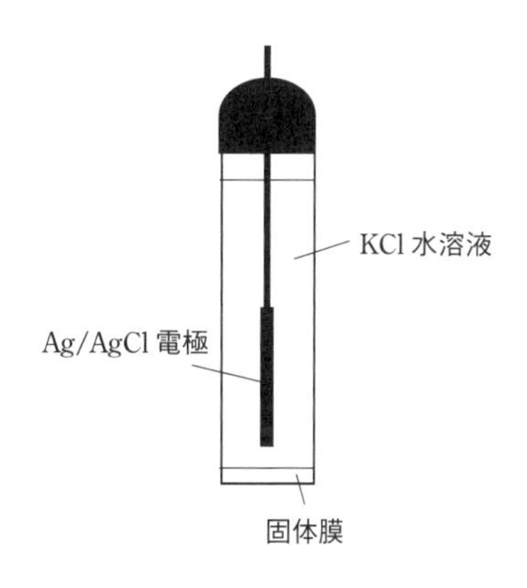

図 18.17　フッ化物イオン選択性電極の模式図

18.5　様々な分析機器と組み合わせた測定法

電気化学測定法は，流れ系への組み込みが容易である。電子の移動を観察することができる非常に強力なツールであるが，反応に関わる物質の構造に関する直接的な情報を得ることはできない。そこで，様々な測定法と組み合わせた新たな測定法が開発されている。

18.5.1　HPLC などのフローシステムにおける検出器としての応用

フロー電気化学セルが HPLC の検出器として広く用いられている。酸化還元物質に対する選択性があり，かつ，設定電位によっても選択性をもつ。溶離液に電解質が含まれている必要がある。

18.5.2　分光電気化学

電極反応生成物の，その場（*in situ*）スペクトル測定が行われている。紫外・可視光に対する吸収，それに伴う蛍光発光，赤外吸収スペクトル測定など，様々な融合法が報告されている。バルク成分の情報を極力除くために溶液層をできる限り薄くした薄層電気化学セルを用いる手法や，光の全反射現象を利用した電極表面を選択的に測定する手法も開発されている。

本章のまとめと問題

18.1　ある有機化合物の 1.0 mmol dm^{-3} の水溶液 10 mm^3 を完全に電解酸化したときに得られた電気量が 1.9 mC であった。この有機化合物の酸化電子数 n はいくらであるか計算しなさい。

18.2　100 mmol dm^{-3} ヘキサシアノ鉄(II)酸カリウム，50 mmol dm^{-3} ヘキサシアノ鉄(III)酸カリウム混合水溶液に Pt 電極を入れ，同じ溶液に入れた Ag/AgCl 電極（飽和 KCl）に対する電位を測定するといくらになるか。（簡単のため，両物質の活量係数は等しいとする。）

18.3　本書では取り上げなかったポテンシャルステップ・クロノアンペロメトリー（PSCA）やノーマルパルスボルタンメトリー（NPV）について，どのように電位を印加するのか，得られる電流-時間曲線，または電流-電位曲線について調べなさい。

18.4　次のように二電子と二プロトンの移動を伴う酸化還元反応において，還元体が 2 価の弱酸である場合を考える。

$$\mathrm{O} + 2\mathrm{H}^+ + 2\mathrm{e}^- \rightleftharpoons \mathrm{RH_2}$$

$$\mathrm{RH_2} \rightleftharpoons \mathrm{RH}^- + \mathrm{H}^+$$

$$\mathrm{RH}^- \rightleftharpoons \mathrm{R}^{2-} + \mathrm{H}^+$$

このとき二つの酸解離定数（K_{a1}，K_{a2}）と還元体総濃度（$[\mathrm{R}]_t$）を次の式で表すと（ここでは簡単のため活量ではなく濃度で考える），

$$K_{a1} = \frac{[\mathrm{H}^+][\mathrm{RH}^-]}{[\mathrm{RH_2}]},\quad K_{a2} = \frac{[\mathrm{H}^+][\mathrm{R}^{2-}]}{[\mathrm{RH}^-]}$$

$$[\mathrm{R}]_t = [\mathrm{RH_2}] + [\mathrm{RH}^-] + [\mathrm{R}^{2-}]$$

となり，ネルンスト式は，

$$E = E^{\ominus} - \frac{RT}{2F}\ln\frac{[\mathrm{RH_2}]}{[\mathrm{O}][\mathrm{H}^+]^2} = E^{\ominus} + \frac{RT}{2F}\ln\left([\mathrm{H}^+]^2 + K_{a1}[\mathrm{H}^+] + K_{a1}K_{a2}\right) - \frac{RT}{2F}\ln\frac{[\mathrm{R}]_t}{[\mathrm{O}]}$$

と書ける。右辺第一，第二項を合わせて $E^{\ominus\prime}$ とし，条件標準電位と呼ぶ。可逆系の CV 測定で得られる中点電位 E_{mid} は，この $E^{\ominus\prime}$ と近似的に等しいと扱える。pK_{a1} = 3，pK_{a2} = 9，$E^{\ominus}$（pH 0 での値）= 0 V であるとき，E_{mid} の pH 依存性（pH 0 ～ 14）を図示しなさい。

18.5　一定電位で t 秒間，電極で還元反応が進行し，下図太線のような濃度プロファイルが形成されたとする（$[\mathrm{O}]^*$ は酸化体 O の沖合濃度）。このとき，破線で示したように濃度勾配が直線的であると仮定すると（拡散層に対するネルンストの仮定と呼ばれる），図中 δ は拡散層の厚さと呼ばれ，$\delta = \sqrt{\pi D_o t}$ となる。そこで，5 秒間の定電位電解（t = 5 s）で，拡散層の厚さはどの程度になるか計算しなさい。（また，参考までに電位掃引を行った際の結果である，図 18.6 の濃度プロファイルと比較してみなさい。）

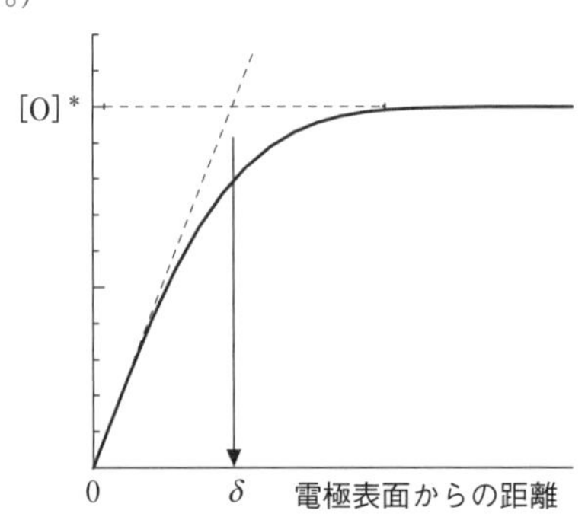

引用文献

1) Nicholson, R. S. and Shain, I. (1964) *Anal. Chem.*, **36**, 706

III 機器分析法

19 クロマトグラフィーと電気泳動法

分析の対象となる実試料には様々な成分が含まれており，その中からある特定の微量成分を検出・定量するためには，妨害成分を除去したり，目的成分を濃縮したりする操作がしばしば必要となる。10章では前処理としての分離法が解説されたが，本章では機器分析法に位置づけられる精密な分離分析法について解説する。

19.1 分離分析法の基礎

クロマトグラフィーと電気泳動法はどちらも流れを利用する分離分析法であり，流れの中で成分相互の移動度に違いを生じさせて分離を行う。

クロマトグラフィーは，ロシアの植物学者ツヴェットが図19.1に示すような器具を用いて植物色素の分離を行ったのがその始まりとされている。先端を絞ったガラス管に炭酸カルシウムなどの粉末を詰め，葉から抽出した植物色素をその上端に注ぎ，石油エーテルや二硫化炭素などの様々な溶媒を流した。試行錯誤の末，ツヴェットは，いくつかの色層に分けることに成功し，1906年に，色（chroma）を記録する（graphos）を意味するギリシャ語を語源としてクロマトグラフィーと命名した。この分離法は，開発当時はあまり有効な方法とは認識されなかったが，1940年代に，マーチンらによる分配クロマトグラフィーの開発とその理論体系の確立によって一気に開花する。

クロマトグラフィー chromatography
ツヴェット Tswett, M.
マーチン Martin, A.

一方の**電気泳動法**は，ロシアの物理学者ロイスによって1807年に報告されたのが最初とされている。電界内で負に帯電した粒子は陽極に向かって移

電気泳動法 electrophoresis
ロイス Reuss, F.F.

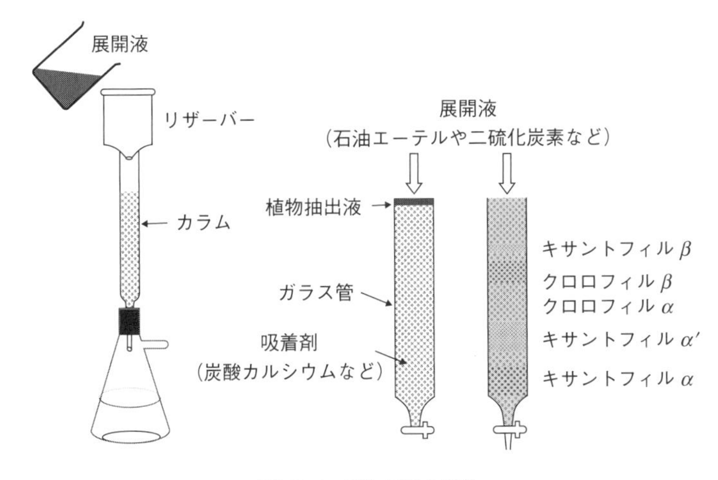

図19.1 植物色素の分離

動し，正に帯電した粒子は陰極に向かって移動する現象を利用した分離法である。phoresis は“運ぶ”という行為を意味する言葉で，electrophoresis は文字通り電気で運ぶということを意味している。電気泳動法は，1930 年代にティセリウスがタンパク質の移動度を調べる方法として利用してから脚光を浴びることとなった*1。

ティセリウス Tiselius, A.

*1　ティセリウスは，電気泳動装置を用いて，血清タンパク質がアルブミン，α-，β-，γ-グロブリンで構成されていることを発見し，1948 年にノーベル化学賞を受賞している。

19.2　クロマトグラフィーの基礎

ツヴェットによって 20 世紀初頭に創始されたクロマトグラフィーは多様な発展を遂げ，試料成分の相互分離や分取精製に不可欠な機器分析法として一大分野を築いている。

19.2.1　クロマトグラフィーの定義と原理

固定相 stationary phase
移動相 mobile phase
カラム column
クロマトグラフ chromatograph
クロマトグラム chromatogram

クロマトグラフィーは大きな表面積を有する**固定相**と，これに接して流れる**移動相**との間に形成される平衡の場に，少量の試料を注入し，試料中に含まれる複数種の成分をこの二相間での相互作用の違いを利用して分離する方法である。図 19.1 における展開液が移動相であり，炭酸カルシウムなどの吸着剤が固定相に相当する。なお，吸着剤を充填した円筒状の管を**カラム**と呼ぶ。クロマトグラフィーは分離手法を表す言葉であり，クロマトグラフィーを行う装置を**クロマトグラフ**，クロマトグラフィーによる分析の結果得られるチャートを**クロマトグラム**と呼ぶ。

図 19.2 に成分相互の分離過程を模式的に示す。カラムの上端から導入された試料中の各成分は，移動相の流れに乗りながら，それぞれ固有の親和性で固定相と相互作用しながら移動していく。固定相との相互作用が弱い成分は迅速に下層へと移動し，固定相との相互作用が強い成分は長い時間留ま

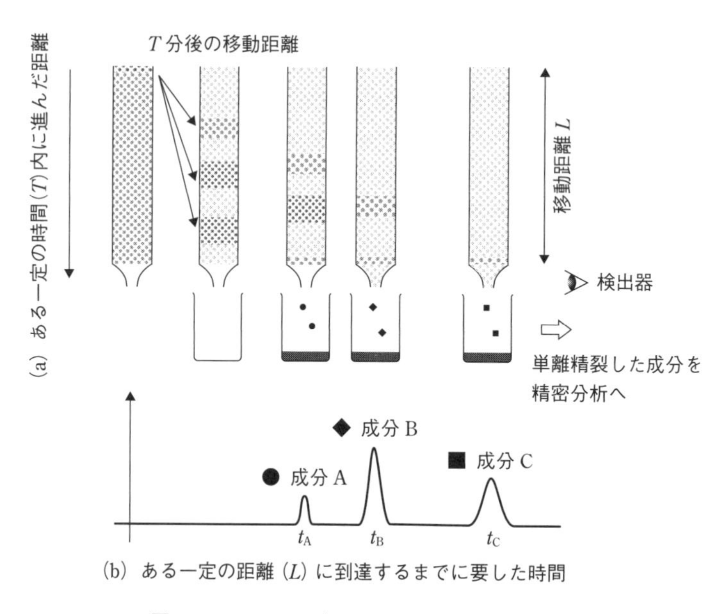

図 19.2　クロマトグラフィーの分離過程とピーク

る。この試料成分が固定相に留まっている状態のことを“保持される”という。クロマトグラムは，a) 移動時間を一定にしておき，試料導入点から移動した距離の違いとして成分相互の分離を表現する方法と，b) 移動距離を一定にしておき，ある検出地点までの到達時間の違いとして表現する方法の二通りがある。機器分析法では，カラム出口に検出器を設置して観測し続けるb) の方法がもっぱら採用されている。なお，カラムから溶出してくる各成分は濃度分布をもっており，中心部を最大とする山形の部分を**ピーク**と呼ぶ。

ピーク peak

19.2.2 クロマトグラフィーの分類

クロマトグラフィーは様々な基準に基づいて分類される。**表 19.1** に代表的な分類を示す。分類基準は主に移動相の状態，固定相支持体の形状，分離（保持）機構などである。

移動相は，その流れに乗せて試料をカラムに運ぶ役割を担っている。そのため流体である必要があり，液体か気体が一般に用いられる。移動相が液体であれば**液体クロマトグラフィー** (LC)，気体なら**ガスクロマトグラフィー** (GC) と呼ばれる。なお，液体と気体の特徴を併せもつ超臨界流体も利用されており，**超臨界流体クロマトグラフィー** (SFC) と呼ばれる。

固定相支持体の形状では，**カラムクロマトグラフィー**と**平面クロマトグラフィー**に分類される。図 19.1 に示すような円筒状のカラム内で分離を行うクロマトグラフィーがカラムクロマトグラフィーである。GC はすべてカラムクロマトグラフィーである。一方，LC では，ガラスなどの平板上に微粒子を薄く塗布した薄層状のプレート（薄層板）を用いて分離を行うことがある。これを**薄層クロマトグラフィー** (TLC) という。また，薄層板の代わりにろ紙を使う場合を**ペーパークロマトグラフィー**という。これらはその形状から平面クロマトグラフィーと呼ばれている。

クロマトグラフィーによる試料成分の分離には，様々な化学的あるいは物理的な相互作用が利用される。分離に寄与する具体的な分子間力としては，

表 19.1 クロマトグラフィーの分類

分類基準	クロマトグラフィー
移動相の状態	ガスクロマトグラフィー (gas chromatography, GC) 液体クロマトグラフィー (liquid chromatography, LC) 超臨界流体クロマトグラフィー (supercritical fluid chromatography, SFC)
固定相支持体の形状	カラムクロマトグラフィー (column chromatography) 平面クロマトグラフィー (planer chromatography) 　ペーパークロマトグラフィー (paper chromatography) 　薄層クロマトグラフィー (thin-layer chromatography, TLC)
分離機構	分配クロマトグラフィー (partition chromatography) 吸着クロマトグラフィー (adsorption chromatography) イオン交換クロマトグラフィー (ion exchange chromatography) サイズ排除クロマトグラフィー (size exclusion chromatography, SEC) 　ゲルろ過クロマトグラフィー (gel filtration chromatography, GFC) 　ゲル浸透クロマトグラフィー (gel permeation chromatography, GPC)

クーロン力や水素結合，また，配向力や分散力といったファンデルワールス力などがあげられるが，分離機構としては，吸着，分配，イオン交換，サイズ排除（細孔への浸透）の四つに大別することが多い。

吸着と分配という言葉には厳密な区別があるわけではなく，固定相の状態と関連がある。固定相は静止している相である必要があり，流動性がない固体（吸着剤）が用いられるが，担体表層に担持されている液体も利用できる。シリカゲルやアルミナなどの吸着剤の表面と目的成分との直接的な接触に基づく場合を“吸着”という言葉で表す。これに対して，固定相液層に目的成分が取り込まれて，移動相との間で分配平衡が成り立つような場合を“分配”という言葉で表す。

イオン交換クロマトグラフィーは，スルホ基やアンモニウム基などのイオン性官能基を化学的に結合させたイオン交換樹脂を用いる。試料イオンとイオン交換樹脂との可逆的なイオン結合の形成に基づいてイオン性化合物や無機イオンの分離を行う。

サイズ排除クロマトグラフィーは，三次元の網目構造をもつゲル粒子を固定相として用い，**分子ふるい効果**[*2]を利用して溶質分子の大きさ（分子量）の違いによって分離する方法である。細孔に入り込むことのできない大きな分子ほど先に溶出する[*3]。

分子ふるい効果
molecular sieving effect

*2　名称は同じであっても，後述する電気泳動法における分子ふるい効果は分離原理が異なっており，網目に引っかかりやすい大きな分子の方が遅れて溶出する。

*3　このほかにも，分取を目的とするクロマトグラフィーを分取クロマトグラフィーと呼んだり，イオンを対象とするクロマトグラフィーをイオンクロマトグラフィーと呼んだり，あるいはカラムのサイズによってキャピラリークロマトグラフィーと呼んだりするように，クロマトグラフィーの分類や呼称は紛らわしいものが多いので注意が必要である。日本工業規格のJIS K0214に，クロマトグラフィーに関する最新の用語とその定義についてまとめられているので参照するとよい。

19.2.3　クロマトグラフィーの理論

a)　保持時間および保持容量

クロマトグラフィーによる分析の結果得られるクロマトグラムを図19.3に模式的に示す。試料がカラムに注入されてからの時間，あるいは使用された移動相の容量を横軸にとり，試料成分が検出器を通過した際の信号強度を縦軸にとる。

試料成分は，固定相と相互作用しながら移動相の流れに乗って移動していく。目的成分が移動相中に存在するときには，出口方向に向かって移動し，

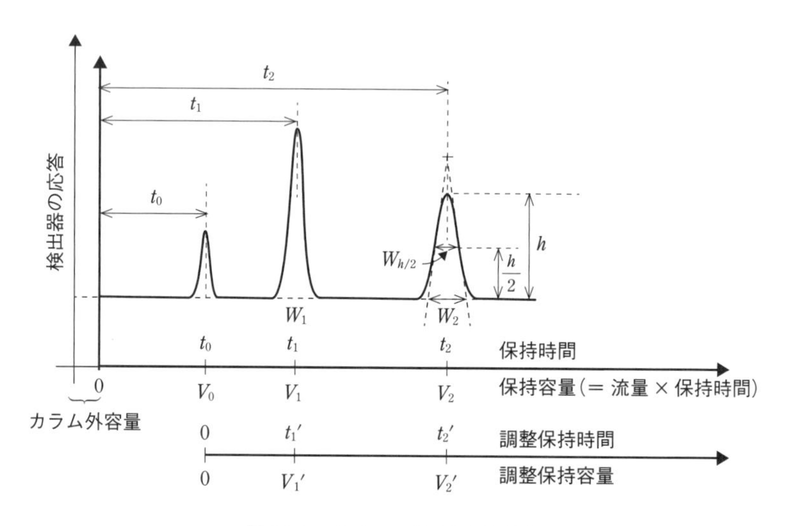

図19.3　クロマトグラムと保持値

固定相中に存在するときには，原則として移動はしない。試料が注入されてから各々の成分が溶出するまでの時間をそれぞれ**保持時間**と呼び t_R で表す。t_0 はホールドアップ時間（デッドタイム，ボイドタイムといわれることも多い）といい，固定相とまったく相互作用しない成分がカラムを通り抜けるのに要する時間である。この時間は移動相がカラムを通過する時間（t_m）に等しい。一方，試料成分が固定相に分配されて固定相内に留まっている時間（t_s）は，保持時間からホールドアップ時間を差し引くことで求められる。この時間を調整保持時間（t_R'）と呼び，試料成分が固定相に保持された正味の時間を示す。保持時間に流速 F を乗じると**保持容量**（V_R）となる。保持時間は移動相の送液速度によって変わりうるが，保持容量は流速に依存しない値である。

保持時間 retention time

保持容量 retention volume

なお，実際のクロマトグラムには，カラムと検出器をつなぐ配管やカラムとインジェクター間の流路など**カラム外容量**が存在し，ここを通過する時間が加算されている。したがって，後述する保持係数などを厳密に計算する場合には，カラム外容量相当の時間を差し引く必要がある。

カラム外容量 extra column volume

b）保持係数と分配係数

保持時間は送液速度だけではなく，カラムの長さによっても変わるので，固定相の保持特性を比較するためには**保持係数** k を使用する。保持係数 k は，溶質が固定相に保持される程度を示し，クロマトグラムから次式により簡単に求めることができる。

保持係数 retention factor

$$k = \frac{t_s}{t_m} = \frac{t_R - t_0}{t_0} \tag{19.1}$$

また，保持係数 k は，平衡状態にある二液相間に分配される溶質の割合を示す**分配係数**（K_D）と次式で関係づけられる。

分配係数 partition efficiency

$$k = \frac{C_s V_s}{C_m V_m} = K_D \frac{V_s}{V_m} \tag{19.2}$$

ここで，C_s，C_m はそれぞれ固定相中，移動相中の成分濃度，V_s，V_m は固定相と移動相の容積である。この式は，k の値が溶質，移動相，固定相等の性質によって定まり，カラムのサイズや装置に影響されないことを示している。

また，k，K_D は保持体積 V_R と以下の関係がある。

$$V_R = V_m + \frac{C_s}{C_m} V_s = V_m + K_D V_s = V_m + k V_m \tag{19.3}$$

c）カラム効率

カラムの性能や分離の程度を定量的に評価する指標として，次式で定義される**理論段数** N が広く用いられている。

理論段数
number of theoretical plate

$$N = \left(\frac{t_R}{\sigma_{(t)}} \right)^2 \tag{19.4}$$

t_R は保持時間を表す。$\sigma_{(t)}$ はガウス型のピーク形状*4 を仮定したときの時間単位で表した標準偏差である。ピークの形状がガウス型であればピーク幅

*4　確率論や統計学で用いられる，左右対称な釣り鐘形（山形）の曲線を有する確率分布。

Wは4 $\sigma_{(t)}$に等しいので，

$$N = 16\left(\frac{t_R}{W}\right)^2 \tag{19.5}$$

と表せる。なお，Wはベースライン上のピーク幅ではなく，図19.3に示すように，ピークの各側にある変曲点を通るように引かれた接線とベースラインとの交点から得られる幅であることに注意したい。一方，ピークの半分の高さにおけるピーク幅を半値幅といい，この半値幅の計測は容易であるため，次式を用いて理論段数を求めると簡便である。

$$N = 5.545\left(\frac{t_R}{W_{h/2}}\right)^2 \tag{19.6}$$

段理論　plate theory
理論段　theoretical plate

この理論段数は**段理論**に基づくものである。段理論において，分配平衡が成立すると考えられる最小の単位を**理論段**といい，それらが多数集まってカラムが構成されると考えたときにカラムが有する理論段の数を理論段数という。すなわち，Nの値が大きいほど分離能がよい。ただし，理論段数Nはカラムの長さに依存するので，Nの大きさだけでカラム相互の性能を比較する直接的なパラメーターとはならない。そこで，カラム相互の分離能を比較するために，**理論段相当高さ**（HETP）と呼ばれるHが次式のように定義された。

理論段相当高さ
height equivalent to a theoretical plate

$$H = \frac{L}{N} \tag{19.7}$$

Hはカラムの長さ（L）を理論段数で除した値であり，一理論段あたりのカラム長を意味し，単位はμmが一般に用いられる。理論段数とは反比例の関係にあり，小さい方がカラムは高性能となる。

d）理論段相当高さHとピークの広がり －速度論－

クロマトグラフィーでは，カラムに注入された試料バンドはカラムを移動していく間に種々の要因で広がる。**図19.4**に試料成分のバンド幅が広がる原因をいくつか示す。

この広がりの要因に関しては多くの理論的研究がなされたが，なかでもファン デームテルによって提案された速度論的な考察は有名である。

$$H = A + \frac{B}{u} + Cu \tag{19.8}$$ [*5]

図19.5にHと移動相の平均線流速uとの関係をグラフで示す。ファン

*5　なお，ファン デームテル式は充填型カラムを用いるガスクロマトグラフィーにおいて導かれた式であり，中空のキャピラリーカラムを用いるガスクロマトグラフィーではゴーレイ（Golay）式と呼ばれる修正式が用いられたり，高速液体クロマトグラフィーではフーバー（Huber）式やノックス（Knox）式が実状に合わせて利用される。それらの詳細については専門書を参照されたい。

ファン デームテル
van Deemter, J.J.

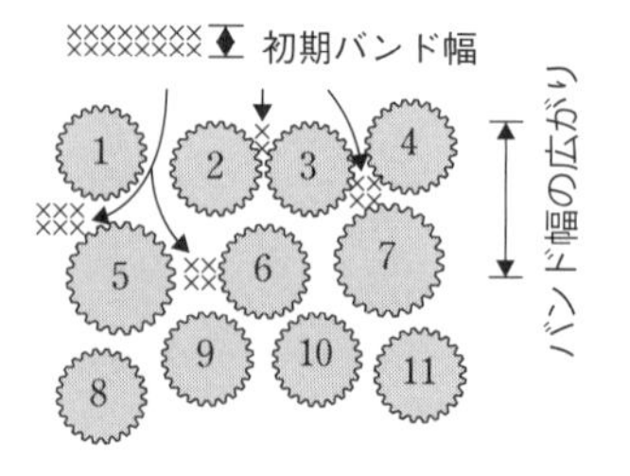

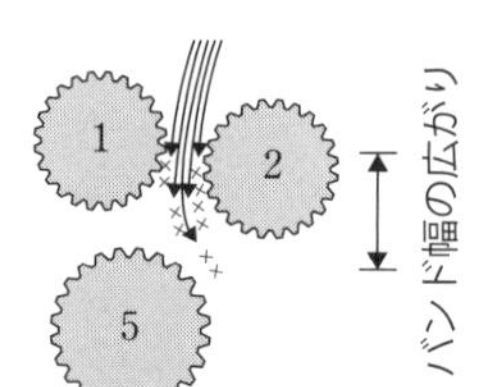

移動相中の物質移動

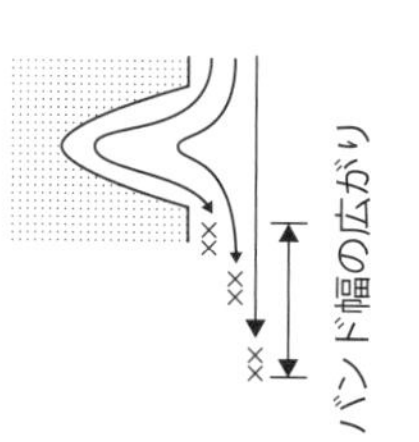

停滞した移動相中の物質移動

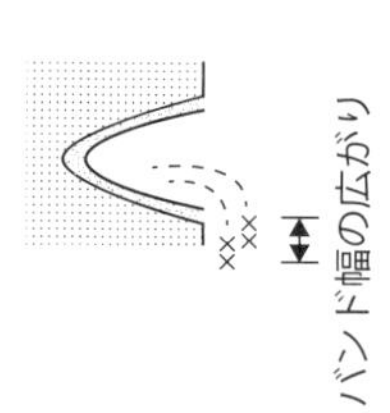

固定相中の物質移動

図19.4　カラム内で試料成分が広がる原因の例

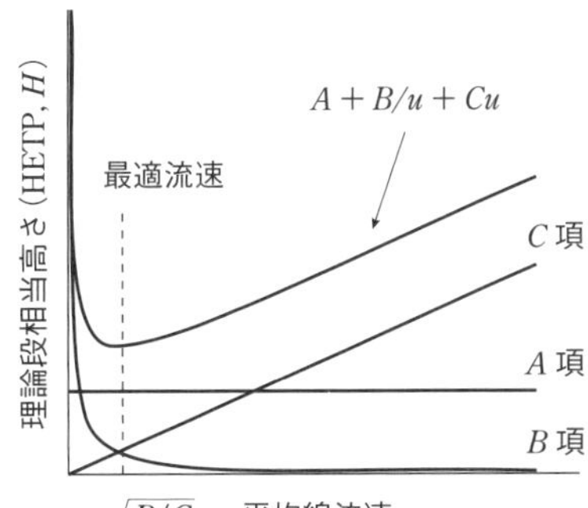

図 19.5 H と移動相の平均線流速 u との関係

デームテルは，H を流速に依存しない項 (A) と流速に反比例する項 (B/u) と流速に比例する項 (Cu) に分けている。ここで，A, B, C は定数であり，それぞれ次のような物理的意味をもっている。

A 項は**多流路拡散**に基づいており，粒子充填型カラム内において，溶質が曲がりくねった流路を通り，移動距離に違いが生じることによってひき起こされる。A 項の影響は，粒子径を小さくして，均一に充填することによって低減することができる。

多流路拡散 eddy diffusion

B 項はカラムの長さ（移動相の流れ）方向への**分子拡散**によるもので，移動相中を溶質が高濃度領域から低濃度側へ移動することにより生じる。B 項は線流速が遅い場合に効いてくる項であり，特に気相中での拡散係数は大きいので，ガスクロマトグラフィーでは注意を要するが，液体クロマトグラフィーでは無視できる場合が多い。

分子拡散 longitudinal diffusion

C 項は物質移動に対する抵抗に起因する拡散によるもので，溶質が 2 相間を移動するのに時間を要することから生じる試料ゾーンの広がりを反映している。C 項の寄与を低減するためには，A 項の場合と同じく粒径を小さくするのがよく，また，固定相の厚みを薄くすることも重要である。

＊＊＊＊＊＊＊＊＊＊＊＊＊＊＊＊＊＊＊＊＊＊＊＊＊＊＊＊＊＊＊＊＊＊＊＊＊＊＊

［例題 19.1］ 長さが 30 m の中空キャピラリーカラムを用いて GC 分離を行ったところ，ステアリン酸メチルのピークは 26.5 分に観測され，ピーク幅は 0.3 分であった。以下の設問に答えなさい。なお，このカラムに保持されない化学種は 1.2 分で溶出した。

a）ステアリン酸メチルの調整保持時間
b）ステアリン酸メチルの保持係数
c）ステアリン酸メチルに対する理論段数
d）理論段相当高さ

［答］ (a) $t'_R = t_R - t_0 \quad t'_R = 26.5 - 1.2 = 25.3\ (\mathrm{min})$

(b) $k = \dfrac{t_R - t_0}{t_0} \quad k = \dfrac{25.3}{1.2} \quad k = 21.1$

(c) $N = 16\left(\dfrac{t_R}{W}\right)^2 \quad N = 16\left(\dfrac{26.5}{0.3}\right)^2 \quad N = 1.25 \times 10^5$

(d) $H = \dfrac{L}{N} \quad H = \dfrac{30 \times 10^6}{1.25 \times 10^5} \quad H = 240\ \mu\mathrm{m}$

＊＊＊＊＊＊＊＊＊＊＊＊＊＊＊＊＊＊＊＊＊＊＊＊＊＊＊＊＊＊＊＊＊＊＊＊＊＊＊

19.2.4　分離係数と分離度

分離係数 separation factor

分離度 resolution

二つのピークの分離の程度を評価するパラメーターとして**分離係数**(α)と**分離度**(R_s)がよく用いられる。**図 19.6** に示すような，保持時間が t_1 と t_2 の隣接した二つのピークを考える。それぞれの保持係数を k_1，k_2，時間単位で表したピーク幅を W_1，W_2 とすると，分離係数と分離度は，次式で定義される。

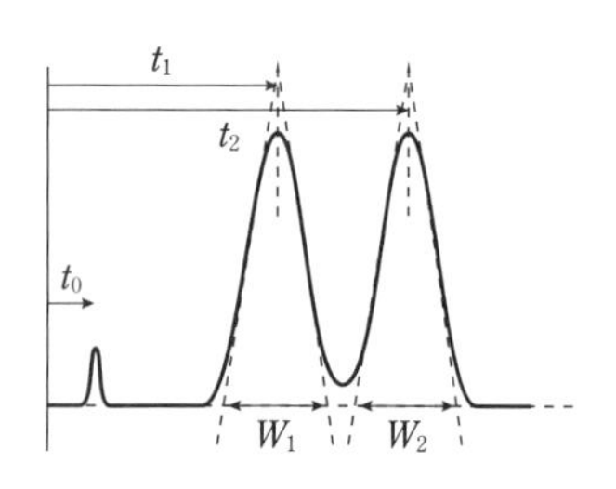

図 19.6　分離度の定義

$$\alpha = \frac{k_2}{k_1} = \frac{t_2 - t_0}{t_1 - t_0} \tag{19.9}$$

$$R_s = \frac{t_2 - t_1}{1/2\,(W_1 + W_2)} \tag{19.10}$$

R_s はピーク幅も加味して分離の程度を評価したものである。二つの成分の保持がほぼ等しいとき，ピーク幅や理論段数の値もほとんど同じとみなせる。そこで，$W_1 \approx W_2$ とし，N(理論段数)の値も二つのピークで等しいとすると，R_s は N，α，および後に溶出する成分の k_2 を用いて次のように変形することができる。

$$\begin{aligned} R_s &= \frac{t_2 - t_1}{W_2} = \frac{\sqrt{N}}{4}\frac{t_2 - t_1}{t_2} = \frac{\sqrt{N}}{4}\frac{k_2 - k_1}{1 + k_2} = \frac{\sqrt{N}}{4}\frac{k_2 - k_1}{k_2}\frac{k_2}{1 + k_2} \\ &= \frac{\sqrt{N}}{4}\frac{(\alpha - 1)}{\alpha}\frac{k_2}{1 + k_2} \end{aligned} \tag{19.11}$$

この式から，分離度は理論段数(N)が大きいほど，分離係数(α)が大きいほど，また分離対象の k が大きいほど大きくなる，つまり二つのピーク間の分離がよくなることがわかる。

ピーク容量 peak capacity

さらに R_s を含む関係式に**ピーク容量**がある。ピーク容量は，一つのクロマトグラム上に収容可能な最大のピーク数を意味し，次式で示される。

$$n = \frac{\sqrt{N}}{4R_s}\ln\left(\frac{t_n}{t_1}\right) + 1 \tag{19.12}$$

t_1 と t_n はそれぞれ最初のピークと最後のピークの溶出時間である。R_s の値はおおむねベースライン分離が可能とみなせる 1 を採用する場合が多い。ピーク容量は潜在的にどの程度の分離能力を有するかを示すものであり，分離システムの性能評価の指標として有用である。

19.3　ガスクロマトグラフィー

マーチン Martin, A.J.P.

ガスクロマトグラフィー(GC)は，1952 年にマーチンによって最初に報告されて以降，その優れた分離能と汎用性の高い高感度な検出器に恵まれたこともあり，医薬品分析や農薬分析，石油化学や環境科学分野に欠かせない機器分析法として不動の地位を築いている。なかでも，無機ガスや揮発性の有機化合物の迅速分析に威力を発揮してきた。試料成分の輸送が気相で行われる GC では，その分析条件においてある程度の揮発性(少なくとも数 Torr 以上の蒸気圧)を有することが求められるが，気化しにくいイオン性成分を何らかの誘導体化により揮発性の物質に変換したり，そのままでは蒸発しない高分子材料を化学分解や熱分解によって断片化してから分解生成物を分析して構造解析を行うなどの工夫により，分析対象を広げてきた。

19.3.1 GC の装置構成

ガスクロマトグラフの基本構成を図 19.7 に示す。移動相輸送部，試料導入部，分離部，温度を一定に保つ恒温部，検出部，および記録とデータ処理部で構成され，これら各部を集中管理・制御するソフトウエアとパソコンも必須である。

a) 移動相輸送部

GC の移動相としては通常，ヘリウム (He) や窒素 (N_2) などの不活性ガスが使われる。一般的に，GC では試料成分と移動相との間に相互作用はないため，移動相は“運ぶ”を意味するだけのキャリヤーガスと呼ばれることが多い。ガスボンベから供給されたガスは，減圧弁を介して流量を制御された後，カラムに送液される。一般的な送液速度は，He の場合，線流速 30 cm s^{-1} 程度である。

b) 試料導入部

カラム入口側には試料注入口が設置されており，試料はマイクロシリンジを用いて，セプタム (隔膜) と呼ばれるシリコーンゴムを通して試料気化室

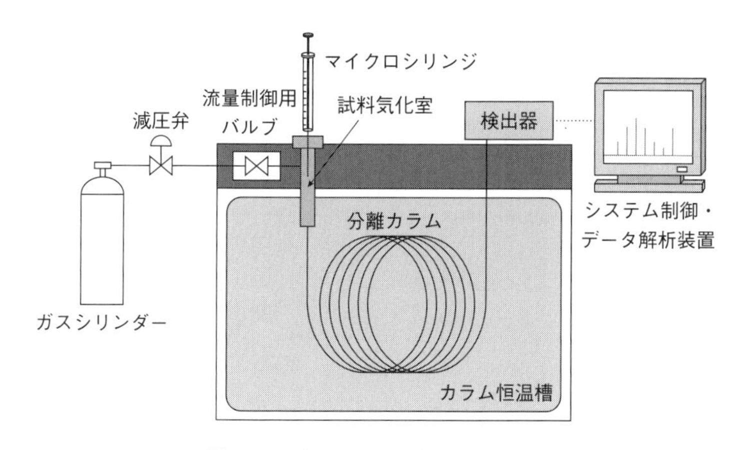

図 19.7 ガスクロマトグラフの概略図

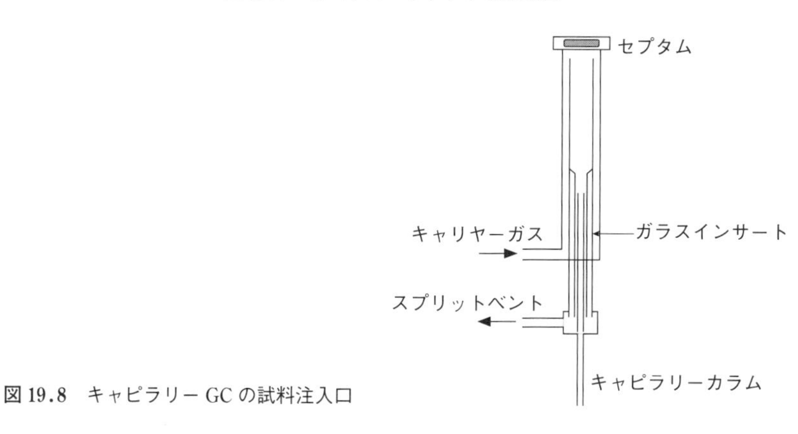

図 19.8 キャピラリー GC の試料注入口

に導入される。液体試料の場合はこの気化室で溶質や溶媒の気化が起こる。**図 19.8** に，GC で汎用されているキャピラリー GC の試料注入口を模式的に示す。気化室では，キャピラリーカラムはガラスインサートを介して接続されており，試料の**過負荷**やピークの広がりを避けるために，注入した試料の一部だけをカラムに導入するスプリット法や，コールドオンカラム法，プログラム昇温気化法などの注入法が考案され利用されている。なお，キャピラリーカラムの試料負荷量は，カラムの内径と液相の膜厚に依存しているが，おおむね 数 ng ～数 μg である。詳細は専門書を参照されたい。

過負荷 overloading

c）分離部

GC で使用されるカラムは，**充填型カラム**と**中空キャピラリーカラム**に大別される。**図 19.9** にそれらの断面図を示す。充填型カラムは，内径が 2 mm ～ 4 mm，長さ 30 cm ～ 6 m のステンレス鋼，あるいはガラス製の中空管に，粒子径が 100 ～ 60 メッシュ（150 μm ～ 250 μm）の充填剤を詰めたものである。充填剤のバリエーションは豊富で，大きく二つに分類される。シリカゲルや活性炭，ゼオライト，活性アルミナ，多孔性高分子などの吸着性のある微粒子と，珪藻土のような担体にシリコーン系のポリマーなど高沸点の液体（固定相液体）を含浸または塗布したものである。

充填型カラム packed column

中空キャピラリーカラム open tubular capillary column

一方，中空キャピラリーカラムは内径が 0.1 mm ～ 0.5 mm 前後で長さは 5 m ～ 60 m のものが一般的であり，ポリイミド樹脂で外側を被覆した**溶融シリカ**や，内壁を高度に不活性処理したステンレス鋼がカラム管として用いられている。中空キャピラリーカラムの固定相は，カラムの内壁に固定相液層を塗布して固定化した（WCOT；wall coated open tubular）型のものであり基本的に担体は存在しないが，多孔性のポリマー粒子などをカラム内壁に固定化した PLOT（porous layer open tubular）型のカラムもある[*6]。

溶融シリカ fused silica

***6**　GC 用の中空キャピラリーカラムには，WCOT 型と PLOT 型に加えて SCOT（support coated open tubular）型がある。

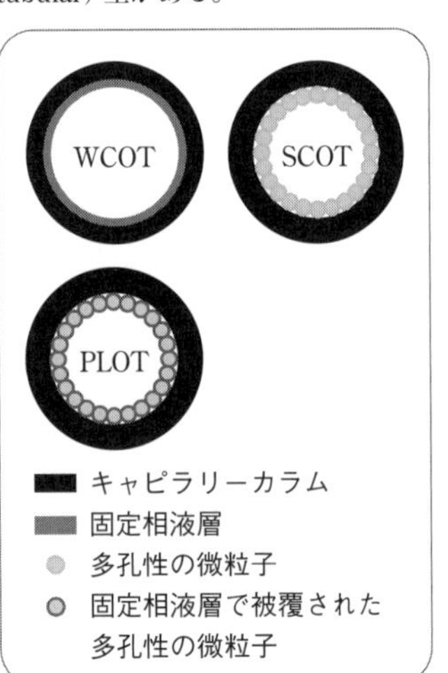

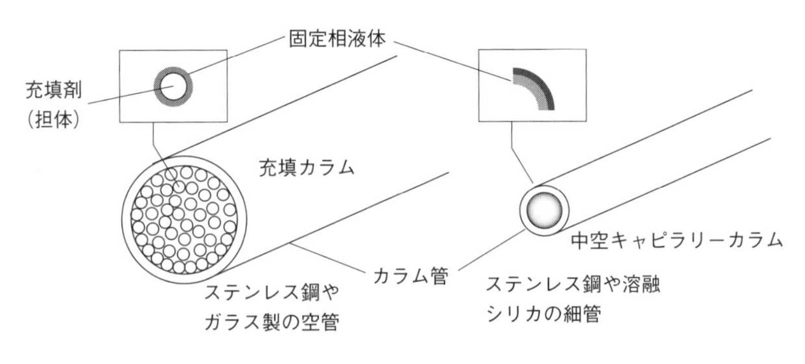

図 19.9　GC カラムの断面図

表 19.2 に GC 用キャピラリーカラムで汎用されている代表的な固定相液層を示す。原則として GC における保持時間は沸点の順になる。これに液層との相互作用が加味されて保持時間が決定される。カラム選択で一番重要なパラメーターは液層の選択であり，水素結合や極性（双極子相互作用），π-π 相互作用を利用して分離を行う。ポリジメチルシロキサンや，そのメチル基の一部をフェニル基に置換したシリコーン系ポリマーがよく用いられてい

表 19.2 GC 用キャピラリーカラムに用いられる代表的な固定相液層

固定相液層の構造	極性	分離原理	分析対象
$-[O-Si(CH_3)(CH_3)]_{100\ \%}-$	無極性	沸点	炭化水素，高沸点成分など
$-[O-Si(C_6H_5)(C_6H_5)]_{5\ \%}-[O-Si(CH_3)(CH_3)]_{95\ \%}-$	低極性	ほぼ沸点	汎用
$-[O-Si(CH_2CH_2CH_2CN)(C_6H_5)]_{14\ \%}-[O-Si(CH_3)(CH_3)]_{86\ \%}-$	中極性	沸点 ＋ 極性	薬物，農薬，ステロイドなど
$HO-[CH_2-CH_2-O]_n-H$	高極性	極性	アルコール，エステルなど

る。一般的に，極性の高い液層は，より極性の高い物質を強く保持する。したがって，高極性の物質群の分離を向上させたい場合には，主鎖中にシアノプロピル基を導入したり，ポリエチレングリコールなどのさらに極性の高い固定相の利用が有効となる。これら以外にも，鏡像異性体を分離するためのカラムなどが市販されている。なお，カラムの最高使用温度を厳守する必要がある。この温度を超えて使用すると，液層が加熱によって気化し，カラムより徐々に流出するブリーディングという現象が起こり，ベースラインが上昇する。

中空キャピラリーカラムは，均一な単一流路であるため，ファン デームテルの式における A 項（多流路拡散）に起因するバンドの広がりはない。また，その優れた流体透過性を活かしてカラムをより長くできるため，理論段数 N を上げることができる。さらに，C 項（物質移動に対する抵抗の項）に関しても，内径を小さくして固定相の膜厚を薄くすることにより分離能を改善できる。ただし，カラム内に導入できる試料量（試料負荷量）を減らす必要がある。そのため，実際の GC 分析では，所望する検出感度や分解能を考慮し，目的に適した分解能をもつカラムの選択がなされる。

d）温度制御部と昇温プログラム

保持係数は温度に依存しており，また，カラム温度は成分の蒸気圧にも大きな影響を及ぼす。したがって，カラム温度を精密に保つ恒温槽は GC において極めて重要である。さらに，沸点の低い化合物から高沸点の化合物を短時間で効率よく分離するために，カラム温度を徐々に上昇させる**昇温操作**が GC ではしばしば行われる。例として，**図 19.10** に直鎖アルカンの混合試料を恒温条件および昇温条件で測定した結果を示す。低温（100 ℃）での測定

昇温操作
temperature programming

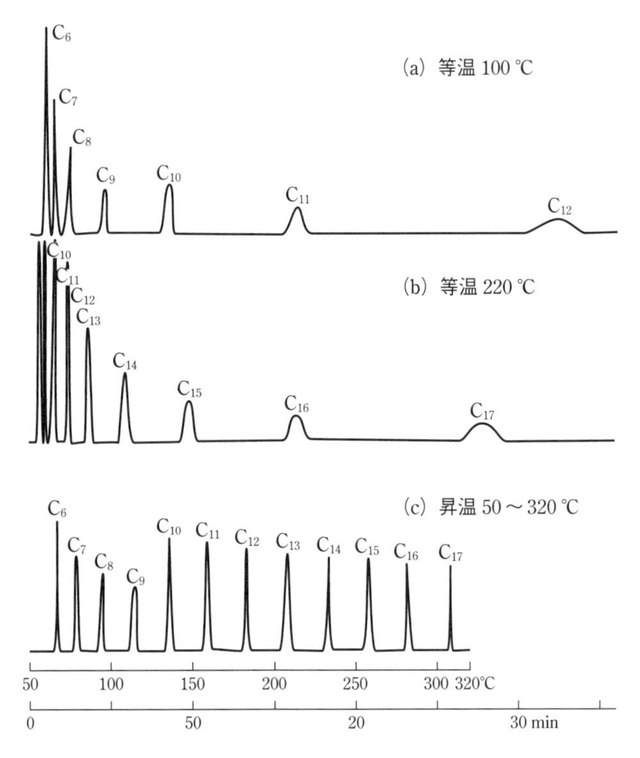

図 19.10　昇温ガスクロマトグラフィーによる *n*-アルカンの分離の最適化
小島次雄・大井尚文・森下富士夫 著（1985）『ガスクロマトグラフ法』（共立出版）より転載。

では，高沸点成分の分配係数が大きくなり，それらの溶出時間は指数関数的な間隔で遅くなり，ピーク幅も広くなっている。一方，高温（220 ℃）での測定では，低沸点成分の分配係数が小さくなり，それらはほとんど保持されることなく重なり合って溶出している。これに対して，昇温測定では，適切な間隔でピーク形状のよいクロマトグラムが得られる。通常は 10 ℃/分 程度で昇温が行われる。温度の上昇下降を迅速に行える装置が求められ，現在，最速のものは 60 ℃/ 分で昇温可能な装置が市販されている。

e）検出器

GC 用に多彩な検出器が市販されており，感度や選択性など目的に応じて選択する。汎用的な検出器としては，**水素炎イオン化検出器**（FID）と**熱伝導度検出器**（TCD）があげられる。FID は，ほとんどすべての炭化水素化合物に対して高い感度を示すことから，別名，炭素検出器とも呼ばれる。この FID は試料成分に含まれる炭素原子の数にほぼ比例した応答を示す。ppb レベルの非常に低濃度の有機物を検出でき，検量線の直線範囲（ダイナミックレンジ）は 10^7 と広いことも特徴としてあげることができる。なお，カルボニル炭素しか含まないギ酸やホルムアルデヒドに対しては感度が悪く，水や無機ガスにはまったく応答しない。

一方，水素や酸素，窒素，二酸化炭素，一酸化炭素などの無機ガスを GC で測定する際には TCD が用いられている。TCD では，高い熱伝導度をもつ

表 19.3 GC で用いられる代表的な検出器とその特徴

検出器	分析対象	原理および特徴
熱伝導度検出器 (thermal conductivity detector, TCD)	汎用 (キャリヤーガス以外のすべての化合物)	ホイートストンブリッジを構成するように配置したフィラメントにキャリヤーガスとして熱伝導度の大きなヘリウムガスを流しておく。キャリヤーガス (移動相) と試料成分との熱伝導度の差を，加熱したフィラメントの電気抵抗の変化として検出する。感度はそれほどよくないが，キャリヤーガス以外のほとんどの物質を検出できる。
水素炎イオン化検出器 (flame ionization detector, FID)	汎用 (炭化水素)	分離カラムの出口から流出するキャリヤーガス (主に窒素) に燃焼ガス (水素と空気) を混合して，ジェットノズル先端に水素炎を形成させる。この水素炎中で試料成分は，熱分解を受けて極微量の CHO^+ が生じる。この生成したイオンを電極で捕集し，その際に流れるイオン電流を検出する。無機ガスなどの燃焼しない成分は検出できない。
電子捕獲型検出器 (electron capture detector, ECD)	親電子化合物 (含ハロゲンやニトロ化合物などの電気陰性度の大きな化合物)	キャリヤーガスに放射線源からの β 線を照射すると，キャリヤーガスの陽イオンと熱電子が生成する。この熱電子が親電子化合物に捕捉されて陰イオンが発生し，次いで，この陰イオンがキャリヤーガスの陽イオンと結合するときのイオン電流の減少を測定する検出器である。非放射線源式の ECD もある。
熱イオン化検出器 (thermionic detector, TID or ATID)	有機窒素化合物やリン化合物	窒素あるいはリン化合物に対して高い応答を示すことから，窒素-リン検出器 (NPD) とも呼ばれる。ルビジウムやセシウムなどのアルカリ金属塩を加熱して試料気体に触れさせると，窒素やリン化合物では電子を受け取って陰イオンを生成する。その結果増加するアルカリ金属の熱イオンを測定する。
炎光光度検出器 (flame photometric detector, FPD)	硫黄，リン，スズを含む化合物	原理は炎光光度計のフレーム分析と同じである。硫黄化合物やリン化合物，スズ化合物を水素炎中で燃焼させると，それぞれ 394, 526, 610 nm 付近に強い発光を示す。この光を干渉フィルターで分光して測定するため，選択性に優れ感度も高い。H_2S やメルカプタンなどの悪臭測定に用いられる。
質量分析検出器 (mass spectrometric detector, MSD)	汎用	質量分析計を検出器として用いる。電子イオン化 (EI) 法が汎用されており，フラグメントイオンのライブラリ (スペクトルデータベース) が充実していることから，未知の化合物を同定するために利用されている。

分離モードに適したカラムが市販されている。

ヘリウムが主にキャリヤーガスとして用いられ，これらのガスと試料成分との熱伝導度の違いに基づいて検出がなされる。TCD の感度やダイナミックレンジは FID と比べて劣るものの，原理上，キャリヤーガスと熱伝導度の異なるすべての気体試料に応答を示すことから，無機ガス分析用の検出器として汎用されている。

上述した汎用型の検出器に加えて，特定の化合物群に対して特異的な応答を示す選択性に優れ，感度のよい検出器が適宜利用される。それらの検出器の対象物質と原理を**表 19.3** にまとめて示す。

19.3.2 試料の前処理

GC カラムは水や酸に対して弱いため，GC 分析に先駆けてこうした妨害成分を除去したり，あるいは，感度が不足する場合には濃縮したりする必要がある。また，揮発性を上げるための誘導体化もしばしば行われる。

気体試料の場合，分析対象成分の濃度が高ければ，採取した気体をガスタイトシリンジでそのまま GC に導入すればよい。しかし，大気中の環境汚染物質の濃度は分析装置の検出下限以下のことが多く，通常は大量の大気を吸着剤 (ポーラスポリマーや活性炭など) の充填された捕集管に通して濃縮する必要がある。

a）水溶液試料の前処理

有機溶媒中の物質であれば，そのままGCに導入して分析することもあるが，水溶液試料の場合は，水がカラムを劣化させるため，適切な前処理が必要となる。水溶液試料をGCで分析する方法としては，一般的な溶媒抽出法や固相抽出法に加えて次のような方法がある。

(1) パージ&トラップ法[*7]

液体試料にパージガスを通気し，揮発性成分を追い出して捕集する。捕集した成分を加熱脱着，冷却濃縮したあとGC分析に供する。揮発性の有機化合物に有効であるが，高沸点化合物ではパージ効率が低下するため感度が落ちる。

*7　パージは除去，追放を意味しており，パージ&トラップ法は，液体試料内にパージガスを通気し強制的に有機性揮発成分を追い出した後にトラップ管へ捕集する動的サンプリング法である。

(2) ヘッドスペース法

ヘッドスペースとは容器内の気相部分のことを指し，この気相部分をサンプリングしてGC分析に供する。

(3) マイクロ固相抽出法

固相抽出法の発展型の方法であり，高分子薄膜を担持した溶融シリカファイバーを試料溶液の入ったサンプル瓶のヘッドスペースまたは溶液中に露出させることにより，分析対象物質を抽出する。その後，GC注入口に差し込み，ファイバーを露出して抽出物を加熱脱着して分析する。

b）誘導体化

GC分析における誘導体化は，揮発性の低い物質を気化しやすい形に変換する目的のほかに，特定の検出器に対する応答を向上させるためにも行われる。**表19.4**に主なGC分析のための誘導体化をまとめる。

(1) **シリル化**：ヒドロキシ（OH）基やカルボキシ（COOH）基，チオール（SH）基，アミノ（NH_2）基などの誘導体化に用いられる。一般的にトリメチルシリル（TMS）誘導体化試薬が用いられるが，TMS誘導体化物は水に対して不安定であるという問題があり，加水分解に対して比較的安定な*t*-ブチルジメチルシリル化（*t*BDMS化）もしばしば用いられる。また，GC-MS分析では，*t*-ブチル基が開裂したフラグメントイオンを選択的に検出することで高感度に定量することができる。

(2) **アシル化**：アルコール類やフェノール類などのOH基，アミン類などのNH_2基，メルカプタン類などのSH基を誘導体化するために用いられる。アセチル化やペルフルオロアシル化などがある。

(3) **アルキル/エステル化**：フェノール性ヒドロキシ基をエーテルに，カルボン酸をエステルに変換する反応を指す。

(4) **シッフ塩基を生成する誘導体化**：第一級アミンとカルボニル化合物が縮合して生成する化合物をシッフ塩基という。アルデヒドやケトン類の誘導体化に利用される。

表 19.4 GC における主な誘導体化反応

官能基	分析対象	誘導体化の種類	試 薬
ヒドロキシ基（$-OH$）	アルコール ステロイド 糖	シリル化	トリメチルシリル化剤
		エステル化	酸-アルコール *N*,*N*-ジメチルホルムアミド ジメチルアセタール ジアゾメタン オンカラムメチル化剤
		アシル化	無水酢酸 トリフルオロ酢酸無水物
カルボキシ基（$-COOH$）	脂肪酸	シリル化	トリメチルシリル化剤
		エステル化	酸-アルコール *N*,*N*-ジメチルホルムアミド ジメチルアセタール ジアゾメタン オンカラムメチル化剤
アミノ基（$-NH_2$）	アミン アミノ酸	シリル化	トリメチルシリル化剤
		アシル化	無水酢酸 トリフルオロ酢酸無水物
チオール基（$-SH$）	チオール	シリル化	トリメチルシリル化剤
		アシル化	無水酢酸 トリフルオロ酢酸無水物
カルボニル基（$-CO$）	ステロイド	オキシム化	(ペンタフルオロベンジル) ヒドロキシアミン塩酸塩

19.4 高速液体クロマトグラフィー

液体クロマトグラフィーは，ガスクロマトグラフィーでは分離が困難な不揮発性の化合物や熱的に不安定な化合物の分離にも適用できる。また，使用する固定相と移動相の組合せによって，実に多彩な分離が可能であり，無機イオンの分離から高分子化合物の分離まで，分析対象とする物質は広範囲にわたっている。本質的に溶液にできるものすべてが分析対象となる。

図 19.1 に示したツヴェットの実験では，溶媒の重力落下に基づいて送液がなされているが，ポンプなどにより移動相を加圧して送液することにより，短時間で高性能の分離が得られるようにした分析法を**高速液体クロマトグラフィー**（HPLC）という。今では液体クロマトグラフィーといえば HPLC のことを指す場合が多い。なお，HPLC は，JIS K 0124（高速液体クロマトグラフィー通則）で，高性能に分離して検出する方法と定義されているように，分離だけでなく検出まで含めた機器分析法を意味する。

高速液体クロマトグラフィー
high performance liquid chromatography

19.4.1 HPLC の分離モード

種々の分離メカニズムを利用できる HPLC では，試料に応じて適切な分離モードを選択する必要がある。**表 19.5** に主な分離モードとその特徴を示す。ツヴェットが行った植物色素の分離は**順相クロマトグラフィー**に分類さ

表 19.5　HPLC で用いられる分離モード

種　類	特　徴
順相クロマトグラフィー（normal phase liquid chromatography, NPLC）	シリカゲルやアルミナなどの高極性固定相とヘキサンなどの低極性有機溶媒を移動相として使用する。極性の高い成分ほど固定相への親和性が高く，逆相では分離が困難な糖類の分析に適する。また，一般に水を含まない移動相を用いるため，水に難溶の脂溶性ビタミンの分離や加水分解されやすい酸無水物の分離に用いられる。
逆相クロマトグラフィー（reversed phase liquid chromatography, RPLC）	長鎖のアルキル基など低極性の分子をシリカゲルに化学的に結合させたものを固定相として用い，水，メタノール，アセトニトリルなどの極性の高い親水性溶媒を移動相として使用する。疎水性の大きな成分ほど固定相への保持が強い。
親水性相互作用クロマトグラフィー（hydrophilic interaction chromatography, HILIC）	NPLC の一種である。HILIC モードは水系溶媒（アセトニトリルなどの親水性有機溶媒と水との混合溶液）を移動相に用いて高極性化合物を保持・分離する。固定相にはジオール基やアミド基，双性イオンのような極性の高い官能基が修飾されたものを用いる。
イオン交換クロマトグラフィー（ion-exchange chromatography, IEC）	シリカゲルやスチレン-ジビニルベンゼン共重合体の微粒子にスルホ基やアンモニウム基を固定したイオン交換基を固定相として使用する。これらの官能基とイオン性成分との静電的相互作用により分離を行う。
サイズ排除クロマトグラフィー（size exclusion chromatography, SEC）	充填剤表面の細孔への分子の浸透度合いの差により分離を行う。主に分子量 2000 以上の高分子の分離に利用される。有機溶媒系の移動相を用いるものをゲル浸透クロマトグラフィー，水系移動相を用いるものをゲルろ過クロマトグラフィーとさらに細分される。
アフィニティークロマトグラフィー（affinity chromatography）	抗原と抗体のような特定の分子間で働く生物学的親和性・分子認識能を利用して分離する。

れる。**逆相クロマトグラフィー**は順相に対する逆という意味であるが，現在，最も汎用的に用いられている分離モードである。

逆相と順相は，固定相と移動相の極性の違いで定義される。固定相の方が移動相よりも相対的に極性が高い分離系を順相と呼び，固定相の方が相対的に極性が低い分離系を逆相と呼ぶ。一般的に逆相モードの分離は疎水性相互作用に基づく分離と考えてよい。

一方，親水性相互作用を利用した HILIC と呼ばれる分離モードが近年注目を集めている。HILIC モードは，順相クロマトグラフィー（NPLC）の一種であるが，生体試料中の高極性化合物の分離に有効であることが示されてから，独立した分離モードとしての地位が確立された。古典的な NPLC では，非水系の有機溶媒が移動相として用いられることが多く，この溶媒系に溶解しない親水性化合物の多くが NPLC で分析できないという問題があったが，HILIC モードでは逆相モードと同じ水系溶媒（水と親水性有機溶媒との混合溶液）を移動相に用いて，逆相モードで保持されにくい親水性の高い化合物を保持することができる。すなわち，逆相モードとまさしく相補的な関係にある分離モードであり，生命科学分野の研究においてその利用が拡大している。

イオン交換モードは，スルホ基やアンモニウム基などのイオン交換能を有する官能基を化学的に結合させたイオン交換樹脂を用いる。無機イオンからタンパク質やペプチド・オリゴヌクレオチドのような高分子の分離まで幅広く利用されている。なかでも，低交換容量のイオン交換カラムと電気伝導度検出器を用い，イオン交換カラムの後段に，溶離液由来の電気伝導率を引き下げるバックグラウンド減少装置（サプレッサー）を設置したイオンクロマトグラフは，無機陰イオンやアルカリ金属イオン，アルカリ土類金属イオン，アンモニウムイオンなどを高感度に測定できる。

サイズ排除モードは，分子ふるい効果を利用して成分の大きさ（分子量）によって分離する方法である。小さい分子はゲル細孔内の奥深くまで浸透していけるのに対して，大きな分子はゲル細孔内に浸透できず，粒子間の間隙を通り抜ける。したがって，ある大きさ以上の分子は，カラム内を迅速に通過して溶出し，ある大きさ以下の分子は固定相表層の空隙に出入りすることにより，大きな分子に比べて遅れて溶出する。この分離モードはタンパク質やペプチドなどの生体高分子の分離に利用される他に，合成高分子の分子量の推定に用いられる。

表 19.5 には六つの分離モードしか示していないが，このほかにも光学分割モードや配位子交換モードなど実に様々な分離モードがあり，それぞれの分離モードに適したカラムが市販されている。

19.4.2　HPLC の装置構成

高速液体クロマトグラフの基本構成を図 19.11 に示す。送液ポンプ，インジェクター，カラム，検出器，記録計，および送液からデータ処理・解析までを制御するソフトとパソコンが必須であり，分析目的に応じて最適なモジュールを選択し，組み立てて用いる。以下に各構成部を解説する。

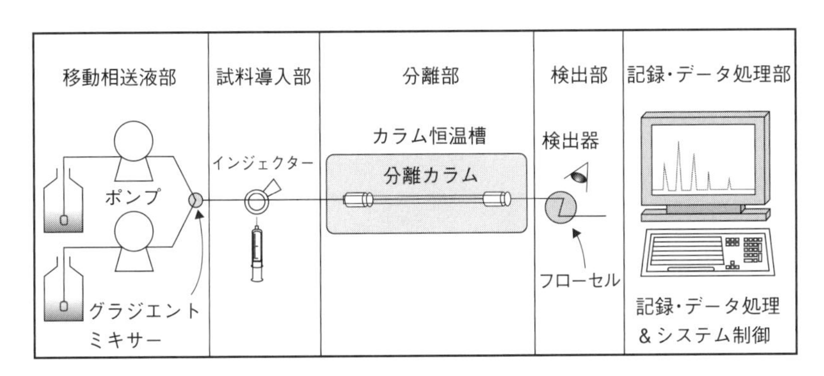

図 19.11　高速液体クロマトグラフの概略図

a）移動相送液部

送液ポンプは装置の中枢をなし，移動相は一定の流量で試料導入部，カラムへと送液される。脈流を低減できるダブルプランジャー方式のポンプが主流であり，一般的なポンプの送液流量範囲は $0.001\ \mathrm{mL\ min^{-1}} \sim 10\ \mathrm{mL\ min^{-1}}$ で 40 MPa 程度の吐出圧力が要求される。なお，溶離液中の溶存ガスによってポンプの送液が不安定になることがあるため，減圧やヘリウム通気などの方法で脱気した移動相を使用する。最新の HPLC 装置では，送液ポンプの前段にデガッサーと呼ばれる脱気装置を設置することにより，送液過程で自動的に気体を取り除くことができる。

HPLC で用いる移動相は溶離液と呼ばれることからわかるように，移動相は試料成分を運ぶだけでなく分離にも大きく寄与している。たとえば，アミノ酸分析のように試料に多種類の成分が含まれる場合，単一組成の溶離液ですべての成分を効率よく分離することは困難である。このような場合，溶離液の組成を変化させながら分離する。直線的に濃度勾配をかける方式を**グラジエント溶離**といい，ある時間で階段状に溶媒を切り替える方式は**ステップワイズ溶離**と呼ぶ。図19.11は，複数のポンプを使用する高圧グラジエント方式（ポンプから吐出した後に混合）を示してあるが，1台の送液ポンプでその前段に電磁弁を設けて溶離液を切り替えながら混合する低圧グラジエント方式もある。なお，単一組成の溶離液を用いる場合は**イソクラティック溶離**と呼ぶ。グラジエント溶離法では，イソクラティック溶離法と比較して，分析時間を短縮でき，シャープなピークが得られる。ただし，カラム内をはじめの状態に戻すのに時間を要したり，保持時間の再現性・定量性が悪くなったりするなどの欠点もある。

グラジエント溶離 gradient elution
ステップワイズ溶離 stepwise elution
イソクラティック溶離 isocratic elution

b）試料導入部（インジェクター）

定量分析を目的とするHPLCでは，一定容量の試料を再現性よく正確に注入する必要があり，インジェクターは重要な装置部品の一つである。

マイクロシリンジを用いて手動で注入するマニュアルインジェクターと，多数の検体を順次自動で導入するオートサンプラーがある。どちらも常に圧力がかかっている流路に試料を注入するため，六方バルブが利用されている。マニュアルインジェクターを図19.12に示す。

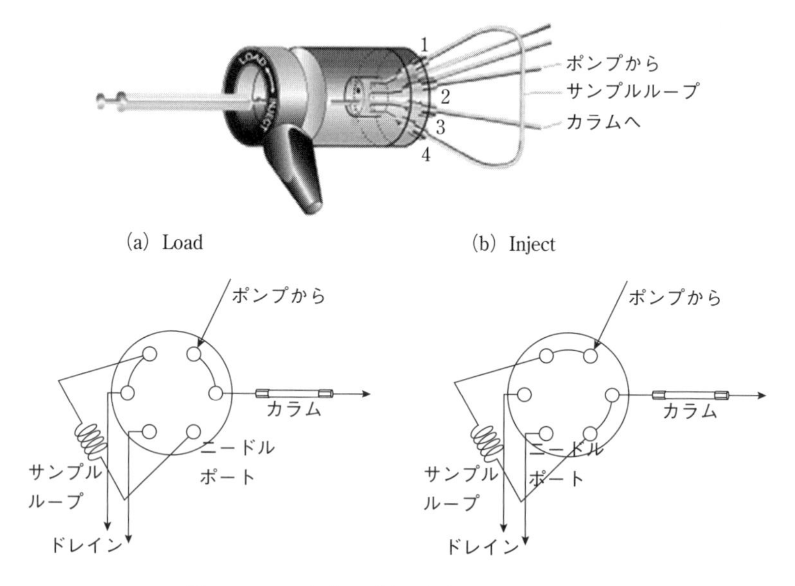

図19.12　レオダイン製のダブルインジェクター
ジーエルサイエンス株式会社ホームページより転載。

c）分離部

カラムや検出セルは温度を一定に保つことで，より安定した測定が行える ため，一般的には温度制御機能を備えた恒温槽内に設置するのが望ましい。ただし，室温で充分な分離を行える場合も多く，必要とする分析の精度によっては，カラムオーブンは必ずしも必要であるわけではない。

カラムは分析目的に応じて適切なものを選択する必要がある。**表 19.6** に分析対象物質の物性から分離モードを選択するための目安を示す。また，カラム（固定相）の種類だけでなく，カラム管のサイズやカラム充填剤の粒子径，さらに充填剤の材質も分析目的によって選択する必要がある。カラム充填剤としては，シリカゲルやアルミナなどの無機材料のほかに，ポリスチレンやポリメタクリレート系，あるいはアガロースなどの有機ポリマーゲルが用いられる。一般的には，シリカ系の充填剤の方が分離能が優れていることが多いが，pH 耐久性の面では有機ポリマーゲルの方が有効な場合がある。

HPLC で用いられるカラム充填剤の粒子径は，通常，数 μm のものが用いられる。これまで 5 μm の充填剤を内径 4.6 mm，長さ 15 cm ～ 25 cm のステンレススチール管に充填した**充填型カラム**が常用されてきたが，最近は，充填剤粒子径およびカラム内径の小型化が進んでおり，次項で示すような，粒子径 3 μm の充填剤や内径 2.0 mm のセミミクロカラムが一般に使われるようになってきた。さらに，生体試料の分析では内径 1 mm 未満のマイクロカラムやキャピラリーカラムが汎用されている。

充填型カラム packed column

一方，分析時間をさらに短縮しようとする試みも進展している。充填剤の粒子径を小さくすると分離能が向上することが昔から知られている。充填剤の粒子径をパラメーターとして含むファン デームテルの式は，次式で示さ

表 19.6 分析対象物質の物性から分離モードを選択するための目安

試料 分子量	物性	分離モード	固定相の例	分析例
2000 以上	脂溶性	サイズ排除	ゲル浸透用ポリマー	合成高分子
2000 以上	水溶性	サイズ排除	ゲルろ過用ポリマー	タンパク質，酵素，ペプチド
2000 以上	水溶性	疎水	C_4，C_8，C_{18}	タンパク質，酵素，ペプチド
2000 以下	脂溶性	逆相	C_8，C_{18}	低分子物質全般
2000 以下	脂溶性	吸着	シリカゲル	アルカロイド，脂溶性ビタミン
2000 以下	脂溶性	順相	CN，NH_2	ステロイド
2000 以下	脂溶性	サイズ排除	ゲル浸透用ポリマー	熱硬化性樹脂
2000 以下	水溶性	イオン交換	イオン交換樹脂	アミノ酸，カルボン酸
2000 以下	水溶性	イオン制御	C_8，C_{18}	脂肪酸，塩基性医薬品
2000 以下	水溶性	イオン対	C_8，C_{18}	イオン性化合物
2000 以下	水溶性	順相	NH_2	糖，ビタミン
2000 以下	水溶性	サイズ排除	ゲルろ過用ポリマー	ペプチド，水溶性オリゴマー

澤田 清 編，大和 進 著（2006）『若手研究者のための機器分析ラボガイド』（講談社）より転載。

れる。

$$H = A \cdot dp + \frac{B}{u} + C \cdot dp^2 \cdot u \qquad (19.13)$$

dp が充填剤の粒子径であり，粒子径を小さくすることで，カラムの理論段相当高さ H を小さくできる。最適流速が現れる位置が高流速側に移行するほかに，広い流量域にわたって小さな H の値が得られるので，流速を上げても分離の低下を抑制できる。ただし，カラムの圧力損失（カラムの入口と出口の差圧）は，粒子径の2乗に反比例して高くなるので，通常の送液ポンプの耐圧限界（40 MPa 程度）では微粒子充填カラムの優れた性能を活かすことができない。この問題を解消するために，100 MPa の高耐圧装置が市販されるようになり，現在は，一般のユーザーでも超高速かつ高性能な分離を行えるようになってきた。そして，このように微粒子充填カラムと高耐圧装置を利用するクロマトグラフィーを**超高速液体クロマトグラフィー**（UHPLC）と呼ぶようになっている。

超高速液体クロマトグラフィー
ultra high performance liquid chromatography

一方，近年，フューズドコアと呼ばれる二重構造のカラム充填剤や，流体透過性に優れたモノリス型カラムの開発によって，比較的低圧な条件でも（通常の HPLC 装置を使用して）従来よりも高速かつ高性能な分離を行えるようになってきている。

表 19.7　HPLC で用いられる代表的な検出器とその特徴

検出器	原理および特徴
紫外・可視吸光検出器（UV-vis：ultra violet-visible detector）	最も汎用されている検出器で，紫外・可視域に吸収をもつ成分が測定対象となる。紫外部の測定には重水素放電管（D2 ランプ）が光源として用いられる。可視領域の測定では，タングステンランプ（W ランプ）が用いられる。
フォトダイオードアレイ検出器（PDA：photodiode array detector）	UV-vis 検出器と基本的に同じであるが，UV-vis 検出器ではサンプル側の受光部が一つしかないのに対し，PDA では多数のフォトダイオードを並べて，多波長同時でモニターすることにより，各成分のスペクトルを取得できる。
蛍光検出器（FLD：fluorescence detector）	紫外・可視領域の光（励起光）を照射したときに発生する蛍光を検出する。発蛍光性の化合物の検出に用いられるが，蛍光性のない化合物でも，蛍光誘導体化を行えれば検出することができる。励起波長と検出波長の二つを選択でき，一般的に UV-vis と比較して3桁ほど高感度である。
示差屈折率検出器（RID：refractive index detector）	試料成分を溶解した溶液の屈折率が変化する現象を利用する検出法である。ほとんどの化合物が溶媒とは異なる屈折率をもつため，あらゆる成分が検出可能である。ただし，温度変化や溶媒組成の変化によっても屈折率は変化するため，定温・定組成で分析する必要があり，グラジエント溶離法は適用できない。
電気伝導度検出器（CDD：conductivity detector）	溶液中に含まれるイオン性成分の濃度によって電気伝導度が変化することを利用する。イオンクロマトグラフィーにおいて多用される。
電気化学検出器（ECD：electrochemical detector）	酸化・還元反応が起こる成分が測定対象で，反応の際に流れる電気量を検出する。どのくらいの電圧をかければ酸化・還元反応が起こるかは成分により異なるため選択性が高く，感度の高い検出法である。
蒸発光散乱検出器（ELSD：evaporative light scattering detector）	カラムからの溶出液を噴霧・蒸発させ，微粒子化した成分に光を照射することによって生じる散乱光の強度を測定する。原理的には，不揮発性成分であれば何でも検出可能であるが，低分子成分は粒子が小さいため若干感度が下がる。RI 検出器より約10倍感度が高く，主に UV 吸収のない成分の検出に用いられる。溶離液に不揮発性塩類は使用できない。
質量分析計	質量分析計を検出器として用いる。カラムから溶出してきた成分をイオン化し，質量分離部において m/z に応じて分離し検出する。

d）検出部

カラムからの溶出液はフローセルに導かれ，分析対象成分の光学的，電気的，あるいは化学的な特性を利用して検出する。HPLCで使用される代表的な検出器は**紫外・可視吸光光度検出器**である。そのほかに**蛍光検出器**や**示差屈折率検出器**，また，質量分析計が検出器として用いられることもある。**表19.7**に主な検出器とその特徴を示す。検出器は，分析対象成分の濃度レベルや共存成分の影響も考慮して選択する必要があり，場合によっては目的成分の濃縮や妨害成分の除去が必要となる。また，分析成分を直接検出できない場合や感度が足りない場合には，検出器に応答可能な物質に変換する誘導体化が必要となる。カラムに導入する前に誘導体化を行う場合をプレカラム誘導体化，カラムで分離後，溶出液に誘導体化試薬を混合して誘導体化する場合はポストカラム誘導体化と呼ぶ。

19.5　電気泳動法の基礎

電気泳動とは，ある溶液に一対の電極を入れて直流電流を流したとき，溶液中の荷電粒子が反対符号の電極に向かって移動する現象をいう。電荷が大きいと粒子に働く力も大きくなるため移動速度は速くなる。一方，荷電粒子やイオンの嵩張り（かさば）りが大きいと，溶液中での抵抗が大きくなるため移動速度が遅くなる。こうした特性を利用することで，DNAやタンパク質などの高分子からアミノ酸や有機酸のような低分子代謝物に至る様々なイオン性物質の分離が可能となる。なお，クロマトグラフィーでは，固定相に対する親和性の違いを利用して分離が行われるが，電気泳動法では基本的に固定相は存在せず，試料を運ぶ液相内での電気泳動速度の差のみを用いて分離がなされる。日本工業規格のJIS K 3812に電気泳動に関する最新の用語とその定義についてまとめられているので参照するとよい。

電気泳動 electrophoresis

19.5.1　電気泳動法の分類

電気泳動法は，分離場の形状や支持体の有無，ゲルの種類，分離の原理などによって分類される。**表19.8**に代表的な電気泳動法の分類例を示す。

電気泳動法もHPLCと同様に，分離場の形状に関して，平面状と円筒状に大別できる。生化学分野で汎用されている**二次元ゲル電気泳動**は，一次元目にディスク状のゲルで**等電点ゲル電気泳動**[*8]を行った後，二次元目にポリアクリルアミドゲルを用いるスラブ（平面）ゲル電気泳動を行う。**図19.13**に二次元ゲル電気泳動の模式図を示す。

支持体の有無に関して，ティセリウスがU字管を用いて溶液中のタンパク質の泳動分離を試みた実験は，いずれの介在物も存在しない水溶液（自由溶液）中で行われた。しかし，溶液中での分離は試料が拡散しやすいという問題があり，この問題を回避するために，ろ紙や寒天などに泳動用の電解質溶液を含ませ，その中で溶質を泳動させる方法が発展した。この溶媒を含ませる素材を支持体（あるいは担体）といい，これを用いる電気泳動法を**支持**

二次元ゲル電気泳動 two-dimensional gel electrophoresis

等電点ゲル電気泳動 isoelectric focusing gel electrophoresis

*8　等電点（isoelectric point）に基づいて分離する方法で，陽極は強い酸性溶液に浸され，陰極は塩基性溶液に浸されている。泳動分離場内にpH勾配があると，両性の電解質は有効表面電荷がゼロとなる等電点において停止する。なお，等電点の低いものがより陽極側へと移動する。この原理を利用してタンパク質などを分離濃縮することができ，また，タンパク質の等電点の決定にも利用される。

表 19.8　電気泳動法の分類

分類基準	電気泳動法
分離場の形状	平面型 　スラブゲル電気泳動（slab gel electrophoresis） 円筒型 　ディスク電気泳動（disc electrophoresis） 　キャピラリー電気泳動（capillary electrophoresis）
支持体の有無 （担体の有無）	支持体ゾーン電気泳動（solid support zone electrophoresis） 　担体の種類 　　ろ紙（paper） 　　セルロースアセテート膜（cellulose acetate） 　　デンプン（starch） 　　寒天（agar） 　　アガロース（agarose） 　　ポリアクリルアミド（polyacrylamide）
	無担体ゾーン電気泳動（自由ゾーン電気泳動） （carrier-free zone electrophoresis）
分離原理	移動界面電気泳動（moving boundary electrophoresis） 分子ふるい電気泳動（molecular sieving electrophoresis） 等電点電気泳動（isoelectric focusing electrophoresis） 等速電気泳動（isotachophoresis） ミセル動電クロマトグラフィー（micellar electrokinetic chromatography）など

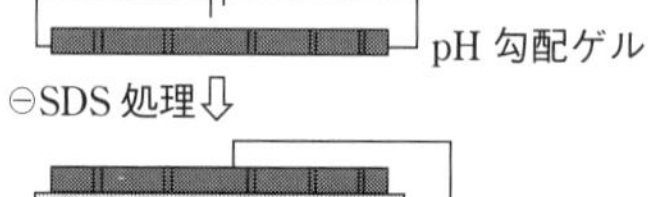

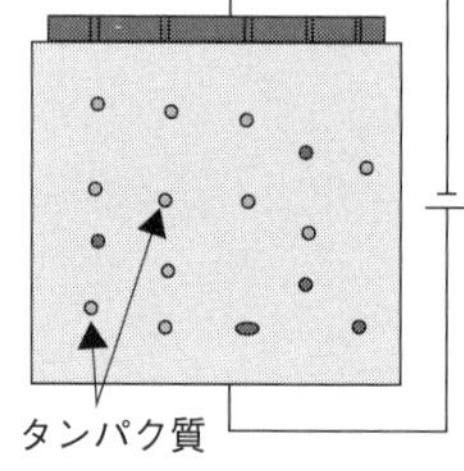

図 19.13　二次元ゲル電気泳動法の模式図

体ゾーン電気泳動法と呼ぶ。一方，支持体の存在しない自由溶液中で行う電気泳動法を**自由ゾーン電気泳動法**あるいは**無担体ゾーン電気泳動法**と呼ぶ。

支持体としては，ろ紙やセルロースアセテート膜，アガロースゲル，ポリアクリルアミドゲルなどがある。なお，アガロースゲルやポリアクリルアミドゲルは網目状立体構造をもち，分子量の大きな分子はその網目にひっかかり移動しにくくなる“**分子ふるい効果**（19.2.2 項参照）”が働き，試料成分をその大きさに基づいて分離することができる。

試料の拡散や熱対流を抑制するために，担体を用いずに流路を微細にする方式もある。この方式は，キャピラリー内壁近くの水が錨の役割を果たすため，対流や拡散が起こりにくいことを利用したもので，その代表例が次節で詳述するキャピラリー電気泳動法である。

分離の原理に基づく分類に関しては，**等電点**や**分子ふるい効果**のほかに，**ミセルへの分配**や**等速電気泳動**を利用した電気泳動法などがある。

ミセルへの分配
micellar partitioning

等速電気泳動 isotachophoresis

19.6　キャピラリー電気泳動法

キャピラリー電気泳動法（CE）は，1970 年代の終わりごろから研究が始まり，1990 年代に著しく進展した。とくに DNA の塩基配列決定に果たした役割は大きく，ヒトゲノム計画の進展に貢献した。また，近年では低分子量の有機化合物を対象としたメタボローム解析*9 などにおいても関心を集めている。

*9　生体内には，核酸やタンパク質のような高分子化合物のほかに，糖や有機酸，アミノ酸，脂肪酸などの低分子化合物も数多く存在している。これらの多くは代謝によってつくり出された代謝産物（メタボライト）であり，生体内に存在する代謝産物を網羅的に解析することをメタボローム解析という。

19.6.1　キャピラリーゾーン電気泳動法（CZE）

キャピラリーゾーン電気泳動法（CZE）は，CE で最初に開発された手法であり，最も汎用されている方法である。そのため，CE 分析と単純に述べられているときには，CZE を指していることが多い。なお，CZE の発展型として，数 cm 角のガラスやプラスチックのチップ上に微小な溝を刻み，その中（マイクロチャネル）で電気泳動を行う**マイクロチップ電気泳動法**の研究も進んでおり，上市に至っている。

キャピラリーゾーン電気泳動法
capillary zone electrophoresis

マイクロチップ電気泳動法
microchip electrophoresis

a）装置構成

キャピラリー電気泳動法の基本的な装置構成と分離例を**図 19.14** に示す。送液のための高電圧電源と電極，泳動液を満たしたリザーバー，分離の場となる細管（キャピラリー），検出器，および記録計が基本要素であり，自動化などの必要に応じて，試料バイアルの交換機能や温度調節（放冷）機能，また，これらを一元管理する制御機能が追加される*10。以下に各構成要素と分離の操作手順を概説する。

*10　試料瓶をオートサンプラーにセットすれば，試料の注入と CE 分析が自動的に行われる。

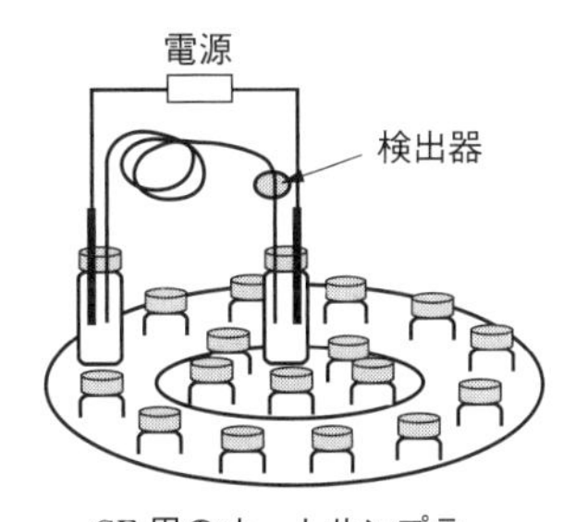

CE 用のオートサンプラー

分離場となるキャピラリーには，外表面がポリイミドで被覆された内径 30 μm ～ 100 μm，長さ 30 cm ～ 100 cm の溶融シリカキャピラリーがもっぱら用いられている。HPLC では試料注入にロータリーバルブインジェクター

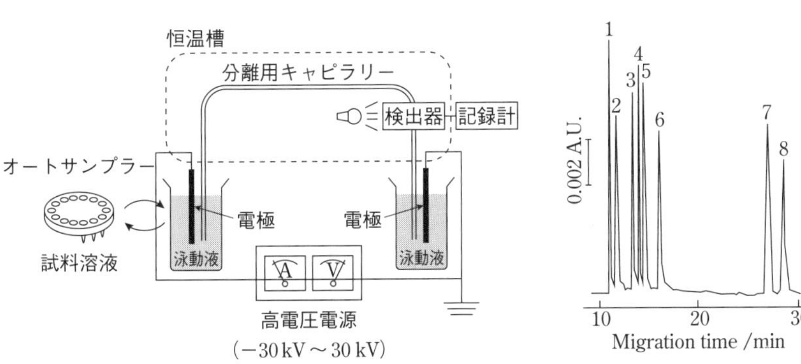

カテコールアミン類の CZE 分離

図 19.14　キャピラリー電気泳動装置の概略図と分離例
分離例は Tanaka, S., Kaneta, T. and Yoshida, H. (1990) *Anal. Sci.*, 6 (JUNE) 467-468 より転載。

が用いられるが，CZEでは，試料溶液はキャピラリーに直接導入される。すなわち，図19.14に示すように，試料分析時にはキャピラリーの両端は泳動液の満たされたリザーバーに設置されているが，試料注入時には，入口側のリザーバーが，試料溶液を満たしたバイアルと交換される。その後，電気的注入法や落差法，あるいは加圧法や吸引法で試料の注入が行われる。いずれの方法を用いた場合でも，試料注入量は数nL程度である。

キャピラリーを泳動用リザーバーに戻してから，両端に電圧を印加すると分離が開始される。通常，キャピラリーに対して，出口側をゼロ電位（接地）として，入口側に高電圧が印加される。一般的に±30 kVまでの電圧を印加できる。

クロマトグラフィーと同様に，CEにおいても検出法の選択は分離と並んで重要である。検出は，試料注入側から反対側の端へと向かうキャピラリー管の途中に検出窓*11を設け，そこに光を垂直方向に照射して紫外・可視吸収変化をモニターするオンカラム紫外・可視吸光検出が一般的に用いられる。なお，UV-vis吸収のない成分，あるいは弱い成分に関しては，UV吸収を有する成分を泳動液に添加しておき，目的成分を負のピークとして検出する間接紫外吸光検出がしばしば行われる。いずれにせよ，内径の細いキャピラリー部分が光学セルとなるため，光路長が短く，濃度感度は高いとはいえない。この問題を解消するために，オンカラム試料濃縮などの試料導入法が工夫されたり，**レーザー励起蛍光法**（LIF）が開発されたりするなど，濃度感度の改善が図られている。また，CE分離後に質量分析計（MS）へと導くハイフネーテッド分析システムも普及しつつある。

*11　キャピラリー外壁面を覆うポリイミド被膜を除去して光学セルとして利用。

レーザー励起蛍光法
laser-induced fluorescence

なお，電気泳動によって得られるチャートは**エレクトロフェログラム**，HPLCにおける溶出時間（保持時間）に相当する用語は**泳動（移動）時間**となる。

エレクトロフェログラム
electropherogram

泳動（移動）時間　migration time

b）電気泳動速度と電気泳動移動度

溶液中の電荷を有する物質（帯電物質）は，電場下において，反対符号の電極方向へと一定の速度で泳動する。このときの速度を電気泳動速度（v_{ep}）と呼び，以下の式で与えられる。

$$v_{ep} = \mu_{ep} E = \frac{ze}{6\pi\eta r} E \tag{19.14}$$

ここで，μ_{ep}は電気泳動移動度，zeは電荷量，ηは溶液の粘性率，rは荷電粒子（イオン）を剛体球とみなした場合の半径，Eは電場強度（電位勾配）である。Eは単位長さ当りの印加電圧であり，50 cmのキャピラリーの両端に20 kVの電位差がある場合，$E = 400\ \mathrm{V\ cm^{-1}}$となる。

式(19.14)に示されているように，電気泳動速度v_{ep}は電荷量と電場強度に比例して大きくなり，粒子径や粘性率に反比例する。すなわち，電荷量が大きくて小さなイオンほど電気泳動移動度が大きくなる*12。

*12　なお，酸解離や錯形成などの平衡状態を変えることにより電気泳動移動度，すなわち分離選択性を制御することができる。たとえば，金属イオン（M^{2+}）が錯形成剤（L^-）と共存している場合，$M^{2+} + L^- \rightleftharpoons ML^+$の平衡状態（平衡定数を$K$とする）にあり，金属イオンの実際の（見かけの）電気泳動移動度（$\overline{\mu}_{ep,M}$）は次式で表される。

$$\begin{aligned}\overline{\mu}_{ep,M} &= \frac{[M^{2+}]}{[M^{2+}]+[ML^+]}\mu_{ep,M^{2+}} + \frac{[ML^+]}{[M^{2+}]+[ML^+]}\mu_{ep,ML^+} \\ &= \frac{1}{1+K[L^-]}\mu_{ep,M^{2+}} + \frac{K[L^-]}{1+K[L^-]}\mu_{ep,ML^+}\end{aligned} \tag{19.15}$$

$\mu_{ep,M^{2+}}$およびμ_{ep,ML^+}は，それぞれM^{2+}とML^+の電気泳動移動度を表す。錯形成剤の濃度を調整することで，電気泳動移動度を制御できることがわかる。

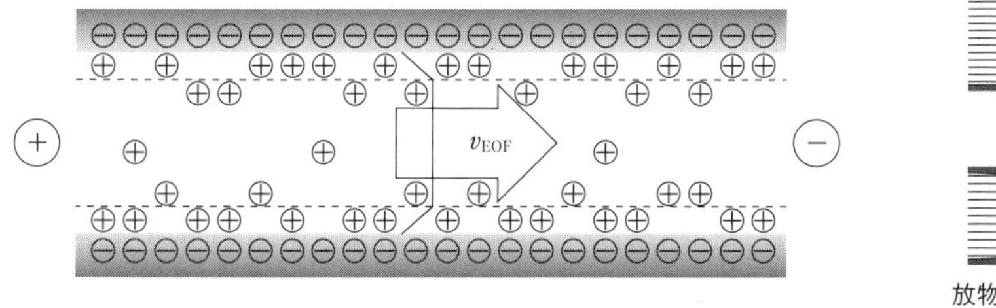

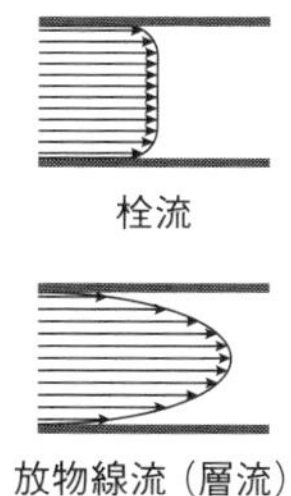

図 19.15　界面動電現象および電気浸透流のフロープロファイル（栓流）の模式図

c）電気浸透流

キャピラリー電気泳動で使用される溶融シリカキャピラリーの内表面にはシラノール基（-SiOH）が存在するため，キャピラリー内を電解質溶液で満たすと，これらが解離して内壁面が負に帯電する。このとき，電荷のバランスをとるために，対となる正電荷（陽イオン）が内壁表面に引き寄せられて電気二重層が形成される。この状態でキャピラリーの両端に電圧を印加すると，移動可能な余剰の陽イオンが陰極方向へと泳動し，これに伴いキャピラリー内の溶液全体が陰極側へと引きずられて移動する。この流れを**電気浸透流**（EOF）と呼ぶ（**図 19.15**）。EOF は電気泳動と同様に電場下で発生する現象であり，電気浸透流速度（v_{EOF}）は，電気浸透流移動度（μ_{EOF}）と電場強度 E の積で与えられる。

電気浸透流 electroosmotic flow

$$v_{\mathrm{EOF}} = \mu_{\mathrm{EOF}} E = -\frac{\varepsilon\zeta}{\eta}E \qquad (19.16)$$

電気浸透流移動度は，溶液の誘電率（ε），粘性率（η）と，キャピラリー内表面のゼータ電位（ζ）に依存する。ゼータ電位は，キャピラリー内表面とその溶液内に存在するすべり面との間の電位差として定義され，キャピラリー内表面の電荷密度が大きいとゼータ電位，ひいては電気浸透流移動度も大きくなる*13。

*13　ゼータ電位が負（内表面電荷が負）であれば，EOF は陰極に向かって発生するが，陽イオンなどの吸着により内表面電荷が正になれば，EOF は陽極に向かって発生する。内表面の電荷密度がゼロであればEOF は発生しない。

表面電荷密度に依存しているゼータ電位は，泳動液の組成に大きく左右される。なかでも，シラノールの解離状態に影響を与える pH（酸性溶液を用いると EOF は抑制される）や，解離したシラノールと静電的な相互作用をする陽イオン（泳動液への多価陽イオンの添加による EOF の抑制）は，EOF の制御に重要な役割を果たす。たとえば，臭化セチルトリメチルアンモニウム（CTAB）などの陽イオン界面活性剤を内表面に吸着させると，EOF の流れる方向を反転させることができる。溶液のイオン強度も EOF に大きな影響を与える因子であり，イオン強度が高い泳動液は，表面電荷を遮蔽する効果が大きいため EOF の速度は低下する。そのほかに，温度は溶液の粘性や誘電率，解離平衡など種々の因子に影響を与える。通常，高温になるほど EOF 速度は増加する。これは，主として粘性の低下によるものである。

電気浸透流は，クロマトグラフィーで用いられる圧力差流と同様に溶液全体の流れであるが，そのフロープロファイル（速度分布）は大きく異なる。図 19.15 に示すように，圧力差流では，管中央が最も速くなる放物線状の速度分布であるが，EOFでは，管径方向に依存しないほぼ均一な速度分布となる。この流れは栓流と呼ばれ，圧力差流よりも試料バンドの広がりが少なく，高い分離能（幅の狭い鋭いピーク）が得られるという特徴がある。

＊＊＊＊＊＊＊＊＊＊＊＊＊＊＊＊＊＊＊＊＊＊＊＊＊＊＊＊＊＊＊＊＊＊＊＊＊＊＊

［**例題19.2**］CZEにおいて長さ100 cmのキャピラリーに20 kVの電圧を印加したところ，試料成分Aは80 cmの距離を泳動するのに500秒かかった。この試料成分Aの電気泳動移動度を求めなさい。

［**答**］式（19.14）から電気泳動移動度μ_{ep}は，電気泳動速度v_{ep}と電場強度Eと次の関係にある。

$$v_{\mathrm{ep}} = \mu_{\mathrm{ep}} E = \frac{ze}{6\pi\eta \mathrm{r}} E$$

したがって，

$$\frac{80}{500} = \mu_{\mathrm{ep}} \times \frac{20 \times 10^3}{100}$$

$$\mu_{\mathrm{ep}} = 8.0 \times 10^{-4}\ (\mathrm{cm^2\ s^{-1}\ V^{-1}})$$

＊＊＊＊＊＊＊＊＊＊＊＊＊＊＊＊＊＊＊＊＊＊＊＊＊＊＊＊＊＊＊＊＊＊＊＊＊＊＊

d）実際の電気泳動速度

上述した通り，シリカ製のキャピラリーを用いるCZEでは，表面の負電荷がつくりだす電気浸透流が常に陰極側に流れており，電気泳動による移動速度に加えて電気浸透流に基づく移動速度が加味される。すなわち，試料成分の実際（見かけ）の電気泳動速度は次式のようになる。

$$v_{\mathrm{app}} = v_{\mathrm{ep}} + v_{\mathrm{EOF}} = (\mu_{\mathrm{ep}} + \mu_{\mathrm{EOF}})\,E \qquad (19.17)$$

この電気浸透流の流れは非常に速く，負電荷を有する陰イオンであっても，それに逆らって陽極側に移動できるものはほとんどない。したがって，CZEでは陰極側に設置した検出器を用いて陽イオン成分と陰イオン成分の同時分析が可能となる[*14]。

＊14　陰イオンを迅速に分析したい場合は，電極を逆転させて陽極側で検出した方がよい。その場合には，陽イオン界面活性剤を泳動液に加え，シリカの表面に吸着させることで正に荷電させ，電気浸透流の向きを逆転させる。

一般的にCZEではHPLCと比べて高い分離能（鋭いピーク）が得られる。これは，栓流によるところも大きいが，固定相を用いないCZEでは，ファン デームテルの式におけるA項とC項を理想的には無視できる。

また，CZE固有の問題として，**ジュール熱**による試料バンドの広がりがある。電圧を印加するとキャピラリー内に電流が流れ，これに伴いジュール熱が発生する。キャピラリーの中心部は外周部に比べて外部に熱が逃げにくいため，電流値が大きい場合，または，比較的内径の大きなキャピラリーを用いた場合，キャピラリー断面方向に温度分布が生じやすく，これにより試料バンドが広がる。

ジュール熱 Joule heating

19.6.2　ミセル動電クロマトグラフィー

CZEでは，原理的には電気的に中性な成分相互の分離を行えない。しかし，泳動液にイオン性の界面活性剤を添加し，ミセル共存下で電気泳動を行うと中性物質の分離が可能となる。この分析法は**ミセル動電クロマトグラフィー**（MEKC）と呼ばれ，CZEと双璧をなす分離分析法であり，寺部 茂に

ミセル動電クロマトグラフィー micellar electrokinetic chromatography

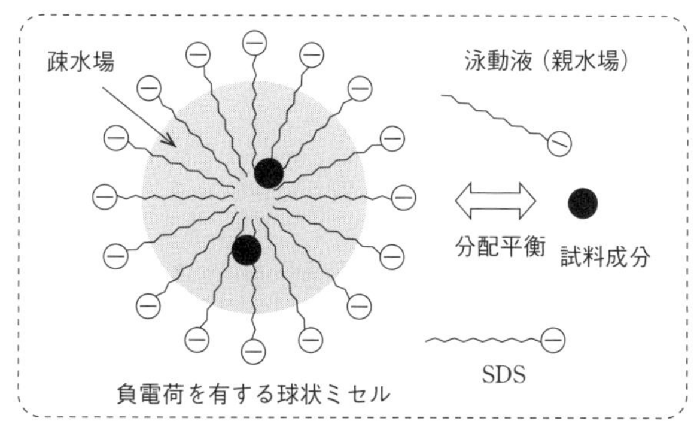

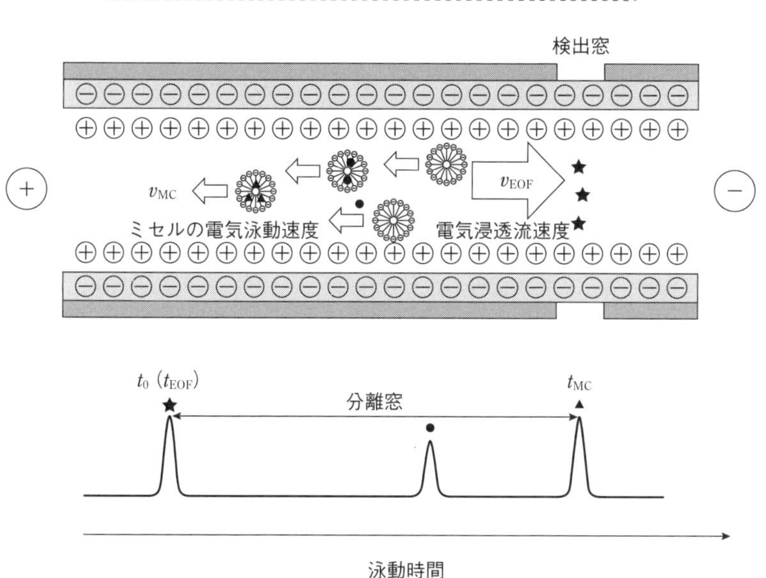

図 19.16　ミセル動電クロマトグラフィーの概念図

より開発された。MEKC 法では**臨界ミセル濃度**（CMC）以上の濃度が必要となる。**図 19.16** に，陰イオン界面活性剤の一つである**ドデシル硫酸ナトリウム**（SDS）を例にとって MEKC の分離機構を示す。フューズドシリカキャピラリーを使用しているため EOF は陰極に向かって流れており，キャピラリーの入口側を陽極としている。

臨界ミセル濃度
critical micelle concentration

ドデシル硫酸ナトリウム
sodium dodecyl sulfate

球状の SDS ミセルの表面には硫酸基が存在するため負電荷を有し，電場下ではキャピラリー入口側（陽極側）へ向かって泳動する。なお，SDS ミセルの中心部は疎水空間を有しており，この分離場に試料成分となる中性分子が存在すると，ミセルの内部空間に一部が取り込まれて，泳動液の水相との間で分配平衡状態になる。ミセルにまったく取り込まれない（分配されない）成分は，EOF と同じ速度で移動して検出器に到達する（t_0 として表記）。一方，完全にミセルに取り込まれる成分は，ミセルと同じ速度で泳動する。

試料成分のミセル相 / 水相間での試料成分の保持比を k，ミセルの電気泳動速度を v_{MC} とすると，試料の泳動速度（v_s）は次式で与えられる。

$$v_s = \frac{1}{1+k} v_{EOF} + \frac{1}{1+k} v_{MC} \qquad (19.18)$$

ミセルへの分配の大きさにより，試料成分の泳動速度が異なることがわかる。なお，図 19.16 では，v_{MC} は負の値となるため，k の値が大きな成分ほど遅く溶出する。k が大きいと $v_s \approx v_{MC}$ となるため，中性の試料成分は図 19.16 中の t_0 と t_{MC}[*15] の間に検出される。この t_0 から t_{MC} までの時間を**分離窓**と呼ぶ。MEKC では，クロマトグラフィーの固定相 / 移動相間での平衡と同様に，ミセル相/水相間での分配平衡が分離を支配している。そのため，MEKC においてミセルは「**疑似固定相**」と呼ばれる。MEKC では，界面活性剤の種類や濃度，泳動液の pH や有機溶媒濃度を調整することにより，ミセルへの試料成分の分配挙動を制御して分離を達成する。

*15　ミセルが入口から検出窓へ到達するまでの泳動時間。疎水性が非常に大きな化合物を用いて求めることができる。

分離窓 separation window

疑似固定相
pseudo-stationary phase

MEKC は当初は，中性分子の分離を目的として提唱されたが，ミセルに分配する化合物であれば，イオン性，非イオン性を問わず適用可能である。また，中性の界面活性剤ミセルを用いた MEKC も存在する。

19.6.3　CE におけるその他の分離モード

CE には，CZE や MEKC のほかにもいくつかの重要な分離モードがあり，無機イオンからタンパク質のような生体高分子，さらには細胞や粒子の分離も可能となっている。**表 19.9** に CE で用いられる主要な分離モードをまとめる。本書で解説できなかった手法や詳細は総説や専門書を参照していただきたい[巻末資料4)]。

表 19.9　CE で用いられる主要な分離モード

手　法	特　徴	対象物質
キャピラリーゾーン電気泳動 (CZE)	最も一般的な CE の分離モードであり，電気泳動と電気浸透流を制御して電荷を有する試料成分を分離する。	荷電粒子 (イオン)
ミセル動電クロマトグラフィー (MEKC)	イオン性界面活性剤 (臨界ミセル濃度以上) を泳動液に添加し，ミセルが形成する疎水空間への試料成分の分配の違いを利用することで，中性成分の分離を可能とする。中性の界面活性剤を用いてイオン性成分の分離選択性を改善することもある。	中性分子 イオン性成分
キャピラリーゲル電気泳動 (CGE)	ポリアクリルアミドなどのゲルをキャピラリー内に充填し，分子ふるい効果を利用して生体高分子の分離を行う。	生体高分子 タンパク質，DNA
キャピラリー等速電気泳動 (CITP)	リーディング溶液，ターミナル溶液と呼ばれる溶液の間に試料溶液を挟んでから電気泳動を行うと，それぞれの試料成分イオンは電気泳動移動度の順に連続した層状に分離される。	イオン
キャピラリー等電点電気泳動 (CIEF)	キャピラリー内に pH 勾配を形成させ，試料中の各成分をそれらの等電点の位置に収束させる。	両性電解質 おもにタンパク質

本章のまとめと問題

19.1　内壁が負の電荷を帯びているシリカ製のキャピラリーを用いてCZE分離を行った。陽極側から試料を注入して陰極側で検出する場合，陽イオン，陰イオン，中性成分が検出される順番を述べなさい。

19.2　CTAB（臭化セチルトリメチルアンモニウム）を界面活性剤として用いるMEKC分離を行った。入口側には正負どちらの電圧を印加するのがよいか理由を付して述べなさい。また，中性のトルエン，エチルベンゼン，プロピルベンゼンの検出順序を予測しなさい。

19.3　分析対象物AおよびBをクロマトグラフィーで分離したところ，Aは5.0分，Bは9.0分にそれぞれ溶出した。保持されない化合物の溶出時間が1.0分のとき，分析対象物AおよびBの保持係数と二つの分析対象物の分離係数を求めなさい。

19.4　プロピレンとプロパンをキャピラリーGCで分離したところ，保持時間がそれぞれ210秒および220秒であった。また，ベースラインの幅は16.0秒と17.0秒であった，保持のない空気のピークは90.0秒に観測された。分離係数と分離度を計算しなさい。

19.5　次の中でFIDでは検出できず，TCDを使用しなければならない分析対象物はどれか。

a）メタン　b）酸素　c）窒素　d）エチレン　e）二酸化炭素

Column　クロマトグラフィー（色譜）と楽譜

Chromatographyは日本ではカタカナでクロマトグラフィーと書かれるが，中国では色譜と書く。なんときれいな訳であろうか。下の楽譜を見て曲名を当てられる方がいるように，クロマトグラムの形から試料を言い当てられる人がいるだろうか？　これは醤油に含まれるアミノ酸の分析結果であるが，このアミノ酸の組成から醤油だと言い当てられたら驚きである。色譜の訳からこんなことを想像してしまうのは私だけであろうか？（なお，楽譜は君が代である。）

楽　譜

色　譜

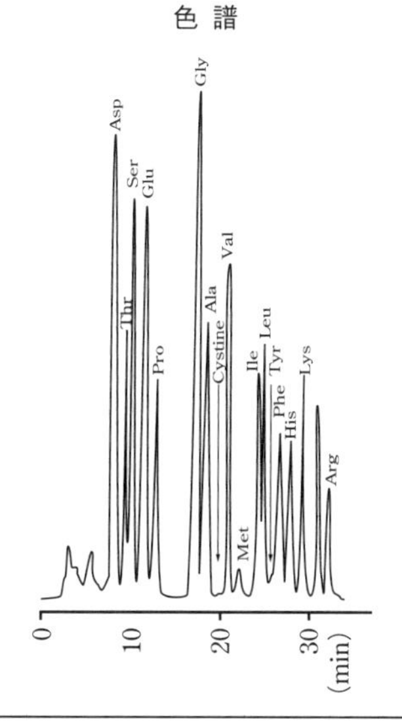

スペクトルは島津製作所ホームページより転載。

参考図書・資料など

全章を通しての参考図書

1) Christian, G.D., Dasgupta, P.K. and Schug, K.A. 著，今任稔彦・角田欣一 監訳（2016 / 2017）『クリスチャン分析化学 I 基礎編 / II 機器分析編』丸善出版

2章　単位と濃度

1) 産業技術総合研究所計量標準総合センター：「メートル条約に基づく組織と活動のあらまし」
https://unit.aist.go.jp/qualmanmet/nmijico/metric/aramashi_2021.pdf
2) 産業技術総合研究所計量標準総合センター：「SI パンフレット－日本語版」
https://unit.aist.go.jp/nmij/public/report/pamphlet/si/SIdata202004.pdf
3) 臼田　孝 著（2018）『新しい 1 キログラムの測り方 －科学が進めば単位が変わる－』講談社ブルーバックス，講談社

3章　分析値の取扱いとその信頼性

分析値の統計処理一般

1) 東京大学教養学部統計学教室 編（1992）『自然科学の統計学』基礎統計学 III，東京大学出版会
2) 前野昌弘・三國　彰 著（2000）『図解でわかる統計解析』日本実業出版社
3) 田中秀幸・高津章子 著（2014）『分析・測定データの統計処理 －分析化学データの扱い方－』朝倉書店

「不確かさ」について

4) 上本道久 著（2011）『分析化学における測定値の正しい取り扱い方 －“測定値”を“分析値”にするために－』日刊工業新聞社
5) 平井昭司 監修，日本分析化学会 編（2007）『現場で役立つ環境分析の基礎』オーム社

4章　水溶液の化学平衡

1) 姫野貞之・市村彰男 著（2009）『溶液内イオン平衡に基づく分析化学』第 2 版，化学同人

5章～9章

表計算プログラムの利用

1) Christian, G.D., Dasgupta, P.K. and Schug, K.A. 著，角田欣一・戸田　敬 監訳（2017）『クリスチャン Excel で解く分析化学』丸善出版
2) 宗林由樹・向井　浩 著（2018）『基礎分析化学』改訂版，新・物質科学ライブラリ 7，サイエンス社

8章　酸化還元平衡と酸化還元滴定

1) 大堺利行・加納健司・桑畑　進 著（2000）『ベーシック電気化学』化学同人
2) 岡田哲男・垣内　隆・前田耕治 著（2012）『分析化学の基礎 －定量的アプローチ－』化学同人
3) 姫野貞之・市村彰男 著（2009）『溶液内イオン平衡に基づく分析化学』第 2 版，化学同人

10章　分離と濃縮

1) 田中元治・赤岩英夫 著（2000）『溶媒抽出化学』裳華房
2) ジーエルサイエンス 編（2012）『固相抽出ガイドブック』ジーエルサイエンス

11章　機器分析概論

検出限界と定量下限について

1）上本道久 著（2011）『分析化学における測定値の正しい取り扱い方 －“測定値”を“分析値”にするために－』日刊工業新聞社

12章　光と物質の相互作用

1）Atkins, P. and de Paula, J. 著，中野元裕・上田貴洋・奥村光隆・北河康隆 訳（2017）『アトキンス物理化学（上・下）』第10版，東京化学同人
2）Weller, M., Overton, T., Rourke, J. and Armstrong, F. 著，田中勝久・髙橋雅英・安部武志・平尾一之・北川　進 訳（2016 / 2017）『シュライバー・アトキンス無機化学（上 / 下）』第6版，東京化学同人

13章　原子スペクトル分析法

1）Christian, G.D., Dasgupta, P.K. and Schug, K.A. 著，今任稔彦・角田欣一 監訳（2017）『クリスチャン分析化学 II 機器分析編』丸善出版
2）日本分析化学会 編（2013）『ICP発光分析』分析化学実技シリーズ 機器分析編4，共立出版
3）Montaser, A. 編，久保田正明 監訳（2000）『誘導結合プラズマ質量分析法』化学工業日報社
4）日本分析化学会関東支部 編（2008）『ICP発光分析・ICP質量分析の基礎と実際 －装置を使いこなすために－』オーム社

14章　分子スペクトル分析法

1）日本分光学会（長谷川　健）編（2009）『赤外・ラマン分光法』分光測定入門シリーズ6，講談社
2）濱口宏夫・岩田耕一 編著（2015）『ラマン分光法』分光法シリーズ1，講談社
3）日本分析化学会 編（2011）『吸光・蛍光分析』分析化学実技シリーズ 機器分析編1，共立出版
4）日本分析化学会 編（2014）『フローインジェクション分析』分析化学実技シリーズ 機器分析編10，共立出版
5）日本化学会 編（2007）『分析化学』実験化学講座20-1，第5版，丸善出版
6）原口徳子・木村　宏・平岡　泰 編（2015）『新・生細胞蛍光イメージング』共立出版

15章　X線分析法と電子分光法

1）大場　茂・植草秀裕 著（2014）『X線構造解析入門 －強度測定からCIF投稿まで－』化学同人
2）中井　泉・泉　富士夫 編著（2009）『粉末X線分析の実際』第2版，朝倉書店
3）日本XAFS研究会 編（2017）『XAFSの基礎と応用』講談社
4）日本分析化学会 編（2012）『蛍光X線分析』分析化学実技シリーズ 機器分析編6，共立出版
5）中井　泉 編（2016）『蛍光X線分析の実際』第2版，朝倉書店
6）日本分析化学会 編（2011）『表面分析』分析化学実技シリーズ 応用分析編1，共立出版
7）日本表面科学会 編（2009）『X線光電子分光法』丸善出版
8）辻　幸一・村松康司 編著（2018）『X線分光法』分光法シリーズ5，講談社

16章　核磁気共鳴法

1）Atkins, P. and de Paula, J. 著，中野元裕・上田貴洋・奥村光隆・北河康隆 訳（2017）『アトキンス物理化学（上・下）』第10版，東京化学同人
2）Silverstein, R. M., Webster, F.X., Kiemle, D.J. and Bryce, D.L. 著，岩澤伸治・豊田真司・村田　滋 訳（2016）『有機化合物のスペクトルによる同定法 －MS, IR, NMRの併用－』第8版，東京化学同人
3）日本化学会 編（2006）『NMR・ESR』実験化学講座8巻 第5版，丸善出版
4）竹腰清乃理 著（2011）『磁気共鳴－NMR －核スピンの分光学－』新・物質科学ライブラリ16，サイエンス社

5）山内　淳 著（2006）『磁気共鳴－ESR －電子スピンの分光学－』新・物質科学ライブラリ 15，サイエンス社

17 章　質量分析法

1）志田保夫・笠間健嗣・黒野　定・高山光男・高橋利枝 著（2001）『これならわかるマススペクトロメトリー』化学同人
2）Gross, J. H. 著，日本質量分析学会出版委員会 訳（2012）『マススペクトロメトリー』丸善出版
3）高木　誠 編著（2006）『ベーシック分析化学』化学同人
4）Hesse, M., Meier, H. and Zeeh, B. 著，野村正勝 監訳，馬場章夫・三浦雅博ら 訳（2000）『有機化学のためのスペクトル解析法』化学同人

18 章　電気化学分析法

1）大堺利行・加納健司・桑畑　進 著（2000）『ベーシック電気化学』化学同人
2）岡田哲男・垣内　隆・前田耕治 著（2012）『分析化学の基礎 －定量的アプローチ－』化学同人

19 章　クロマトグラフィーと電気泳動法

1）大谷　肇 編著（2015）『機器分析』講談社
2）小熊幸一・酒井忠雄 編著（2015）『基礎分析化学』朝倉書店
3）Christian, G.D., Dasgupta, P.K. and Schug, K.A. 著，今任稔彦・角田欣一 監訳（2017）『クリスチャン分析化学 II 機器分析編』丸善出版
4）本田　進・寺部　茂 編著（1995）『キャピラリー電気泳動 －基礎と実際－』講談社
5）日本分析化学会 編（2010）『電気泳動分析』分析化学実技シリーズ 機器分析編 11，共立出版
6）高木　誠 編著（2006）『ベーシック分析化学』化学同人
7）澤田　清 編（2006）『若手研究者のための機器分析ラボガイド』講談社
8）井村久則・鈴木孝治・保母敏行 著（1996）『基礎科学コース 分析化学 I』丸善株式会社
9）中山広樹・西方敬人 著（1995）「遺伝子解析の基礎」『目で見る実験ノートシリーズ（バイオ実験イラストレイテッド②）』細胞工学別冊，秀潤社
10）西方敬人（1996）「タンパクなんてこわくない」『目で見る実験ノートシリーズ（バイオ実験イラストレイテッド⑤）』細胞工学別冊，秀潤社

章末問題略解

（詳細解答は裳華房のホームページ www.shokabo.co.jp/mybooks/ISBN978-4-7853-3515-1.htm 参照）

1章　分析化学序論

1.1～1.5　（省略）

2章　単位と濃度

2.1　1）エネルギー $\mathrm{J = N\,m = m^2\,kg\,s^{-2}}$　2）圧力 $\mathrm{Pa = N\,m^{-2} = m^{-1}\,kg\,s^{-2}}$　3）仕事率 $\mathrm{W = J\,s^{-1} = m^2\,kg\,s^{-3}}$

2.2　キログラムは周波数が $\{(299\,792\,458)^2/6.626\,069\,57\} \times 10^{34}$ Hz の光子のエネルギーに等価な質量と定義される。

2.3　（省略）

2.4　理想気体の場合，気体の種類によらず $PV = nRT$ の関係が成り立つ。体積分率は $p, T =$ 一定として考えるので，以下の例のように体積分率はモル分率に等しくなる。

$$V = \frac{nRT}{p} = kn \quad \text{なので} \quad \frac{V_1}{V_1 + V_2} = \frac{kn_1}{kn_1 + kn_2} = \frac{n_1}{n_1 + n_2}$$

2.5　共洗いするもの：ホールピペット，ビュレット　　共洗いしてはいけないもの：メスフラスコ

3章　分析値の取扱いとその信頼性

3.1～3.8　（省略）

4章　水溶液の化学平衡

4.1～4.5　（省略）

5章　酸塩基平衡

5.1　（省略）

5.2　1）シアン化水素（HCN）　2）リン酸二水素イオン（$H_2PO_4^-$）　3）フェノール（C_6H_5OH）
4）アンモニウムイオン（NH_4^+）　5）アニリニウムイオン（$C_6H_5NH_3^+$）

5.3　（省略）

5.4

1）強塩基水溶液の pH

$$\mathrm{BOH} \longrightarrow \mathrm{B^+} + \mathrm{OH^-} \quad \text{（完全解離）} \qquad (1)$$

$$\mathrm{H_2O} \rightleftharpoons \mathrm{H^+} + \mathrm{OH^-} \qquad (2)$$

5.6 節（p. 54）の 3 条件を具体的に書く。

① 物質収支　$C_{\mathrm{BOH}} = [\mathrm{BOH}] + [\mathrm{B^+}] = [\mathrm{B^+}]$　（完全解離）　(3)

② 電荷均衡　$[\mathrm{H^+}] + [\mathrm{B^+}] = [\mathrm{OH^-}]$　(4)

③ 化学平衡

$$C_{\mathrm{BOH}} = [\mathrm{B^+}] \quad \text{（完全解離）} \qquad (5)$$

$$[\mathrm{H^+}][\mathrm{OH^-}] = K_{\mathrm{w}} \qquad (6)$$

(1) 塩基の濃度が高く，$C_{\mathrm{BOH}} = [\mathrm{B^+}] \gg [\mathrm{H^+}]$（$C_{\mathrm{BOH}}^2 \gg K_{\mathrm{w}}$）とみてよいときは $[\mathrm{OH^-}] = [\mathrm{B^+}] = C_{\mathrm{BOH}}$ だから，
$\mathrm{pOH} = -\log C_{\mathrm{BOH}}$ となるので，$\mathrm{pH} = 14 - \mathrm{pOH} = 14 - (-\log C_{\mathrm{BOH}})$

(2) 酸の濃度が薄くて (1) の条件が成り立たないときは，式 (5) と (6) を式 (4) に代入し，次の結果を得る。

$$[\mathrm{OH^-}] = C_{\mathrm{BOH}} + \frac{K_{\mathrm{w}}}{[\mathrm{OH^-}]} \qquad (7)$$

整理すると，次の二次方程式になる。

$$[OH^-]^2 - C_{BOH}[OH^-] - K_w = 0 \tag{8}$$

方程式を解き，次の結果を得る。

$$[OH^-] = \frac{C_{BOH} + \sqrt{C_{BOH}^2 + 4K_w}}{2} \tag{9}$$

2）弱塩基水溶液の pH

弱塩基 B の水溶液中では，以下二つの平衡が成り立つ。

$$B + H_2O \rightleftharpoons BH^+ + OH^- \tag{10}$$

$$H_2O \rightleftharpoons H^+ + OH^- \tag{11}$$

弱塩基の総濃度を C_B として，本文中の 3 条件はこう書ける。

① 物質収支：$[B] + [BH^+] = C_B$ (12)

② 電荷均衡：$[BH^+] + [H^+] = [OH^-]$ (13)

③ 化学平衡：$\dfrac{[BH^+][OH^-]}{[B]} = K_b$ (14)

$$[H^+][OH^-] = K_w \tag{15}$$

式 (13) の $[BH^+] = [OH^-] - [H^+]$ と，式 (12) を整理した $[B] = C_B - ([OH^-] - [H^+])$ を式 (14) に代入し，次式を得る。

$$\frac{[OH^-]([OH^-] - [H^+])}{C_B - ([OH^-] - [H^+])} = K_b \tag{16}$$

式 (15) と (16) を組み合わせれば，次の三次方程式ができる。

$$[OH^-]^3 + K_b[OH^-]^2 - (K_bC_B + K_w)[OH^-] - K_bK_w = 0 \tag{17}$$

三次方程式を解くのは面倒だから，ふつうは状況をよくにらみ，可能な範囲で簡単化（近似）する。

(1) $[OH^-] \gg [H^+]$ $(K_bC_B \gg K_w)$ の場合

式 (16) の $[H^+]$ は無視できるため，次のように簡単化する。

$$\frac{[OH^-]^2}{C_B - [OH^-]} = K_b \tag{18}$$

書き直せば次の二次方程式になる。

$$[OH^-]^2 + K_b[OH^-] - K_bC_B = 0 \tag{19}$$

方程式を解き，次の結果を得る。

$$[OH^-] = \frac{-K_b + \sqrt{K_b{}^2 + 4K_bC_B}}{2} \tag{20}$$

(2) さらに $C_B \gg [OH^-]$ $(\sqrt{C_B} \gg \sqrt{K_b})$ とみてよい場合

式 (20) は次のように簡単化できる。

$$[OH^-]^2 = K_bC_B \tag{21}$$

両辺の対数をとって整理し，次の結果を得る。

$$\mathrm{pOH} = \frac{1}{2}(\mathrm{p}K_b - \log C_B) \tag{22}$$

pH は次式に従う。

$$\mathrm{pH} = 7 + \frac{1}{2}(\mathrm{p}K_a + \log C_B)$$

5.5　酢酸の $\mathrm{p}K_a = 4.75\,(\sim 4.8)$，アンモニア水の $\mathrm{p}K_b = 4.8$

弱酸と弱塩基の塩の水溶液の $\mathrm{pH} = 7.0 + \frac{1}{2}(\mathrm{p}K_a - \mathrm{p}K_b) = 7.0 + \frac{1}{2}(4.8 - 4.8) = 7.0$

5.6

例として α_0 を導出する

$$\alpha_0 = \frac{[\mathrm{H_3PO_4}]}{C_{\mathrm{H_3PO_4}}} \tag{1}$$

$$C_{\mathrm{H_3PO_4}} = [\mathrm{H_3PO_4}] + [\mathrm{H_2PO_4^-}] + [\mathrm{HPO_4^{2-}}] + [\mathrm{PO_4^{3-}}] \tag{2}$$

したがって

$$\alpha_0 = \frac{[\mathrm{H_3PO_4}]}{[\mathrm{H_3PO_4}] + [\mathrm{H_2PO_4^-}] + [\mathrm{HPO_4^{2-}}] + [\mathrm{PO_4^{3-}}]}$$

$$= \frac{1}{1 + \frac{[\mathrm{H_2PO_4^-}]}{[\mathrm{H_3PO_4}]} + \frac{[\mathrm{HPO_4^{2-}}]}{[\mathrm{H_3PO_4}]} + \frac{[\mathrm{PO_4^{3-}}]}{[\mathrm{H_3PO_4}]}} \tag{3}$$

式 (5.61) ～ (5.63) より

$$K_{\mathrm{a1}} = \frac{[\mathrm{H^+}][\mathrm{H_2PO_4^-}]}{[\mathrm{H_3PO_4}]},\ \text{したがって}\ \frac{[\mathrm{H_2PO_4^-}]}{[\mathrm{H_3PO_4}]} = \frac{K_{\mathrm{a1}}}{[\mathrm{H^+}]} \tag{4}$$

$$K_{\mathrm{a1}} \times K_{\mathrm{a2}} = \frac{[\mathrm{H^+}][\mathrm{H_2PO_4^-}]}{[\mathrm{H_3PO_4}]} \times \frac{[\mathrm{H^+}][\mathrm{HPO_4^{2-}}]}{[\mathrm{H_2PO_4^-}]} = \frac{[\mathrm{H^+}]^2[\mathrm{HPO_4^{2-}}]}{[\mathrm{H_3PO_4}]}$$

$$\text{したがって}\ \frac{[\mathrm{HPO_4^{2-}}]}{[\mathrm{H_3PO_4}]} = \frac{K_{\mathrm{a1}}K_{\mathrm{a2}}}{[\mathrm{H^+}]^2} \tag{5}$$

$$K_{\mathrm{a1}} \times K_{\mathrm{a2}} \times K_{\mathrm{a3}} = \frac{[\mathrm{H^+}][\mathrm{H_2PO_4^-}]}{[\mathrm{H_3PO_4}]} \times \frac{[\mathrm{H^+}][\mathrm{HPO_4^{2-}}]}{[\mathrm{H_2PO_4^-}]} \times \frac{[\mathrm{H^+}][\mathrm{PO_4^{3-}}]}{[\mathrm{HPO_4^{2-}}]}$$

$$= \frac{[\mathrm{H^+}]^3[\mathrm{PO_4^{3-}}]}{[\mathrm{H_3PO_4}]}$$

$$\text{したがって}\ \frac{[\mathrm{PO_4^{3-}}]}{[\mathrm{H_3PO_4}]} = \frac{K_{\mathrm{a1}}K_{\mathrm{a2}}K_{\mathrm{a3}}}{[\mathrm{H^+}]^3} \tag{6}$$

(4) ～ (6) を (3) に代入することにより

$$\alpha_0 = \frac{1}{1 + \frac{K_{\mathrm{a1}}}{[\mathrm{H^+}]} + \frac{K_{\mathrm{a2}}K_{\mathrm{a2}}}{[\mathrm{H^+}]^2} + \frac{K_{\mathrm{a1}}K_{\mathrm{a2}}K_{\mathrm{a3}}}{[\mathrm{H^+}]^3}}$$

$$= \frac{[\mathrm{H^+}]^3}{[\mathrm{H^+}]^3 + K_{\mathrm{a1}}[\mathrm{H^+}]^2 + K_{\mathrm{a1}}K_{\mathrm{a2}}[\mathrm{H^+}] + K_{\mathrm{a1}}K_{\mathrm{a2}}K_{\mathrm{a3}}}$$

同様に式 (5.68) ～ (5.70) も導出できる。

5.7　リン酸の $\mathrm{p}K_\mathrm{a}$ は $\mathrm{p}K_{\mathrm{a1}} = 2.15$，$\mathrm{p}K_{\mathrm{a2}} = 7.20$，$\mathrm{p}K_{\mathrm{a3}} = 12.35$ であり，第一酸解離過程だけを考えればよい。$\mathrm{p}K_{\mathrm{a1}}$ はかなり小さいので，$[\mathrm{H^+}] \gg [\mathrm{OH^-}]$ は成り立つが，$C_{\mathrm{HA}} \gg [\mathrm{H^+}]$ $(\sqrt{C_{\mathrm{HA}}} \gg \sqrt{K_\mathrm{a}})$ は成り立たないので，pH の計算には式 (5.50) を用いる必要がある。すなわち，$C_{\mathrm{HA}} = 0.10$，$K_{\mathrm{a1}} = 7.1 \times 10^{-3}$ を代入すると

$$[\mathrm{H^+}] = \frac{-7.1 \times 10^{-3} + \sqrt{(7.1 \times 10^{-3})^2 + 4 \times 7.1 \times 10^{-3} \times 0.10}}{2} = 2.3 \times 10^{-2}\ \mathrm{mol\ dm^{-3}}$$

$$\mathrm{pH} = 1.6$$

5.8

(1) $\mathrm{Na_2HPO_4}$ 水溶液の pH

$\mathrm{Na_2HPO_4}$ の総濃度 $= C$ とする。

物質収支より

$$C = [\mathrm{H_2PO_4^-}] + [\mathrm{HPO_4^{2-}}] + [\mathrm{PO_4^{3-}}] = \frac{[\mathrm{Na^+}]}{2} \tag{1}$$

ここで $[\mathrm{H_3PO_4}]$ は無視している。

電荷収支より

$$[\mathrm{Na^+}] + [\mathrm{H^+}] = [\mathrm{H_2PO_4^-}] + 2[\mathrm{HPO_4^{2-}}] + 3[\mathrm{PO_4^{3-}}] + [\mathrm{OH^-}] \tag{2}$$

(1)，(2) より

$$[\mathrm{H^+}] = -[\mathrm{H_2PO_4^-}] + [\mathrm{PO_4^{3-}}] + [\mathrm{OH^-}]$$

$$= -\frac{[\mathrm{HPO_4^{2-}}][\mathrm{H^+}]}{K_{\mathrm{a2}}} + \frac{K_{\mathrm{a3}}[\mathrm{HPO_4^{2-}}]}{[\mathrm{H^+}]} + \frac{K_\mathrm{w}}{[\mathrm{H^+}]}$$

この式を整理すると

$$[H^+] = \sqrt{\frac{K_{a2}K_w + K_{a3}K_{a2}[HPO_4^{2-}]}{K_{a2} + [HPO_4^{2-}]}}$$

(2) Na_3PO_4 水溶液の pH

Na_3PO_4 の総濃度 $= C$ とする。

リン酸イオン PO_4^{3-} は強い塩基であり以下のように塩基解離する。

$$PO_4^{3-} + H_2O \rightleftharpoons HPO_4^{2-} + OH^-$$

ここで $K_{b3} = \dfrac{K_w}{K_{a3}}$

したがって，弱塩基の水溶液の pH の求め方で pH を計算できる。ただし，K_b がかなり大きいため，$C \gg [OH^-]$ は成り立たないので二次方程式を解く必要がある。すなわち，

$$[OH^-] = \frac{-K_{b3} + \sqrt{K_{b3}^2 + 4K_{b3}C}}{2}$$

6章　酸塩基滴定

6.1

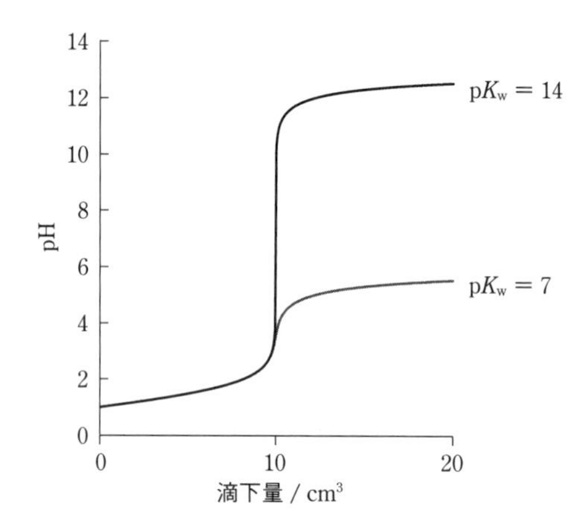

図のように，$pK_w = 7$ としたときの滴定曲線は，$pK_w = 14$ の場合に比べて pH のジャンプが小さくなることがわかる。これは，錯滴定，沈殿滴定などでそれぞれ生成定数や溶解度積が大きくなったときの変化と同じで，当量点後も酸の濃度が下がらないことに起因する。

6.2，6.3

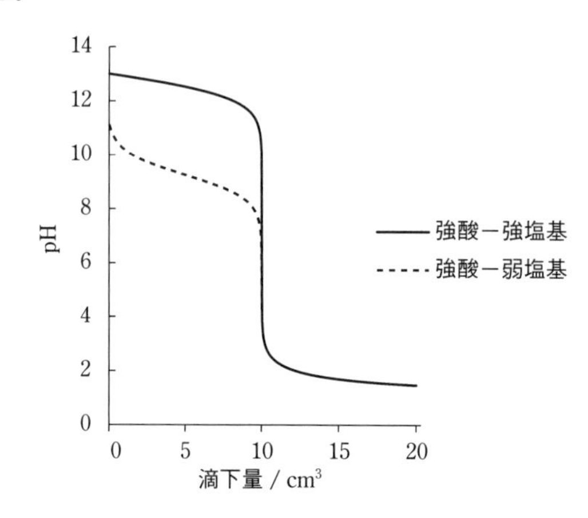

6.4　問 6.2，6.3 ともに酸性側で変化するメチルオレンジなどが適している。強酸－強塩基の場合は，変色域からはフェノールフタレインも使用可能であるが，赤色から無色への変化は見づらいので通常は使われない。

酢酸の $pK_a = 4.75$ (～4.8)，アンモニア水の $pK_b = 4.8$

6.5

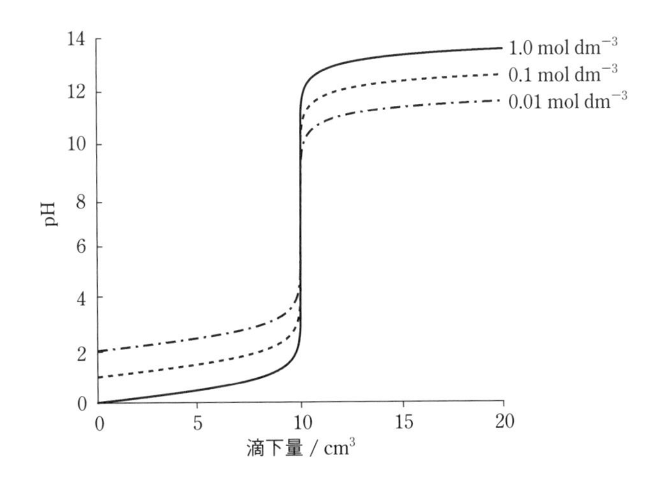

濃度が薄くなるにつれ，pH のジャンプが小さくなることがわかる。

7章　錯生成平衡とキレート滴定

7.1　$\beta_n = K_1 \cdot K_2 \cdots\cdots K_n$

7.2, 7.3

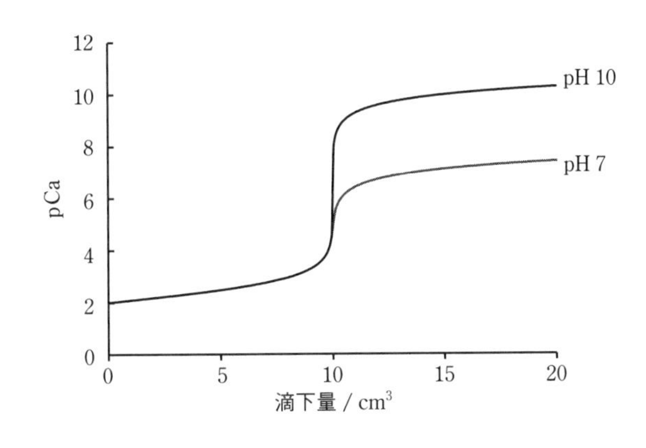

7.4　pH = 3.0 のときの $\alpha_4 = 2.5 \times 10^{-11}$ なので

$$K'_{\mathrm{CuY}} = 6.8 \times 10^{18} \times 2.5 \times 10^{-11} = 1.7 \times 10^{8} \qquad K'_{\mathrm{BaY}} = 5.4 \times 10^{7} \times 2.5 \times 10^{-11} = 1.4 \times 10^{-3}$$

Cu^{2+}の条件安定度定数は 10^8 より大きいので滴定可能だが，Ba^{2+}の滴定はできない。

7.5　$[\mathrm{Ca^{2+}}] + [\mathrm{Mg^{2+}}] = 0.0100 \times \dfrac{3.14}{50.0} = 6.28 \times 10^{-4}\ \mathrm{mol\ dm^{-3}}$

$CaCO_3$ の式量は 100 であるので，硬度 $= 6.28 \times 10^{-4} \times 100 = 6.28 \times 10^{-2}\ \mathrm{g\ dm^{-3}}$

すなわち，62.8 ($\mathrm{mg\ dm^{-3}}$)。

8章　酸化還元平衡と酸化還元滴定

8.1

1)（酸化反応）$Sn^{2+} \rightleftharpoons Sn^{4+} + 2e^-$

（還元反応）$Ce^{4+} + e^- \rightleftharpoons Ce^{3+}$

式 (8.15) より，$K = \dfrac{a_{\mathrm{Sn^{4+}}}\, a^2_{\mathrm{Ce^{3+}}}}{a_{\mathrm{Sn^{2+}}}\, a^2_{\mathrm{Ce^{4+}}}} = \exp\left[\dfrac{2F\,(1.72 - 0.15)}{RT}\right] = 1.2 \times 10^{53}$

2)（酸化反応）$Fe^{2+} \rightleftharpoons Fe^{3+} + e^-$

（還元反応）$MnO_4^- + 8H^+ + 5e^- \rightleftharpoons Mn^{2+} + 4H_2O$

式 (8.15) より，$K = \dfrac{a_{Fe^{3+}}^5 a_{Mn^{2+}}}{a_{Fe^{2+}}^5 a_{MnO_4^-}} = \exp\left[\dfrac{5F(1.51 - 0.77)}{RT}\right] = 1.2 \times 10^{65}$

3)（酸化反応）$2S_2O_3^{2-} \rightleftharpoons S_4O_6^{2-} + 2e^-$

（還元反応）$I_2 + 2e^- \rightleftharpoons 2I^-$

式 (8.15) より，$K = \dfrac{a_{I^-}^2 a_{S_4O_6^{2-}}}{a_{I_2} a_{S_2O_3^{2-}}^2} = \exp\left[\dfrac{2F(0.54 - 0.08)}{RT}\right] = 3.6 \times 10^{15}$

酸化・還元両半反応式からそれぞれネルンスト式を立て，平衡では両方の電極電位が等しい（起電力が0である）ことから，最終的に式 (8.15) が導かれる。このとき各半反応式の電子数に注意すること。

8.2　1) $E = -0.26 - \dfrac{RT}{2F}\ln\dfrac{a_{Ni}}{a_{Ni^{2+}}} = -0.26 - \dfrac{RT}{2F}\ln\dfrac{1}{a_{Ni^{2+}}}$　2) $E = 0.36 - \dfrac{RT}{F}\ln\dfrac{a_{Fe(CN)_6^{4-}}}{a_{Fe(CN)_6^{3-}}}$

3) $E = 0.22 - \dfrac{RT}{F}\ln\dfrac{a_{AgCl}a_{Cl^-}}{a_{AgCl}} = 0.22 - \dfrac{RT}{F}\ln a_{Cl^-}$　4) $E = 1.36 - \dfrac{RT}{6F}\ln\dfrac{a_{Cr^{3+}}}{a_{Cr_2O_7^{2-}}a_{H^+}^{14}}$

8.3　1) $E = 0.77 - \dfrac{RT}{F}\ln\dfrac{10}{2} = 0.73\ \mathrm{V}$　2) $E = 0.80 - \dfrac{RT}{F}\ln\dfrac{1}{10^{-3}} = 0.62\ \mathrm{V}$

3) $E = 0.22 - \dfrac{RT}{F}\ln 0.1 = 0.28\ \mathrm{V}$

8.4　$E_{Ag^+/Ag} = 0.80 - \dfrac{RT}{F}\ln\dfrac{1}{a_{Ag^+}}$，$E_{AgBr/Ag,Br^-} = E^\ominus_{AgBr/Ag,Br^-} - \dfrac{RT}{F}\ln a_{Br^-}$

平衡状態では $E_{Ag^+/Ag} = E_{AgBr/Ag,Br^-}$ より，

$$E^\ominus_{AgBr/Ag,Br^-} - \frac{RT}{F}\ln a_{Br^-} = 0.80 - \frac{RT}{F}\ln\frac{1}{a_{Ag^+}}$$

$$E^\ominus_{AgBr/Ag,Br^-} = 0.80 - \frac{RT}{F}\ln\frac{1}{a_{Ag^+}a_{Br^-}} = 0.80 - \frac{RT}{F}\ln\frac{1}{4 \times 10^{-13}} = 0.067\ \mathrm{V}$$

8.5　$E = E^\ominus - \dfrac{RT}{nF}\ln\dfrac{a_R}{a_O a_{H^+}^m} = E^\ominus - \dfrac{RT}{nF}\ln\dfrac{1}{a_{H^+}^m} - \dfrac{RT}{nF}\ln\dfrac{a_R}{a_O} = E^\ominus - \dfrac{0.059\,m}{n}\mathrm{pH} - \dfrac{RT}{nF}\ln\dfrac{a_R}{a_O}$

$\left(\dfrac{RT}{nF}\ln\dfrac{1}{a_{H^+}} = -\dfrac{0.059}{n}\log a_{H^+}\ \text{である}\right)$

9章　沈殿平衡とその応用

9.1　（省略）

9.2　$[Mg^{2+}] = \dfrac{5.6 \times 10^{-12}}{[OH^-]^2} \leq 10^{-6}$

$[OH^-]^2 \geq \dfrac{5.6 \times 10^{-12}}{10^{-6}} = 5.6 \times 10^{-6}$

$[OH^-] \geq 2.37 \times 10^{-3}$

$\mathrm{pH} \geq \mathrm{p}K_w + \log(2.37 \times 10^{-3}) = 11.37$

pH 11.37 以上にする。

9.3　（省略；図 9.1 参照）

9.4　当量点では，「溶液 + 沈殿」全体で，銀イオンとチオシアン酸イオンの総量は等しく，チオシアン酸銀の飽和溶液なので，$[SCN^-]$ は次のようになる。

$$[SCN^-] = [Ag^+] = \sqrt{K_{sp}}$$

すなわち，$[SCN^-] = 1.0 \times 10^{-6}\ \mathrm{mol\ dm^{-3}}$。

9.5　（省略）

10章　分離と濃縮

10.1，10.2　（省略）

10.3　1回の抽出操作で水相に残る溶質S（%）は

$$S = 100 - \%E = 100 \times \left(\frac{\frac{V_w}{V_o}}{D + \frac{V_w}{V_o}} \right)$$

$V_w/V_o = 5$ のとき

$$S = 100 \times \left(\frac{5}{5+5} \right) = 50\ \%$$

この操作を3回繰り返すと，$(0.5)^3 \times 100 = 12.5\ \%$

$V_w/V_o = 0.2$ のとき

$$S = 100 \times \left(\frac{0.2}{5+0.2} \right) \approx 3.8\ \%$$

この操作を3回繰り返すと，$(0.038)^3 \times 100 \approx 5.5 \times 10^{-3}\ \%$

10.4　抽出平衡の式から，以下の式が導かれる。

$$\log_{10} D = \log_{10} K_{ex1} + n \log_{10} [\mathrm{HA}]_o + n\,\mathrm{pH} \qquad (1)$$

今，3価金属イオンと8-キノリノールは1：3錯体として有機相に抽出されるので $n = 3$，ここで，それぞれの金属イオン（M_1，M_2）の半抽出pHを pH_1 および pH_2 とすると，半抽出pHでは $\log_{10} D = 0$ なので，

$$\log_{10} K_{ex1} + 3 \log_{10} [\mathrm{HA}]_o = -3\,\mathrm{pH}_1 \qquad (2)$$

$$\log_{10} K_{ex2} + 3 \log_{10} [\mathrm{HA}]_o = -3\,\mathrm{pH}_2 \qquad (3)$$

(1) と (2)，(3) より

$$\log_{10} D_{M1} = -3\,\mathrm{pH}_1 + 3\,\mathrm{pH} \qquad (4)$$

$$\log_{10} D_{M2} = -3\,\mathrm{pH}_2 + 3\,\mathrm{pH} \qquad (5)$$

今，$pH_1 < pH_2$ として，M_1 を有機相に抽出し M_2 を水相に残して分離することを考えると，$\log_{10} D_{M1} > 2$ を満たすpH条件は (4) より $pH > pH_1 + 2/3$ (A)，$\log_{10} D_{M2} < -2$ を満たす条件は (5) より $pH < pH_2 - 2/3$。今，$pH_2 = pH_1 + a$ とおくと，$pH < pH_1 + a - 2/3$ (B)。式 (A) と (B) を同時に満たす領域が存在するためには $a > 4/3$ である必要がある。すなわち，半抽出pHの値の差が4/3 (1.3) 以上であることが条件となる。

10.5　Cu^{2+} と H^+ のイオン交換反応は以下のように表される。

$$Cu^{2+} + 2H^+R \longrightarrow Cu^{2+}R_2 + 2H^+$$

すなわち，Cu^{2+} 1 molに対し2 molの H^+ が放出される。

今，イオン交換により生成した H^+ の量 n_{H^+} は

$$n_{H^+} = 0.100 \times \frac{7.36}{1000} = 0.736\ \mathrm{mmol}$$

Cu^{2+} の濃度に換算すると，$[Cu^{2+}] = 0.736 \div 2 \div 0.01 = 36.8\ \mathrm{mmol\ dm^{-3}}$ $(0.0368\ \mathrm{mol\ dm^{-3}})$

11章　機器分析概論

11.1～11.6　（省略）

12章　光と物質の相互作用

12.1～12.6　（省略）

13章　原子スペクトル分析法

13.1～13.5　（省略）

14章　分子スペクトル分析法

14.1　赤外活性でラマン不活性な基準振動をもつ分子：　CO_2
　赤外不活性でラマン活性な基準振動をもつ分子：　N_2，O_2，CO_2
　赤外，ラマンとも活性な基準振動をもつ分子：　CO，H_2O

14.2　（省略）

14.3　514.5 nm レーザー光の波数 = 19436 cm^{-1}　ストークス線と反ストークス線の波数は，それぞれ 17936 cm^{-1} と 20936 cm^{-1} となる。これらを波長に変換すると，557.5 nm と 477.6 nm となる。
632.8 nm の場合も同様に，レーザー光の波数 = 15803 cm^{-1}　ストークス線と反ストークス線の波数は，それぞれ 14303 cm^{-1} と 17303 cm^{-1} となる。これらを波長に変換すると，699.2 nm と 577.9 nm となる。

14.4　1.0×10^{-5} mol cm^{-3} $[Fe(phen)_3]^{2+}$ 水溶液の吸光度 = $1.1 \times 10^4 \times 1.0 \times 10^{-5} \times 1.0 = 0.11$

$$濃度\ c = \frac{A}{\varepsilon l} = \frac{0.2}{1.1 \times 10^4 \times 1.0} = 1.8 \times 10^{-5}\ \mathrm{mol\ cm^{-3}}$$

14.5～14.7　（省略）

15章　X線分析法と電子分光法

15.1～15.6　（省略）

16章　磁気共鳴分光法

16.1　NMRで観測可能な原子核：^{10}B, ^{14}N, ^{19}F, ^{23}Na, ^{27}Al

16.2　Fe^{3+}，Cu^{2+}の水和イオンは，それぞれ d^5, d^9 の電子配置となって不対電子をもち，常磁性を示すため，それらの存在下ではNMRの測定は通常できない。

16.3　(a) 1-プロパノール

(D)　(C)　(A)　(B)
CH_3—CH_2—CH_2—OH

(A)～(D) の四つのピークが現れる。そのうち，スピン-スピン相互作用により，(A) 3本，(B) 1本，(C) 6本，(D) 3本に分裂する。

(b) 2-プロパノール

(C)　(A)　(C)
CH_3—CH—CH_3
　　　|
　　OH (B)

(A)～(C) の三つのピークが現れる。そのうち，スピン-スピン相互作用により，(A) 7本，(B) 1本，(C) 2本に分裂する。

16.4　同位体存在比：^1H 99.99 %，^{13}C 1.1 %
　磁気回転比 (γ)：^1H 26.75，^{13}C 6.73
　感度比 ($^1H/^{13}C$) = $(99.99/1.1) \times (26.75/6.73)^3 \sim 5700$

16.5　(a) $\cdot CH_3$，(b) $\cdot CD_3$ のESRスペクトルはそれぞれ4本，7本に分裂し，その強度は二項分布強度に従う。

17章　質量分析法

17.1　1) c，2) d，3) e，4) f，5) b，6) a

1) MALDI法におけるイオン化は次のように起こると考えられている。試料は，多量のマトリックス中で混晶状態になっていると考えられる。紫外線レーザー（窒素レーザー，$\lambda = 337$ nm）を吸収したマトリックスは，そのエネルギーにより一部が加熱され，試料とともに気化（昇華）する。このとき，試料分子にプロトン，その他のカチオンが付加したイオンになる。

17.2

m/z	フラグメントイオン
57	CH_3CH_2-C≡O$^+$
43	CH_3-C≡O$^+$
29	$CH_3CH_2^+$
15	H_3C^+

また，m/z 42 や 27 のように，フラグメントイオンに対して 1 および 2 だけ小さなピークがしばしば観察される。CH_2-C≡O$^+$（m/z 42），CH_2=CH^+（m/z 27）と考えられる。

17.3

	m/z	
A	322	InF(NTA)$^-$
B	338	In^{35}Cl(NTA)$^-$
C	340	In^{37}Cl(NTA)$^-$
D	382	In^{79}Br(NTA)$^-$
E	384	In^{81}Br(NTA)$^-$
F	430	InI(NTA)$^-$

	m/z	
G	347	Co^{III}(EDTA)$^-$
H	59	CH_3COO^-
I	62	NO_3^-
J	320	In(OH)(NTA)$^-$
K	362	In(CH_3COO)(NTA)$^-$
L	365	In(NO_3)(NTA)$^-$

17.4　電解脱離法（field desorption，FD），大気圧光イオン化法（atmospheric pressure photo ionization，APPI），DART（direct analysis in real time），DESI（desorption electrospray ionization）などが知られている。

18 章　電気化学分析法

18.1　$1.0 \times 10^{-3}\ \mathrm{mol\ dm^{-3}} \times 10 \times 10^{-6}\ \mathrm{dm^3} \times n \times 96500\ \mathrm{C\ mol^{-1}} = 1.9 \times 10^{-3}\ \mathrm{C}$

より，$n = 1.97$

通常は n が整数値であると考えられるため，この有機物の酸化は 2 電子反応であると考えられる。

18.2　$[\mathrm{Fe(CN)_6}]^{3-} + \mathrm{e^-} \rightleftharpoons [\mathrm{Fe(CN)_6}]^{4-}$　のネルンスト式

$E = 0.36 - \dfrac{RT}{F}\ln\dfrac{a_{\mathrm{Fe(CN)_6^{4-}}}}{a_{\mathrm{Fe(CN)_6^{3-}}}}$ に各濃度を代入すると，$E = 0.34$ V *vs.* SHE，Ag/AgCl 電極（飽和 KCl）の電位は SHE に対して 0.197 V 正であるため（8 章参照），$E = 0.143$ V *vs.* Ag/AgCl（飽和 KCl）

18.3　PSCA の電位-時間曲線，電流 - 時間曲線は以下の通り。

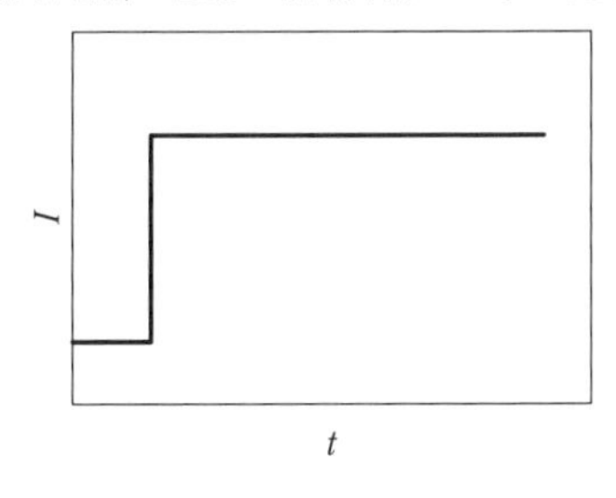

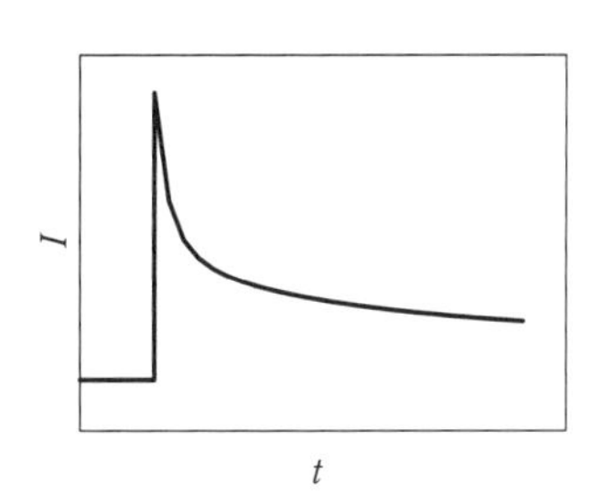

NPV の電位-時間曲線，電流-時間曲線，電流-電位曲線は以下の通り。

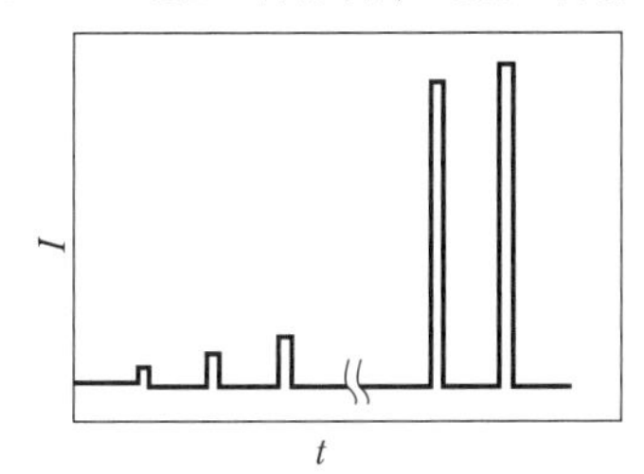

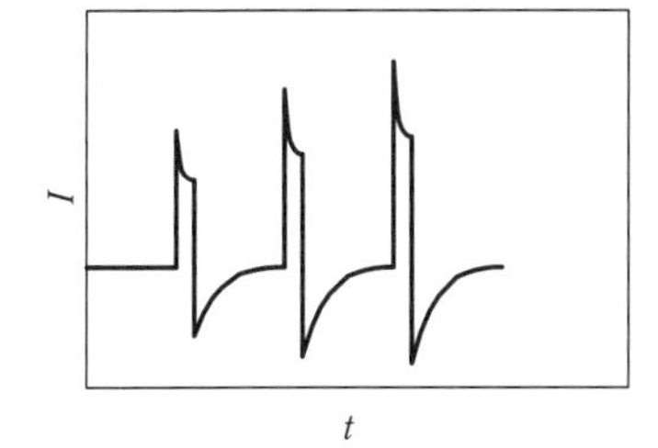

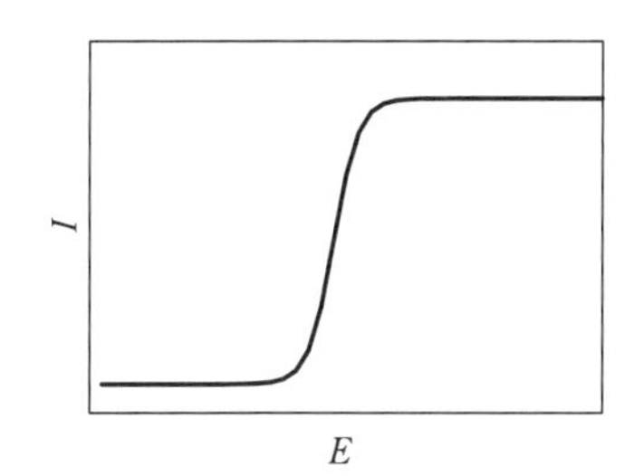

18.4 E_{mid} の pH 依存性を図示すると右図のようになる。この図は E-pH 図と呼ばれ，各 pH，電位における安定化学種の分布を示す。

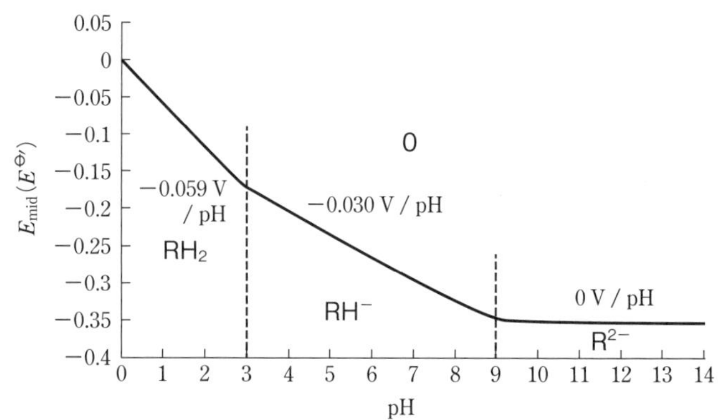

この図のように，各 pK_a 値を境に傾きが変わることがわかる。

pH $\ll$ pK_{a1} ($[H^+] \gg K_{a1}$) では，

$$E^{\ominus} = E^{\ominus} + \frac{RT}{2F}\ln[H^+]^2 = E^{\ominus} - 0.059\,\text{pH}$$

p$K_{a1} \ll$ pH $\ll$ pK_{a2} ($K_{a1} \ll [H^+] \ll K_{a2}$) では，

$$E^{\ominus\prime} = E^{\ominus} + \frac{RT}{2F}\ln(K_{a1}[H^+]) = E^{\ominus} - 0.030\,\text{p}K_{a1} - 0.030\,\text{pH}$$

pH $\gg$ pK_{a2} ($[H^+] \ll K_{a2}$) では，

$$E^{\ominus\prime} = E^{\ominus} + \frac{RT}{2F}\ln(K_{a1}K_{a2}) = E^{\ominus} - 0.030\,\text{p}K_{a1} - 0.030\,\text{p}K_{a2}$$

となるため上図のような傾きを示すことが理解できる。

18.5 $\delta = \sqrt{\pi D_O t} = 0.0125\ \text{cm} = 125\ \mu\text{m}$。　図 18.6 の f が掃引開始後 5 秒に相当する。この図から，拡散層の厚さはおおよそ 100 μm 程度であり，同じオーダーであることがわかる。CV の場合は，定電位電解よりも正味の電解時間が短くなるため，拡散層の厚みもやや薄くなっている。

19章　クロマトグラフィーと電気泳動法

19.1 シリカ製のキャピラリーを用いると，表面の負電荷によって陰極側に向けて電気浸透流が生じる。この電気浸透流の流れは非常に速く，多くの場合，荷電した成分が陽・陰極に移動する速度よりも速いため，陽イオン→中性イオン→陰イオンの順番で陰極側に泳動する。

19.2 EOF は陰極から陽極へ向かって流れる。したがって，検出は陽極側で行うのがよく，入口側には負の電圧を印加する。極性が低いほどミセル内に取り込まれやすくなる。そのため，プロピルベンゼン，エチルベンゼン，トルエンの順で取り込まれやすい。ミセルに取り込まれにくいトルエンから検出される。

19.3 $k_A = \frac{5-1}{1} = 4$　　$k_B = \frac{9-1}{1} = 8$　　$\alpha = \frac{8}{4} = 2$

19.4 $\alpha = \frac{220 - 90.0}{210 - 90.0} = 1.08$　　$R_s = \frac{220 - 210}{1/2(16.0 + 17.0)} = 0.588$

19.5 b）酸素，c）窒素，e）二酸化炭素

索　引

著 者 略 歴

つのだ　きんいち
角田 欣一

1954年福島県に生まれる。東京大学大学院理学系研究科化学専攻課程博士課程修了。Harvard大学医学部博士研究員（Boston, 米国），東京大学理学部助手，通産省工業技術院化学技術研究所研究員，群馬大学工学部助教授などを歴任。1998年 同教授，2014年群馬大学大学院理工学府教授，2019年群馬大学名誉教授，現在に至る。専門分野は分析化学。理学博士

うめむら　ともなり
梅村 知也

1970年愛知県に生まれる。名古屋大学大学院工学研究科物質制御工学専攻博士課程後期課程修了。群馬大学工学部応用化学科助手，名古屋大学大学院工学研究科化学・生物工学専攻助教授，名古屋大学エコトピア科学研究所ナノマテリアル科学研究部門准教授などを歴任。2013年東京薬科大学生命科学部分子生命科学科教授，現在に至る。専門分野は分析化学，生命・環境科学。博士（工学）

ほった　ひろき
堀田 弘樹

1974年兵庫県に生まれる。神戸大学大学院自然科学研究科化学専攻博士前期課程修了。鐘淵化学工業株式会社（現 株式会社カネカ）を経て神戸大学大学院自然科学研究科分子集合科学専攻博士後期課程修了。群馬大学工学部応用化学科助手，奈良教育大学教育学部准教授を歴任。2016年神戸大学大学院海事科学研究科准教授，2021年同教授，現在に至る。専門分野は電気分析化学。博士（理学）

スタンダード 分析化学

2018年11月25日　第1版1刷発行
2025年 3 月25日　第3版1刷発行

検印省略

定価はカバーに表示してあります．

著作者　角田欣一
　　　　梅村知也
　　　　堀田弘樹
発行者　吉野和浩
発行所　東京都千代田区四番町8-1
　　　　電話　03-3262-9166（代）
　　　　郵便番号　102-0081
　　　　株式会社 裳華房
印刷所　中央印刷株式会社
製本所　牧製本印刷株式会社

一般社団法人
自然科学書協会会員

ISBN 978-4-7853-3515-1

化学でよく使われる基本物理定数

量	記　号	数　値
真空中の光速度	c	$2.997\,924\,58 \times 10^{8}$ m s^{-1} (定義)
電気素量	e	$1.602\,176\,634 \times 10^{-19}$ C (定義)
プランク定数	h	$6.626\,070\,15 \times 10^{-34}$ J s (定義)
	$\hbar = h/(2\pi)$	$1.054\,571\,726(47) \times 10^{-34}$ J s
原子質量単位	$m_{\mathrm{u}} = 1\,\mathrm{u}$	$1.660\,538\,921(73) \times 10^{-27}$ kg
アボガドロ定数	N_{A}	$6.022\,140\,76 \times 10^{23}$ mol^{-1} (定義)
電子の静止質量	m_{e}	$9.109\,382\,91(40) \times 10^{-31}$ kg
陽子の静止質量	m_{p}	$1.672\,621\,777(74) \times 10^{-27}$ kg
中性子の静止質量	m_{n}	$1.674\,927\,351(74) \times 10^{-27}$ kg
ボーア半径	$a_0 = \varepsilon_0 h^2/(8m_{\mathrm{e}}e^2)$	$5.291\,772\,109\,2(17) \times 10^{-11}$ m
真空の誘電率	ε_0	$8.854\,187\,817 \times 10^{-12}$ C^2 N^{-1} m^{-2} (定義)
ファラデー定数	$F = N_{\mathrm{A}}e$	$9.648\,533\,65(21) \times 10^{4}$ C mol^{-1}
気体定数	R	$8.314\,462\,1(75)$ J K^{-1} mol^{-1}
		$= 8.205\,736\,1(74) \times 10^{-2}$ dm^3 atm K^{-1} mol^{-1}
		$= 8.314\,462\,1(75) \times 10^{-2}$ dm^3 bar K^{-1} mol^{-1}
セルシウス温度目盛によるゼロ点	T_0	273.15 K (定義)
標準大気圧	P_0, atm	$1.013\,25 \times 10^{5}$ Pa (定義)
理想気体の標準モル体積	$V_{\mathrm{m}} = RT_0/P_0$	$2.241\,396\,8(20) \times 10^{-2}$ m^3 mol^{-1}
ボルツマン定数	$k_{\mathrm{B}} = R/N_{\mathrm{A}}$	$1.380\,649 \times 10^{-23}$ J K^{-1} (定義)
自由落下の標準加速度	g_{n}	$9.806\,65$ m s^{-2} (定義)

数値は CODATA (Committee on Data for Science and Technology) 2018 年推奨値。
(　) 内の値は最後の 2 桁の誤差 (標準偏差)。

SI 基本単位

物理量	SI 単位の名称	SI 単位の記号
長　さ	メートル (meter)	m
質　量	キログラム (kilogram)	kg
時　間	秒 (second)	s
電　流	アンペア (ampere)	A
熱力学温度	ケルビン (kelvin)	K
光　度	カンデラ (candela)	cd
物 質 量	モル (mole)	mol

非 SI 単位 (SI と併用される単位)

物理量	単位の名称	単位の記号	SI 単位による値
時　間	分 (minute)	min	60 s
時　間	時 (hour)	h	3600 s
時　間	日 (day)	d	86400 s
長　さ	オングストローム (ångström)	Å	10^{-10} m
体　積	リットル (litre)	l, L	10^{-3} m^3
質　量	トン (ton)	t	10^{3} kg
圧　力	バール (bar)	bar	10^{5} Pa
平面角	度 (degree)	°	$(\pi/180)$ rad
エネルギー	電子ボルト (electronvolt)	eV	1.60218×10^{-19} J